DIE GRUNDLEHREN DER

MATHEMATISCHEN WISSENSCHAFTEN

IN EINZELDARSTELLUNGEN MIT BESONDERER BERÜCKSICHTIGUNG DER ANWENDUNGSGEBIETE

HERAUSGEGEBEN VON

R. GRAMMEL · E. HEINZ · F. HIRZEBRUCH · E. HOPF
H. HOPF · W. MAAK · W. MAGNUS · F. K. SCHMIDT
K. STEIN · B. L. VAN DER WAERDEN

BAND 111

EQUATIONS DIFFERENTIELLES OPERATIONNELLES

ET PROBLÈMES AUX LIMITES

PAR

J. L. LIONS

SPRINGER-VERLAG BERLIN HEIDELBERG GMBH 1961

EQUATIONS DIFFERENTIELLES OPERATIONNELLES
ET PROBLÈMES AUX LIMITES

PAR

DR. J. L. LIONS
PROFESSEUR DE MATHÉMATIQUES
UNVERSITÉ DE NANCY

SPRINGER-VERLAG BERLIN HEIDELBERG GMBH 1961

ISBN 978-3-662-23740-3 ISBN 978-3-662-25839-2 (eBook)
DOI 10.1007/978-3-662-25839-2

URSPRÜNGLICH ERSCHIENEN BEI SPRINGER-VERLAG OHG.,
BERLIN · GÖTTINGEN · HEIDELBERG 1961
SOFTCOVER REPRINT OF THE HARDCOVER 1ST EDITION 1961

Introduction

Dans un espace de BANACH H soit $A(t)$ une famille d'opérateurs *non bornés*, $t \in [0, T]$ pour fixer les idées. On appelle *équation différentielle opérationnelle* (linéaire) une équation de la forme

$$A(t)\,u(t) + u'(t) = f(t), \qquad (*)$$

la fonction f étant donnée continue de $[0, T]$ dans H, la fonction u étant une fois continûment différentiable dans $[0, T]$ à valeurs dans H, $u(t)$ appartenant à $D(A(t))$ (domaine de $A(t)$) pour chaque $t \in [0, T]$.

Les exemples les plus importants sont ceux où $A(t)$ est un système différentiel, le domaine de $A(t)$ étant alors fixé par des conditions aux limites.

Le problème de CAUCHY consiste à trouver une solution de $(*)$, vérifiant la condition initiale

$$u(0) = u_0, \qquad u_0 \text{ donné } \big(\text{dans } D(A(0))\big). \qquad (**)$$

Mais il est classique que, pour bien des applications, le problème posé sous la forme précédente impose des conditions trop restrictives à u. Il faut introduire alors la notion de *solution faible* de ce problème; il y a un très grand nombre de telles notions; une classification en est donnée au Chap. I. Les Chap. IV, V, VII, IX, X donnent diverses conditions suffisantes portant sur les $A(t)$ pour que tel ou tel problème faible admette une solution et une seule; on y étudie la régularité de ces solutions, et les meilleurs domaines où l'on doit prendre les données initiales. Dans chaque cas nous avons, autant que possible, étudié les conditions minima de régularité en t qu'il faut imposer à $A(t)$, cela en vue d'applications à des problèmes non linéaires (cf. Chap. IV, VI et X).

Des exemples, assez nombreux, sont donnés aux Chap. VI, VII, IX, et X. Pour pouvoir exposer ces exemples il a été indispensable de consacrer un chapitre (Chap. II) à l'étude des problèmes aux limites variationnels et de certains espaces fonctionnels.

Le Chap. XI, qui étudie les problèmes aux limites variationnels vectoriels, redonne lorsque $A(t)$ ne dépend pas de t, des types de résultats rencontrés aux Chap. IV à IX. Le Chap. XII indique enfin assez brièvement comment l'utilisation d'opérateurs de transmutation permet de résoudre certains problèmes ne relevant pas (apparemment) des méthodes des Chap. III à X.

Nous avons fait un effort pour que ce livre puisse être lu localement (cela au prix de quelques répétitions). Chaque chapitre commence par un sommaire donnant l'orientation générale et indiquant aussi précisément que possible les parties du livre déja supposées acquises. Des problèmes non résolus sont signalés en assez grand nombre tout au long du livre.

Mes amicaux remerciements vont à M. S. ODHNOFF qui a lu avec soin la majeure partie du manuscrit.

Je remercie également le Springer-Verlag pour son excellent travail typographique.

Juillet 1961 J. L. Lions

Table des matières

Chapitre I

Position des problèmes

Sommaire. Ce chapitre a pour seul but de poser les principaux des problèmes que nous étudierons par la suite. Partant de l'exemple simple de l'équation de la chaleur, on pose au No. 1 le problème de CAUCHY «usuel» pour les équations différentielles opérationnelles. Aux No. 2 et 3 on associe au problème «usuel» *divers* problèmes «faibles».

1. Les premiers problèmes d'évolution

Nous commençons par un exemple: soit Ω un ouvert de R^n, x un point de Ω, $\big(x=(x_1, \ldots, x_n)\big)$, t la variable de temps; on cherche une fonction $u=u(x, t)$, $x\in\Omega$, $t>0$, solution de l'équation

$$-\Delta_x u(x,t)+\frac{\partial}{\partial t}u(x,t)=f(x,t), \qquad x\in\Omega,\ t>0, \tag{1.1}$$

où $\Delta_x=\partial^2/\partial x_1^2+\cdots+\partial^2/\partial x_n^2$ — l'opérateur intervenant dans (1.1) est donc l'opérateur de la chaleur —, et où f est une fonction donnée. Les conditions supplémentaires imposées à u sont, d'une part une condition aux limites, *par exemple*

$$u(x,t)=0 \quad \text{pour} \quad x\in\partial\Omega=\Gamma=\text{frontière de } \Omega, \qquad t>0, \tag{1.2}$$

et d'autre part la donnée de $u(x, 0)$:

$$u(x,0)=u_0(x), \qquad x\in\Omega, \tag{1.3}$$

u_0 fonction donnée dans Ω.

Ceci est un exemple type de problème mixte au sens de HADAMARD [1]. Naturellement, il faut préciser avec soin dans ce genre de problème quelles sont les hypothèses de différentiabilité — à l'intérieur de Ω, et sur sa frontière — faites sur u; cela peut être fait de nombreuses façons; nous reviendrons à de nombreuses reprises sur ce point.

Voici maintenant comment ce type de problèmes peut entrer dans un cadre général. Le premier point est de définir un espace vectoriel topologique H de fonctions ou de distributions sur Ω, dans lequel $-\Delta$ «opère». Il y a essentiellement deux possibilités: 1) on considère des espaces de fonctions indéfiniment différentiables sur Ω, (et, par dualité, des espaces H de distributions sur Ω; cf. L. SCHWARTZ [1], [2]) espaces sur lesquels $-\Delta$ opère *continûment*; 2) on considère des espaces H de fonctions différentiables (dans un sens à préciser) sur Ω, un nombre fini de fois, et alors $-\Delta$ est un opérateur *non borné* dans H.

Le premier procédé est utilisé lorsque $\Omega = R^n$ (on a alors affaire aux problèmes de CAUCHY, la condition (1.2) étant remplacée par une condition de croissance à l'infini) — mais dans le cas des problèmes mixtes, aucun résultat allant dans le premier sens ne semble connu. On utilisera donc dans la suite le deuxième procédé: $-\Delta$ est considéré comme un opérateur *non borné* dans H, *son domaine* $D(-\Delta)$ consistant dans l'espace des éléments u «nuls» sur Γ (dans un sens à préciser; cf. Chap. II).

Nous supposerons que H est *un espace de* BANACH et dans H, on donne donc un opérateur non borné A, de domaine $D(A) \subset H$; on supposera toujours que $D(A)$ est dense dans H et que A est fermé (pour les opérateurs non bornés cf. par ex. RIESZ-NAGY [1], DUNFORD-SCHWARTZ [1]). Le problème (1.1), (1.2), (1.3) peut donc entrer dans le cadre du

Problème 1.1. Trouver une fonction $t \to u(t)$, une fois continûment différentiable de $t \geqq 0$ dans H (fort), avec

$$u(t) \in D(A) \qquad \text{pour tout } t \geqq 0, \tag{1.4}$$

$$A u(t) + u'(t) = f(t), \qquad u' = du/dt, \tag{1.5}$$

où $t \to f(t)$ est donnée continue de $t \geqq 0$ dans H fort, et avec

$$u(0) = u_0, \tag{1.6}$$

u_0 étant donné dans $D(A)$.

Remarque 1.1. On peut considérer un problème analogue mais où l'on remplace la topologie forte de H par la topologie faible.

Remarque 1.2. Lorsque $A = -\Delta$, l'espace H étant convenablement choisi, ainsi que le domaine de $-\Delta$ (cf. Chap. II), la condition (1.4) traduit la condition (1.2) (dans un sens généralisé; nous reviendrons sur ce point).

Remarque 1.3. Le problème 1.1 est le problème le plus simple possible qui se pose (problème de CAUCHY) relativement à une équation différentielle du premier ordre dans un espace de BANACH, le coefficient A étant un opérateur non borné (c'est ce que nous appellerons «*équation différentielle opérationnelle*»). Naturellement, en utilisant des espaces produits, cela contient aussi des équations différentielles opérationnelles d'ordre quelconque en t.

Remarque 1.4. Soit B un deuxième opérateur *non borné* dans H de domaine $D(B)$. On peut alors se proposer de trouver une fonction

$t \to u(t)$, continue de $t > 0$ dans H, avec

$$u(t) \in D(A) \cap D(B) \qquad \text{pour tout } t \geqq 0, \tag{1.4'}$$

la fonction $t \to Bu(t)$ étant une fois continûment différentiable de $t \geqq 0$ dans H, avec

$$A u(t) + \frac{d}{dt} B u(t) = f(t), \tag{1.5'}$$

$$Bu(0) \text{ étant donné dans } B(D(B)). \tag{1.6'}$$

Revenons au problème 1.1. Il n'y a pas de raison (et il serait infiniment trop restrictif pour les applications) de se borner aux opérateurs A *indépendants de* t. On considère donc *une famille d'opérateurs non bornés* $A(t)$ *dans* H; on suppose que pour chaque $t \geqq 0$, $A(t)$ est un opérateur fermé, de domaine $D(A(t))$ dense dans H. L'analogue du problème 1.1 est ici le

Problème 1.2. Trouver une fonction $t \to u(t)$ une fois continûment différentiable de $t \geqq 0$ dans H, avec

$$u(t) \in D(A(t)) \quad \text{pour tout } t \geqq 0, \tag{1.7}$$

$$A(t)\, u(t) + u'(t) = f(t), \tag{1.8}$$

$$u(0) = u_0, \qquad u_0 \text{ donné dans } D(A(0)). \tag{1.9}$$

Comme à la remarque 1.1 on peut remplacer la topologie forte de H par la topologie faible.

Naturellement, pour résoudre ce genre de problème, il faudra faire, entre autres, des hypothèses sur la façon dont $A(t)$ et $D(A(t))$ dépendent de t. Signalons dès maintenant que le cas où $D(A(t))$ ne dépend pas de t (bien que $A(t)$ dépende de t) est beaucoup plus simple.

On va dans la suite introduire divers problèmes généralisant le Problème 1.2.

2. Les problèmes généralisés (I). Equations scalaires associées

On suppose dans ce No. que *H est un espace de* HILBERT (pour le cas où H est un espace de BANACH, nous renvoyons à T. KATO [1], [2], [4], H. TANABE [1], [2])[1].

[1] Il faut aussi signaler les travaux de FOIAS-GUSSI-POENARU [1], [2]; dans ces travaux, les $A(t)$ sont des opérateurs non bornés dans un espace de BANACH; on construit (mais avec des hypothèses assez restrictives sur les $A(t)$ et de vérification pratique apparemment délicate) un espace de FRÉCHET (espace métrisable et complet; cf. BOURBAKI [2]) $\widetilde{H}$ contenant H, tel que $A(t)$ soit prolongeable en un opérateur $\widetilde{A}(t)$ *continu* de $\widetilde{H}$ dans lui même; sous des hypothèses convenables, on résout l'équation dans $\widetilde{H}$: $\widetilde{A}(t)u + u' = f$, $u(0)$ donné dans $\widetilde{H}$; c'est une solution généralisée; on étudie ensuite le problème de savoir quand cette solution généralisée est en fait une solution usuelle.

Les *notations* seront les suivantes: si $f, g \in H$, (f, g) (ou, en cas de possible confusion $(f, g)_H$) désigne leur produit scalaire dans H; $|f|$ (ou $|f|_H$) désigne la norme correspondante.

Si E est un espace de BANACH, on désignera par $L^p(a,b;E)$, $1 \leqq p \leqq \infty$, a et b finis ou non, l'espace des (classes de) fonctions de puissance $p^{\text{ème}}$ sommable sur (a,b), à valeurs dans E; si $u \in L^p(a,b;E)$, sa norme dans cet espace est

$$\left(\int_a^b \|u(t)\|_E^p \, dt\right)^{1/p},$$

où $\| \, \|_E$ désigne la norme dans E (et avec la modification habituelle si $p = \infty$) (cf. par ex. BOURBAKI [1]).

On désigne par $A^*(t)$ l'opérateur adjoint de $A(t)$; c'est également un opérateur non borné, fermé, de domaine $D(A^*(t))$ dense dans H (cf. RIESZ-NAGY [1], STONE [1]).

Ceci posé, soit u une solution du problème 1.2, dans un intervalle $t \in [0, T]$, T fini ou non. Soit φ une fonction ayant les propriétés suivantes:

$$t \to \varphi(t) \text{ est continue de } [0, T] \text{ dans } H; \tag{2.1}$$

$$\varphi(T) = 0 \text{ (ou bien, si } T = \infty\text{, est nulle pour } t \text{ assez grand);} \tag{2.2}$$

$$\left.\begin{array}{l}\varphi(t) \in D(A^*(t)) \text{ pour chaque } t \in [0, T]\text{, la fonction } t \to A^*(t)\,\varphi(t) \\ \qquad \text{étant continue de } [0, T] \text{ dans } H^{1}.\end{array}\right\} \tag{2.3}$$

On déduit de (1.8) que, pour tout $t \in [0, T]$:

$$(A(t)\,u(t), \varphi(t)) + (u'(t), \varphi(t)) = (f(t), \varphi(t)),$$

d'où, vu (2.3)

$$(u(t), A^*(t)\,\varphi(t)) + (u'(t), \varphi(t)) = (f(t), \varphi(t)),$$

d'où résulte:

$$\int_0^T \{(u(t), A^*(t)\,\varphi(t)) + (u'(t), \varphi(t))\}\, dt = \int_0^T (f(t), \varphi(t))\, dt, \tag{2.4}$$

de sorte que u vérifie (1.7), (1.9) et (2.4). Mais sous cette forme il est naturel d'introduire le problème suivant:

Problème 2.1. Trouver u avec

$$u \in L^2(0, T; H), \tag{2.5}$$

[1] Il faut noter que *l'existence* de telles fonctions φ, non identiquement nulles revient déja à supposer que les $A(t)$ et leurs domaines dépendent «régulièrement» de t. Mais évidemment ce qui suit vaut si la seule fonction à vérifier (2.1), (2.2), (2.3) est $\varphi = 0$.

avec

$$u' = \frac{d}{dt} u \in L^2(0, T; H),^1 \tag{2.6}$$

la condition (2.4) ayant lieu pour toutes les fonctions φ vérifiant (2.1), (2.2), (2.3), et u vérifiant

$$u(0) = u_0 \quad \text{donné dans } H. \tag{2.7}$$

Ce problème est *l'un* des (nombreux) problèmes *faibles* que l'on peut associer au problème «usuel» (problème 1.2). Toute solution du problème 1.2 est solution du problème 2.1 mais la réciproque est en général inexacte.

Si l'on fait maintenant l'hypothèse suivante:

$$t \to \varphi(t) \text{ est une fois continûment différentiable de } [0, T] \text{ dans } H, \tag{2.8}$$

on peut dans (2.4) intégrer par parties en t; il vient

$$\int_0^T \{(u(t), A^*(t)\,\varphi(t)) - (u(t), \varphi'(t))\}\, dt = \int_0^T (f(t), \varphi(t))\, dt + (u_0, \varphi(0)) \tag{2.9}$$

et il est alors raisonnable d'associer à cette équation le

Problème 2.2. Trouver u avec

$$u \in L^2(0, T; H), \tag{2.10}$$

l'égalité (2.9) ayant lieu pour tout φ avec (2.1), (2.2), (2.3) et (2.8).

Toute solution du problème 2.1 est solution du problème 2.2, la réciproque étant en général inexacte (on donnera ultérieurement des conditions suffisantes permettant d'affirmer que toute solution du problème 2.2 est solution du problème 2.1).

---

[1] La condition (2.6) signifie ceci: la forme $\psi \to -\int_0^T (u(t), \psi'(t))\, dt$ est continue sur l'espace des fonctions ψ une fois continûment différentiables de $[0, T]$ dans H, avec $\psi(0) = \psi(T) = 0$, muni de la topologie induite par l'espace $L^2(0, T; H)$; alors, elle se prolonge en une forme semi linéaire continue sur $L^2(0, T; H)$, de sorte qu'il existe v unique dans $L^2(0, T; H)$ avec

$$-\int_0^T (u(t), \psi'(t))\, dt = \int_0^T (v(t), \psi(t))\, dt;$$

par définition $u' = v$. (Pour le lecteur familiarisé avec la théorie des distributions à valeurs vectorielles, L. Schwartz [5], [6], il est équivalent de noter que u, avec (2.5) définit une distribution dans l'ouvert $]0, T[$ à valeurs dans H; la dérivée distribution u' existe et (2.6) a un sens).

Notons aussi que si u vérifie (2.5) et (2.6) alors elle est presque partout égale à une fonction, encore notée u, *continue* de $[0, T]$ dans H, de sorte que (2.7) a un sens.

Remarque 2.1. On peut naturellement remplacer dans les énoncés précédents la condition (2.10) par «$u \in L^p(0, T; H)$, $p \neq 2$» (en modifiant la classe des fonctions φ); peu de résultats semblent connus dans cette direction. Cf. toutefois M.Z. SOLOMIAK [1], [2].

Dans ce qui précède on est passé de $A(t)$ à $A^*(t)$ (ce qui, dans les cas où $A(t)$ est un opérateur — ou un système — différentiel revient à effectuer le *maximum* d'intégrations par parties possibles en x, $x \in \Omega$); il y a des cas intermédiaires. Pour préciser cela nous ferons l'hypothèse suivante:

$$A(t) \text{ est pour tout } t \geqq 0 \text{ un opérateur auto adjoint } > 0. \tag{2.11}$$

(Ce qui suit, et spécialement le cas $\vartheta = \frac{1}{2}$, s'adapte à des hypothèses beaucoup plus générales; voir la suite du livre.)

Si $\vartheta \in]0, 1[$ on peut alors définir $A^\vartheta(t) = (A(t))^\vartheta$, opérateur auto-adjoint > 0. Soit alors une fonction φ vérifiant (2.1), (2.2) et

$$\left.\begin{array}{c} \varphi(t) \in D(A^\vartheta(t)) \text{ (domaine de } A^\vartheta(t)\text{), la fonction } t \to A^\vartheta(t)\,\varphi(t) \\ \text{étant continue de } [0, T] \text{ dans } H. \end{array}\right\} \tag{2.12}$$

Dans ces conditions, si u vérifie (1.7) et (1.8), on obtient

$$\int_0^T \{(A^{1-\vartheta}(t)\,u(t), A^\vartheta(t)\,\varphi(t)) + (u'(t), \varphi(t))\}\,dt = \int_0^T (f(t), \varphi(t))\,dt, \tag{2.13}$$

équation à laquelle on associe le

Problème 2.3. Trouver u avec

$$u \in L^2(0, T; H), \tag{2.10}$$

$$u' \in L^2(0, T; H), \tag{2.6}$$

$$\left.\begin{array}{c} u(t) \in D(A^{1-\vartheta}(t)) \text{ presque partout en } t, \text{ la fonction} \\ t \to A^{1-\vartheta}(t)\,u(t) \text{ étant dans } L^2(0, T; H), \end{array}\right\} \tag{2.14}$$

$$u(0) = u_0 \text{ donné dans } H, \tag{2.7}$$

et l'équation (2.13) ayant lieu pour tout φ vérifiant (2.1), (2.2) et (2.12).

Si nous supposons maintenant que φ vérifie en outre (2.8) on peut alors intégrer par parties en t dans (2.13); il vient

$$\left.\begin{array}{l} \int_0^T \{(A^{1-\vartheta}(t)\,u(t), A^\vartheta(t)\,\varphi(t)) - (u(t), \varphi'(t))\}\,dt \\ \qquad = \int_0^T (f(t), \varphi(t))\,dt + (u_0, \varphi(0)), \end{array}\right\} \tag{2.15}$$

d'où le

Problème 2.4. Trouver u avec (2.10), (2.14), l'équation (2.15) ayant lieu pour tout φ avec (2.1), (2.2), (2.8) et (2.12).

On voit donc que l'on a associé au problème initial deux familles à un paramètre de solutions faibles. Il y aura donc toujours lieu de préciser avec grand soin quelle est la solution «faible» que l'on est en train d'étudier.

Les équations (2.4), (2.9), (2.13) et (2.15) sont toutes des équations *scalaires*, alors que les équations de départ sont des équations *vectorielles*. Comme on verra au No. suivant, il y a ici encore des cas intermédiaires.

Remarque 2.2. On peut également considérer des problèmes *non linéaires* et leur associer des «solutions faibles»; nous y reviendrons à plusieurs reprises. C'est d'ailleurs à propos des équations (non linéaires) de NAVIER-STOKES qu'ont été introduites, par J. LERAY, des solutions faibles (solutions turbulentes). Cf. J. LERAY [1], [2], [3].

Bibliographie. Comme on vient de signaler, les solutions faibles ont été introduites par LERAY, loc. cit. Sous une forme très voisine de la forme actuelle, les solutions faibles des problèmes 2.1 et 2.2 ont été introduites par S. SOBOLEV [3], [4]. Les problèmes 2.3 et 2.4 avec $\vartheta = \frac{1}{2}$ ont été étudiés systématiquement par I. M. VISIK, O. A. LADYZENSKAYA et l'Auteur. Le cas $\vartheta \neq \frac{1}{2}$ a été introduit par P. E. SOBOLEVSKI [3], [4], [5]. On consultera aussi les travaux sur les puissances fractionnaires de générateurs infinitésimaux de semi groupes (BOCHNER [2], PHILLIPS [6], BALAKRISHNAN [2], [3], KATO [3], YOSIDA [10]).

3. Les problèmes généralisés (II). Equations semi scalaires associées

Nous supposerons encore que $A(t)$ est un opérateur auto adjoint >0 pour chaque $t \in [0, T]$; on supposera en outre que

$$D\big(A^{\vartheta}(t)\big) \text{ est, pour un } \vartheta \in [0,1] \text{ convenable, } \textit{indépendant de } t. \tag{3.1}$$

Reprenons alors u solution de (1.7), (1.8), (1.9); prenons v fixé dans $D\big(A^{\vartheta}(t)\big)$; on déduit de (1.8):

$$\big(A^{1-\vartheta} u(t), A^{\vartheta}(t) v\big) + \big(u'(t), v\big) = \big(f(t), v\big). \tag{3.2}$$

Introduisons maintenant $\tilde{u}(t)$, égale à 0 pour $t<0$ et à $u(t)$ pour $0 \leq t \leq T$; on peut alors écrire

$$\big(A^{1-\vartheta}(t)\,\tilde{u}(t), A^{\vartheta}(t)\,v\big) + \frac{d}{dt}\big(\tilde{u}(t), v\big) = (\tilde{f}, v) + (u_0, v)\,\delta,^{1} \tag{3.3}$$

où $\tilde{f}(t)$ est égale à 0 pour $t<0$ et à $f(t)$ pour $t \in (0, T)$, où δ est la masse de DIRAC à l'origine, la dérivée en t dans (3.3) *étant prise au sens des distributions sur l'ouvert* $]-\infty, T[$. (Ceci n'est autre chose que la

[1] Cette écriture suppose $A^{1-\vartheta}(t)$ défini pour $t<0$, ce qui peut être fait de façon quelconque (lorsque — voir çi après — u est une distribution à valeurs vectorielles, il suffit de faire un prolongement «régulier» de $A(t)$ pour $t<0$).

méthode de Sobolev-Schwartz pour faire passer les données de Cauchy au second membre).

Sous cette forme, *un* problème naturellement associé à (3.3) est le

Problème 3.1. On cherche $\tilde{u} \in L^2(-\infty, T; H)$, *nulle pour* $t<0$ (presque partout; p.p.), avec $\tilde{u}(t) \in D(A^{1-\vartheta}(t))$ p.p., la fonction $t \to A^{1-\vartheta}(t)\tilde{u}(t)$ étant dans $L^2(-\infty, T; H)$ (et évidemment nulle pour $t<0$), et vérifiant (3.3) pour tout $v \in D(A^{\vartheta}(t))$.

On peut évidemment remplacer les espaces L^2 par des L^p, $p \neq 2$ (au moins pour *poser* les problèmes!), mais, ce qui est plus important, avec des hypothèses de régularité convenable, on peut supposer sous la forme (3.3) que u est une distribution à valeurs vectorielles (cf. L. Schwartz [5], [6] pour cette théorie); nous reviendrons sur cette remarque en de nombreux points, mais pouvant être passés, de façon à ne pas supposer connue cette théorie.

Pour le cas $\vartheta = \frac{1}{2}$, cf. Lions [10], F. Trèves [1].

Remarque 3.1. Les équations du type (3.3) qui expriment des égalités entre fonctions (ou distributions) de t, peuvent être appelées équations *semi scalaires* associées aux équations (vectorielles) de départ.

Remarque 3.2. Comme on verra par la suite (et spécialement aux Chap. II et VI) l'hypothèse (3.1) est souvent vérifiée dans la pratique des problèmes aux limites avec $\vartheta = \frac{1}{2}$.

Remarque 3.3. Partant du problème 1.2, nous avons introduits diverses classes de solutions faibles associées; il est également utile de considérer un problème inverse: chercher des conditions suffisantes (portant sur $A(t)$, f et u_0) pour qu'une solution du problème 1.2 ait des propriétés de régularité en t supplémentaires (dans le cas des opérateurs différentiels il faudra ajouter: des propriétés supplémentaires de régularité en les variables d'espaces, à l'intérieur ou sur la frontière).

Remarque 3.4. Nous sommes partis, au No. 1, de l'exemple de l'opérateur de la chaleur dans un ouvert *cylindrique* de l'espace $R_x^n \times R_t$; des problèmes analogues se posent dans des ouverts *non* cylindriques; il faut introduire *une famille d'espaces de* Banach H_t dépendant de t. Un tel cas sera étudié au Chap. IV.

Remarque 3.5. Nous avons considéré des équations différentielles opérationnelles; on peut également considérer *des équations aux dérivées partielles opérationnelles*, i.e. des équations aux dérivées partielles à coefficients opérateurs non bornés. Un exemple est indiqué au Chap. IV, No. 8.

Remarque 3.6. On dit, avec M. Hadamard, que l'un des problèmes précédents (1.2, 2.1, 2.2, etc. ...) est «*bien posé*» s'il admet une solution unique, l'application étant continue (pour des topologies que nous préciserons dans la suite du livre).

Chapitre II

Problèmes aux limites variationnels

Sommaire. Le but de ce Chapitre est de permettre d'obtenir des *exemples* dans les chapitres ultérieurs, spécialement les Chap. VI et IX.

Pour le reste du livre, seule la lecture du No. 1 est indispensable et la lecture des No. 1, 2, 4 (partiellement) et 5 suffira essentiellement. Les No. 3, les compléments du No. 4, et les No. 6, ..., 10, donnent des exemples ou des résultats plus spéciaux ou plus élaborés.

Le No. 3 contient les résultats principaux relatifs aux espaces de Sobolev $H^m(\Omega)$ (ainsi qu'un problème non résolu).

Il est sans doute superflu d'ajouter que ce chapitre n'a *nullement* pour objet une étude complète des problèmes abordés!. Outre l'ouvrage de S. Sobolev [5], et les articles cités dans le texte, on pourra consulter Agmon [1], [2], Agmon Douglis Nirenberg [1], Browder [7], [8], [9], [10], [11], [12], Morrey [5], Schechter [1], [2], [3], [4], et le rapport de Magenes et Stampacchia [1].

1. Le couple V, H et la forme $a(u, v)$

Les notations introduites dans ce No. seront constamment utilisées dans la suite. On considère deux espaces de Hilbert V et H avec $V \subset H$ algébriquement et topologiquement (au sens: l'injection de V dans H est continue). Si u et v sont deux éléments de V, $((u,v))$ désigne leur produit scalaire et $\|u\| = ((u,u))^{\frac{1}{2}}$; si $f, g \in H$, (f,g) désigne leur produit scalaire dans H et $|f| = (f,f)^{\frac{1}{2}}$ (en cas d'ambiguité, on écrira $((u,v))_V$, $(f,g)_H$, etc.). De l'inclusion topologique il résulte que $|v| \leqq k\|v\|$, $v \in V$, $k =$ constante.

On supposera ici que

$$V \text{ est dense dans } H. \tag{1.1}$$

Voici un *exemple type* de cette situation:

Exemple 1.1. Soit Ω un ouvert (quelconque) de R^n. On désignera de façon générale par $L^p(\Omega)$ l'espace des (classes de) fonctions de puissance $p^{\text{ème}}$ sommable sur Ω, pour la mesure $dx = dx_1 \ldots dx_n$. Dans le cas $p = 2$, c'est un espace de Hilbert pour le produit scalaire

$$(f, g)_{L^2(\Omega)} = \int_\Omega f(x)\, \overline{g(x)}\, dx.$$

On désigne par $H^1(\Omega)$ l'espace des $u \in L^2(\Omega)$ dont les dérivées distributions dans l'ouvert Ω: $\partial u / \partial x_i$ sont dans $L^2(\Omega)$ [1]; pour $u \in H^1(\Omega)$ on

[1] Cela signifie qu'il existe f_i (unique) dans $L^2(\Omega)$ telle que

$$\int_\Omega f_i(x)\, \varphi\, dx = -\int_\Omega u(x) \frac{\partial}{\partial x_i} \varphi\, dx,$$

pour toute fonction φ indéfiniment différentiable à support compact dans Ω. Par définition, on pose $\frac{\partial}{\partial x_i} u = f_i$.

posera

$$(u, v)_{H^1(\Omega)} = (u, v)_{L^2(\Omega)} + \sum_{i=1}^{n} (D_i u, D_i v)_{L^2(\Omega)}, \qquad D_i = \partial/\partial x_i.$$

Cela munit $H^1(\Omega)$ d'une structure *hilbertienne* (vérification facile; des propriétés plus générales sont d'ailleurs démontrées au No. 2).

Si maintenant l'on prend: $H = L^2(\Omega)$ et $V = H^1(\Omega)$, les conditions précédentes ont lieu.

La forme $a(u,v)$.

On désigne par $a(u,v)$ une forme sesquilinéaire continue sur V, i.e. une application: $u, v \to a(u,v)$ de $V \times V$ dans C (corps des complexes) qui soit linéaire en u, semi (ou anti) linéaire en v, avec

$$|a(u, v)| \leqq c_1 \|u\| \|v\|, \qquad c_1 = \text{constante}.$$

La donnée de $a(u,v)$ équivaut à la donnée d'un opérateur $\mathscr{A} \in \mathscr{L}(V; V)$ (espace des opérateurs linéaires continus de V dans V) avec

$$a(u, v) = ((\mathscr{A} u, v)). \tag{1.2}$$

Proposition 1.1. *Si l'on suppose que*

$$|a(v, v)| \geqq \alpha \|v\|^2, \ \alpha > 0, \quad \text{pour tout } v \in V, \tag{1.3}$$

l'opérateur $\mathscr{A}$ est un isomorphisme de V sur lui même.

Il résulte en effet de (1.2) et (1.3) que $\|\mathscr{A} v\| \geqq \alpha \|v\|$, pour tout $v \in V$. Introduisons alors *la forme adjointe* $a^*(u,v)$ définie par

$$a^*(u, v) = \overline{a(v, u)} \quad \text{pour tout } u, v \in V; \tag{1.4}$$

c'est également une forme sesquilinéaire continue sur V, vérifiant encore $|a^*(v, v)| \geqq \alpha \|v\|^2$; on peut l'écrire

$$a^*(u, v) = ((\mathscr{A}^* u, v)),$$

$\mathscr{A}^*$ étant l'adjoint de $\mathscr{A}$.

L'opérateur $\mathscr{A}^*$ vérifie (comme $\mathscr{A}$): $\|\mathscr{A}^* v\| \geqq \alpha \|v\|$, pour tout $v \in V$. La proposition résulte alors classiquement de ces propriétés de $\mathscr{A}$ et de $\mathscr{A}^*$.

L'opérateur non borné associé à $a(u,v)$.

On désigne par N l'ensemble (éventuellement réduit à $\{0\}$) des $u \in V$ pour lesquels la forme semi linéaire

$$v \to a(u, v) \tag{1.5}$$

est continue sur V pour la topologie induite par H. Alors, V étant dense dans H, la forme (1.5) se prolonge par continuité en une forme linéaire continue sur H, donc de la forme

$$a(u,v) = (Au, v), \quad Au \in H. \tag{1.6}$$

On définit ainsi un *opérateur linéaire, en général non borné*, A, de domaine $D(A) = N$. (On notera la profonde différence entre A et $\mathscr{A}$.)

Exemple 1.1. (Suite, 1). Avec les notations de l'exemple 1.1 nous prenons

$$a(u,v) = \lambda (u,v)_{L^2(\Omega)} + \sum_{i=1}^{n} (D_i u, D_i v)_{L^2(\Omega)}, \qquad \lambda \in C.$$

Si $v \in \mathscr{D}(\Omega)$ (espace des fonctions indéfiniment différentiables et à support compact dans Ω), on a

$$a(u,v) = \langle -\Delta u + \lambda u, \bar{v} \rangle$$

où $\Delta u = \Sigma D_i^2 u$, $\Delta u \in \mathscr{D}'(\Omega)$ (espace des distributions sur Ω, cf. L. Schwartz [1]), et le crochet désignant la dualité entre $\mathscr{D}'(\Omega)$ et $\mathscr{D}(\Omega)$. Supposons que u soit dans N; alors, *en particulier*, $v \to \langle -\Delta u + \lambda u, \bar{v} \rangle$ est continue sur $\mathscr{D}(\Omega)$ muni de la topologie induite par $L^2(\Omega)$, et par conséquent Δu est dans $L^2(\Omega)$. En outre si $u \in N$, on a, par définition de A, $a(u,v) = (Au, v)$, et pour $v \in \mathscr{D}(\Omega)$ ceci vaut $(-\Delta u + \lambda u, v)$. Donc

$$Au = -\Delta u + \lambda u,$$

et «$u \in D(A)$» équivaut aux conditions suivantes:

(i) $u \in H^1(\Omega)$, $\Delta u \in L^2(\Omega)$,

(ii) $(-\Delta u, v) = \sum (D_i u, D_i v)_{L^2(\Omega)}$ pour tout $v \in V = H^1(\Omega)$.

La condition (ii) exprime, dans un sens généralisé, que la dérivée normale $\frac{\partial}{\partial n} u$ de u sur la frontière Γ de Ω est nulle. (Il ne *peut* s'agir que d'un sens généralisé, puisque, en particulier, il n'est fait *aucune* hypothèse de régularité sur la frontière de Ω.)

Démontrons maintenant la

Proposition 1.2. *Supposons que* (1.3) *ait lieu. Alors, pour tout $f \in H$, il existe u unique dans $D(A)$, solution de $Au = f$.*

Démonstration. Si u vérifie $Au = f$, alors, pour v quelconque dans V, on a d'après (1.6),

$$a(u,v) = (f, v). \tag{1.7}$$

Réciproquement, soit u *dans* V vérifiant (1.7) pour tout $v \in V$; alors la forme $v \to a(u,v)$ est continue sur V muni de la topologie induite par H, donc par définition de A, $u \in D(A)$ et $a(u,v) = (Au, v)$, et par conséquent $(Au, v) = (f, v)$ pour tout $v \in V$; comme V est dense dans H, il en résulte que $Au = f$.

Tout revient donc à résoudre (1.7) *dans* V. La forme $v \to (f,v)$ est continue sur H, donc sur V, donc peut s'écrire

$$(f,v) = ((Jf,v)),$$

ce qui définit $J \in \mathscr{L}(H;V)$.

L'équation (1.7) est maintenant équivalente à $\mathscr{A}u = Jf$, qui admet, d'après la proposition 1.1 une solution unique: $u = \mathscr{A}^{-1}Jf$. c.q.f.d.

Naturellement $a^*(u,v)$, introduit en (1.4), définit un opérateur (en général) non borné A^* (on va voir que c'est l'adjoint de A); sous l'hypothèse (1.3) l'équation $A^*u = f$, $u \in D(A^*)$, admet une solution unique. Si $u \in D(A)$ et $v \in D(A^*)$, on a: $(Au,v) = a(u,v)$, $(A^*v,u) = a^*(v,u) = \overline{a(u,v)}$, donc

$$(Au,v) = (u, A^*v). \tag{1.8}$$

Montrons alors que $D(A)$ est *dense dans* H. Soit en effet $f \in H$ avec $(u,f) = 0$ pour tout $u \in D(A)$; il existe v (unique) dans $D(A^*)$, avec $A^*v = f$ (toujours dans l'hypothèse (1.3)), et par (1.8), on a donc $(Au,v) = 0$ pour tout $u \in D(A)$; comme (proposition 1.2) A applique $D(A)$ *sur* H, ceci entraine $v = 0$, donc $f = 0$, d'où le résultat.

De même évidemment $D(A^*)$ est dense dans H. Vérifions maintenant que A est *fermé:* soit $u_n \in D(A)$, $u_n \to u$ dans H, $Au_n = f_n \to f$ dans H; alors $u_n = \mathscr{A}^{-1}Jf_n \to u_0$ dans V; nécessairement $u_0 = u$, et donc $u = \mathscr{A}^{-1}Jf \in D(A)$, et $Au = f$, d'où le résultat.

Proposition 1.3. *Supposons que* (1.3) *ait lieu; A^*, défini par $a^*(u,v)$ est l'adjoint de A défini par $a(u,v)$.*

Démonstration. Désignons provisoirement par A_1 l'adjoint de A. Soit $v \in D(A_1)$; alors la forme $u \to (Au,v)$ est continue sur $D(A)$ pour la topologie induite par H, et $(Au,v) = (u, A_1 v)$. Mais soit v_0 la solution dans $D(A^*)$ de $A^*v_0 = A_1 v$; alors $(u, A_1 v) = (u, A^*v_0) = (Au, v_0)$ (d'après (1.8)), de sorte que $v = v_0$ et $A_1 v = A^* v$; la proposition suit.

On munira $D(A)$ de la «norme du graphe»:

$$\|u\|_{D(A)} = (|u|^2 + |Au|^2)^{\frac{1}{2}},$$

qui fait de $D(A)$ un espace de Hilbert; et A est alors un isomorphisme de $D(A)$ sur H.

Remarque 1.1. Supposant toujours que (1.3) a lieu, $D(A)$ est dense dans V. En effet, soit $v \in V$ avec $((u,v)) = 0$ pour tout $u \in D(A)$; soit $w = (\mathscr{A}^*)^{-1}v$; on a: $((u,v)) = ((u, \mathscr{A}^*w)) = ((\mathscr{A}u, w)) = a(u,w) = (Au,w) = 0$ pour tout $u \in D(A)$, donc $w = 0$, donc $v = 0$, d'où le résultat.

Exemple 1.1 (Suite, 2). Si l'on suppose que $\operatorname{Re}\lambda$ (= partie réelle de $\lambda) > 0$, on a $\operatorname{Re} a(v,v) \geqq \inf(1, \operatorname{Re}\lambda)\|v\|^2$, pour tout $v \in V = H^1(\Omega)$, de sorte que pour f donné dans $L^2(\Omega)$, il existe u unique vérifiant (i), (ii) (cf. Exemple 1.1 (Suite, 1)), et

$$-\Delta u + \lambda u = f.$$

Ceci résout le problème de NEUMANN, dans un sens généralisé, sur un ouvert quelconque, relativement à l'opérateur $-\Delta + \lambda$.

Remarque 1.2. Si dans ce qui précède l'hypothèse que V est un espace de HILBERT est essentielle, on peut par contre supposer que H est un espace de BANACH, ou même un espace vectoriel topologique localement convexe (cf. LIONS [1 bis]).

Remarque 1.3. La proposition 1.2 est une simple variante du «Lemme de LAX-MILGRAM» (cf. P. LAX-MILGRAM [1]).

On peut faire entrer les considérations qui précèdent dans le cadre des prolongements des opérateurs non bornés. L'étude de *tous* les prolongements vérifiant des propriétés données est faite, pour les opérateurs symmétriques, dans J.W. CALKIN [1], M.G. KREIN [1], [2] et dans un cas général, par I. M. VISIK [4]; cf. aussi R. S. PHILLIPS [4], [8]. Cela permet, lorsqu'on a des inégalités convenables (par exemple, les inégalités d'HÖRMANDER pour les opérateur différentiels à coefficients constants) pour des opérateurs différentiels, d'attacher des problèmes aux limites bien posés à ces opérateurs. Cf. L. HÖRMANDER [1], BEREZANSKI [1], [2], [3], V. THOMÉE [3].

On va montrer dans la suite de ce Chapitre comment la règle de la Proposition 1.2 permet de résoudre — dans un sens faible — de très nombreux problèmes aux limites. Nous avons besoin au préalable d'introduire un certain nombre d'espaces fonctionnels.

2. Quelques espaces fonctionnels

Soit Ω un ouvert quelconque de R^n (pour des variétés fibrées convenables, cf. LIONS-SCHWARTZ [1]). On désigne par $\mathcal{D}(\Omega)$ (resp. $\mathcal{D}'(\Omega)$) l'espace des fonctions indéfiniment différentiables et à support compact (resp. des distributions) sur Ω. Soit $\Lambda_1, \Lambda_2, \ldots, \Lambda_\nu$ une famille d'opérateurs différentiels à coefficients constants.

Définition 2.1. On désigne par $H(\Lambda_1, \Lambda_2, \ldots, \Lambda_\nu; \Omega)$ l'espace des (classes de) fonctions $u \in L^2(\Omega)$ telles que $\Lambda_i u \in L^2(\Omega)$ pour $i = 1, \ldots, \nu$ (les $\Lambda_i u$ étant évidemment pris au sens des distributions sur Ω). On munit $H(\Lambda_1, \ldots, \Lambda_\nu; \Omega)$ de la norme

$$\|u\|_{H(\Lambda_1, \ldots, \Lambda_\nu; \Omega)} = \left(\|u\|^2_{L^2(\Omega)} + \sum_{i=1}^{\nu} \|\Lambda_i u\|^2_{L^2(\Omega)}\right)^{\frac{1}{2}}. \tag{2.1}$$

Proposition 2.1. *Pour la norme* (2.1), $H(\Lambda_1, \ldots, \Lambda_\nu; \Omega)$ *est un espace de* HILBERT.

Démonstration. Il suffit de montrer que $H(\Lambda_1, \ldots, \Lambda_\nu; \Omega)$ est *complet* pour la norme (2.1); soit donc u_m une suite de CAUCHY; d'après (2.1), u_m et $\Lambda_i u_m$ sont des suites de CAUCHY dans $L^2(\Omega)$, qui est complet, donc $u_m \to u$, $\Lambda_i u_m \to f_i$, dans $L^2(\Omega)$.

Mais alors $\Lambda_i u_m \to \Lambda_i u$ dans $\mathscr{D}'(\Omega)$, donc $\Lambda_i u = f_i$, et le résultat suit.

Remarque 2.1. On peut évidemment considérer des Λ_i à coefficients variables (cf. LIONS [1]). Pour les applications aux problèmes elliptiques il est intéressant de remplacer dans ce qui précede $L^2(\Omega)$ par $L^p(\Omega)$, $p \neq 2$. L'espace obtenu est alors un espace de BANACH.

Remarque 2.2. L'espace $H(\Lambda_1, \ldots, \Lambda_\nu; \Omega)$ peut être considéré comme un sous espace vectoriel fermé de l'espace produit $L^2(\Omega)^{\nu+1}$, qui est séparable; donc $H(\Lambda_1, \ldots, \Lambda_\nu; \Omega)$ est séparable.

Dans les applications, les $\Lambda_1, \ldots, \Lambda_\nu$, jouent le rôle *«d'opérateurs élémentaires»* à partir desquels sont construits les opérateurs (ou les systèmes) différentiels. L'exemple le plus important de famille d'opérateurs élémentaires — mais non le seul digne d'intérêt, comme on verra par la suite — est le suivant:

Exemple 2.1; les espaces $H^m(\Omega)$. On prend pour Λ_i, $i = 1, \ldots, \nu$ la famille de *tous* les opérateurs $D^p = D_1^{p_1} \ldots D_n^{p_n}$, $(D_i = \partial/\partial x_i)$, où $|p| = p_1 + \cdots + p_n \leqq m$. L'espace correspondant est noté $H^m(\Omega)$. Donc

$$u \in H^m(\Omega) \text{ équivaut à } D^p u \in L^2(\Omega), \text{ pour } |p| \leqq m. \tag{2.2}$$

On posera

$$\|u\|_m = \Big(\sum_{|q| \leqq m} \int_\Omega |D^q u(x)|^2 dx\Big)^{\frac{1}{2}}. \tag{2.3}$$

Les espaces $H^m(\Omega)$ ont été introduits par SOBOLEV [1] et les résultats fondamentaux relatifs à cet espace sont dûs à cet auteur. (Remplaçant L^2 par L^p, on obtient les espaces $H^{m,p}(\Omega) = W_p^m(\Omega)$.)

Définition 2.2. On désigne par $H_0^m(\Omega)$ l'adhérence dans $H^m(\Omega)$ du sous espace $\mathscr{D}(\Omega)$.

Si $\Omega = R^n$ on constate facilement, par régularisation et tronquature, que $H^m(R^n) = H_0^m(R^n)$, mais en général $\mathscr{D}(\Omega)$ n'est pas dense dans $H^m(\Omega)$ ($\mathscr{D}(\Omega)$ n'est dense que si $\complement\Omega$ (= complémentaire de Ω) est «petit», l'énoncé précis étant donné au No. suivant). Par exemple, si $\Omega =]0, 1[$ en dimension 1, on vérifie facilement que la condition nécessaire et suffisante pour que $u \in H^1(\Omega)$ soit dans $H_0^1(\Omega)$ est que $u(0) = u(1) = 0$.

Dans de très nombreux exemples — cf. Chap. VI, VII, IX — *on aura* $H = L^2(\Omega)$ *et* $V =$ *sous espace vectoriel fermé de* $H^m(\Omega)$ *avec*

$$H_0^m(\Omega) \subset V \subset H^m(\Omega).$$

Pour des exemples d'espaces V, cf. No. 3.

Les propriétés fondamentales des espaces $H^m(\Omega)$ seront rappelées au No. suivant.

Exemple 2.2. On prend $\nu = 1$, $\Lambda_1 = \Delta$ (Laplacien). L'espace correspondant $H(\Delta;\Omega)$ est donc l'espace des $u \in L^2(\Omega)$ tels que $\Delta u \in L^2(\Omega)$. L'adhérence de $\mathscr{D}(\Omega)$ dans $H(\Delta;\Omega)$ n'est autre que $H_0^2(\Omega)$ $\Big($car pour $u \in \mathscr{D}(\Omega)$, $\big(\int\limits_\Omega (|u|^2 + |\Delta u|^2)\,dx\big)^{\frac{1}{2}}$ est équivalente à $\|u\|_2\Big)$. On prendra pour V un sous espace vectoriel fermé de $H(\Delta;\Omega)$, avec

$$H_0^2(\Omega) \subset V \subset H(\Delta;\Omega).$$

3. Espaces $H^m(\Omega)$

3.1. Il y a d'abord lieu d'introduire *l'espace* $H^{-m}(\Omega)$, *dual de* $H_0^m(\Omega)$ (cf. L. Schwartz [9]); c'est un espace de distributions sur Ω: la condition nécessaire et suffisante pour qu'une distribution T sur Ω soit dans $H^{-m}(\Omega)$ est qu'on puisse l'écrire (de façon non unique)

$$T = \sum_{|p| \leq m} D^p f_p, \qquad f_p \in L^2(\Omega).$$

Si $\Omega = R^n$, tous ces espaces peuvent être caractérisés simplement à l'aide de la transformation de Fourier. Si $f \in L^2(R^n)$, sa transformée de Fourier $\mathscr{F} f = \hat{f}$ (donnée, formellement, par

$$\int \exp(-i x \xi) f(x)\,dx, \qquad x\xi = x_1\xi_1 + \cdots + x_n\xi_n) \quad \text{est dans } L^2(R^n)$$

et on constate alors facilement que:

$$u \in H^m(R^n) \quad \text{équivaut à} \quad (1+\xi^2)^{m/2}\hat{u} \in L^2(R^n),[1]$$

$$T \in H^{-m}(R^n) \quad \text{équivaut à} \quad (1+\xi^2)^{-m/2}\hat{T} \in L^2(R^n).$$

Ceci conduit à la définition suivante:

Définition 3.1. On désigne par $H^s(R^n)$, s réel de signe quelconque, l'espace des $f \in L^2(R^n)$ tels que $(1+\xi^2)^{s/2}\hat{f} \in L^2(R^n)$, muni de la norme

$$\|(1+\xi^2)^{s/2}\hat{f}\|_{L^2(R^n)},$$

qui en fait un espace de Hilbert.

Définition 3.2. (L. Hörmander-J. L. Lions [1]). Un ensemble fermé X de R^n est dit *s-polaire* (s réel > 0) si $H_X^{-s}(R^n) = \{0\}$, où de façon générale, $H_X^{-s}(R^n)$ désigne l'espace des distributions de $H^{-s}(R^n)$ *à support dans* X.

On a alors le résultat suivant (que nous ne démontrerons pas ici):

Théorème 3.1. *La condition nécessaire et suffisante pour que* $H_0^m(\Omega)$ *soit strictement contenu dans* $H^m(\Omega)$ *est que* $\complement\Omega$ *ne soit pas m-polaire.*

[1] $\xi^2 = \xi_1^2 + \cdots + \xi_n^2$.

3.2. Supposons, pour simplifier, que Ω soit un ouvert *borné* de frontière Γ une variété indéfiniment différentiable de dimension $n-1$. On va définir *des espaces* $H^s(\Gamma)$, s réel quelconque, l'introduction de ces espaces étant justifiée par le théorème 3.2 çi après. Pour $s=0$, $H^0(\Gamma)$ sera l'espace $L^2(\Gamma)$ des (classes de) fonctions de carré sommable sur Γ, pour la mesure superficielle sur Γ. Pour $s=m$, entier >0, $H^m(\Gamma)$ sera l'espace des fonctions dont toutes les dérivées distributions sur Γ, d'ordre $\leqq m$, sont dans $L^2(\Gamma)$ (on utilise naturellement des cartes locales pour préciser cela), avec la structure hilbertienne naturelle.

On va maintenant définir $H^s(\Gamma)$ pour $0<s<m$ à l'aide de la théorie des «espaces intermédiaires». Désignons par $\mathscr{W}_\alpha$ l'espace des fonctions $t\to u(t)$ telles que

$$t^\alpha u\in L^2\big(0,\infty;H^m(\Gamma)\big), \tag{3.1}$$

avec

$$t^\alpha u'\in L^2\big(0,\infty;H^2(\Gamma)\big),^1 \tag{3.2}$$

où

$$\tfrac{1}{2}+\alpha=\vartheta\in\,]0,1[\,. \tag{3.3}$$

On munit $\mathscr{W}_\alpha$ de la norme

$$\Big(\int_0^\infty\big(\|t^\alpha u(t)\|^2_{H^m(\Gamma)}+\|t^\alpha u'(t)\|^2_{H^0(\Gamma)}\big)\,dt\Big)^{\frac{1}{2}}=\|u\|_{\mathscr{W}_\alpha}$$

qui en fait un espace de Hilbert. Dans ces conditions on peut définir pour $u\in\mathscr{W}_\alpha$ la valeur $u(0)$ de u à l'origine, et lorsque u parcourt $\mathscr{W}_\alpha$, $u(0)$ parcourt un espace T_α; si $u(0)=e$, on posera

$$\|e\|_{T_\alpha}=\inf\|v\|_{\mathscr{W}_\alpha},\qquad v\in\mathscr{W}_\alpha,\qquad v(0)=e, \tag{3.4}$$

ce qui munit T_α d'une structure Hilbertienne. Alors, par définition:

$$T_\alpha=H^{(1-\vartheta)m}(\Gamma),\quad \vartheta \text{ donné en (3.3)}. \tag{3.5}$$

(Pour détails, cf. Lions [20], [21].)

On peut vérifier ceci: pour que u soit dans $H^s(\Gamma)$ il faut et il suffit que ses images par les cartes locales (définissant la variété Γ) soient dans $H^s(R^{n-1})$, cet espace étant défini par transformation de Fourier (cf. 3.1). (On notera que si φ est une fonction, par exemple m fois continûment différentiable à support compact sur Γ, et si u est dans $H^s(\Gamma)$, alors φu est dans $H^s(\Gamma)$, l'application $u\to\varphi u$ étant continue de $H^s(\Gamma)$ dans lui même — ceci est conséquence immédiate de la définition

[1] Grâce à (3.3), il résulte de (3.1) que, pour tout T fini, $u\in L^1(0,T;H^m(\Gamma))$. Alors $u'=du/dt$ est défini comme dans la note 1, p. 5, Chap. I. On a également

$$u'\in L^1(0,T;H^0(\Gamma))\qquad (H^0(\Gamma)=L^2(\Gamma)),$$

de sorte que u est (p.p. égale à) une fonction continue de $t\geqq 0$ dans $H^0(\Gamma)$; donc $u(0)$ a un sens.

précédente —; on dit alors que $H^s(\Gamma)$ est un espace de type local; cf. HÖRMANDER [1]; HÖRMANDER-LIONS [1] pour le cas actuel, et une discussion générale dans MALGRANGE [2].)

Ceci posé, on a le

Théorème 3.2. *Soit Ω un ouvert borné de R^n de frontière Γ variété de dimension $n-1$ indéfiniment différentiable, Ω étant d'un seul coté de Γ. Pour tout $u \in H^m(\Omega)$ on peut définir de façon unique*

$$\gamma_j u = \frac{\partial^j}{\partial \nu^j} u \in H^{m-j-\frac{1}{2}}(\Gamma), \qquad 0 \leqq j \leqq m-1, \tag{3.6}$$

l'application $u \to \gamma_j u$ étant continue de $H^m(\Omega)$ dans $H^{m-j-\frac{1}{2}}(\Gamma)$[1]. *En outre si $\varphi = \{\varphi_0, \ldots, \varphi_{m-1}\}$ est donnée dans l'espace*

$$\prod_{j=0}^{m-1} H^{m-j-\frac{1}{2}}(\Gamma),$$

il existe u (non unique) dans $H^m(\Omega)$ tel que $\gamma_j u = \varphi_j$, $0 \leqq j \leqq m-1$, et on peut choisir $u = u_\varphi$ de façon que l'application $\varphi \to u_\varphi$ soit linéaire continue de $\prod_{j=0}^{m-1} H^{m-j-\frac{1}{2}}(\Gamma)$ dans $H^m(\Omega)$.

Ce résultat vaut si Γ est bornée, Ω borné ou non (le cas où Ω n'est pas borné nécessite quelques développements supplémentaires).

On consultera également ARONSZAJN [3], ARONSZJAN-SMITH [1], [3], [4]. Les résultats correspondant au cas L^p, $p \neq 2$, sont connus: si $m = 1$, cf. GAGLIARDO [5]; si $m > 1$, SLOBODETSKI [5], LIONS [22].

Pour le prolongement sur des variétés de dimension $< n-1$, cf. SOBOLEV [5], G. PRODI [6].

3.3. Le théorème 3.2 permet de définir des espaces V, fermés dans $H^m(\Omega)$ avec $H_0^m(\Omega) \subset V \subset H^m(\Omega)$: il suffit d'imposer des conditions linéaires aux $\gamma_j u$ (conditions aux limites).

On verra de nombreux exemples plus loin.

Un problème: il serait intéressant de caractériser les sous espaces V fermés de $H^m(\Omega)$, avec $H_0^m(\Omega) \subset V \subset H^m(\Omega)$, et *qui sont stables par multiplication*, i.e. tels que, pour toute fonction $\alpha \in L^\infty(\Omega)$, avec $D^q \alpha \in L^\infty(\Omega)$ pour $|q| \leqq m$, on ait $\alpha u \in V$ pour tout $u \in V$. C'est ce qui remplace la recherche des idéaux des fonctions m fois continûment différentiables. Si $m = 1$, il est probable que les espaces V stables par multiplication sont les espaces de fonctions nulles sur une partie Γ_1 de

[1] Les $\gamma_j u$ sont définis de façon unique parce que, dans les conditions du théorème, l'espace $\mathscr{D}(\bar{\Omega})$ des fonctions indéfiniment différentiables dans $\bar{\Omega}$ est dense dans $H^m(\Omega)$ (cf. LIONS [6]). L'application $u \to \gamma_j u$ est le prolongement par continuité à $H^m(\Omega)$ de l'application $u \to \frac{\partial^j}{\partial \nu^j} u$ définie sur $\mathscr{D}(\bar{\Omega})$.

capacité >0 de Γ (de façon précise: $V=$ adhérence dans $H^1(\Omega)$ des fonctions nulles sur un voisinage variable de Γ_1). Naturellement, on peut *poser* le même genre de problème dans les espaces $H^{m,p}(\Omega)\ldots$.

3.4. *Théorèmes de* Sobolev [2], [5]. Nous n'énonçons ici que des cas très particuliers de ces théorèmes. Pour la théorie générale, nous renvoyons à Sobolev, loc. cit., à compléter (entre autres) par Gagliardo [6], [7] et Nirenberg [2], [3].

Théorème 3.3. *On suppose que la dimension n est $\geqq 3$. Pour tout ouvert Ω suffisamment régulier* (par exemple un ouvert borné limité par un nombre fini de surfaces à courbure bornée (domaine de De La Vallée Poussin)), *on a*

$$H^1(\Omega)\subset L^q(\Omega),\quad \text{algébriquement et topologiquement,} \tag{3.7}$$

avec

$$1/q = 1/2 - 1/n, \tag{3.8}$$

q étant la meilleure constante possible.

L'inclusion (3.7) est vraie si Ω a la propriété du cone (cf. Sobolev loc. cit., Nirenberg [2]; cf. une autre condition suffisante dans Gagliardo [6]).

Remarque 3.1. En fait le théorème de Sobolev est relatif à des propriétés de potentiel (produit de composition par rapport à $1/r^\lambda$)-théorème qui *implique* le théorème 3.3; Gagliardo et Nirenberg (loc. cit.) ont développé directement, en les complétant, les conséquences du théorème de Sobolev. Pour le développement du premier point de vue, cf. Sobolev [2], Thorin [1] (le cas de la dimension 1 étant dû à Hardy-Littlewood), Zygmund [1], Du Plessis [1], Calderon-Zygmund [1], Cotlar-Panzone [1].

Un résultat important pour les applications est le suivant:

Théorème 3.4. *Si l'on désigne par $C^k(\Omega)$ l'espace des fonctions k fois continûment différentiables dans Ω* (muni de la topologie de la convergence uniforme sur tout compact de Ω des fonctions et de chacune de leurs dérivées d'ordre $\leqq k$), *on a:*

$$H^m(\Omega)\subset C^k(\Omega),\quad \text{algébriquement et topologiquement,} \tag{3.9}$$

où k est un entier avec

$$2k < 2m - n. \tag{3.10}$$

Démonstration. Soit $u\in H^m(\Omega)$ et $\varphi\in\mathscr{D}(\Omega)$; alors $\varphi u\in H^m(\Omega)$, et en prolongeant φu par 0 hors de Ω, $\varphi u\in H^m(R^n)$. Tout revient donc à montrer le théorème lorsque $\Omega = R^n$.

Soit alors $v \in H^m(R^n)$, donc avec $(1+\xi^2)^{m/2}\hat{v} \in L^2(R^n)$; mais alors $(1+\xi^2)^{k/2}\hat{v} \in L^1(R^n)$ si (3.10) a lieu, de sorte que $D^q v$, $|q| \leqq k$, sera la transformée de FOURIER (inverse) d'une fonction sommable; donc $D^q v$ est continue sur R^n (et nulle à l'infini), pour $|q| \leqq k$. Le même raisonnement donne l'inclusion topologique. On peut compléter le théorème 3.4 au voisinage de la frontière de Ω si l'on fait une hypothèse du type çi après.

Définition 3.3. Un ouvert Ω est dit avoir *la propriété de m-prolongement* s'il existe une application linéaire continue $u \to Pu$ de $H^r(\Omega)$ dans $H^r(R^n)$, pour r entier, $0 \leqq r \leqq m$, telle que $Pu = u$ p.p. sur Ω.

Tout ouvert Ω de frontière assez régulière a cette propriété; cf. MAGENES-STAMPACCHIA [1], LIONS [1 bis].

Désignons maintenant par $C^k(\bar{\Omega})$ l'espace des fonctions k fois continûment différentiables dans $\bar{\Omega}$, avec la topologie habituelle. Il résulte du théorème 3.4 le

Théorème 3.5. *Si Ω a la propriété de m-prolongement, on a:*

$$H^m(\Omega) \subset C^k(\bar{\Omega}), \tag{3.11}$$

si (3.10) *a lieu.*

Dans (3.11) *l'injection est continue.*

3.5. *Théorèmes de complète continuité.*

Théorème 3.6. *Soit Ω un ouvert borné de R^n, limité par un nombre fini de surfaces à courbure bornée* (domaine de DE LA VALLÉE POUSSIN). *Alors l'injection de $H^1(\Omega)$ dans $L^2(\Omega)$ est complètement continue.*

Cf. RELLICH [1], KONDRACHOFF [1]. Voir aussi DENY-LIONS [1].

Remarque 3.2. Sous les hypothèses du théorème 3.2, l'injection de $H^s(\Gamma)$ dans $H^{s'}(\Gamma)$, $s' < s$, est complètement continue. On peut également définir $H^s(\Omega)$ (cf. LIONS-MAGENES [1]) pour s réel quelconque; alors, pour Ω borné de frontière régulière, l'injection de $H^s(\Omega)$ dans $H^{s'}(\Omega)$ est complètement continue, si $s' < s$.

3.6. *Propriétés de prolongement pour $H(\Delta; \Omega)$.*

Plaçons nous dans les hypothèses du théorème 3.2. Pour $u \in H(\Delta; \Omega)$ (cf. exemple 2.2) on peut alors définir de façon unique $\gamma_0 u \in H^{-\frac{1}{2}}(\Gamma)$ et $\gamma_1 u \in H^{-\frac{3}{2}}(\Gamma)$ (cf. LIONS-MAGENES [1]). On peut de la sorte définir des espaces V avec $H_0^2(\Omega) \subset V \subset H(\Delta; \Omega)$.

3.7. D'autres propriétés des espaces $H^m(\Omega)$ sont données au No. 10 çi après.

Outre les ouvrages cités, on pourra consulter BROWDER [10]. Pour la complétion fonctionnelle, cf. ARONSZAJN-SMITH [1], [3], [4], B. FUGLEDE [1], [2].

Remarque 3.3. Il serait tout à fait intéressant d'avoir le plus grand nombre possible de résultats du type de ceux de ce No. pour des espaces $H(\Lambda_1, \ldots, \Lambda_\nu; \Omega)$ différents des espaces de SOBOLEV $H^m(\Omega)$ (cf. par exemple le No. 7). Des résultats dans ce sens lorsque $\nu = 1$, $\Lambda_1 =$ opérateur différentiel quelconque à coefficients constants, sont donnés dans L. HÖRMANDER [1].

4. Exemples (I)

Nous prenons sur un ouvert Ω de R^n, $H = L^2(\Omega)$, et $V =$ sous espace vectoriel fermé de $H^1(\Omega)$ avec $H_0^1(\Omega) \subset V \subset H^1(\Omega)$; la forme $a(u,v)$ (notations du No. 1) sera:

$$a(u,v) = \sum_{i,j=1}^{n} \int_\Omega a_{ij}(x)\, D_j u\, \overline{D_i v}\, dx + \int_\Omega a_0(x)\, u \bar{v}\, dx, \tag{4.1}$$

avec les hypothèses suivantes

$$a_{ij}, a_0 \in L^\infty(\Omega), \tag{4.2}$$

$$\left.\begin{aligned} &\operatorname{Re} \sum a_{ij}(x)\, \zeta_j \bar{\zeta}_i \geqq \alpha\left(|\zeta_1|^2 + \cdots + |\zeta_n|^2\right),\ \alpha > 0,\ \zeta_i \in C, \text{ p.p. dans } \Omega, \\ &\quad \operatorname{Re} a_0(x) \geqq \alpha \text{ p.p. dans } \Omega. \end{aligned}\right\} \tag{4.3}$$

Alors, pour tout $v \in H^1(\Omega)$ on a

$$\operatorname{Re} a(v,v) \geqq \alpha \|v\|^2$$

de sorte que, d'après les résultats du No. 1, *l'opérateur A défini par $a(u,v)$ est un isomorphisme de $D(A)$ sur H.*

Cherchons l'opérateur A; la méthode est la même qu'à l'exemple 1.1, No. 1; pour $u \in H^1(\Omega)$, posons

$$A u = -\sum_{i,j=1}^{n} \frac{\partial}{\partial x_i}\left(a_{ij}(x) \frac{\partial}{\partial x_j} u\right) + a_0 u\,[1]; \tag{4.4}$$

alors «$u \in D(A)$» équivaut à:

(i) $u \in V,\ A u \in H = L^2(\Omega)$,

(ii) $\int_\Omega (A u) \bar{v}\, dx = a(u,v)$ pour tout $v \in V$.

Il reste à interpréter (ii); pour cela on écrit *formellement* la formule de GREEN:

$$\int_\Omega (A u)\, \bar{v}\, dx = -\int_\Omega \left(\frac{\partial}{\partial \nu_A} u\right) \bar{v}\, d\sigma + a(u,v),$$

---

[1] Pour u dans $H^1(\Omega)$, les dérivations sont faites dans (4.4) au sens des distributions sur Ω. On vérifiera sans difficulté que $u \to A u$ est en fait une application linéaire continue de $H^1(\Omega)$ dans $H^{-1}(\Omega)$.

où

$$\frac{\partial}{\partial \nu_A} u = \sum a_{ij} \left(\frac{\partial}{\partial x_j} u \right) \cos(n, x_i),$$

$\cos(n, x_i) = i^{\text{ème}}$ cosinus directeur de la «normale extérieure» à Γ, n, $d\sigma$ = «élément d'aire» de Γ (tout ceci est formel, puisqu'aucune hypothèse de régularité n'est faite sur Γ).

On peut maintenant interpréter l'appartenance à $D(A)$.

Exemple 4.1. $V = H_0^1(\Omega)$. Dans ce cas (ii) a toujours lieu; la condition aux limites est contenue dans l'appartenance à V: $u \in H_0^1(\Omega)$ signifie que u est «nulle» au bord de Ω (si la frontière de Ω est régulière, ceci a un sens précis, d'après le théorème 3.2; pour le cas général, cf. Deny-Lions [1], Brelot [1]). Par conséquent, étant donné $f \in L^2(\Omega)$, il existe u unique dans $H^1(\Omega)$, avec $Au = f$, et u nul au bord de Ω; c'est *le problème de* Dirichlet (plus précisément: *une forme* du problème de Dirichlet)[1].

Exemple 4.2. $V = H^1(\Omega)$. Dans ce cas (ii) signifie que $\int_\Gamma \left(\frac{\partial}{\partial \nu_A} u \right) \bar{v} \, d\sigma = 0$ pour toute fonction $v \in H^1(\Omega)$, donc (toujours formellement) que $\frac{\partial}{\partial \nu_A} u = 0$. Donc, étant donnée f dans $L^2(\Omega)$, il existe u unique dans $H^1(\Omega)$ avec $Au = f$, et $\frac{\partial}{\partial \nu_A} u = 0$. C'est *le problème de* Neumann.

Exemple 4.3. Supposons la frontière Γ de Ω régulière de sorte que pour $u \in H^1(\Omega)$, $\gamma_0 u$ a un sens. Soit Γ_1 une partie de Γ (de capacité > 0) et soit V le sous espace fermé de $H^1(\Omega)$ des fonctions u nulles sur Γ_1. Alors l'appartenance de u à $D(A)$ signifie:

$$u \in H^1(\Omega), \qquad A u \in L^2(\Omega),$$

avec les conditions aux limites:

$$u = 0 \quad \text{sur } \Gamma_1, \qquad \frac{\partial}{\partial \nu_A} u = 0 \quad \text{sur } \Gamma - \Gamma_1.$$

Le problème aux limites correspondant est *un problème mêlé* («misto» en Italien). Pour une étude approfondie de ce problème, cf. C. Miranda [1], G. Fichera [4], E. Magenes [5], G. Stampacchia [2], [3], [4], [5], [6].

Exemple 4.4. Supposons encore que Γ est régulière et *bornée*; alors $\gamma_0 u$ a un sens, et appartient en particulier à $L^1(\Gamma)$; on peut donc considérer le sous espace de $H^1(\Omega)$ des fonctions u avec $\int_\Gamma \gamma_0 u \, d\sigma = 0$. (Con-

[1] Sous la forme de Sobolev [1]. On peut plus généralement prendre f dans $H^{-1}(\Omega)$ (Schwartz [9]). Un problème de Dirichlet «faible» un peu différent a été introduit par Cimmino [1]. Cf. aussi Lions-Magenes [1].

dition *non locale.*) Les conditions aux limites sont alors:

$$\int_\Gamma \gamma_0 u \, d\sigma = 0 \quad \text{et} \quad \frac{\partial}{\partial \nu_A} u = \text{constante}.$$

Compléments. Etant donné l'opérateur différentiel (4.4), la forme $a(u,v)$ définie par (4.1) n'est *nullement* la seule qui, à son tour, définisse A; nous allons donner des exemples.

Complément 4.1. On se place dans les hypothèses du théorème 3.2. On donne un opérateur T_0 avec

$$T_0 \in \mathscr{L}\left(H^1(\Omega); H^{-\frac{1}{2}}(\Gamma)\right). \tag{4.5}$$

On prend alors:

$$a(u,v) = \sum \int_\Omega a_{ij}(x) \, D_j u \, \overline{D_i v} \, dx + \int_\Omega a_0 u \bar{v} \, dx + \langle T_0 u, \overline{\gamma_0 v} \rangle, \tag{4.6}$$

où le crochet désigne la dualité entre $H^{-\frac{1}{2}}(\Gamma)$ et $H^{\frac{1}{2}}(\Gamma)$.

L'appartenance à $D(A)$ signifie:

$$u \in V, \ Au \in L^2(\Omega), \ A \textit{ étant toujours défini par } (4.4),$$

et

$$\int_\Gamma \left(\frac{\partial}{\partial \nu_A} u\right) \overline{\gamma_0 v} \, d\sigma + \langle T_0 u, \overline{\gamma_0 v} \rangle = 0 \quad \text{pour tout } v \in V. \tag{4.7}$$

Exemple 4.5. On prend

$$T_0 u = t_0(x) \, \gamma_0 u, \qquad t_0 \in L^\infty(\Gamma).$$

Alors

$$T_0 \in \mathscr{L}\left(H^1(\Omega); L^2(\Gamma)\right), \text{ donc à fortiori (4.5) a lieu.}$$

Si $V = H^1(\Omega)$, on obtient comme condition aux limites

$$\frac{\partial}{\partial \nu_A} u + t_0(x) \, u = 0 \quad \text{sur } \Gamma. \tag{4.8}$$

Cet exemple est d'ailleurs un cas particulier du suivant:

Exemple 4.6. Soit T_0 un opérateur différentiel du premier ordre, «tangent» à Γ (i.e. ne contenant pas de dérivation transversale à Γ; cf. par ex. LIONS [6]), à coefficients (par exemple) une fois continûment différentiables. Alors (4.5) a lieu (cf. LIONS [6]); si $V = H^1(\Omega)$, on obtient comme condition aux limites

$$\frac{\partial}{\partial \nu_A} u + T_0 u = 0; \tag{4.9}$$

c'est une condition *du type dérivée oblique* (c'est un problème *régulier* de dérivée oblique, en ce sens que la direction de dérivation n'est jamais tangente à Γ).

Les problèmes aux limites correspondants seront résolus si l'on a, par exemple

$$\operatorname{Re} a(v,v) \geqq c\|v\|^2, \quad c>0, \quad \text{pour tout } v\in V. \tag{4.10}$$

Supposons que la première condition (4.3) a lieu, et que

$$\operatorname{Re} a_0(x) \geqq \beta > 0, \quad \text{p.p. dans } \Omega,$$

et enfin que

$$\left.\begin{array}{l}\text{pour tout } \varepsilon>0, \text{ il existe une constante } c(\varepsilon) \text{ telle que}\\ |\operatorname{Re}\langle T_0 v, \overline{\gamma_0 v}\rangle| \leqq \varepsilon\|v\|^2 + c(\varepsilon)|v|^2.\end{array}\right\} \tag{4.11}$$

Alors,

$$\operatorname{Re} a(v,v) \geqq \alpha \sum \int_\Omega |D_i v|^2 dx + (\beta - c(\varepsilon)) \int_\Omega |v|^2 dx - \varepsilon\|v\|^2$$

d'où par exemple

$$\operatorname{Re} a(v,v) \geqq \frac{\alpha}{2}\|v\|^2 + (\beta - c(\alpha/2) - \alpha/2)|v|^2,$$

et donc (4.10) aura lieu si $\beta \geqq c(\alpha/2) + \alpha/2$. (Dans les applications que nous avons en vue (Chap. IV et suivants), on peut toujours supposer β aussi grand qu'on veut.)

La condition (4.11) *a lieu pour l'opérateur* T_0 *de l'exemple* 4.6. En effet (cf. Lions [6], p. 221)

$$|\operatorname{Re}\langle T_0 v, \overline{\gamma_0 v}\rangle| \leqq c_1 \int_\Gamma |\gamma_0 v|^2 d\sigma, \qquad \text{pour tout } v \in H^1(\Omega),$$

(c_1 = constante), et ensuite, pour tout $\varepsilon>0$, il existe $c(\varepsilon)$ avec

$$\int_\Gamma |\gamma_0 v|^2 d\sigma \leqq \varepsilon\|v\|^2 + c(\varepsilon)|v|^2$$

(cf. Deny-Lions [1] ou bien utiliser le No. 3, point 3.5, et la proposition 5.1 du Chap. IV).

Complément 4.2. Soit Ω ouvert borné de frontière Γ une variété de dimension $n-1$ une fois continûment différentiable. Soit W un espace de Hilbert de fonctions sur Γ, avec

$$W \subset H^{\frac{1}{2}}(\Gamma), \quad \text{algébriquement et topologiquement}^1 \tag{4.12}$$

et soit $b(w,w')$ une forme sesquilinéaire continue sur W, avec

$$\operatorname{Re} b(w,w) \geqq \beta\|w\|_W^2, \quad \beta>0, \quad \text{pour tout } w\in W. \tag{4.13}$$

On désigne maintenant par V l'espace des $u\in H^1(\Omega)$ tels que $\gamma_0 u \in W$ muni de la norme

$$\|u\| = (\|u\|_{H^1(\Omega)}^2 + \|\gamma_0 u\|_W^2)^{\frac{1}{2}}; \tag{4.14}$$

[1] Γ une fois continûment différentiable est suffisant pour définir $H^{\frac{1}{2}}(\Gamma)$.

pour cette norme, V est un espace de HILBERT, et si W n'est pas fermé dans $H^{\frac{1}{2}}(\Gamma)$, V n'est pas fermé dans $H^1(\Omega)$.

Pour $u, v \in V$, on pose

$$a(u,v) = \sum \int_\Omega a_{ij}(x)\, D_j u\, \overline{D_i v}\, dx + \int_\Omega a_0 u \bar{v}\, dx + b(\gamma_0 u, \gamma_0 v); \qquad (4.15)$$

supposons que (4.3) ait lieu. Alors

$$\operatorname{Re} a(v,v) \geqq \gamma \|v\|^2, \quad \gamma > 0, \quad \text{pour tout } v \in V.$$

L'opérateur différentiel défini par $a(u,v)$ est encore l'opérateur A défini par (4.4).

Voici un exemple très simple[1]: Ω est le demi espace $x_n > 0$, $\Gamma = R^{n-1}$; on prend:

$$W = H^1(R^{n-1}),$$

et

$$b(w,w') = \int_{R^{n-1}} w\overline{w'}\, dx' + \sum_{i=1}^{n-1} \int_{R^{n-1}} D_i w\, \overline{D_i w'}\, dx', \qquad dx' = dx_1 \ldots dx_{n-1}.$$

L'opérateur A étant défini par (4.4), la condition aux limites est

$$\frac{\partial}{\partial \nu_A} u - \Delta' \gamma_0 u + \gamma_0 u = 0, \qquad \Delta' = D_1^2 + \cdots + D_{n-1}^2.$$

(Cf. I. M. VISIK [4], J. L. LIONS [1], p. 83—84.)

Autres exemples: 1) pour des problèmes de transmission, renvoyons au Chap. VI, No. 1;

2) pour des opérateurs à coefficients irréguliers au voisinage de la frontière, renvoyons à A. V. IL'IN [1], MIKHLIN [4], I. M. VISIK [3], E. T. POULSEN [1].

On pourra également consulter MIKHLIN [1], [2], [3], MAGENES STAMPACCHIA [1], BROWDER [10]. Cf. aussi le livre de C. MIRANDA [1], où les méthodes sont différentes; le principe du maximum y joue un rôle fondamental. Pour des extensions du principe du maximum aux opérateurs elliptiques d'ordre > 2, on consultera C. MIRANDA [2], [3], S. AGMON [3].

Dans un ordre d'idées différent, signalons que l'on peut remplacer Ω par un espace de RIEMANN ou une variété convenable. Cf. ARONSZAJN-MILGRAM [1], K. O. FRIEDRICHS [10], LIONS-SCHWARTZ [1], M. S. NARASIMHAN [1], et le livre de DE RHAM [1].

[1] Où Ω n'est évidemment par borné!. Mais la condition «Ω borné» n'est nullement nécessaire dans la remarque qui précède.

5. Exemples (II)

Sur un ouvert Ω de R^n nous prenons encore $H = L^2(\Omega)$, et pour V un sous espace vectoriel fermé de $H^m(\Omega)$, avec

$$H_0^m(\Omega) \subset V \subset H^m(\Omega). \tag{5.1}$$

Nous prenons ensuite

$$a(u,v) = \sum_{|p|,|q| \leq m} \int_\Omega a_{pq}(x) D^q u \overline{D^p v} \, dx, \qquad a_{pq} \in L^\infty(\Omega); \tag{5.2}$$

si Ω est un ouvert borné de frontière Γ de dimension $n-1$, indéfiniment différentiable, nous prendrons

$$a(u,v) = \sum_{|p|,|q| \leq m} \int_\Omega a_{pq} D^q u \overline{D^p v} \, dx + \sum_{j=0}^{m-1} \langle T_j u, \overline{\gamma_j v} \rangle, \tag{5.2$'$}$$

où

$$T_j \in \mathscr{L}\left(H^m(\Omega); H^{-(m-j-\frac{1}{2})}(\Gamma)\right), \tag{5.3}$$

et les crochets dans (5.2)' désignant la dualité entre $H^{-(m-j-\frac{1}{2})}(\Gamma)$ et $H^{m-j-\frac{1}{2}}(\Gamma)$ (cf. théorème 3.2).

La recherche de conditions suffisantes, ou des conditions nécessaires et suffisantes pour que

$$|a(v,v)| \geq \alpha \|v\|^2, \quad v \in V \tag{5.4}$$

est le problème de la coercivité. La réponse dépend ici, non seulement des coefficients a_{pq} (et, dans le cas (5.2)', des T_j), *mais aussi de l'espace* V.

Si $V = H_0^m(\Omega)$, si les coefficients a_{pq} sont continus dans $\bar{\Omega}$, et si

$$\operatorname{Re} \sum_{|p|,|q|=m} a_{pq}(x) \xi^{p+q} \geq \alpha |\xi|^{2m}, \qquad \alpha > 0, \ \xi \in R^n,$$

alors (L. Gårding [2]), pour λ assez grand

$$\operatorname{Re} a(v,v) + \lambda \int_\Omega |v(x)|^2 dx \geq \alpha_1 \|v\|^2, \quad \alpha_1 > 0, \quad \text{pour tout } v \in H_0^m(\Omega)$$

(cf. aussi I. M. Visik [2]).

Si $V = H^m(\Omega)$, cf. N. Aronszajn [2]; pour des espaces V définis par des conditions différentielles linéaires entre les $\gamma_j v$, cf. S. Agmon [1], L. Hörmander [2], M. Schechter [2].

L'opérateur différentiel A défini par $a(u,v)$ (sous la forme (5.2) *et* sous la forme (5.2)') est donné par

$$A u = \sum (-1)^{|p|} D^p \left(a_{pq}(x) D^q u\right) ^1. \tag{5.5}$$

Interprétons l'appartenance à $D(A)$: «$u \in D(A)$» est équivalent aux deux conditions

(i) $u \in V, \ A u \in L^2(\Omega)$,

(ii) $\int_\Omega (A u) \bar{v} \, dx = a(u,v)$ pour tout $v \in V$.

---

[1] On définit ainsi un opérateur $u \to A u$ linéaire continu de $H^m(\Omega)$ dans $H^{-m}(\Omega)$.

Mais

$$\int_{\Omega} (A u)\bar{v}\, dx = \sum \int_{\Omega} a_{pq}(x)\, D^q u\, \overline{D^p v}\, dx + \sum_{j=0}^{m-1} \langle S_j u, \gamma_j \bar{v} \rangle,$$

où S_j est un opérateur différentiel d'ordre $2m - j - 1$ (formule de GREEN, formelle). Alors (ii) équivaut à

(ii; 1) $\sum_j \langle S_j u, \gamma_j \bar{v} \rangle = 0$ pour tout $v \in V$, dans le cas (5.2),

(ii; 2) $\sum_j \langle S_j u - T_j u, \gamma_j \bar{v} \rangle = 0$ pour tout $v \in V$, dans le cas (5.2)'.

Exemple 5.1. $V = H_0^m(\Omega)$. Alors la condition (ii) est toujours vérifiée; les seules conditions aux limites correspondent à l'appartenance à V, i.e.

$$D^p u = 0 \quad \text{sur } \Gamma, \qquad \text{pour } |p| \leqq m - 1.$$

Le problème aux limites correspondant est *le problème de* DIRICHLET pour l'opérateur A défini par (5.5).

Exemple 5.2. $V = H^m(\Omega)$. La condition (ii) signifie, dans le cas (5.2):

$$S_j u = 0 \quad \text{sur } \Gamma, \quad \text{pour } j = 0, 1, \ldots, m - 1;$$

le problème aux limites correspondant est *un* (cf. remarque 5.1 çi après) *des problèmes de* NEUMANN attachés à A défini par (5.5).

Dans le cas (5.2)', la condition (ii) signifie

$$S_j u - T_j u = 0 \quad \text{sur } \Gamma, \qquad \text{pour } j = 0, \ldots, m - 1;$$

cela contient *les problèmes* (réguliers) *de dérivées obliques* (cf. LIONS [6]).

Exemple 5.3. On peut varier à l'infini en prenant pour V des espaces définis par un certain nombre de relations linéaires entre les $\gamma_j v$.

Voici un exemple: on prend pour V l'espace des v avec $\gamma_0 v = 0$ sur Γ, et $\gamma_1 v = 0$ sur une partie Γ_1 (de capacité > 0) de Γ. Alors l'appartenance à $D(A)$ signifie, au point de vue des conditions aux limites:

1) dans le cas (5.2):

$$\gamma_0 u = 0 \quad \text{sur } \Gamma; \quad \gamma_1 u = 0 \quad \text{sur } \Gamma_1, \quad S_1 u = 0 \quad \text{sur } \Gamma - \Gamma_1;$$
$$S_j u = 0 \quad \text{pour } 2 \leqq j \leqq m - 1;$$

2) dans le cas (5.2)':

$$\gamma_0 u = 0 \quad \text{sur } \Gamma; \quad \gamma_1 u = 0 \quad \text{sur } \Gamma_1, \quad S_1 u = T_1 u \quad \text{sur } \Gamma - \Gamma_1;$$
$$S_j u = T_j u \quad \text{pour } 2 \leqq j \leqq m - 1.$$

Remarque 5.1. Etant donné un opérateur différentiel A d'ordre > 2, on peut lui attacher une infinité de formes sesquilinéaires (même sans ajouter d'intégrales portant sur Γ). Ainsi, par exemple, la forme

$$a(u,v)=\alpha\sum_{i,j=0}^{n}(D_iD_ju,D_iD_jv)_{L^2(\Omega)}+\beta\sum_{i,j}(D_i^2u,D_j^2v)_{L^2(\Omega)}+$$
$$+\sum_i(D_iu,D_iv)_{L^2(\Omega)}+(u,v)_{L^2(\Omega)},$$

où $\alpha>0$, $\beta\geqq 0$, $\alpha+\beta=1$, définit

$$A=\Delta^2-\Delta+I \qquad (I=\text{identité}),$$

et $\operatorname{Re} a(v,v)\geqq\alpha\|v\|^2$, pour tout $v\in H^2(\Omega)$.

Les conditions aux limites, pour un même espace V, dépendront de α (sauf si $V=H_0^2(\Omega)$, problème de DIRICHLET). *Les* problèmes de NEUMANN correspondront à $V=H^2(\Omega)$.

Cas des systèmes. Nous prenons maintenant pour H l'espace produit $L^2(\Omega)^\nu$; donc

$$f=\{f_1,\dots,f_\nu\}\in H \qquad \text{si} \qquad f_j\in L^2(\Omega),$$

et

$$(f,g)=\sum_{i=1}^{\nu}(f_i,g_i)_{L^2(\Omega)}.$$

On considère ensuite l'espace produit

$$H^{m_1}(\Omega)\times H^{m_2}(\Omega)\times\cdots\times H^{m_\nu}(\Omega)=\mathscr{H}^{m_1,\dots,m_\nu}(\Omega),$$

avec

$$((u,v))=\sum_{j=1}^{\nu}((u_j,v_j))_{H^{m_j}(\Omega)},$$

les m_j étant des entiers >0 quelconques.

Si l'on pose

$$\prod_{j=1}^{\nu}H_0^{m_j}(\Omega)=\mathscr{H}_0^{m_1,\dots,m_\nu}(\Omega),$$

on prendra pour V un sous espace vectoriel fermé de $\mathscr{H}^{m_1,\dots,m_\nu}(\Omega)$ avec

$$\mathscr{H}_0^{m_1,\dots,m_\nu}(\Omega)\subset V\subset\mathscr{H}^{m_1,\dots,m_\nu}(\Omega). \tag{5.6}$$

Pour $u,v\in\mathscr{H}^{m_1,\dots,m_\nu}(\Omega)$, on pose

$$a(u,v)=\sum_{i,j=1}^{\nu}\sum_{\substack{|p|\leqq m_i\\|q|\leqq m_j}}\int_\Omega a_{pq}^{ij}(x)\,D^qu_j\,\overline{D^pv_i}\,dx, \tag{5.7}$$

avec $a_{pq}^{ij}\in L^\infty(\Omega)$.

Si l'on est dans les conditions d'application du théorème 3.1 on peut ajouter à la forme (5.7), l'expression

$$\sum_{i,j,k}\langle T_k^{ij}u_j,\gamma_k\bar v_i\rangle, \qquad k\leqq m_i-1,$$

où

$$T_k^{ij} \in \mathscr{L}\left(H^{m_j}(\Omega); H^{-(m_i-k-\frac{1}{2})}(\Gamma)\right).$$

Le système différentiel défini par (5.7) est donné par

$$A u = \left\{(A u)_1, \ldots, (A u)_\nu\right\},$$

où

$$(A u)_i = \sum_{j=1}^{\nu} \sum_{\substack{|p| \leq m_i \\ |q| \leq m}} (-1)^{|p|} D^p \left(a_{pq}^{ij}(x)\, D^q u_j\right).$$

L'appartenance à $D(A)$ équivaudra à:

(i) $u \in V$, $(A u)_i \in L^2(\Omega)$, $i = 1, \ldots, \nu$;

(ii) $\sum_i \int_\Omega (A u)_i \bar{v}_i\, d x = a(u, v)$ pour tout $v \in V$.

On peut interpréter (formellement) (ii) comme plus haut.

6. Exemples (III)

Nous prenons encore $H = L^2(\Omega)$ et nous considérons pour V un sous espace vectoriel fermé de $H(\Delta; \Omega)$, avec

$$H_0^2(\Omega) \subset V \subset H(\Delta; \Omega)$$

(cf. exemple 2.2 et No. 3, point 3.6).

Pour $u, v \in H(\Delta; \Omega)$, posons

$$a(u, v) = (\Delta u, \Delta v) + \lambda(u, v), \qquad \lambda \in C. \tag{6.1}$$

D'après le No. 1, l'opérateur A, défini par $a(u,v)$ et V, est un isomorphisme de $D(A)$ sur H pour $\operatorname{Re} \lambda > 0$. L'opérateur différentiel A est donné par

$$A = \Delta^2 + \lambda; \tag{6.2}$$

la condition «$u \in D(A)$» équivaut à

(i) $u \in H(\Delta; \Omega)$, $\Delta^2 u \in L^2(\Omega)$,

(ii) $\int_\Omega (\Delta^2 u)\, \bar{v}\, d x = \int_\Omega \Delta u\, \Delta \bar{v}\, d x$ pour tout $v \in V$,

ce qui est formellement équivalent à

(iii) $\displaystyle\int_\Gamma \left(\frac{\partial \Delta}{\partial n} u\right) \bar{v}\, d\sigma - \int_\Gamma \Delta u \frac{\partial}{\partial n} \bar{v}\, d\sigma = 0$ pour tout $v \in V$.

Exemple 6.1. $V = H(\Delta; \Omega)$. Les conditions aux limites sont alors

$$\Delta u = 0, \qquad \frac{\partial}{\partial n} \Delta u = 0 \quad \text{sur } \Gamma.$$

(On peut, sous les conditions du théorème 3.2, interpréter ces conditions de façon rigoureuse, par les méthodes de LIONS-MAGENES [1].)

Exemple 6.2. On définit V comme l'espace des v avec $\gamma_0 v = 0$ (on se place désormais dans les conditions du théorème 3.2; cf. point 3.6).

Les conditions aux limites sont alors:

$$\gamma_0 u = 0, \quad \Delta u = 0 \quad \text{sur } \Gamma.$$

(Si l'on définit V par $\gamma_1 v = 0$, les conditions aux limites seront

$$\gamma_1 u = 0, \quad \frac{\partial}{\partial n} \Delta u = 0 \quad \text{sur } \Gamma).$$

Autres exemples: cf. Chap. VI, et LIONS [2].

Remarque 6.1. Les opérateurs différentiels rencontrés dans les exemples qui précèdent sont tous elliptiques. Ceci n'est nullement la règle générale. De façon précise, rappelons qu'un opérateur différentiel A, à coefficients constants pour simplifier, est dit *hypo-elliptique*, si, u étant une distribution telle que $Au = f$ soit indéfiniment différentiable dans Ω est nécessairement indéfiniment différentiable dans Ω, Ω ouvert quelconque. (De tels opérateurs sont caractérisés dans HÖRMANDER [1]; pour le cas des coefficients variables, voir L. HÖRMANDER [4], MALGRANGE [2], TRÈVES [4].) Si nous prenons maintenant, avec les notations des No. 1 et 2: $H = L^2(\Omega)$, $\Omega \subset R^n$, $n > 1$, et pour opérateur élémentaire $\Lambda_1 = D_1 (= \partial/\partial x_1)$, et $a(u,v) = (D_1 u, D_1 v) + (u,v)$ sur l'espace V des fonctions $v \in H$ avec $D_1 v \in H$, l'opérateur A correspondant est

$$A = -D_1^2 + I,$$

qui n'est pas hypo-elliptique.

7. Exemples (IV)

La théorie de l'élasticité conduit à un cas intéressant où les «opérateurs élémentaires» Λ_i (cf. No. 2), *bien qu'opérateurs du premier ordre, ne sont pas les dérivations usuelles.* (Voir un autre exemple, mais plus artificiel, dans LIONS [1], p. 60, 61.)

Sur $\Omega \subset R^n$, ouvert quelconque, nous prenons pour H l'espace

$$H = (L^2(\Omega))^n. \tag{7.1}$$

Pour $u = \{u_1, \ldots, u_n\}$, $u_i \in \mathscr{D}'(\Omega)$, on pose

$$s_{jk}(u) = \tfrac{1}{2}(D_k u_j + D_j u_k). \tag{7.2}$$

On désigne alors par $E(\Omega)^n$ l'espace des $u \in H$ tels que

$$s_{jk}(u) \in L^2(\Omega) \qquad \text{pour } j, k = 1, \ldots, n. \tag{7.3}$$

Pour $u, v \in E(\Omega)^n$, on pose

$$((u,v)) = (u,v) + \sum_{j,k=1}^{n} \big(s_{jk}(u), s_{jk}(v)\big)_{L^2(\Omega)}, \tag{7.4}$$

où

$$(u,v) = \sum_{i=1}^{n} (u_i, v_i)_{L^2(\Omega)}; \tag{7.5}$$

pour (7.4), $E(\Omega)^n$ est un espace de HILBERT. L'adhérence de l'espace $\mathscr{D}(\Omega)^n$ dans $E(\Omega)^n$ coincide avec $H_0^1(\Omega)^n$, et on prend pour V un sous espace vectoriel fermé de $E(\Omega)^n$ avec

$$H_0^1(\Omega)^n \subset V \subset E(\Omega)^n. \tag{7.6}$$

Pour $u, v \in V$, on pose

$$a(u,v) = \sum_{j,k,l,m} \int_\Omega a_{jkml}(x)\, s_{jk}(u)\, s_{lm}(\bar{v})\, dx + \lambda(u,v) \tag{7.7}$$

où

$$\lambda \in C, \quad a_{jklm} \in L^\infty(\Omega).$$

Si l'on suppose que $\operatorname{Re} a(v,v) \geqq \alpha \|v\|^2$, $\alpha > 0$, $v \in V$, alors les résultats du No. 1 sont valables.

L'opérateur différentiel correspondant à $a(u,v)$ est le système donné par $Au = \{(Au)_1, \ldots, (Au)_n\}$, où

$$(Au)_1 = -\sum \tfrac{1}{2} D_m\big((a_{jklm} + a_{jkml})\, s_{jk}(u)\big) + \lambda u_1.$$

Ceci contient en particulier le système de l'élasticité. Le cas $\lambda = 0$ (important pour les applications) nécessite l'introduction de quelques notions supplémentaires; cf. K.O. FRIEDRICHS [7], [8], LIONS [7]. Une étude précise de $E(\Omega)^n$ et de la régularité des solutions est donnée par S. CAMPANATO [1], [2], [3]. Il serait encore utile d'étudier de plus près les propriétés de prolongement à la frontière des éléments de $E(\Omega)^n$ (ainsi d'ailleurs que la complétion fonctionnelle de cet espace, au sens de ARONSZAJN-SMITH [1]).

8. Régularité

Nous nous plaçons dans ce No. dans le cadre du No. 5. On donne donc V, sous espace vectoriel fermé de $H^m(\Omega)$ avec

$$H_0^m(\Omega) \subset V \subset H^m(\Omega), \tag{8.1}$$

et une forme $a(u,v)$ continue sur V, avec

$$\operatorname{Re} a(v,v) \geqq \alpha \|v\|^2, \quad \alpha > 0, \quad \text{pour tout } v \in V\ [1]. \tag{8.2}$$

[1] La condition $|a(v,v)| \geqq \alpha \|v\|^2$ suffirait, mais les conditions du type (8.2) sont celles qui seront utiles dans les Chapitres ultérieurs.

Définition 8.1. La forme $a(u,v)$ est dite *k-régulière sur V*, si, pour f donné dans $H^r(\Omega)$, $0 \leqq r \leqq k$, la solution $u \in V$ de

$$a(u,v) = (f,v) \quad \text{pour tout } v \in V \tag{8.3}$$

appartient à $H^{r+2m}(\Omega)$.

Soit $u = \mathscr{G} f$ la solution de (8.3); on définit donc une application linéaire

$$f \to \mathscr{G} f = u \tag{8.4}$$

de $H^r(\Omega)$ dans $H^{r+2m}(\Omega)$, pour $0 \leqq r \leqq k$; d'après le théorème du graphe fermé, cette application est nécessairement continue:

$$\|\mathscr{G} f\|_{r+2m} \leqq c_r \|f\|_r, \qquad 0 \leqq r \leqq k \tag{8.5}$$

(notation (2.3)).

Si $a(u,v)$ est donnée par (5.2) ou (5.2)', la condition de k-régularité dépend: 1) de la régularité de la frontière de Ω; 2) des coefficients intervenant dans $a(u,v)$; 3) de l'espace V. Si frontière et coefficients sont assez réguliers et si l'espace V est défini par des relations linéaires différentielles entre les $\gamma_j u$, alors la condition de k-régularité est vérifiée. Cf. Nirenberg [1], Browder [4], N. Aronszajn-K. T. Smith [2], N. Aronszajn [4], O. A. Guseva [1], Schechter [1], [2], [3], et les exposés de Magenes-Stampacchia [1], Browder [10], Lions [1 bis].

Un exemple important où $a(u,v)$ *n'est pas* k-régulier (quelle que soit la régularité de la frontière et des coefficients), est celui des problèmes mêlés (cf. exemple 4.3); voir les articles cités dans cet exemple.

Remarque 8.1. Lorsque $a(u,v)$ est k régulier, pour k assez grand, on peut rendre rigoureuses les interprétations formelles des problèmes considérés aux No. 4 et 5. Utilisant les théorèmes 3.4 et 3.5 on peut — toujours pour k assez grand — trouver des solutions usuelles des problèmes aux limites correspondant (malheureusement, ce procédé nécessite beaucoup plus d'hypothèses sur les coefficients qu'il ne serait souhaitable).

Remarque 8.2. En utilisant la théorie de l'interpolation dans les espaces de Hilbert (cf. Lions [20]; voir aussi Aronszajn [4], S. G. Krein [2]), on voit que si une forme $a(u,v)$ est k-régulière, elle est nécessairement s-régulière pour tout s réel, avec $0 \leqq s \leqq k$.

Remarque 8.3. On peut évidemment imaginer une $\{k, \mu\}$ régularité: pour $f \in H^r(\Omega)$, $0 \leqq r \leqq k$, u est dans $H^{r+\mu}(\Omega)$, $0 \leqq \mu \leqq 2m$, μ entier ou non. Cf. Lions-Magenes [1], article (V).

Remarque 8.4. Il serait tout à fait intéressant d'obtenir des théorèmes de régularité lorsque les opérateurs élémentaires $\Lambda_1, \ldots, \Lambda_\nu$ (cf.

No. 2) ne sont pas toutes les dérivations d'ordre $\leqq m$. Pour le cas de l'élasticité (cf. No. 7) on pourra consulter CAMPANATO [1], [2], [3]. Cf. aussi LIONS-MAGENES, loc. cit.

9. Noyaux de Green

Reprenons les hypothèses générales du No. 1, mais l'espace H étant cette fois un espace de distributions sur Ω; de façon précise:

$$\mathscr{D}(\Omega) \subset V \subset H \subset \mathscr{D}'(\Omega), \tag{9.1}$$

Ω étant un ouvert de R^n ($\mathscr{D}(\Omega)$ et $\mathscr{D}'(\Omega)$ sont définis au No. 2). On donne $a(u,v)$ avec

$$\operatorname{Re} a(v,v) \geqq \alpha \|v\|^2, \quad \alpha > 0, \quad v \in V. \tag{9.2}$$

Donc (No. 1) A est un isomorphisme de $D(A)$ sur H, soit $\mathscr{G}$ son inverse. L'opérateur $\mathscr{G} \in \mathscr{L}(H; D(A))$ est, d'après L. SCHWARTZ [3], [5], [6] (Théorème des noyaux), *défini par une distribution $\mathscr{G}_{xy}$ et une seule, sur $\Omega \times \Omega$; la distribution $\mathscr{G}_{x,y}$ est le noyau de* GREEN *du problème aux limites correspondant.*

Si l'opérateur A est un opérateur différentiel hypo-elliptique (cf. No. 6), alors $\mathscr{G}_{x,y}$ est une fonction indéfiniment différentiable en dehors de la diagonale (cf. en particulier MALGRANGE [1], Chap. 3). On peut alors prolonger par continuité l'application $f \to \mathscr{G} f$ de H dans $N = D(A)$ en une application linéaire continue, encore notée $f \to \mathscr{G} f$ de $H + \mathscr{E}'(\Omega)$ dans $N + \mathscr{E}'(\Omega)$, $\mathscr{E}'(\Omega)$ désignant l'espace des distributions à support compact dans Ω[1]. Ce résultat, dû à L. SCHWARTZ, est démontré dans LIONS [1 bis].

Remarque 9.1. La condition nécessaire et suffisante pour que $\mathscr{G}_{x,y}$ soit un noyau $\geqq 0$ est obtenue dans ARONSZAJN-SMITH [5].

10. Problèmes aux limites du type VISIK-SOBOLEV

On donne dans ce No. quelques développements sur les notes de VISIK-SOBOLEV [1] et LIONS [8] (des exposés un peu différents du suivant sont donnés dans MAGENES-STAMPACCHIA [1] et LIONS [1 bis]).

On se place dans le cadre des No. 5 et 8. Donc

$$H_0^m(\Omega) \subset V \subset H^m(\Omega), \tag{10.1}$$

$a(u,v)$ étant donnée par (5.2)', avec

$$\operatorname{Re} a(v,v) \geqq \alpha \|v\|^2, \quad \alpha > 0, \quad \text{pour tout } v \in V. \tag{10.2}$$

[1] Soient A et B deux espaces vectoriels topologiques localement convexes contenus (algébriquement et topologiquement) dans un même espace localement convexe C. On munit alors $A + B$ de la topologie localement convexe la plus fine telle que l'application $a, b \to a + b$ de $A \times B$ dans $A + B$ soit continue.

L'opérateur différentiel défini par $a(u,v)$ est

$$A = \sum_{|p|,|q| \leq m} (-1)^{|p|} D^p \left(a_{pq}(x) D^q\right). \tag{10.3}$$

On supposera:

pour tout p, q, la fonction a_{pq} est restriction à Ω d'une fonction α_{pq}, $2m$ fois continûment différentiable dans R^n, bornée ainsi que chacune de ses dérivées d'ordre $\leqq 2m$. (10.4)

On pose

$$\tilde{\alpha} = \sum (-1)^{|p|} D^p \left(\alpha_{pq}(x) D^q\right) \tag{10.5}$$

(on notera que l'opérateur $\tilde{\alpha}$ n'a plus nécessairement de propriété de positivité analogue à (10.2)).

Si l'on suppose que

$$a(u,v) \text{ est } k\text{-régulière sur } V \text{ (cf. définition 8.1)}, \tag{10.6}$$

alors A est un isomorphisme de $D(A) \cap H^{k+2m}(\Omega)$ sur $H^k(\Omega)$; par transposition, il en résulte ceci: si F est une forme linéaire continue sur $D(A) \cap H^{k+2m}(\Omega)$, il existe une forme linéaire continue U et une seule sur $H^k(\Omega)$ telle que

$$U(\overline{A\varphi}) = F(\bar{\varphi}), \text{ pour tout } \varphi \in D(A) \cap H^{k+2m}(\Omega). \tag{10.7}$$

On va rendre cette remarque plus maniable en donnant une interprétation nouvelle *de l'espace $H^r(\Omega)'$ dual de $H^r(\Omega)$*.

Introduisons dans ce but la

Définition 10.1. Un ouvert Ω de R^n est dit *r-régulier* si

(i) il a la propriété de r-prolongement (définition 3.3, point 3.4);

(ii) si $v \in H^\varrho(R^n)$ est nulle (p.p.) sur Ω, alors il existe w dans $H_0^\varrho(\complement\bar{\Omega})$ avec: $v(x) = w(x)$ p.p. sur $\complement\bar{\Omega}$, $v(x) = 0$ ailleurs, et ceci pour $\varrho \leqq r$[1].

Considérons alors l'application

$$v \to v_\Omega$$

qui à $v \in H^r(R^n)$ fait correspondre sa restriction v_Ω à Ω; v_Ω est dans $H^r(\Omega)$, et l'application $v \to v_\Omega$ est continue de $H^r(R^n)$ dans $H^r(\Omega)$. D'après la définition 10.1, (i), si Ω est r-régulier, cette application est *surjective*, et d'après (ii), le noyau de cette application est formé des $v = \tilde{w}$, $w \in H_0^r(\complement\bar{\Omega})$, $\tilde{w} = w$ dans $\complement\bar{\Omega}$, 0 ailleurs.

L'application transposée

$$f \to \pi_r f$$

[1] Si Ω a une frontière assez régulière, ces conditions ont lieu. Cf. par exemple LIONS [1 bis].

est donc un isomorphisme de $H^r(\Omega)'$ sur l'orthogonal X dans $H^{-r}(R^n)$ du noyau de la première application. Donc si $g \in X$,

$$\langle g, \tilde{w} \rangle = 0 \text{ pour tout } w \in H_0^r(\complement \bar{\Omega}),$$

ce qui implique que g est à support dans $\bar{\Omega}$.

Réciproquement si g est dans $H^{-r}(R^n)$ et à support dans $\bar{\Omega}$, et si w est dans $H_0^r(\complement \bar{\Omega})$, on a

$$\langle g, \tilde{w} \rangle = \lim_{j}. \langle g, \tilde{\varphi}_j \rangle,$$

où $\varphi_j \in \mathcal{D}(\complement \bar{\Omega})$, $\varphi_j \to w$ dans $H_0^r(\complement \bar{\Omega})$; mais $\langle g, \tilde{\varphi}_j \rangle = 0$ donc $\langle g, \tilde{w} \rangle = 0$, donc $g \in X$. Par conséquent, *si l'on désigne par* $H_{\bar{\Omega}}^{-r}(R^n)$ *l'espace des distributions de* $H^{-r}(R^n)$ *à support dans* $\bar{\Omega}$, on voit que $X = H_{\bar{\Omega}}^{-r}(R^n)$. Donc

Proposition 10.1. *Si l'on suppose que Ω est r-régulier* (définition 10.1) *l'application $f \to \pi_r f$ définie par*

$$\langle \pi_r f, v \rangle = f(v_\Omega), \qquad f \in H^r(\Omega)', \quad v \in H^r(R^n),$$

est un isomorphisme de $H^r(\Omega)'$ sur $H_{\bar{\Omega}}^{-r}(R^n)$.

Appliquons cela à (10.7). Supposons que, dans (10.7), F est une forme linéaire continue sur $H^{k+2m}(\Omega)$, donc à fortiori sur $D(A) \cap H^{k+2m}(\Omega)$ [1], et supposons que Ω est $k+2m$-régulier. Posons alors:

$$\pi_k U = u \in H_{\bar{\Omega}}^{-k}(R^n), \qquad \pi_{k+2m} F = f \in H_{\bar{\Omega}}^{-k-2m}(R^n).$$

Comme Ω est $k+2m$ régulier, on peut associer à $\varphi \in D(A) \cap H^{k+2m}(\Omega)$ une fonction (cf. Déf. 10.1 (i) et Déf. 3.3)

$$\psi = P\varphi,$$

qui vérifie

$$\psi \in H^{k+2m}(R^n), \qquad \psi_\Omega \in D(A). \tag{10.8}$$

Alors

$$\tilde{\alpha}\psi \text{ est dans } H^k(R^n), \text{ et}$$

$$\begin{aligned} \langle u, \overline{\tilde{\alpha}\psi} \rangle &= \langle \pi_k U, \overline{\tilde{\alpha}\psi} \rangle = U\big((\overline{\tilde{\alpha}\psi})_\Omega\big) = U(\overline{A\varphi}) \\ &= F(\bar{\varphi}) = F(\bar{\varphi}_\Omega) = \langle \pi_{k+2m} F, \bar{\psi} \rangle = \langle f, \bar{\psi} \rangle. \end{aligned}$$

Réciproquement, si $u \in H_{\bar{\Omega}}^{-k}(R^n)$, $f \in H_{\bar{\Omega}}^{-k-2m}(R^n)$, avec $\langle u, \overline{\tilde{\alpha}\psi} \rangle = \langle f, \bar{\psi} \rangle$ pour tout ψ avec (10.8), alors $\pi_k^{-1} u = U$, $\pi_{k+2m}^{-1} f = F$ vérifient (10.7) pour tout $\varphi \in D(A) \cap H^{k+2m}(\Omega)$. Donc

[1] Comme $D(A) \cap H^{k+2m}(\Omega)$ est un sous espace vectoriel (fermé) de $H^{k+2m}(\Omega)$, on ne restreint pas la généralité en supposant que F est une forme linéaire continue sur $H^{k+2m}(\Omega)$, d'après le théorème de Hahn Banach.

Théorème 10.1. *On suppose que* (10.1), (10.2), (10.4), (10.6) *ont lieu et que l'ouvert* Ω *est* $k+2m$ *régulier* (définition 10.1). *Dans ces conditions, étant donné* f *dans* $H_{\bar{\Omega}}^{-k-2m}(R^n)$, *il existe* u *unique dans* $H_{\bar{\Omega}}^{-k}(R^n)$ *avec*

$$\langle u, \overline{\tilde{\alpha}\psi}\rangle = \langle f, \overline{\psi}\rangle, \text{ pour tout } \psi \text{ vérifiant (10.8)}, \tag{10.9}$$

$\tilde{\alpha}$ *étant défini par* (10.5). *L'application* $f \to u$ *est linéaire continue de* $H_{\bar{\Omega}}^{-k-2m}(R^n)$ *dans* $H_{\bar{\Omega}}^{-k}(R^n)$.

Ceci résout des problèmes aux limites à intégrale de DIRICHLET d'ordre m non finie[1], que l'on appelle: problèmes du type VISIK-SOBOLEV. Donnons un exemple:

Exemple 10.1. Prenons $k=0$, $m=1$. Plaçons nous dans les conditions d'application du théorème 3.2. Soit g_0, g_1 avec

$$g_0 \in H^{-\frac{1}{2}}(\Gamma), \quad g_1 \in H^{-\frac{3}{2}}(\Gamma), \tag{10.10}$$

et considérons la distribution S définie par

$$\langle S, \overline{\psi}\rangle = -\langle g_1, \gamma_0 \overline{\psi}\rangle + \left\langle g_0, \frac{\partial}{\partial \nu_A} \overline{\psi}\right\rangle, \qquad \psi \in H^2(R^n), \tag{10.11}$$

(notations du No. 4), les crochets désignant la dualité entre $H^{-\frac{3}{2}}(\Gamma)$, $H^{\frac{3}{2}}(\Gamma)$ et $H^{-\frac{1}{2}}(\Gamma)$, $H^{\frac{1}{2}}(\Gamma)$ respectivement. Par conséquent

$$S \in H_{\Gamma}^{-2}(R^n). \tag{10.12}$$

Soit $g \in L^2(\Omega)$, $\tilde{g}$ la fonction égale à g dans Ω, et 0 ailleurs; on applique le théorème 10.1 avec

$$f = \tilde{g} + S; \quad f \in H_{\bar{\Omega}}^{-2}(R^n). \tag{10.13}$$

La solution u de (10.9) est dans $H_{\bar{\Omega}}^{0}(R^n)$, donc de la forme

$$u = \tilde{u}_0, \quad u_0 \in L^2(\Omega). \tag{10.14}$$

L'équation (10.9) pour $\psi = \tilde{\varphi}$, $\varphi \in \mathscr{D}(\Omega)$, donne

$$A^* u_0 = g, \tag{10.15}$$

où

$$A^* = -\sum \frac{\partial}{\partial x_j}\left(\overline{a_{ji}}(x) \frac{\partial}{\partial x_i}\right) + \overline{a_0}(x). \tag{10.16}$$

Ensuite

$$\langle u, \overline{\tilde{\alpha}\psi}\rangle = \int_\Omega u_0 \overline{A\varphi}\, dx = \langle f, \overline{\varphi}\rangle = \langle S, \overline{\psi}\rangle + \int_\Omega g \overline{\varphi}\, dx,$$

donc

$$\int_\Omega u_0 \overline{A\varphi}\, dx - \int_\Omega (A^* u_0) \overline{\varphi}\, dx = \langle S, \overline{\psi}\rangle. \tag{10.17}$$

[1] C'est à dire où la solution u est telle que $\|u\|_m = \infty$ (notation (2.3)).

Mais le premier membre de (10.17) vaut (ceci, qui est formel, peut être justifié: cf. LIONS-MAGENES [1], [2]):

$$\int_\Gamma u_0 \frac{\partial}{\partial \nu_A} \bar{\varphi}\, d\sigma - \int_\Gamma \left(\frac{\partial}{\partial \nu_{A^*}} u_0\right) \bar{\varphi}\, d\sigma,$$

de sorte que (10.17) équivaut à

$$-\left\langle \frac{\partial}{\partial \nu_{A^*}} u_0 - g_1, \overline{\gamma_0 \varphi} \right\rangle + \left\langle \gamma_0 u_0 - g_0, \frac{\partial}{\partial \nu_A} \bar{\varphi} \right\rangle = 0, \qquad (10.18)$$

pour tout $\varphi \in D(A) \cap H^2(\Omega)$.

Donc: étant donnés g, g_0, g_1, il existe u_0 unique dans $L^2(\Omega)$ avec (10.15) et (10.18).

Voici deux exemples:

1) $V = H_0^1(\Omega)$.

Alors (10.18) se réduit à

$$\gamma_0 u_0 = g_0; \qquad (10.19)$$

2) $V = H^1(\Omega)$.

Alors (10.18) se réduit à

$$\frac{\partial}{\partial \nu_{A^*}} u_0 = g_1. \qquad (10.20)$$

(On ne peut pas prendre V comme dans l'exemple 4.3, la k-régularité de $a(u,v)$ sur V n'ayant pas lieu dans ce cas).

On notera que l'on a ainsi résolu des problèmes aux limites avec conditions aux limites non homogènes (cf. MAGENES-STAMPACCHIA [1], LIONS-MAGENES [1]).

Chapitre III

Une variante du théorème des projections

Sommaire. On donne au No. 1 une variante très simple du théorème des projections donnant un critère d'existence que nous utiliserons très souvent dans les chapitres suivants. Le No. 2 donne trois exemples; on reviendra sur les deux premiers par la suite. Le No. 3 donne un résultat simple de stabilité.

1. Un théorème d'existence

Soit F un espace de HILBERT; si $u, v \in F$, on désignera par $(u,v)_F$ le produit scalaire de u et v; on posera: $\|u\|_F = (u,u)_F^{\frac{1}{2}}$.

Soit Φ un sous espace de F; on suppose que Φ est muni d'un produit scalaire pré-hilbertien, $(((\varphi, \psi)))$, $\varphi, \psi \in \Phi$; la quantité $|||\varphi||| = (((\varphi, \varphi)))^{\frac{1}{2}}$ est une *norme*, pour laquelle Φ est complet *ou non* (les cas les plus intéressants correspondant au cas où Φ *n'est pas complet*). On suppose que l'application $\varphi \to \varphi$ est continue de F dans Φ, donc

$$\|\varphi\|_F \leqq c_1 |||\varphi|||, \quad c_1 = \text{constante, pour tout } \varphi \in \Phi. \tag{1.1}$$

Notons encore que l'espace Φ est dense *ou non* dans F.

Les conditions précédentes sont par exemple remplies si Φ est un sous espace vectoriel non fermé et non dense de F, muni de la structure (préhilbertienne) induite.

On donne maintenant une forme sesquilinéaire $E(u, \varphi)$ sur $F \times \Phi$; on fait sur cette forme les hypothèses suivantes:

$$\text{pour tout } \varphi \in \Phi, \text{ la forme } u \to E(u, \varphi) \text{ est continue sur } F; \tag{1.2}$$

$$\left.\begin{array}{l} \text{il existe une constante } \alpha > 0 \text{ telle que} \\ |E(\varphi, \varphi)| \geqq \alpha |||\varphi|||^2, \quad \text{pour tout } \varphi \in \Phi. \end{array}\right\} \tag{1.3}$$

Insistons sur le fait que la forme (semi linéaire) $\varphi \to E(u, \varphi)$ n'est pas supposée continue sur Φ, pour u fixé dans F.

On va vérifier le

Théorème 1.1. *On suppose que les hypothèses* (1.1), (1.2) *et* (1.3) *ont lieu. Si* $\varphi \to L(\varphi)$ *est une forme semi linéaire continue sur* Φ, *il existe* u *dans* F *vérifiant*

$$E(u, \varphi) = L(\varphi) \quad \textit{pour tout } \varphi \in \Phi. \tag{1.4}$$

Démonstration. 1) D'après (1.2), on peut écrire

$$E(u, \varphi) = (u, K\varphi)_F \tag{1.5}$$

ce qui définit une application linéaire $\varphi \to K\varphi$ de Φ dans F, jouissant des propriétés suivantes:

$$K \text{ applique } \textit{biunivoquement } \Phi \text{ dans } F; \tag{1.6}$$

en effet, si $K\varphi = 0$, alors $(\varphi, K\varphi)_F = E(\varphi, \varphi) = 0$, et d'après (1.3) (et $|||\varphi|||$ étant une norme), $\varphi = 0$.

On pose

$$K\Phi = \mathscr{A}; \tag{1.7}$$

alors

$$\left.\begin{array}{l} \text{l'inverse } R_0 \text{ de } K \text{ est continu de } \mathscr{A} \text{ (muni} \\ \text{de la topologie induite par } F) \text{ dans } \Phi; \end{array}\right\} \tag{1.8}$$

en effet, posons $K\varphi = a$, $\varphi = R_0 a$. D'après (1.3),

$$\alpha |||R_0 a|||^2 \leqq |E(\varphi, \varphi)| = |(\varphi, K\varphi)_F| \leqq \|\varphi\|_F \|K\varphi\|_F \leqq c_1 |||\varphi||| \, \|K\varphi\|_F,$$

d'où

$$|||R_0 a||| \leqq (c_1/\alpha) \|a\|_F, \tag{1.9}$$

ce qui démontre (1.8).

On peut par conséquent prolonger par continuité R_0 en $\bar{R}_0$, application linéaire continue de $\bar{\mathscr{A}} = \mathscr{B}$ (adhérence de $\mathscr{A}$ dans F) dans $\hat{\Phi}$ (complété de Φ pour $|||\varphi|||$).

La forme semi linéaire $\varphi \to L(\varphi)$ se prolonge par continuité à $\hat{\Phi}$, donc

$$L(\varphi) = (((\xi_L, \varphi))), \quad \xi_L \in \hat{\Phi}, \tag{1.10}$$

et l'équation (1.4) équivaut à

$$(u, K\varphi)_F = (((\xi_L, \varphi))) \text{ pour tout } \varphi \in \Phi;$$

ou encore

$$(u, a)_F = (((\xi_L, R_0 a))) = (((\xi_L, \bar{R}_0 a))), \quad a \in \mathscr{A}. \tag{1.11}$$

2) La résolution de (1.11) est immédiate. Soit par exemple P l'opérateur de projection orthogonale (dans F) sur $\mathscr{B}$; alors $R = \bar{R}_0 P \in \mathscr{L}(F; \hat{\Phi})$; soit R^* son adjoint: $R^* \in \mathscr{L}(\hat{\Phi}; F)$ [1]. Alors (1.11) équivaut à

$$(u, a)_F = (((\xi_L, Ra))) = (R^* \xi_L, a)_F \text{ pour tout } a \in \mathscr{A},$$

d'où suit qu'*une* solution du problème est

$$u = R^* \xi_L. \tag{1.12}$$

Remarque 1.1. Il n'y pas en général unicité de la solution; la condition nécessaire et suffisante pour qu'il ait unicité est que $\mathscr{A}$ soit dense dans F.

Remarque 1.2. Soit $|||L|||$ la norme de L, i.e.

$$|||L||| = \sup. |L(\varphi)|, \quad \varphi \in \Phi, \quad |||\varphi||| \leqq 1.$$

Alors la solution (1.12) *de l'équation* (1.4) *vérifie*

$$\|u\|_F \leqq (c_1/\alpha)\, |||L|||\ ^2. \tag{1.13}$$

Remarque 1.3. Si $\Phi = F$, la forme sesquilinéaire $E(u, \varphi)$ étant continue sur $F \times F$, il y a unicité de la solution de (1.4). On retrouve le critère de la proposition 1.2, Chap. II.

Remarque 1.4. Le critère du théorème 1.1 (donné dans LIONS [9]) ne constitue évidemment que l'une des multiples conditions suffisantes que l'on peut écrire pour qu'une application linéaire d'un espace X sur un espace Y soit *surjective*. Le seul objet du théorème 1.1 est de donner

---

[1] Rappelons que $\mathscr{L}(X; Y)$ désigne l'espace des applications linéaires continues de X dans Y.

[2] Il s'agit de la solution définie par (1.12). On a alors $\|u\|_F \leqq \|R^*\|\, |||\xi_L||| = \|R^*\|\, |||L|||$, où $\|R^*\|$ (norme de R^* dans $\mathscr{L}(\hat{\Phi}; F)) \leqq \|R\| \leqq \|R_0\|$ (norme de R_0 dans $\mathscr{L}(F; \Phi)) \leqq (c_1/\alpha)$, d'après (1.9), d'où le résultat.

une condition commode pour les applications (voir des critères voisins dans I. M. VISIK [5], O. A. LADYZENSKAYA-I. M. VISIK [1]).

Pour une discussion générale, voir. BROWDER [7]. Cf. aussi G. FICHERA [1], [3], S. FAEDO [2], MAGENES-STAMPACCHIA [1].

2. Premiers exemples

Exemple 2.1. Soit $\mathcal{O}$ un ouvert contenu dans l'espace $R_x^n \times R_t$. On désigne par $H^{1,0}(\mathcal{O})$ l'espace des fonctions $u \in L^2(\mathcal{O})$ telles que

$$D_i u \in L^2(\mathcal{O}), \quad D_i = \partial/\partial x_i, \quad i = 1, \ldots, n,$$

sans aucune condition sur $D_t u = \partial u/\partial t$. On munit cet espace de la norme

$$\left(\int_{\mathcal{O}} \left(|u(x,t)|^2 + \sum_{i=1}^{n} |D_i u(x,t)|^2\right) dx\, dt\right)^{\frac{1}{2}}, \tag{2.1}$$

qui en fait un espace de HILBERT (cf. Chap. II, No. 2).

On désigne ensuite par $H_0^{1,0}(\mathcal{O})$ l'adhérence de $\mathcal{D}(\mathcal{O})$ dans $H^{1,0}(\mathcal{O})$ (c'est l'espace des fonctions «nulles» sur les portions de la frontière de $\mathcal{O}$ qui ne sont pas contenues dans des hyperplans $t =$ constante; cf. LIONS [9]).

Nous prenons maintenant:

$$F = H_0^{1,0}(\mathcal{O}), \text{ norme } \|u\|_F \text{ donnée par (2.1)},$$

$$\Phi = \mathcal{D}(\mathcal{O}), \text{ norme } |||\varphi||| = \|\varphi\|_F,$$

$$E(u,\varphi) = \int_{\mathcal{O}} \sum_{i=1}^{n} D_i u\, D_i \bar{\varphi}\, dx\, dt + \lambda \int_{\mathcal{O}} u \bar{\varphi}\, dx\, dt - \int_{\mathcal{O}} u\, D_t \bar{\varphi}\, dx\, dt, \ \lambda \text{ réel}. \tag{2.2}$$

Pour $\varphi \in \Phi$, la forme $u \to E(u,\varphi)$ est continue sur F, et comme on le vérifie aisément

$$\operatorname{Re} E(\varphi,\varphi) = \int_{\mathcal{O}} \left(\sum_{i=1}^{n} |D_i \varphi|^2 + \lambda |\varphi|^2\right) dx\, dt$$

d'où

$$\operatorname{Re} E(\varphi,\varphi) \geqq \alpha |||\varphi|||^2, \quad \alpha > 0, \quad \text{si } \lambda > 0.$$

Si maintenant on donne f dans l'espace $H^{-1,0}(\mathcal{O})$ dual de $H_0^{1,0}(\mathcal{O})$[1], la forme $\varphi \to \langle f, \bar{\varphi}\rangle$ est continue sur Φ, et le théorème 1.1 est applicable. Il donne l'existence de $u \in F$ vérifiant $E(u,\varphi) = \langle f, \bar{\varphi}\rangle$ pour tout $\varphi \in \mathcal{D}(\mathcal{O})$, donc: *pour $\lambda > 0$*[2], *étant donné f dans $H^{-1,0}(\mathcal{O})$, il existe u dans F avec*

$$-\Delta_x u + \lambda u + D_t u = f, \quad \Delta_x = D_1^2 + \cdots + D_n^2. \tag{2.3}$$

[1] La condition nécessaire et suffisante pour que f soit dans $H^{-1,0}(\mathcal{O})$ est que l'on puisse écrire

$$f = \sum_i D_i g_i + g, \quad g, g_i \in L^2(\mathcal{O}).$$

[2] On introduit ici ce λ uniquement pour un peu simplifier; cf. Chap. IV.

Pour des compléments et l'étude de l'unicité, cf. LIONS [9].

Exemple 2.2. Prenons $\mathcal{O}=\Omega\times R_t$, Ω ouvert de R_x^n. Soit γ un nombre >0 *fixé*.

On désigne par F l'espace des u avec

$$\exp(-\gamma t)\, u \in H_0^1(\mathcal{O}), \tag{2.4}$$

pour la norme

$$\|u\|_F = \|\exp(-\gamma t)\, u\|_{H_0^1(\mathcal{O})}.$$

(Voir la définition de H_0^1 au Chap. II, No. 2 et 3.)

On désigne par Φ l'espace des $\varphi\in F$, avec $D_t\varphi\in F$, φ étant nul dans un voisinage (variable) de $\Gamma\times R_t$ (Γ étant la frontière de Ω dans R_x^n), et $\varphi=0$ pour $t\leqq t_0$ (t_0 dépendant également de φ). On munit Φ de la structure (préhilbertienne) induite par F.

Pour $u\in F$, $\varphi\in\Phi$, on pose

$$\left.\begin{aligned} E(u,\varphi) = \sum_{i=1}^{n} \int_{\mathcal{O}} \exp(-2\gamma t)\, D_i u\, D_i D_t \bar\varphi\, dx\, dt\, - \\ - \int_{\mathcal{O}} D_t u\, D_t\big(\exp(-2\gamma t)\, D_t\bar\varphi\big)\, dx\, dt\, + \\ + \lambda \int_{\mathcal{O}} \exp(-2\gamma t)\, u\, D_t\bar\varphi\, dx\, dt. \end{aligned}\right\} \tag{2.5}$$

La forme $u\to E(u,\varphi)$ est continue sur F, pour φ fixé dans Φ, et

$$\operatorname{Re} E(\varphi,\varphi) = \gamma \int_{\mathcal{O}} \exp(-2\gamma t) \Big(\sum_{i=1}^{n} |D_i\varphi|^2 + |D_t\varphi|^2 + \lambda|\varphi|^2\Big)\, dx\, dt,$$

de sorte que

$$\operatorname{Re} E(\varphi,\varphi) \geqq \alpha \|\!|\varphi|\!\|^2, \quad \alpha>0, \quad \text{si } \lambda>0.$$

Si l'on donne alors f avec

$$\exp(-\gamma t)\, f\in L^2(\mathcal{O}), \tag{2.6}$$

la forme

$$L(\varphi) = \langle \exp(-\gamma t)\, f,\ \exp(-\gamma t)\, D_t\bar\varphi\rangle$$

est continue sur Φ; donc, d'après le théorème 1.1, il existe u dans F avec $E(u,\varphi)=L(\varphi)$ pour tout $\varphi\in\Phi$.

Mais si $\psi\in\mathcal{D}(\mathcal{O})$, et si $\varphi(x,t)=\int_{-\infty}^{t}\psi(x,s)\, ds$, on vérifie que $\varphi\in\Phi$; pour un tel choix de φ, l'équation $E(u,\varphi)=L(\varphi)$ s'écrit

$$\langle \exp(-2\gamma t)\,(-\Delta_x u + D_t^2 u + \lambda u), \bar\varphi\rangle = \langle \exp(-2\gamma t)\, f, \bar\varphi\rangle$$

et par conséquent: *pour* $\lambda>0$, *étant donné* f *avec* (2.6), *il existe* u *dans* F, *avec*

$$-\Delta_x u + D_t^2 u + \lambda u = f. \tag{2.7}$$

(On reviendra dans la suite de façon beaucoup plus précise sur ce résultat. On pourra également consulter les travaux de F. TRÈVES [1], [2], [3].)

Exemple 2.3. Le résultat du No. 1 a aussi des applications à des problèmes aux limites *de nature elliptique*. Voici un exemple: dans $\Omega \subset R^n$, soit h une fonction harmonique >0. On désigne par $\hat{\mathscr{D}}_h(\Omega)$ le complété de l'espace $\mathscr{D}(\Omega)$ pour la *norme*

$$\left(\int_\Omega h(x)\left(\sum_{i=1}^n |D_i\varphi|^2\right)dx\right)^{\frac{1}{2}}. \tag{2.8}$$

Si l'on suppose que, pour tout $\psi \in \mathscr{D}(\Omega)$, la forme semi linéaire $\varphi \to \int_\Omega \psi\bar{\varphi}\,dx$ est continue sur $\mathscr{D}(\Omega)$ muni de la norme (2.8), alors on peut identifier $\hat{\mathscr{D}}_h(\Omega)$ à un sous espace de $\mathscr{D}'(\Omega)$.

On prendra: $F = \hat{\mathscr{D}}_h(\Omega)$, $\Phi = \mathscr{D}(\Omega)$, muni de la structure préhilbertienne induite, et

$$E(u, \varphi) = \int_\Omega \sum_i h(x)\, D_i u\, D_i\bar{\varphi}\, dx - \int_\Omega \sum_i \left(D_i h(x)\right) u\, D_i\bar{\varphi}\, dx. \tag{2.9}$$

Pour φ fixé dans Φ, la forme $u \to E(u, \varphi)$ est continue dans F, et *grâce au fait que h est harmonique,*

$$\operatorname{Re} E(\varphi, \varphi) = \|\varphi\|_F^2 \quad \left(\text{norme } (2.8)\right).$$

Si f est donnée dans l'espace $\hat{\mathscr{D}}_h(\Omega)'$ dual de $\hat{\mathscr{D}}_h(\Omega)$, la forme

$$\varphi \to L(\varphi) = \langle f, \bar{\varphi}\rangle$$

est continue sur Φ, et le théorème 1.1 donne:

pour f donné dans $\hat{\mathscr{D}}_h(\Omega)'$, il existe u dans $\hat{\mathscr{D}}_h(\Omega)$ avec

$$-h\,\Delta u = f. \tag{2.10}$$

Cette situation — variante de VISIK [6], [4], mais où l'on ne considère par les espaces $\hat{\mathscr{D}}_h(\Omega)$ — est étudiée et largement développée dans H. MOREL [1].

3. Un résultat de stabilité

Proposition 3.1. *On donne F et Φ comme au théorème 1.1. On donne une famille de formes sesquilinéaires, $E_n(u, \varphi)$, $E(u, \varphi)$, sur $F \times \Phi$, avec*

$$u \to E_n(u, \varphi) \quad \left(E(u, \varphi)\right) \text{ est continue sur } F; \tag{3.1}$$

$$|E_n(\varphi, \varphi)| \geqq \alpha |||\varphi|||^2, \quad |E(\varphi, \varphi)| \geqq \alpha |||\varphi|||^2, \quad \alpha > 0,\ \varphi \in \Phi; \tag{3.2}$$

$$\left.\begin{aligned} \varphi \to R_n(\varphi) = E_n(u, \varphi) - E(u, \varphi) \text{ est continue sur } \Phi \text{ et} \\ |||R_n||| \to 0 \text{ lorsque } n \to \infty^1. \end{aligned}\right\} \tag{3.3}$$

[1] $|||R_n||| = \sup . |R_n(\varphi)|/|||\varphi|||, \quad \varphi \in \Phi.$

On donne L_n, L, formes semi linéaires continues sur Φ, avec

$$|||L_n - L||| \to 0, \qquad n \to \infty. \tag{3.4}$$

Dans ces conditions, si u_n (resp. u) est la solution (choisie par (1.12)) de

$$E_n(u_n, \varphi) = L_n(\varphi), \qquad \varphi \in \Phi, \tag{3.5}$$

(*resp. de*

$$E(u, \varphi) = L(\varphi), \quad \varphi \in \Phi), \tag{3.6}$$

alors

$$u_n \to u \text{ dans } F, \quad n \to \infty. \tag{3.7}$$

Démonstration. On a

$$E_n(u_n - u, \varphi) = L_n(\varphi) - E_n(u, \varphi) = L_n(\varphi) - L(\varphi) - \big(E_n(u, \varphi) - E(u, \varphi)\big)$$
$$= L_n(\varphi) - L(\varphi) - R_n(\varphi),$$

et d'après (1.13),

$$\|u_n - u\|_F \leqq (c_1/\alpha)\,\big(|||L_n - L||| + |||R_n|||\big), \tag{3.8}$$

d'où le résultat.

Chapitre IV

Equations différentielles opérationnelles du premier ordre en t (I)

Sommaire. Les résultats essentiels sont contenus dans le No. 1 qui suffit pour la lecture de la plupart (mais non la totalité) des exemples du Chap. VI. Le No. 2 donne des compléments sur la régularité; le lecteur non intéressé dans la théorie fine des opérateurs à coefficients seulement mesurables peut passer le théorème 2.1; le théorème 2.2 est indépendant du théorème 2.1 et est essentiel pour les applications aux problèmes non linéaires (dont certains sont étudiés au No. 4 — des exemples seront donnés au Chap. VI —; d'autres — notamment les équations de Navier-Stokes — seront (brièvement) étudiées au Chap. X). Le No. 3 donne une application facile du No. 2, mais contient aussi un problème non résolu. Le No. 5, qui utilise la théorie des sommes mesurables d'espaces de Hilbert, est utile pour les problèmes dans des ouverts non cylindriques. Le No. 7 sera utile dans les exemples du Chap. VI. Des problèmes non résolus assez nombreux sont signalés dans les No. 6 et 7. Le No. 8 constitue un (tout petit) point de départ des équations aux dérivées partielles à coefficients opérateurs non bornés, direction dans laquelle se posent de très nombreux problèmes.

Les No. 9, 10 et 11 donnent des compléments: stabilité, comportement des solutions lorsque $t \to +\infty$, perturbations singulières.

On peut dans les considérations du No. 1 remplacer la forme $a(t; u, v)$ continue sur $V \times V$ par une forme continue sur $V \times \mathscr{V}$, où $\mathscr{V}$ est un sous espace de V muni d'une topologie plus fine; il y a alors des difficultés pour l'unicité, mais dans des cas particuliers correspondant à des problèmes différentiels, ce point peut être résolu; il s'agit là d'une question un peu spéciale sur laquelle nous reviendrons ailleurs. On pourra consulter L. CATTABRIGA [4].

Nous n'étudions pas ici la question de l'unicité rétrograde, pour laquelle nous renvoyons à LIONS-MALGRANGE [1], où l'on trouvera d'autres indications bibliographiques (et une liste de problèmes non résolus). Cf. aussi IU. I. LUBICH [1], LEES et PROTTER [1], PROTTER [3].

Une application des équations opérationnelles du premier ordre au problème de l'unicité dans les équations elliptiques est donnée dans P. D. LAX [3].

Pour l'étude des solutions presque-périodiques, nous renvoyons à C. FOIAS-S. ZAIDMAN [1].

1. Théorème d'existence et d'unicité

On considère deux espaces de HILBERT V et H, *séparables*, avec $V \subset H$ algébriquement et topologiquement, V étant dense dans H[1]. Les notations sont celles du Chap. II, No. 1.

On donne *une famille de formes sesquilinéaires continues sur* V, soit $a(t; u, v)$, dépendant du paramètre t (le temps); on supposera que $t \in [0, T]$, T fini pour commencer. On fera l'hypothèse suivante:

$$\left.\begin{array}{l} \text{pour } u, v \in V, \text{ la fonction } t \to a(t; u, v) \text{ est } \textit{mesurable}, \text{ et} \\ \qquad |a(t; u, v)| \leqq M \|u\| \|v\|, \\ M \text{ étant une constante indépendante de } t, u, v. \end{array}\right\} \tag{1.1}$$

Notons ceci: supposons seulement que pour chaque t, $a(t; u, v)$ est continue sur $V \times V$, et que pour tout $u, v \in V$, $a(t; u, v)$ est bornée. Alors il existe une constante M telle que $|a(t; u, v)| \leqq M \|u\| \|v\|$. En effet, comme $a(t; u, v)$ est continue sur $V \times V$, on peut l'écrire $a(t; u, v) = ((\mathscr{A}(t) u, v))$ où $\mathscr{A}(t) \in \mathscr{L}(V; V)$ (espace des opérateurs linéaires continus de V dans lui même). Alors, d'après l'hypothèse, $|((\mathscr{A}(t) u, v))|$ est borné pour tout $u, v \in V$, donc $\mathscr{A}(t)$ est borné en norme dans $\mathscr{L}(V; V)$, d'où le résultat.

[1] Rappelons que V est contenu dans H avec une topologie strictement plus fine que celle induite par H. L'hypothèse de densité de V dans H n'est nullement indispensable; elle n'est utilisée que dans l'interprétation du problème résolu (cf. remarque 1.3); on peut d'ailleurs remplacer H par l'adhérence de V dans H (dans le cas où V n'est pas dense dans H) (on rencontrera une telle situation dans les équations de NAVIER-STOKES — Chap. X, No. 4).

On considère les deux problèmes suivants (cf. Chap. I, No. 2 et 3):

Problème 1.1. Trouver une fonction $u \in L^2(-\infty, T; V)$, avec

$$u \text{ est nulle (p.p.) pour } t < 0, \tag{1.2}$$

$$a(t; u(t), v) + \frac{d}{dt}(u, v) = (f, v) + (u_0, v)\,\delta, \quad \text{pour tout } v \in V, \tag{1.3}$$

où f est donnée dans $L^2(-\infty, T; H)$, nulle pour $t < 0$, u_0 est donné dans H, δ est la masse de DIRAC à l'origine.

Précisons le sens de (1.3). On prolonge $a(t; u, v)$ (définie à priori seulement dans $(0, T)$) pour $t < 0$ d'une façon quelconque, par exemple par 0. Alors $a(t; u(t), v)$ désigne la fonction $t \to a(t; u(t), v)$[1]. Enfin, $\frac{d}{dt}(u, v)$ désigne la dérivée, au sens des distributions sur $]-\infty, T[$, de la fonction $t \to (u(t), v)$.

Problème 1.1′. Trouver $u \in L^2(0, T; V)$, avec

$$\int_0^T \{a(t; u(t), \varphi(t)) - (u(t), \varphi'(t))\}\, dt = \int_0^T (f(t), \varphi(t))\, dt + (u_0, \varphi(0)), \tag{1.4}$$

pour toute fonction φ vérifiant

$$\varphi \in L^2(0, T; V), \quad \varphi' \in L^2(0, T; H), \quad \varphi(T) = 0. \tag{1.5}$$

On a le

Lemme 1.1. *Les problèmes* 1.1 *et* 1.1′ *sont équivalents.*

Démonstration. 1) Soit u solution du problème 1.1′ et soit $\tilde{u}, \tilde{f}$ les prolongements de u et f par 0 pour $t < 0$. Prenons dans (1.4)

$$\varphi = \psi \otimes v, \qquad (\text{i.e. } \varphi(t) = \psi(t)\, v),$$

où $v \in V$, $\psi \in \mathscr{D}(]-\infty, T[)$; il vient

$$\int_{-\infty}^T \{a(t; \tilde{u}(t), v)\, \bar{\psi}(t) - (\tilde{u}(t), v)\, \bar{\psi}'\}\, dt = \int_{-\infty}^T (\tilde{f}(t), v)\, \bar{\psi}\, dt + (u_0, v)\, \bar{\psi}(0),$$

d'où

$$a(t; \tilde{u}(t), v) + \frac{d}{dt}(\tilde{u}, v) = (\tilde{f}, v) + (u_0, v)\,\delta,$$

de sorte que $\tilde{u}$ est solution du problème 1.1.

---

[1] On peut écrire $a(t; u, v) = ((\mathscr{A}(t)u, v)) = ((u, \mathscr{A}^*(t)v))$, où $\mathscr{A}(t) \in \mathscr{L}(V; V)$ (espace des opérateurs linéaires continus de V dans lui même); la fonction $t \to \mathscr{A}(t)u(t)$, pour u donné dans $L^2(0, T; V)$ est mesurable à valeurs dans V, puisque V est séparable et qu'elle est scalairement mesurable (en effet, pour v fixé dans V, $((\mathscr{A}(t)u(t), v)) = ((u(t), \mathscr{A}^*(t)v))$ est mesurable, puisque $\mathscr{A}^*(t)v$ l'est scalairement — et donc fortement — par hypothèse); comme par ailleurs $\|A(t)u(t)\| \leq M\|u(t)\|$, $\mathscr{A}(t)u(t)$ est dans $L^2(0, T; V)$, et $a(t; u(t), v)$ est dans $L^2(0, T)$.

2) Réciproquement soit u solution du problème 1.1, et soit encore u sa restriction à $(0, T)$. Soit $\psi \in \mathscr{D}(]-\infty, T[)$; on déduit de (1.3)

$$\langle a(t; u(t), v), \bar{\psi}\rangle - \langle (u, v), \bar{\psi}'\rangle = \langle (f, v), \bar{\psi}\rangle + (u_0, v)\,\bar{\psi}(0),$$

ou encore

$$\int_0^T \{a(t; u(t), \varphi(t)) - (u(t), \varphi'(t))\}\,dt = \int_0^T (f(t), \varphi(t))\,dt + (u_0, \varphi(0)) \quad (1.6)$$

pour tout φ de la forme

$$\varphi = \psi \otimes v,$$

$\psi \in \mathscr{D}[0, T]$ (fonctions indéfiniment différentiables dans $[0, T]$), nulle au voisinage de T. Donc (1.6) a lieu pour $\varphi = \sum \psi_i \otimes v_i$, somme finie quelconque, et finalement u est solution du problème 1.1′ en vertu du

Lemme 1.2. *L'espace des fonctions*

$$\sum \psi_i \otimes v_i, \quad (1.7)$$

sommes finies, $\psi_i \in \mathscr{D}[0, T]$ *nulle au voisinage de* T, $v_i \in V$, *est dense dans l'espace des fonctions* φ *vérifiant* (1.5), *muni de la norme*

$$\left(\int_0^T (\|\varphi(t)\|^2 + |\varphi'(t)|^2)\,dt\right)^{\frac{1}{2}}. \quad (1.8)$$

Démonstration. Soit φ avec (1.5). On introduit, pour $a > 0$ (assez petit), la fonction φ_a définie par $\varphi_a(t) = \varphi(t+a)$ pour $-a < t < T-a$, et par $\varphi_a(t) = 0$ pour $T - a < t < T$. Désignons par f_a la restriction de φ_a à $(0, T)$. On vérifie que $f_a \to \varphi$ dans la norme (1.8) lorsque $a \to 0$.

Il suffit donc d'approcher par (1.7) des éléments de la forme f_a. Mais si ϑ_a est dans $\mathscr{D}(R_t)$, $= 1$ dans $[-a/2, T]$, et $= 0$ en dehors de $[-a, T+1]$ par exemple, la fonction $\vartheta_a \varphi_a = g_a$ a encore pour restriction à $(0, T)$ la fonction f_a, et vérifie

$$\left.\begin{array}{l} g_a \in L^2(-\infty, +\infty; V), \quad g_a' \in L^2(-\infty, +\infty; H), \\ g_a \text{ nulle au voisinage de } T. \end{array}\right\} \quad (1.8)'$$

Il suffit donc d'approcher par des éléments de la forme (1.7) une fonction f_a restriction à $(0, T)$ de g_a vérifiant (1.8)′. Supprimons l'indice «a». Par régularisation, g est limite (pour la norme

$$\left(\int_{-\infty}^{+\infty} (\|g(t)\|^2 + |g'(t)|^2)\,dt\right)^{\frac{1}{2}}\Big)$$

de fonctions G indéfiniment différentiables à valeurs dans V, et nulles au voisinage de T. Par restriction à $(0, T)$, f est limite (pour la norme

(1.8)) de fonctions F indéfiniment différentiables à valeurs dans V, nulles au voisinage de T.

Reste donc à approcher une telle fonction F, ce qui est classique (on commencera par approcher, au sens de la convergence uniforme à valeurs dans V, la fonction F', et pour cela, cf. par exemple BOURBAKI[1]).

On va maintenant démontrer le

Théorème 1.1. *On suppose que* $a(t; u,v)$ *vérifie* (1.1) *ainsi que l'hypothèse suivante:*

il existe λ tel que $\quad \operatorname{Re} a(t; v,v) + \lambda |v|^2 \geqq \alpha \|v\|^2, \quad \alpha > 0, \quad v \in V. \qquad (1.9)$

Dans ces conditions, le problème 1.1 *admet une solution unique* u. *L'application* $\{f, u_0\} \to u$ *est continue de* $L^2(-\infty, T; H) \times H$ *dans* $L^2(-\infty, T; V)$.

Démonstration. 1) *Réduction préliminaire. On peut toujours se ramener au cas où* (1.9) *a lieu avec* $\lambda = 0$.

En effet si l'on pose $u = \exp(kt)\,w$, k réel à déterminer, le problème 1.1 *équivaut* à la recherche de w, nulle pour $t < 0$, vérifiant

$$a(t; w(t), v) + k(w(t), v) + \frac{d}{dt}(w(t), v) = (\exp(-kt)\, f, v) + (u_0, v)\,\delta;$$

c'est un problème équivalent au problème 1.1, mais avec $a(t; u,v)$ remplacée par $a(t; u,v) + k(u,v)$ — d'où le résultat. (Ceci justifie la remarque faite après l'exemple 4.6, Chap. II, et la note 2, p. 39, Chap. III.)

2) *Existence.*

On va démontrer l'existence de u solution du problème 1.1' (équivalent au problème 1.1 d'après le lemme 1.1).

On utilise pour cela le théorème 1.1, Chap. III, dans les conditions suivantes:

$$F = L^2(0, T; V), \qquad \|u\|_F = \left(\int_0^T \|u(t)\|^2\, dt\right)^{\frac{1}{2}};$$

Φ = espace des φ vérifiant (1.5) avec la norme

$$|||\varphi||| = (\|\varphi\|_F^2 + |\varphi(0)|^2)^{\frac{1}{2}};$$

$$E(u, \varphi) = \int_0^T \{a(t; u(t), \varphi(t)) - (u(t), \varphi'(t))\}\, dt;$$

$$L(\varphi) = \int_0^T (f(t), \varphi(t))\, dt + (u_0, \varphi(0)).$$

Vérifions que l'on est dans les conditions d'application du théorème 1.1, Chap. III.

Pour φ fixé dans Φ, la forme $u \to E(u, \varphi)$ est continue sur F.

Ensuite:

$$\operatorname{Re} E(\varphi, \varphi) = \int_0^T \operatorname{Re} a\big(t; \varphi(t), \varphi(t)\big)\, dt - \left(\frac{1}{2}\right) \int_0^T \frac{d}{dt} |\varphi(t)|^2 dt$$

$$= \int_0^T \operatorname{Re} a\big(t; \varphi(t), \varphi(t)\big)\, dt + \left(\frac{1}{2}\right) |\varphi(0)|^2.$$

D'après le point 1) de la démonstration, on en tire

$$\operatorname{Re} E(\varphi, \varphi) \geqq \alpha \int_0^T \|\varphi(t)\|^2 dt + (\tfrac{1}{2})\, |\varphi(0)|^2 \geqq \inf(\alpha, \tfrac{1}{2})\, |||\varphi|||^2.$$

Enfin la forme semi linéaire $\varphi \to L(\varphi)$ est continue sur Φ, pour la norme $|||\varphi|||$.

Donc, d'après le théorème 1.1, Chap. III, il existe u dans F avec $E(u, \varphi) = L(\varphi)$ pour tout $\varphi \in \Phi$, i.e. solution du problème 1.1'.

3) *Unicité.*

Soit u vérifiant (1.4) avec $f = 0$, $u_0 = 0$, ou ce qui est équivalent

$$\int_0^T \left\{a\big(t; u(t), \varphi(t)\big) - \big(u(t), \varphi'(t)\big)\right\} dt = 0, \tag{1.10}$$

u étant nulle pour $t < 0$, pour tout φ avec

$$\varphi \in L^2(-\infty, T; V), \qquad \varphi' \in L^2(-\infty, T; H), \qquad \varphi(T) = 0. \tag{1.11}$$

On veut montrer que dans ces conditions $u = 0$.

Considérons les fonctions $\vartheta_n(t)$ définies par:

$$\vartheta_n(t) = 1 \quad \text{pour } t < T - 2/n;$$

$$\vartheta_n(t) = n(T - 1/n - t) \quad \text{pour } T - 2/n \geqq t \geqq T - 1/n;$$

$$\vartheta_n(t) = 0 \quad \text{pour } t \geqq T - 1/n.$$

Soit par ailleurs ϱ_m une suite de fonctions de $\mathscr{D}(R_t)$, ϱ_m ayant son support dans $[-1/m, +1/m]$, $\varrho_m(t) \geqq 0$, $\varrho_m(t) = \varrho_m(-t)$, et $\int_{-\infty}^{+\infty} \varrho_m(t)\, dt = 1$. On pose:

$$u_{nm} = \vartheta_n\big((\vartheta_n u) * \varrho_m\big), \tag{1.12}$$

où l'on suppose $m > n$; alors u_{nm} est nulle pour $t > T - 1/n$, et on peut donc prendre dans (1.10), $\varphi = u_{nm}$. Il vient

$$X_{nm} - Y_{nm} - Z_{nm} = 0,$$

où

$$X_{nm} = \int_{-\infty}^{T} a\big(t; u(t), u_{nm}(t)\big)\, dt, \qquad Y_{nm} = \int_{-\infty}^{T} \big(u(t), (\vartheta_n u) * \varrho_m\big)\, \vartheta_n'\, dt,$$

$$Z_{nm} = \int_{-\infty}^{T} \big(u(t), ((\vartheta_n u) * \varrho)'\big)\, \vartheta_n\, dt.$$

Nous vérifierons plus loin le

Lemme 1.3. $\operatorname{Re} Z_{nm} = 0$.

Alors

$$\operatorname{Re} X_{nm} - \operatorname{Re} Y_{nm} = 0. \tag{1.13}$$

Mais lorsque $m \to \infty$,

$$Y_{nm} \to Y_n = \int_{-\infty}^{T} \vartheta_n \vartheta_n' |u(t)|^2\, dt, \qquad X_{nm} \to X_n = \int_{-\infty}^{T} a\big(t; \vartheta_n(t) u(t), \vartheta_n(t) u(t)\big)\, dt,$$

de sorte que (1.13) donne

$$\operatorname{Re} X_n - \operatorname{Re} Y_n = 0. \tag{1.14}$$

Mais $\vartheta_n(t)\vartheta_n'(t) \leqq 0$, donc $Y_n \leqq 0$, et donc (1.14) entraine

$$\alpha \int_0^T \vartheta_n(t)^2 \|u(t)\|^2\, dt \leqq 0,$$

donc $\vartheta_n u = 0$, n quelconque, donc $u = 0$, ce qui démontre l'unicité, sous réserve de la vérification (voir çi après) du Lemme 1.3.

4) *La* solution u de $E(u, \varphi) = L(\varphi)$ dépend continûment de L (Chap. III, remarque 1.2) de sorte que l'application $\{f, u_0\} \to u$ est continue de $L^2(-\infty, T; H) \times H$ dans $L^2(-\infty, T; V)$. On obtient (à partir de (1.13) Chap. III):

$$\|u\|_F \leqq \frac{1}{\inf(\alpha, \frac{1}{2})} \left(\int_0^T |f(t)|^2\, dt + |u_0|^2 \right)^{\frac{1}{2}} \tag{1.15}$$

(en supposant que (1.9) a lieu avec $\lambda = 0$).

Vérification du lemme 1.3.

Posant $\vartheta_n u = f$, il est équivalent de montrer ceci: si f est donnée dans $L^2(-\infty, +\infty; H)$ et si $\varrho \in \mathcal{D}(R_t)$ est paire, alors

$$\operatorname{Re} \int_{-\infty}^{+\infty} \big(f(t), (f * \varrho)'(t)\big)\, dt = 0. \tag{1.16}$$

Or

$$2 \operatorname{Re} \int_{-\infty}^{+\infty} \big(f(t), (f * \varrho)'(t)\big)\, dt = \int_{-\infty}^{+\infty} \big(f(t), f * \varrho'(t)\big)\, dt +$$

$$+ \int_{-\infty}^{+\infty} \big(f * \varrho'(t), f(t)\big)\, dt = \int_{-\infty}^{+\infty} \big\{(f * (\varrho')^{\vee}, f) + (f * \varrho', f)\big\}\, dt,$$

où $(\varrho')^{\vee}(t) = \varrho'(-t) = -\varrho'(t)$, d'où (1.16).

Ceci achève la démonstration du théorème 1.1.

L'existence dans le théorème 1.1 est donnée (essentiellement) dans I. M. VISIK [5], LIONS [12]. L'unicité est donnée dans LIONS [12] (dans VISIK [5], l'unicité est démontrée sous des hypothèses de régularité en t de $a(t; u,v)$ plus fortes que celles du théorème 1.1; même chose dans O. A. LADYZENSKAYA [2], [3]).

Remarque 1.1. Supposons que $T=\infty$, donc que $a(t; u,v)$ est donnée pour tout $t>0$.

Si X est un espace de BANACH, on désigne par $L^p_{\text{loc}}(a,b;X)$ l'espace des (classes de) fonctions localement (i.e. sur tout compact de (a,b)) de puissance $p^{\text{ème}}$ sommable à valeurs dans X, muni de la topologie habituelle d'espace de FRÉCHET.

On a alors le

Théorème 1.2. *On suppose que*

$$\left.\begin{array}{l}\text{pour tout } S \text{ fini, il existe } M_S \text{ avec } |a(t; u,v)| \leqq M_S \|u\| \|v\|,\\ \text{pour } t \leqq S;\end{array}\right\} \tag{1.17}$$

$$\left.\begin{array}{l}\text{pour tout } S \text{ fini, il existe } \lambda_S \text{ tel que}\\ \operatorname{Re} a(t; v; v) + \lambda_S |v|^2 \geqq \alpha_S \|v\|^2,\ \alpha_S > 0,\ v \in V,\ t \leqq S.\end{array}\right\} \tag{1.18}$$

Alors, pour f donnée dans $L^2_{\text{loc}}(-\infty, +\infty; H)$, nulle pour $t<0$, et u_0 donné dans H, il existe u unique dans $L^2_{\text{loc}}(-\infty, +\infty; V)$, nulle pour $t<0$, et vérifiant

$$a(t; u(t), v) + \frac{d}{dt}(u(t), v) = (f(t), v) + (u_0, v)\,\delta, \qquad v \in V.$$

Si (1.17) et (1.18) valent sur la droite entière (i.e. $S=\infty$), on aura un résultat global (en prenant garde que la transformation $u \to \exp(kt)\, u$ ne laisse pas l'espace $L^2(0, \infty; V)$ invariant).

Remarque 1.2. La démonstration du théorème 1.1 montre ceci: *sous les hypothèses du théorème 1.1, il existe $u \in L^2(-\infty, T; V)$ (et une seule), nulle pour $t<0$, et vérifiant*

$$a(t; u(t), v) + \frac{d}{dt}(u(t), v) = ((g(t), v)) + (u_0, v)\,\delta, \tag{1.19}$$

où g est donnée dans $L^2(-\infty, T; V)$, nulle pour $t<0$, et u_0 donné dans H.

Ceci contient lc cas du problème 1.1; en effet, si $J \in \mathscr{L}(H; V)$ est défini par

$$(f, v) = ((Jf, v)), \qquad f \in H, \qquad v \in V,$$

l'équation (1.3) est de la forme (1.19) avec $g(t) = Jf(t)$.

Remarque 1.3. Voici comment on peut interpréter le problème 1.1 (formellement pour l'instant; ce qui suit est rigoureux avec des hypothèses supplémentaires, cf. Chap. V); imaginons (ce qui n'est pas le cas) que l'on puisse *fixer* $t>0$ dans (1.3); alors:

$$a\big(t;u(t),v\big)=\big(f(t)-u'(t),v\big),\qquad t>0,\qquad v\in V;$$

mais alors la forme semi linéaire $v\to a\big(t;u(t),v\big)$ est continue sur V muni de la topologie induite par H, de sorte que (cf. Chap. II, No. 1) $u(t)$ est dans le domaine de l'opérateur $A(t)$ (non borné dans H) défini par la forme sesquilinéaire $a(t;u,v)$, et $a\big(t;u(t),v\big)=\big(A(t)u(t),v\big)$, d'où

$$A(t)u(t)+u'(t)=f(t),\qquad t>0.$$

Remarque 1.4. Voici une autre façon d'écrire l'équation (1.3); comme la forme $a(t;u,v)$ est continue sur V, on peut l'écrire

$$a(t;u,v)=((\mathscr{A}(t)u,v)),\tag{1.20}$$

de sorte que (1.3) s'écrit

$$((\mathscr{A}(t)u(t),v))+\frac{d}{dt}((Ju(t),v))=((Jf(t),v))+((Ju_0,v))\,\delta,$$

et sous cette forme on peut l'écrire, en supprimant les v:

$$\mathscr{A}(t)u(t)+\frac{d}{dt}Ju(t)=Jf(t)+\delta\otimes Ju_0,\tag{1.21}$$

équation à valeurs dans V; la dérivée $\frac{d}{dt}Ju(t)$ est prise au sens des distributions à valeurs dans V.

Remarque 1.5. *Solutions périodiques.*

Considérons le

Problème 1.2. Sous l'hypothèse (1.1), trouver $u\in L^2(0,T;V)$ telle que

$$\int_0^T\big\{a\big(t;u(t),\varphi(t)\big)-\big(u(t),\varphi'(t)\big)\big\}\,dt=\int_0^T\big(f(t),\varphi(t)\big)\,dt,\tag{1.22}$$

pour toute fonction φ vérifiant

$$\varphi\in L^2(0,T;V),\qquad \varphi'\in L^2(0,T;H),\qquad \varphi(0)=\varphi(T).\tag{1.23}$$

Cela signifie (dans un sens «faible») que $u(0)=u(T)$: c'est le problème de la recherche des solutions (faibles) périodiques.

Théorème 1.3. *On suppose que* (1.1) *a lieu, et que* (1.9) *a lieu avec* $\lambda=0$. *Alors le problème* 1.2 *admet une solution unique* (l'application $f\to u$ étant continue de $L^2(0,T;H)$ dans $L^2(0,T;V)$).

Démonstration de l'existence. Même méthode que dans la démonstration du théorème 1.1. On considère $F=L^2(0,T;V)$,

Φ = espace des fonctions vérifiant (1.23), avec $|||\varphi||| = \|\varphi\|_F$;

$E(u, \varphi)$ = premier membre de (1.22);

$L(\varphi)$ = deuxième membre de (1.22).

On est dans les conditions d'application du théorème 1.1, Chap. III; en effet, $\operatorname{Re} E(\varphi, \varphi) = \int_0^T \operatorname{Re} a(t; \varphi(t), \varphi(t))\, dt$, car $\varphi(0) = \varphi(T)$. D'où le résultat.

Démonstration de l'unicité. La démonstration de l'unicité donnée au théorème 1.1 n'est plus valable ici. Soit u solution de (1.22) avec $f = 0$. Pour simplifier l'écriture, supposons (ce qui est loisible) que $T = 1$; alors

$$u(t) = \sum_{-\infty}^{+\infty} u_n \exp(2\pi i n t), \qquad u_n \in V, \qquad \int_0^T \|u(t)\|^2 dt = \sum \|u_n\|^2.$$

Posons:

$$S_N(t) = \sum_{-N}^{N} u_n \exp(2\pi i n t);$$

on peut prendre $\varphi = S_N$ dans (1.22); on note alors que

$$\operatorname{Re} \int_0^1 (u(t), S_N'(t))\, dt = \operatorname{Re}\left(-2\pi i \sum_{-N}^{N} n |u_n|^2\right) = 0,$$

de sorte que

$$\operatorname{Re} \int_0^1 a(t; u(t), S_N(t))\, dt = 0.$$

Lorsque $N \to \infty$, $S_N \to u$ dans $L^2(0, 1; V)$, donc

$$\operatorname{Re} \int_0^1 a(t; u(t), u(t))\, dt = 0,$$

ce qui démontre que $u = 0$.

Le résultat précédent est donné dans Lions [12]. Pour l'étude des solutions périodiques de certains problèmes non linéaires, voir. G. Prodi [2], [5]; J. Serrin [1]; voir aussi Iudovich [1].

Généralisation. Soit $B \subset \mathscr{L}(H; H)$, avec

$$|Bf| \leqq |f| \qquad \text{pour tout } f \in H. \tag{1.24}$$

On considère alors le

Problème 1.3. Sous l'hypothèse (1.1), trouver u solution de (1.22) pour toute fonction φ vérifiant

$$\varphi \in L^2(0, T; V), \qquad \varphi' \in L^2(0, T; H), \qquad \varphi(T) = B\varphi(0). \tag{1.25}$$

(Le problème 1.2 correspond à B = identité.)

Sous les hypothèses du théorème 1.3, et avec (1.24), il y a existence d'une solution du problème 1.3 (même méthode). Sans hypothèse supplémentaire sur B, l'unicité n'est pas démontrée.

2. Compléments sur la régularité

Théorème 2.1. *On se place dans les hypothèses du théorème* 1.1. *Alors, après modification éventuelle sur un ensemble de mesure nulle, la fonction u est continue de $[0,T]$ dans H fort, avec $u(0)=u_0$. L'application $\{f, u_0\} \to u$ est continue de $L^2(0,T;H)\times H$ dans l'espace $C(0,T;H)$ des fonctions continues sur $[0,T]$ à valeurs dans H* (espace muni de la topologie de la convergence uniforme).

Démonstration. Soit u la solution de (1.3). On suppose une fois pour toutes que (1.9) a lieu avec $\lambda=0$. On peut écrire

$$\frac{d}{dt}(u,v)+((u(t),v))=\big(f(t),v\big)+((u(t),v))-a\big(t;u(t),v\big)+(u_0,v)\,\delta,$$

ou encore avec les notations de la remarque 1.4:

$$\frac{d}{dt}\big(u(t),v\big)+((u(t),v))=((g(t),v))+(u_0,v)\,\delta, \tag{2.1}$$

où

$$g(t)=Jf(t)+u(t)-\mathscr{A}(t)\,u(t)\in L^2(0,T;V). \tag{2.2}$$

Il est équivalent d'écrire

$$\frac{d}{dt}Ju(t)+u(t)=g(t)+Ju_0\otimes\delta. \tag{2.1$'$}$$

Notons aussi que si $\{f, u_0\}\to 0$ dans $L^2(0,T;H)\times H$, alors $g\to 0$ dans $L^2(0,T;V)$.

La forme $((u,v))$ définit (cf. Chap. II, No. 1) un opérateur (non borné dans H) Λ, par

$$((u,v))=(\Lambda u,v) \qquad \text{si } u\in D(\Lambda),$$

et d'après la proposition 1.3, Chap. II, Λ est auto adjoint ($\geqq\lambda_0>0$). On utilise alors le théorème de diagonalisation de von Neumann dans le cas *séparable* (cf. Stone [1], Dixmier [1]): il existe une somme ν-mesurable d'espaces de Hilbert $\mathfrak{H}(\lambda)$, $\lambda\geqq\lambda_0$, $d\nu=$ mesure positive sur (λ_0, ∞), et une isométrie: $f\to\vartheta f$, de H sur l'espace

$$\mathfrak{H}=\int^{\oplus}\mathfrak{H}(\lambda)\,d\nu(\lambda)$$

des champs de vecteurs de carré sommable (pour $d\nu$) à valeurs dans $\mathfrak{H}(\lambda)$, telle que ϑ applique V sur l'espace des champs de vecteurs g tels que g et $\lambda^{\frac{1}{2}}g\in\mathfrak{H}$, et avec

$$\vartheta(\Lambda f)=\lambda\,\vartheta f, \quad \text{si } f\in D(\Lambda).$$

On introduit alors les champs de vecteurs:

$$w(t):\lambda\to w(t,\lambda);\qquad w(t,\lambda)=\big(\vartheta u(t)\big)(\lambda);$$
$$G(t):\lambda\to G(t,\lambda);\qquad G(t,\lambda)=\big(\vartheta G(t)\big)(\lambda);$$
$$\vartheta u_0=w_0.$$

Notant que J est l'inverse de Λ, on déduit de (2.1)':

$$\frac{d}{dt}\left(\frac{1}{\lambda}w(t,\lambda)\right)+w(t,\lambda)=G(t,\lambda)+\frac{1}{\lambda}w_0(\lambda)\,\delta,$$

ou encore

$$\frac{d}{dt}w(t,\lambda)+\lambda w(t,\lambda)=\lambda G(t,\lambda)+w_0(\lambda)\,\delta, \tag{2.3}$$

$w(t,\lambda)$ étant nulle pour $t<0$.

Par conséquent

$$w(t,\lambda)=w_0(\lambda)\exp(-t\lambda)+\lambda\int_0^t\exp\big(-\lambda(t-s)\big)\,G(s,\lambda)\,ds. \tag{2.4}$$

On va maintenant vérifier:

$$\left.\begin{array}{l} t\to w(t) \text{ définie par (2.4) est continue de } [0,T] \text{ dans } \mathfrak{H} \text{ et } \to 0\\ \qquad \text{uniformément si } \{f,u_0\}\to 0 \text{ dans } L^2(0,T;H)\times H. \end{array}\right\} \tag{2.5}$$

Le théorème 2.1 en résultera, en définissant $u(t)$ pour tout $t\in[0,T]$ par

$$u(t)=\vartheta^{-1}w(t). \tag{2.6}$$

Vu l'expression (2.4) il suffit de considérer

$$w_1(t,\lambda)=\lambda\int_0^t\exp\big(-\lambda(t-s)\big)\,G(s,\lambda)\,ds. \tag{2.7}$$

Posons

$$\lambda^{\frac{1}{2}}G(s,\lambda)=F(s,\lambda);\qquad F(s)=\big\{\lambda\to F(s,\lambda)\big\}; \tag{2.8}$$

d'après (2.2), on a

$$F\in L^2(0,T;\mathfrak{H})\quad \text{(et dépend continûment de } f \text{ et } u_0 \text{ dans cet espace)}. \tag{2.9}$$

On déduit alors de

$$w_1(t,\lambda)=\lambda^{\frac{1}{2}}\exp(-\lambda t)\int_0^t\exp(\lambda s)\,F(s,\lambda)\,ds, \tag{2.10}$$

que

$$|w_1(t,\lambda)|^2_{\mathfrak{H}(\lambda)}\leqq\lambda\exp(-2\lambda t)\int_0^t\exp(2\lambda s)\,ds\int_0^t|F(s,\lambda)|^2_{\mathfrak{H}(\lambda)}\,ds\leqq$$
$$\leqq\left(\tfrac{1}{2}\right)\int_0^t|F(s,\lambda)|^2_{\mathfrak{H}(\lambda)}\,ds,$$

d'où en intégrant en $d\nu(\lambda)$:

$$|w_1(t)|^2_{\mathfrak{H}} \leqq (\tfrac{1}{2}) \int_0^t |F(s)|^2_{\mathfrak{H}}\, ds,$$

ce qui démontre que $w_1(t) \in \mathfrak{H}$ pour tout $t \geqq 0$, et $\to 0$ dans $\mathfrak{H}$ fort lorsque $t \to 0$. Il nous reste donc seulement à vérifier que

$$w_1(t') \to w_1(t) \quad \text{dans } \mathfrak{H} \text{ fort lorsque } t' \to t,\ t > 0. \tag{2.11}$$

Pour fixer les idées, prenons $t' = t + h$, $h > 0$; écrivons

$$w_1(t', \lambda) - w_1(t, \lambda) = X(t, \lambda) - Y(t, \lambda),$$

où

$$X(t, \lambda) = \lambda^{\frac{1}{2}} \exp\big(-\lambda(t+h)\big) \int_t^{t+h} \exp(\lambda s)\, F(s, \lambda)\, ds,$$

$$Y(t, \lambda) = \lambda^{\frac{1}{2}} \big(1 - \exp(-\lambda h)\big) \exp(-\lambda t) \int_0^t \exp(\lambda s)\, F(s, \lambda)\, ds.$$

On a

$$|X(t, \lambda)|^2_{\mathfrak{H}(\lambda)} \leqq (\tfrac{1}{2}) \int_t^{t+h} |F(s, \lambda)|^2_{\mathfrak{H}(\lambda)}\, ds,$$

d'où, en intégrant en $d\nu(\lambda)$:

$$|X(t)|^2_{\mathfrak{H}} \leqq (\tfrac{1}{2}) \int_t^{t+h} |F(s)|^2_{\mathfrak{H}}\, ds,$$

donc

$$X(t) \to 0 \text{ dans } \mathfrak{H} \text{ fort lorsque } h \to 0. \tag{2.12}$$

Ensuite $y(t, \lambda) = \big(1 - \exp(-\lambda h)\big)\, w_1(t, \lambda) \to 0$ dans $\mathfrak{H}$ lorsque $h \to 0$ (appliquer le théorème de LEBESGUE), ce qui joint à (2.12) montre (2.11).

On vérifie en même temps que $u \to 0$ uniformément lorsque $\{f, u_0\} \to 0$ dans $L^2(0, T; H) \times H$. (Cela résulte aussi de l'égalité (2.13) çi après.)

Le principe de la démonstration précédente est donné dans LIONS [17] à propos des équations de NAVIER-STOKES. On pourrait également obtenir le théorème précédent, par adaptation de la méthode de G. PRODI [5], sous l'hypothèse que l'injection de V dans H est complètement continue[1].

[1] On peut présenter un peu autrement le théorème 2.1. Si u est solution du problème 1.1, alors $u \in L^2(0, T; V)$ et $\frac{d}{dt} J u$ est dans $L^2(0, T; V)$. Par diagonalisation (comme dans la démonstration du théorème 2.1) on voit que $\vartheta u = w$ vérifie:

$$w \in L^2\big(0, T; \mathfrak{H}_{\lambda^{\frac{1}{2}}}\big), \qquad \frac{d}{dt} w \in L^2\big(0, T; \mathfrak{H}_{\lambda^{-\frac{1}{2}}}\big),$$

où $\mathfrak{H}_\Phi$ désigne l'espace des champs de vecteurs $\lambda \to f(\lambda)$ tels que $\Phi(\lambda)\, f(\lambda)$ soit dans $\mathfrak{H}$. Alors d'après LIONS [20] la fonction $t \to w(t)$ est presque partout égale à une fonction continue de $[0, T]$ dans $\mathfrak{H}$. On vérifie ensuite que $w(0) = \vartheta u_0$. Même remarque et conclusion analogue dans les hypothèses du théorème 1.3. Une présentation systématique de cette remarque est donnée au Chap. VIII, No. 7.

Remarque 2.1. *Deuxième démonstration de l'unicité dans le théorème* 1.1.

On déduit de (2.3):

$$\left(\tfrac{1}{2}\right)|w(t,\lambda)|^2_{\mathfrak{H}(\lambda)} + \int_0^t \lambda |w(s,\lambda)|^2_{\mathfrak{H}(\lambda)}\, ds = \left(\tfrac{1}{2}\right)|w_0(\lambda)|^2_{\mathfrak{H}(\lambda)} + \int_0^t \lambda \operatorname{Re}\big(G(s,\lambda), w(s,\lambda)\big)_{\mathfrak{H}(\lambda)}\, ds,$$

d'où l'on déduit en intégrant en $d\nu(\lambda)$ et en utilisant (2.2):

$$\left(\tfrac{1}{2}\right)|u(t)|^2 + \int_0^t \|u(s)\|^2 ds = \left(\tfrac{1}{2}\right)|u_0|^2 + \operatorname{Re}\int_0^t ((f(s) + u(s) - \mathscr{A}(s)\,u(s), u(s)))\, ds,$$

d'où

$$\left(\tfrac{1}{2}\right)|u(t)|^2 + \operatorname{Re}\int_0^t a\big(s; u(s), u(s)\big)\, ds = \left(\tfrac{1}{2}\right)|u_0|^2 + \operatorname{Re}\int_0^t \big(f(s), u(s)\big)\, ds, \tag{2.13}$$

et ceci quel que soit $t \in [0, T]$.

Ceci entraine évidemment l'unicité dans le problème 1.1 (sous les hypothèses du théorème 1.1).

Voici un autre renseignement sur les solutions du problème 1.1:

Théorème 2.2. *On se place dans les hypothèses du théorème* 1.1. *Soit* u *la solution du problème* 1.1. *Il existe une fonction* U, *définie sur* $-\infty$, $+\infty$, *de carré sommable à valeurs dans* V, *avec*

$$U = u \quad \text{p.p. sur } (0, T), \tag{2.14}$$

et

$$\int_{-\infty}^{+\infty} |\tau|\,|\hat{U}(\tau)|^2 d\tau < \infty \qquad \text{si } u_0 = 0, \tag{2.15}$$

$$\int_{-\infty}^{+\infty} |\tau|^{2\gamma}\,|\hat{U}(\tau)|^2 d\tau < \infty \qquad \text{pour } \gamma \text{ avec } 0 < \gamma < \tfrac{1}{4} \text{ si } u_0 \neq 0, \tag{2.16}$$

U désignant la transformée de Fourier *en t de U.*

Démonstration. On suppose que (1.9) a lieu avec $\lambda = 0$. On définit une famille de formes sesquilinéaires continues sur V, soit $b(t; u, v)$, par $b(t; u, v) = 0$ si $t < 0$, $= a(t; u, v)$ si $t \in [0, T]$, $= ((u, v))$ si $t > T$[1]. Alors $t \to b(t; u, v)$ est dans $L^\infty(R_t)$, et

$$\operatorname{Re} b(t; v, v) \geqq \beta \|v\|^2, \qquad \beta = \inf(\alpha, 1) > 0.$$

Introduisons $F(t) = f(t)$ pour $t < T$, $= 0$ pour $t > T$, et désignons par U la solution dans $L^2(-\infty, +\infty; V)$, nulle pour $t < 0$, de

$$b\big(t; U(t), v\big) + \frac{d}{dt}\big(U(t), v\big) = \big(F(t), v\big) + (u_0, v)\,\delta, \qquad v \in V. \tag{2.17}$$

[1] Ce choix du prolongement de $a(t; u, v)$ n'a naturellement rien d'essentiel.

On a: $U=u$ p.p. sur $(0,T)$; en effet si l'on désigne par u^* la restriction de U à $t<T$, on a:

$$a\big(t; u^*(t), v\big) + \frac{d}{dt}\big(u^*(t), v\big) = \big(f(t), v\big) + (u_0, v)\,\delta, \qquad v \in V,$$

de sorte que $u^* = u$, d'après l'unicité dans le théorème 1.1.

Mais $b(t; u, v) = ((\mathscr{B}(t)u, v))$ (d'ailleurs $\mathscr{B}(t) = \mathscr{A}(t)$ pour $t \leqq T$, et $\mathscr{B}(t) = I$ si $t > T$), de sorte que (2.17) s'écrit

$$\frac{d}{dt}\big(U(t), v\big) = ((g(t), v)) + (u_0, v)\,\delta, \qquad v \in V, \tag{2.18}$$

où

$$g(t) = J F(t) - \mathscr{B}(t)\, U(t). \tag{2.19}$$

Désignons par $\hat{U}(\tau)$, $\hat{g}(\tau)$, ... les transformées de Fourier en t de $U, g, \ldots$; on déduit de (2.18):

$$i\tau\big(\hat{U}(\tau), v\big) = ((\hat{g}(\tau), v)) + (u_0, v),$$

et faisant $v = \hat{U}(\tau)$ dans cette équation:

$$i\tau\,|\hat{U}(\tau)|^2 = ((\hat{g}(\tau), \hat{U}(\tau))) + \big(u_0, \hat{U}(\tau)\big),$$

d'où

$$|\tau|\,|\hat{U}(\tau)|^2 \leqq \big(\|\hat{g}(\tau)\| + \|J u_0\|\big)\,\|\hat{U}(\tau)\|, \qquad \text{p.p. en } \tau. \tag{2.20}$$

1er cas: $u_0 = 0$.

Alors (2.15) résulte de (2.20); on en déduit plus précisément

$$\int_{-\infty}^{+\infty} |\tau|\,|\hat{U}(\tau)|^2\, d\tau \leqq c_1 \int_0^T |f(t)|^2\, dt, \tag{2.21}$$

ce qui résulte aussi du théorème du graphe fermé.

2ème cas: $u_0 \neq 0$.

On déduit de (1.20) que pour χ quelconque $> \frac{1}{2}$, la fonction

$$\tau \to |\tau|\,\big(1 + |\tau|^{\chi}\big)^{-1}\,|\hat{U}(\tau)|^2$$

est sommable, d'où (2.16), et plus précisément

$$\int_{-\infty}^{+\infty} |\tau|^{2\gamma}\,|\hat{U}(\tau)|^2\, d\tau \leqq c(\gamma)\Big(\int_0^T |f(t)|^2\, dt + |u_0|^2\Big), \qquad \gamma < \tfrac{1}{4}, \tag{2.22}$$

$c(\gamma)$ étant une constante dépendant de γ.

La méthode précédente est donnée dans Lions [12], [15]; on en trouvera des applications plus loin; cf. aussi Lions [15], [16].

Remarque 2.2. Les conditions (2.15) et (2.16) expriment des propriétés des dérivées fractionnaires en t de u; par exemple, (2.15) peut s énoncer: la dérivée d'ordre $\frac{1}{2}$ de u en t, $(D_t^{\frac{1}{2}}u)$, est dans $L^2(0, T; H)$. Cette propriété *n'entraine pas* que u soit p.p. égale à une fonction continue de t à valeurs dans H (cf. LIONS [20]). En utilisant la théorie de l'interpolation dans les espaces de HILBERT (LIONS [20]), on en déduit que $D^{\vartheta/2}u \in L^2(0, T; V^{1-\vartheta}H^{\vartheta})$, $0<\vartheta<1$.

3. Opérateurs de GREEN

Les notations sont celles des No. précédents. Sous les hypothèses du théorème 1.1, pour $t_0 < T$, il existe u unique vérifiant

$$u \in L^2(-\infty, T; V), \qquad \text{nulle pour } t < t_0, \tag{3.1}$$

et

$$\frac{d}{dt}\big(u(t), v\big) + a\big(t; u(t), v\big) = (\xi, v)\, \delta_{(t_0)}, \tag{3.2}$$

où ξ est donné dans H et où $\delta_{(t_0)}$ désigne la masse de DIRAC au point t_0.

En outre (théorème 2.1) la fonction u est (après modification éventuelle sur un ensemble de mesure nulle) continue à valeurs dans H de sorte que $u(t)$, $t \geqq t_0$, a un sens, l'application

$$\xi \to u(t)$$

étant continue de H dans lui même; donc

$$u(t) = G(t, t_0)\,\xi, \qquad G(t, t_0) \in \mathscr{L}(H; H), \qquad t \geqq t_0. \tag{3.3}$$

On a ainsi défini une fonction $G(t, s)$, $0 \leqq s \leqq t \leqq T$, telle que

$$t \to G(t, s)\, f \quad \text{est continue de } [s, T] \text{ dans } H, \text{ pour } f \in H. \tag{3.4}$$

Définition 3.1. La fonction $t, s \to G(t, s)$, à valeurs dans $\mathscr{L}(H; H)$, s'appelle *l'opérateur de* GREEN du problème 1.1.

On va vérifier le

Théorème 3.1. *Sous les hypothèses du théorème* 1.1, *l'opérateur de* GREEN $G(t, s)$, $0 \leqq s \leqq t \leqq T$, *vérifie* (3.4) *ainsi que:*

$$G(s, s) = I; \tag{3.5}$$

$$G(t, t_1)\, G(t_1, t_0) = G(t, t_0) \qquad (t_1 > t_0); \tag{3.6}$$

la fonction $t \to G(t, s)\,\xi$, prolongée par 0 pour $t < s$, vérifie l'équation

$$\frac{d}{dt}\big(G(t, s)\,\xi, v\big) + a\big(t; G(t, s)\,\xi, v\big) = (\xi, v)\, \delta_{(s)}. \tag{3.7}$$

Démonstration. Les propriétés (3.5) et (3.7) résultent de la définition de $G(t, s)$. Vérifions (3.6); soit u^* la fonction définie par: $u^*(t) = 0$ si

$t<t_1$, $u^*(t)=u(t)$ si $t\geqq t_1$; elle vérifie

$$\frac{d}{dt}\left(u^*(t),v\right)+a\left(t;u^*(t),v\right)=\left(u(t_1),v\right)\delta_{(t_1)}$$

de sorte que, pour $t>t_1$:

$$u(t)=u^*(t)=G(t,t_1)\,u(t_1)=G(t,t_1)\,G(t_1,t_0)\,\xi=G(t,t_0)\,\xi,$$

d'où le résultat.

Remarque 3.1. On peut écrire formellement (et c'est correct avec des hypothèses de régularité sur $a(t;u,v)$; cf. Chap. V):

$$\frac{d}{dt}G(t,s)+A(t)\,G(t,s)=I\otimes\delta_{(s)}.$$

Remarque 3.2. Lorsque $a(t;u,v)=a(u,v)$ est indépendante de t, $G(t,s)=H(t-s)$; la fonction $t\to H(t)$, définie pour $t\geqq 0$, est alors *un semi groupe* dont le générateur infinitésimal est l'opérateur A, non borné dans H, défini par $a(u,v)$. Pour la théorie des semi groupes, on consultera HILLE-PHILLIPS [1], et entre autres les travaux de FELLER, HILLE, KATO, MIYAEDERA, PHILLIPS, YOSIDA cités dans la bibliographie (et où l'on trouvera la bibliographie complémentaire).

Remarque 3.3.

Problème: il serait intéressant d'obtenir la condition nécessaire et suffisante pour que l'opérateur $G(t,s)$ soit $\geqq 0$ dans $\mathscr{L}(H;H)$ (pour le cas «elliptique», cf. N. ARONSZAJN-K.T. SMITH [5]).

4. Une classe de problèmes non linéaires

Soit W un espace de HILBERT avec

$$V\subset W\subset H, \tag{4.1}$$

toutes les inclusions étant algébriques et topologiques.

On donne une famille de formes sesquilinéaires continues sur V, dépendant de $t\in[0,T]$ et en outre de $w\in W$: $a(t;u,v;w)$, la dépendance en w étant non nécessairement linéaire, avec les hypothèses suivantes:

pour $u(t), v(t)\in L^2(0,T;V)$, $w(t)\in L^2(0,T;W)$, la fonction $t\to a\left(t;u(t),v(t);w(t)\right)$ est mesurable; (4.2)

$|a(t;u,v;w)|\leqq M\,\|u\|\,\|v\|$, M étant une constante indépendante de t et de w; (4.3)

Re $a(t;v,v)\geqq\alpha\,\|v\|^2$, $\alpha>0$, $v\in V$, quel que soit $w\in W$, α étant indépendant de w; (4.4) si $w_n(t) \to w(t)$ dans $L^2(0,T;W)$ fort, alors

$$\left.\begin{array}{l}\displaystyle\int_0^T \left| a\big(t; u(t), v(t); w_n(t)\big) - a\big(t; u(t), v(t); w(t)\big)\right| dt \to 0, \qquad n \to \infty \\ \text{pour } u \text{ fixé dans } L^2(0,T;V), \text{ uniformément pour } v \text{ dans un} \\ \text{borné de } L^2(0,T;V).\end{array}\right\} \tag{4.5}$$

Théorème 4.1. *On suppose que* (4.2), (4.3), (4.4), (4.5) *ont lieu, et que l'injection de V dans W est complètement continue. Dans ces conditions pour γ avec $0<\gamma<\frac{1}{4}$, il existe $u \in L^2(-\infty, T; V)$, nulle pour $t<0$, avec $D_t^\gamma u \in L^2(0,T;H)$*[1]*, telle que*

$$a\big(t; u(t), v; u(t)\big) + \frac{d}{dt}\big(u(t), v\big) = \big(f(t), v\big) + (u_0, v)\,\delta, \tag{4.6}$$

où f est donnée dans $L^2(-\infty, T; H)$, nulle pour $t<0$, u_0 est donné dans H.

Avant de démontrer le théorème nous allons dégager deux résultats ayant un certain intérêt en eux mêmes.

Proposition 4.1. *Soient A, B, C trois espaces de* Banach, *avec $A \subset B \subset C$ algébriquement et topologiquement; on suppose en outre que l'injection de A dans B est compacte* (complètement continue). *Alors, pour tout $\varepsilon>0$, il existe c_ε tel que, pour tout $a \in A$, on ait*

$$\|a\|_B \leqq \varepsilon \|a\|_A + c\|a\|_C.$$

Démonstration. Supposons le résultat inexact. Alors, pour $\varepsilon>0$ donné, il existerait une suite $a_n \in A$, et une suite $\lambda_n \to +\infty$, avec

$$\|a_n\|_B \geqq \varepsilon \|a_n\|_A + \lambda_n \|a_n\|_C.$$

Posons: $v_n = a_n / \|a_n\|_A$; alors

$$\|v_n\|_B \geqq \varepsilon + \lambda_n \|v_n\|_C, \qquad \|v_n\|_A = 1. \tag{4.7}$$

Mais comme $A \subset B$, et $\|v_n\|_A = 1$, v_n demeure dans un ensemble borné de B, de sorte que (4.7) entraine:

$$\|v_n\|_C \to 0. \tag{4.8}$$

Mais comme $\|v_n\|_A = 1$ et que l'injection de A dans B est compacte, on peut extraire une suite v_i telle que $v_i \to v$ dans B fort. D'après (4.8), on a: $v=0$, donc $\|v_i\|_B \to 0$; mais d'après (4.7), $\|v_i\|_B \geqq \varepsilon$; il y a contradiction, d'où la proposition.

---

[1] Cela signifie qu'il existe U dans $L^2(-\infty, +\infty; V)$ avec $U = u$ presque partout sur $(0,T)$, et $|\tau|^\gamma \widehat{U}(\tau) \in L^2(-\infty, +\infty; H)$, $\widehat{U}$ étant la transformée de Fourier en t de $U(t)$.

On introduit maintenant l'espace $\mathscr{H}_\gamma(-\infty, +\infty; V, H)$ des éléments $u \in L^2(-\infty, +\infty; V)$ tels que $|\tau|^\gamma \hat{u}(\tau) \in L^2(-\infty, +\infty; H)$; on munit cet espace de la norme (hilbertienne)

$$\|u\|_{\mathscr{H}_\gamma(-\infty, +\infty; V, H)} = \left(\int_{-\infty}^{+\infty} \|u(t)\|^2 dt + \int_{-\infty}^{+\infty} |\tau|^{2\gamma} |\hat{u}(\tau)|^2 d\tau \right)^{\frac{1}{2}}.$$

On désigne ensuite par $\mathscr{H}_\gamma(0, T; V, H)$ l'espace des restrictions à $(0, T)$ des éléments de $\mathscr{H}_\gamma(-\infty, +\infty; V, H)$, muni de la norme

$$\|u\|_{\mathscr{H}_\gamma(0, T; V, H)} = \inf. \|v\|_{\mathscr{H}_\gamma(-\infty, +\infty; V, H)}, \qquad v = u \text{ p.p. sur } (0, T).$$

Proposition 4.2. *On suppose que l'injection de V dans W est complètement continue. Alors, pour $\gamma > 0$ quelconque, il en est de même pour l'injection de $\mathscr{H}_\gamma(0, T; V, H)$ dans $L^2(0, T; W)$.*

Démonstration. Soit u_n une suite bornée de $\mathscr{H}_\gamma(0, T; V, H)$; il existe alors une suite U_n bornée de $\mathscr{H}_\gamma(-\infty, +\infty; V, H)$, avec $U_n = u_n$ p.p. sur $(0, T)$; par multiplication par une fonction $q \in \mathscr{D}(R_t)$, $=1$ au voisinage de $[0, T]$, et d'après le caractère local de $\mathscr{H}_\gamma(-\infty, +\infty; V, H)$ (voir par ex. HÖRMANDER-LIONS [1]), on peut supposer que les U_n sont à support dans un compact fixe, disons $[a, b]$. Il faut montrer que l'on peut extraire de U_n une suite U_m fortement convergente dans $L^2(-\infty, +\infty; W)$. On extrait d'abord U_m avec

$$U_m \to U \quad \text{dans} \quad \mathscr{H}_\gamma(-\infty, +\infty; V, H) \text{ faible}; \tag{4.9}$$

on peut toujours supposer que $U = 0$, et on va montrer que pour $\varepsilon > 0$ donné, il existe m_ε tel que pour $m \geqq m_\varepsilon$ on ait

$$X_m = \int_{-\infty}^{+\infty} \|U_m(t)\|_W^2 dt \leqq \varepsilon.^1 \tag{4.10}$$

On sait que $\int_{-\infty}^{+\infty} \|U_m(t)\|^2 dt \leqq c_1$; choisissons ε_1 par $\varepsilon_1 = \varepsilon/(2c_1)$; d'après la proposition 4.1, il existe $c_2(\varepsilon_1) = c_2$ avec

$$\|u\|_W^2 \leqq \varepsilon_1 \|u\|^2 + c_2 |u|^2, \qquad \text{pour tout } u \in V;$$

donc

$$X_m \leqq \varepsilon_1 \int_{-\infty}^{+\infty} \|U_m(t)\|^2 dt + Y_m \leqq \varepsilon/2 + Y_m,$$

où

$$Y_m = c_2 \int_{-\infty}^{+\infty} |U_m(t)|^2 dt;$$

[1] Rappelons que $\|u\|$, $|u|$, $\|u\|_W$ désignent respectivement les normes dans V, H, W.

mais

$$Y_m = c_2 \int_{-\infty}^{+\infty} |\hat{U}_m(\tau)|^2 d\tau = c_2 \int_{|\tau| \geqq R} (1+|\tau|^{2\gamma})^{-1} (1+|\tau|^{2\gamma}) |\hat{U}_m(\tau)|^2 d\tau +$$
$$+ c_2 \int_{-R}^{R} |\hat{U}_m(\tau)|^2 d\tau \leqq c_3 (1+R^{2\gamma})^{-1} + c_2 \int_{-R}^{R} |\hat{U}_m(\tau)|^2 d\tau .$$

On choisit R avec $c_3(1+R^{2\gamma})^{-1} = \varepsilon/4$. Alors (4.10) aura lieu si pour $m \geqq m_\varepsilon$,

$$c_2 \int_{-R}^{R} |\hat{U}_m(\tau)|^2 d\tau \leqq \varepsilon/4, \qquad R \text{ étant fixé}. \tag{4.11}$$

Mais

$$((\hat{U}_m(\tau), v)) = \int_{-\infty}^{+\infty} ((U_m(t), \chi(t) \exp(-2\pi i t \tau) v)) \, dt, \qquad v \in V,$$

où χ est la fonction caractéristique de $[a, b]$; donc, par (4.9) (où $U=0$), $((\hat{U}_m(\tau), v)) \to 0$ donc $\hat{U}_m(\tau) \to 0$ dans V faible, donc dans W fort, et à fortiori dans H fort. Comme $|\hat{U}_m(\tau)|$ est borné, il en résulte que $\int_{-R}^{R} |\hat{U}_m(\tau)|^2 d\tau \to 0$, d'où (4.11).

Remarque 4.1. Le résultat précédent est valable sous l'hypothèse que W est un espace de BANACH.

Démonstration du théorème 4.1. Soit w fixé dans $L^2(0, T; W)$; alors la fonction: $t \to a(t; u, v; w(t))$ (u et v fixés quelconques dans V) est mesurable et vérifie les hypothèses du théorème 1.1, (1.9) ayant lieu avec $\lambda = 0$. Par conséquent il existe une fonction u et une seule, $\in L^2(-\infty, T; V)$, nulle pour $t < 0$, avec

$$a(t; u(t), v; w(t)) + \frac{d}{dt}(u(t), v) = (f(t), v) + (u_0, v)\,\delta;$$

on identifie u à sa restriction à $(0, T)$, et d'après le théorème 2.2,

$$u \in \mathscr{H}_\gamma(0, T; V, H), \qquad \text{pour } 0 < \gamma < \tfrac{1}{4}.$$

Fixons $\gamma < \frac{1}{4}$. On a ainsi défini une application (non linéaire en général)

$$w \to u = X(w)$$

de $L^2(0, T; W)$ dans $\mathscr{H}_\gamma(0, T; V, H)$.

Lorsque w parcourt $L^2(0, T; W)$, il résulte des hypothèses (4.3) et (4.4) (où les constantes sont indépendantes de w) que $X(w)$ demeure dans un ensemble borné de $\mathscr{H}_\gamma(0, T; V, H)$, donc (proposition 4.2), dans un ensemble compact de $L^2(0, T; W)$.

Si maintenant $w_n \to w$ dans $L^2(0, T; W)$, alors $u_n = X_n(w_n) \to u = X(w)$ dans $L^2(0, T; V)$ (donc en particulier dans $L^2(0, T; W)$). En effet, si l'on pose:

$$E_n(u,\varphi) = \int_0^T \{a(t; u(t), \varphi(t); w_n(t)) - (u(t), \varphi'(t))\} dt,$$

$$E(u,\varphi) = \int_0^T \{a(t; u(t), \varphi(t); w(t)) - (u(t), \varphi'(t))\} dt,$$

$$L(\varphi) = \int_0^T (f(t), \varphi(t))\, dt + (u_0, \varphi(0)),$$

alors u_n (resp. u) est la solution dans $F = L^2(0, T; V)$ de $E_n(u,\varphi) = L(\varphi)$ (resp. $E(u,\varphi) = L(\varphi)$), pour tout φ avec (1.5).

On aura donc $u_n \to u$ dans $L^2(0, T; V)$ si l'on montre que l'on est dans les conditions d'application de la proposition 3.1, Chap. III. Pour cela on note que

$$\begin{aligned} R_n(\varphi) &= E_n(u,\varphi) - E(u,\varphi) \\ &= \int_0^T \{a(t; u(t), \varphi(t); w_n(t)) - a(t; u(t), \varphi(t); w(t))\} dt \end{aligned}$$

vérifie, d'après l'hypothèse (4.5): sup. $|R_n(\varphi)|/\|\varphi\|_F \to 0$ lorsque $n \to \infty$, donc $|||R_n||| \to 0$, et on a le résultat.

On peut maintenant appliquer à la transformation $w \to X(w)$ le théorème de point fixe de SCHAUDER-TYCHONOFF (cf. par ex. DUNFORD-SCHWARTZ [1], p. 456): il existe w tel que $w = X(w)$; on peut alors prendre $u = w$, c'est une solution de (4.6), ce qui achève la démonstration du théorème 4.1.

Le théorème 4.1 complète un résultat de LIONS [12].

5. Sommes mesurables d'espaces $V(t)$

On a jusqu'ici considéré V, espace de HILBERT fixe, contenu dans H. On va maintenant considérer une famille d'espaces $V(t)$, dépendants de t avec

$$V(t) \subset H \quad \text{algébriquement et topologiquement.} \tag{5.1}$$

On suppose que les $V(t)$ forment *une famille mesurable* d'espaces de HILBERT, pour $t \in [0, T]$, et pour la mesure dt (cf. DIXMIER [1]); l'espace $L^2(0, T; V)$ sera remplacé par l'espace $\int^{\oplus} V(t)\, dt$ des champs de vecteurs de carré sommable; si $((u, v))_{(t)}$ désigne le produit scalaire dans $V(t)$, le produit scalaire dans $\int^{\oplus} V(t)\, dt$ de deux champs $u(t)$, $v(t)$, est donné par

$$\int_0^T ((u(t), v(t)))_{(t)}\, dt.$$

Pour chaque $t \in [0, T]$, on donne une forme sesquilinéaire $a(t; u, v)$ continue sur $V(t)$, ou, ce qui revient au même, un opérateur

$$\mathscr{A}(t) \in \mathscr{L}(V(t); V(t)),$$

avec

$$a(t; u, v) = ((\mathscr{A}(t) u, v))_{(t)}, \qquad u, v \in V(t).$$

On supposera (cf. Dixmier [1], p. 157) que

$$\text{le champ d'opérateurs } \mathscr{A}(t) \text{ est mesurable.} \tag{5.2}$$

On supposera en outre que

$$\left.\begin{array}{l} |a(t; u, v)| \leqq M \|u\|_{(t)} \|v\|_{(t)}, \ M \text{ indépendant de } t, \text{ quels que soient} \\ u \text{ et } v \in V(t). \end{array}\right\} \tag{5.3}$$

Dans ces conditions si $u(t), v(t) \in \overset{\oplus}{\int} V(t)\, dt$, la fonction $t \to a(t; u(t), v(t))$ est sommable. On pose le

Problème 5.1. Trouver $u \in \overset{\oplus}{\int} V(t)\, dt$, vérifiant

$$\int_0^T \{a(t; u(t), \varphi(t)) - (u(t), \varphi'(t))\}\, dt = \int_0^T (f(t), \varphi(t))\, dt + (u_0, \varphi(0)), \tag{5.4}$$

pour f donné dans $L^2(0, T; H)$, u_0 donné dans H, et pour toute fonction φ vérifiant

$$\varphi \in \overset{\oplus}{\int} V(t)\, dt, \qquad \varphi' \in L^2(0, T; H), \qquad \varphi(T) = 0. \tag{5.5}$$

Remarque 5.1. Ce problème est évidemment une généralisation du problème 1.1'; on notera qu'il n'est pas possible ici de formuler le problème sous une forme analogue à celle du problème 1.1.

La méthode de démonstration du théorème 1.1, points 1) et 2), conduit au résultat *d'existence* suivant:

Théorème 5.1. *On suppose que* (5.2) *et* (5.3) *ont lieu, et que pour* λ *convenable,*

$$\left.\begin{array}{l} \operatorname{Re} a(t; v, v) + \lambda |v|^2 \geqq \alpha \|v\|_{(t)}^2, \quad \alpha > 0, \\ v \in V(t), \ \lambda \text{ et } \alpha \text{ étant indépendants de } t. \end{array}\right\} \tag{5.6}$$

Dans ces conditions, il existe u solution du problème 5.1.

Problème: nous ignorons si, sous les conditions du théorème, il y a unicité de la solution; on va donner au théorème suivant des conditions suffisantes, mais assez restrictives, permettant d'affirmer l'unicité.

Nous ferons les hypothèses suivantes:

$$V(t) \subset \mathscr{V} \subset H, \ V(t) \text{ étant } \textit{fermé} \text{ dans l'espace de Hilbert } \mathscr{V}; \tag{5.7}$$

$$\left.\begin{array}{l} \text{la famille } V(t) \text{ est décroissante lorsque } t \text{ croit:} \\ V(0) \supset \cdots \supset V(t) \supset \cdots \supset V(T). \end{array}\right\} \tag{5.8}$$

On peut donc prendre $\mathscr{V} = V(0)$. Nous poserons: $\|u\| = \|u\|_{(0)} = \|u\|_{(t)}$. On supposera que $a(t; u, v)$ est définie et continue sur $\mathscr{V}$, pour chaque $t \in [0, T]$, avec

$$a(t; u, v) = \overline{a(t; v, u)}, \qquad \text{pour tout } u, v \in V(t), \tag{5.9}$$

et

$$\left.\begin{array}{l}\text{pour } u, v \in V(0), \text{ la fonction } t \to a(t; u, v) \text{ est} \\ \text{une fois continûment différentiable dans } [0, T].\end{array}\right\} \tag{5.10}$$

Soit $a'(t; u, v)$ sa dérivée; $a'(t; u, v) = ((\mathscr{A}'(t) u, v))$, et $\mathscr{A}'(t)$ demeure dans un ensemble borné de $\mathscr{L}(V(0); V(0))$, donc

$$|a'(t; u, v)| \leqq c_1 \|u\| \|v\|, \qquad \text{pour tout } u, v \in V(0).$$

Théorème 5.2. *On suppose que* (5.2), (5.3), (5.6), (5.7), (5.8), (5.9) *et* (5.10) *ont lieu. Alors le problème* 5.1 *admet une solution unique, dépendant continûment dans* $\overset{\oplus}{\int} V(t)\, dt$ *de* $\{f, u_0\} \in L^2(0, T; H) \times H$.

Démonstration. On peut toujours supposer que (5.6) a lieu avec $\lambda = 0$. Soit u vérifiant (5.4) avec $f = 0$, $u_0 = 0$. Posons

$$v(t) = -\int_t^s u(\sigma)\, d\sigma, \qquad \text{pour } t \leqq s \leqq T, \ v(t) = 0 \text{ pour } t \in [s, T]. \tag{5.11}$$

Il résulte de (5.8) que $v(t) \in V(t)$ pour tout t; comme $v' = u$, et $v(T) = 0$, on peut prendre $\varphi = v$ dans (5.4); il vient:

$$\int_0^s a(t; v'(t), v(t))\, dt - \int_0^s |u(t)|^2 dt = 0. \tag{5.12}$$

Prenant deux fois la partie réelle de (5.12), et utilisant (5.9), il vient:

$$\int_0^s \left\{\frac{d}{dt} a(t; v(t), v(t)) - a'(t; v(t), v(t))\right\} dt - 2\int_0^s |u(t)|^2 dt = 0,$$

ou

$$a(0; v(0), v(0)) + \int_0^s a'(t; v(t), v(t))\, dt + 2\int_0^s |u(t)|^2 dt = 0. \tag{5.13}$$

Soit

$$w(t) = \int_0^t u(\sigma)\, d\sigma; \qquad w(t) \in V(0); \qquad \notin V(t),\ t > 0. \tag{5.14}$$

On peut alors écrire (5.13):

$$a(0; w(s), w(s)) + \int_0^s a'(t; w(t) - w(s), w(t) - w(s))\, dt + 2\int_0^s |u(t)|^2 dt = 0,$$

d'où

$$\alpha \|w(s)\|^2 + 2\int_0^s |u(t)|^2 dt \leqq c_2 \Big(s\|w(s)\|^2 + \int_0^s \|w(t)\|^2 dt\Big).$$

Soit s_0 assez petit pour que $\alpha - c_2 s_0 = \alpha/2$; alors, pour $s \leqq \inf(s_0, T) = s_1$, on a:

$$\|w(s)\|^2 \leqq c_3 \int_0^s \|w(t)\|^2 dt,$$

donc $w = 0$ dans $[0, s_1]$, donc $u = 0$ dans $[0, s_1]$. On recommence; on obtient: $u = 0$ dans $[s_1, \inf(T, 2s_1)]$, et ainsi de suite d'où le théorème.

Le choix de φ qui précède est dû (dans un contexte analogue, avec $V(t) = V$) à O. A. LADYZENSKAYA [1], [2]. Le théorème 5.2 complète un peu un résultat de LIONS [12].

6. Cas des familles hermitiennes

On reprend dans ce No. un espace V indépendant de t, avec $V \subset H$. On considère une famille de formes $a(t; u, v)$ continues sur V, pour $t \in [0, T]$, avec les hypothèses suivantes:

$$\left.\begin{array}{l} t \to a(t; u, v) \text{ est une fois continûment différentiable} \\ \text{dans } [0, T], \text{ pour tout } u, v \in V; \end{array}\right\} \tag{6.1}$$

$$\left.\begin{array}{l} a(t; u, v) = \overline{a(t; v, u)} \qquad \text{pour tout } u, v \in V \\ \text{(on dit alors que les formes sont hermitiennes);} \end{array}\right\} \tag{6.2}$$

$$\left.\begin{array}{l} a(t; v, v) + \lambda |v|^2 \geqq \alpha \|v\|^2, \ \alpha > 0, \text{ pour} \\ \lambda \text{ convenable, et pour tout } v \in V\,^1. \end{array}\right\} \tag{6.3}$$

On va démontrer le

Théorème 6.1. *On suppose que* (6.1), (6.2) *et* (6.3) *ont lieu. Dans ces conditions, pour f donné dans $L^2(0, T; H)$, il existe u unique vérifiant:*

$$u \in L^2(0, T; V), \qquad u' \in L^2(0, T; H), \tag{6.4}$$

$$u(0) = 0, \tag{6.5}$$

$$a(t; u(t), v) + (u'(t), v) = (f(t), v), \qquad \text{p.p. en } t, \text{ pour tout } v \in V. \tag{6.6}$$

(On voit donc qu'avec des hypothèses supplémentaires sur $a(t; u, v)$, mais *sans hypothèse supplémentaire sur f*, on obtient des compléments d'information sur la solution du problème 1.1; pour ce qui est de la condition (6.5), cf. problème suivant la remarque 6.2.)

Démonstration. 1) On suppose que (6.3) a lieu avec $\lambda = 0$.

---

[1] Notons que (6.3) entraine (6.2).

On introduit, ce qui est loisible, une famille de formes $b(t;u,v)$ avec:

$t \to b(t;u,v)$ est une fois continûment différentiable sur R_t;

$$|b(t;u,v)| + |b'(t;u,v)| \leqq c_1 \|u\| \|v\|;^{1} \tag{6.7}$$

$$b(t;u,v) = a(t;u,v) \qquad \text{pour} \qquad t \in [0,T];$$

$$b(t;u,v) = \overline{b(t;v,u)} \qquad \text{pour tout } u,v \in V; \tag{6.8}$$

$$b(t;v,v) \geqq \alpha_1 \|v\|^2, \qquad \alpha_1 > 0.^{2} \tag{6.9}$$

On choisit ensuite une constante $\gamma > 0$ telle que

$$2\gamma\, b(t;v,v) - b'(t;v,v) \geqq \alpha_2 \|v\|^2, \qquad \alpha_2 > 0. \tag{6.10}$$

On va montrer que dans ces conditions, il existe une fonction U et une seule, vérifiant:

$$\left.\begin{array}{l} \exp(-\gamma t)\, U \in L^2(-\infty, +\infty; V), \\ \exp(-\gamma t)\, U' \in L^2(-\infty, +\infty; H), \ \ U \text{ nulle pour } t<0, \end{array}\right\} \tag{6.11}$$

et

$$b(t; U(t), v) + \frac{d}{dt}(U(t), v) = (\tilde{f}(t), v), \qquad v \in V, \tag{6.12}$$

où

$\tilde{f}(t)$ est le prolongement du $f(t)$ initial par 0 hors de $[0,T]$.

Alors la restriction de U à $(0,T)$, soit u, vérifiera (6.4), (6.5) (car (6.11) entraine que $U(0)=0$) et (6.6), ce qui démontrera l'existence de u.

Pour démontrer l'existence de U avec (6.11) et (6.12), on utilise encore le théorème 1.1, Chap. III, dans les conditions suivantes:

l'espace F est l'espace des fonctions U vérifiant (6.11), muni de la norme (hilbertienne)

$$\|U\|_F = \left(\int_0^\infty \|\exp(-\gamma t)\, U(t)\|^2 dt + \int_0^\infty |\exp(-\gamma t)\, U'(t)|^2 dt\right)^{\frac{1}{2}};$$

---

[1] Notons ici que la seule hypothèse (6.1) entraine que $|a(t;u,v)| \leqq M\|u\|\|v\|$, $|a'(t;u,v)| \leqq N\|u\|\|v\|$. La première inégalité a été démontrée au début du No. 1. Vérifions la deuxième; le seul point à vérifier est que, pour chaque t, $a'(t;u,v)$ est *continue* sur $V \times V$ (on applique ensuite le raisonnement du début du No. 1). Or $a(t;u,v) = ((\mathscr{A}(t)u, v))$ et pour t fixé, si $h_n \to 0$, $h_n^{-1}(\mathscr{A}(t+h_n) - \mathscr{A}(t))u = B_n u$ converge dans V faible, pour tout $u \in V$. Comme $B_n \in \mathscr{L}(V;V)$, il en résulte d'après le théorème de Banach-Steinhaus (cf. Bourbaki [2]) que $B_n u \to Bu$ dans V faible, où B est un opérateur linéaire continu de V fort dans V faible, donc $B \in \mathscr{L}(V;V)$, et comme $a'(t;u,v) = ((Bu, v))$, on a le résultat. Pour le prolongement de $a(t;u,v)$, cf. [2].

[2] De façon précise, on définit $b(t;u,v)$ pour $t \geqq T$ par $b(t;u,v) = a(T;u,v) + \vartheta(t)\, a'(T;u,v)$, où ϑ est une fois continûment différentiable dans $t \geqq T$, $\vartheta(t) \geqq 0$, $\vartheta(T) = 0$, $\vartheta'(T) = 1$, $\vartheta(t) \leqq \varepsilon/c$, si $|a'(T;u,u)| \leqq c\|u\|^2$, et $\varepsilon > 0$ fixé arbitraire. Alors les conditions (6.7) et (6.8) sont vérifiées et $b(t;v,v) \geqq (\alpha - \varepsilon)\|v\|^2$. On peut donc dans (6.9) prendre α_1 arbitrairement voisin de α.

l'espace Φ est l'espace des fonctions $\varphi \in F$, avec $\exp(-\gamma t)\varphi' \in F$, muni de la norme (pré-hilbertienne)

$$|||\varphi||| = \|\varphi\|_F;$$

pour $U \in F$, $\varphi \in \Phi$, on pose

$$E(U, \varphi) = \int_0^\infty \{b(t; \exp(-\gamma t)\, U(t), \exp(-\gamma t)\, \varphi'(t)) + \\ + (\exp(-\gamma t)\, U'(t), \exp(-\gamma t)\, \varphi'(t))\}\, dt,$$

et

$$L(\varphi) = \int_0^\infty (\exp(-\gamma t)\, \tilde{f}(t), \exp(-\gamma t)\, \varphi'(t))\, dt.$$

La forme $U \to E(U, \varphi)$ est continue sur F, et la forme $\varphi \to L(\varphi)$ est continue sur Φ. Par ailleurs,

$$2\,\mathrm{Re}\, E(\varphi, \varphi) = \int_0^\infty \exp(-2\gamma t) \left\{\frac{d}{dt} b(t; \varphi(t), \varphi(t)) - b'(t; \varphi(t), \varphi(t))\right\} dt + \\ + 2\int_0^\infty \exp(-2\gamma t)\, |\varphi'(t)|^2\, dt,$$

(on a utilisé ici essentiellement (6.8)), d'où

$$\mathrm{Re}\, E(\varphi, \varphi) \geqq \inf(\alpha_2/2, 1)\, |||\varphi|||^2.$$

Par conséquent, d'après le théorème 1.1, Chap. III, il existe U dans F, vérifiant

$$E(U, \varphi) = L(\varphi) \qquad \text{pour tout } \varphi \in \Phi. \tag{6.13}$$

Mais soit $\psi \in \mathcal{D}^1(0, \infty; V)$ — espace des fonctions une fois continûment différentiables dans $t \geqq 0$ à valeurs dans V, et à support compact; la fonction φ définie par $\varphi(t) = \int_0^t \psi(\sigma)\, d\sigma$ est alors dans Φ, et (6.13) s'écrit:

$$\left.\begin{aligned} &\int_0^\infty \{b(t; \exp(-\gamma t)\, U(t), \exp(-\gamma t)\, \psi(t)) + \\ &\quad + (\exp(-\gamma t)\, U'(t), \exp(-\gamma t)\, \psi(t))\}\, dt \\ &\quad = \int_0^\infty (\exp(-\gamma t)\, f(t), \exp(-\gamma t)\, \psi(t))\, dt. \end{aligned}\right\} \tag{6.14}$$

Par un raisonnement analogue à celui du lemme 1.1, point 1), on en déduit que U vérifie (6.12), d'où le résultat.

2) *L'unicité* dans le théorème résulte évidemment de l'unicité dans le théorème 1.1. Mais il est beaucoup plus simple de donner une démonstration directe. Soit u vérifiant (6.6) avec $f = 0$. On suppose que (6.3)

a lieu avec $\lambda = 0$. On prend dans (6.6), $v = u(t)$, ce qui a un sens p.p.; il vient:

$$\left(\frac{1}{2}\right) \frac{d}{dt} |u(t)|^2 + a\big(t; u(t), u(t)\big) = 0,$$

de sorte que $\frac{d}{dt} |u(t)|^2 \leqq 0$, et comme $u(0) = 0$, $u = 0$.

Le théorème 6.1 est complètement démontré.

La technique de démonstration de l'existence est dûe à F. TRÈVES, [1], [2], [3].

Problème: le résultat du théorème 6.1 est-il vrai en supposant que $t \to a(t; u, v)$, au lieu de vérifier (6.1), est seulement continue (ou même mesurable)?

On peut généraliser quelque peu (6.2), en remplaçant $a(t; u, v)$ par $a(t; u, v) + a_1(t; u, v)$, où $a_1(t; u, v)$ est une forme sesquilinéaire continue sur $V \times H$, la fonction $t \to a_1(t; u, v)$ étant mesurable pour $u \in V$, $v \in H$, et vérifiant $|a_1(t; u, v)| \leqq c_2 \|u\| |v|$.

Remarque 6.1. L'interprétation donnée à la remarque 1.3 est maintenant valable p.p. en t.

Donc, sous les hypothèses du théorème 6.1, pour f donné dans $L^2(0, T; H)$, il existe u unique vérifiant

$$u \in L^2(0, T; V), \qquad u' \in L^2(0, T; H), \tag{6.4}$$

$$u(0) = 0, \tag{6.5}$$

$$u(t) \in D\big(A(t)\big) \quad \text{presque partout,} \tag{6.15}$$

$$A(t)\, u(t) + u'(t) = f(t), \quad \text{presque partout en } t. \tag{6.16}$$

Soit $u = \mathcal{G} f$ la solution de ce problème.

Remarque 6.2. Sous les hypothèses du théorème 6.1, et pour $\lambda \in C$, on peut chercher u vérifiant les conditions (6.4), (6.5), (6.15) et

$$A(t)\, u(t) + u'(t) - \lambda u(s) = f(t), \qquad s \text{ donné dans } [0, T]. \tag{6.17}$$

Ceci a un sens car si u vérifie (6.4) alors elle est (presque partout égale à une fonction) continue de $[0, T]$ dans H (et même dans $V^{\frac{1}{2}} H^{\frac{1}{2}}$ dont la définition est rappelée ci après), donc $u(s)$ a un sens. Désignons par S l'opérateur $u \to u(s)$ de l'espace des fonctions u vérifiant (6.4) dans $V^{\frac{1}{2}} H^{\frac{1}{2}}$ et $\tilde{S}$ l'opérateur $u \to u(s)$, fonction constante, élément de $L^2(0, T; H)$. L'équation (6.17) équivaut alors à

$$u - \lambda \mathcal{G} \tilde{S} u = \mathcal{G} f. \tag{6.18}$$

Si l'injection de V dans H est complètement continue (cf. exemples au Chap. II, No. 3) alors l'application S est complètement continue, de sorte que $\mathcal{G}\tilde{S}$ est complètement continue de l'espace des fonctions vérifiant (6.4) dans lui même. Dans ces conditions la résolution de (6.18) — et donc aussi de (6.17) — donne lieu à l'alternative de RIESZ-FREDHOLM. Pour ce genre de problème, cf. S. ALBERTONI [1].

Problème: Soit u une fonction vérifiant (6.4); on peut alors définir $u(0)$, et $u(0)$ appartient à l'espace $V^{\frac{1}{2}}H^{\frac{1}{2}}$, caractérisé de la façon suivante (cf. LIONS [20]): la forme $((u,v))$ définit (cf. Chap. II, No. 1) un opérateur (non borné dans H) Λ, par

$$((u,v)) = (\Lambda u, v), \qquad u \in D(\Lambda);$$

Λ est auto adjoint >0; alors

$$V^{\frac{1}{2}}H^{\frac{1}{2}} = D(\Lambda^{\frac{1}{2}}),$$

domaine de $\Lambda^{\frac{1}{2}}$, muni de la norme du graphe.

Réciproquement, pour $e \in V^{\frac{1}{2}}H^{\frac{1}{2}}$, il existe u avec (6.4) et $u(0) = e$.

D'où le problème suivant: pour u_0 donné dans $V^{\frac{1}{2}}H^{\frac{1}{2}}$, existe-t-il $u(t)$ vérifiant (6.4), (6.6) et

$$u(0) = u_0?$$

La difficulté est la suivante: si l'on introduit w, vérifiant les conditions analogues à (6.4), avec $w(0) = u_0$, et si l'on pose

$$u^* = u - w,$$

on a à résoudre ceci: trouver u^* vérifiant les équations analogues à (6.4) et (6.5), l'équation (6.6) étant remplacée par

$$\left.\begin{aligned} a(t; u^*(t), v) + \frac{d}{dt}(u^*(t), v) &= (f(t), v) - a(t; w(t), v) - (w'(t), v) \\ &= ((g(t), v)), \end{aligned}\right\} \quad (6.6)'$$

où $g \in L^2(0, T; V)$, et l'existence de u^* vérifiant ces équations n'est pas fournie par la démonstration du théorème 6.1, point 1). (Voir une solution, mais avec des hypothèses supplémentaires, au Chap. V.)

7. Cas de deux familles $a_0(t; u, v)$ et $a_1(t; u, v)$

Une généralisation à la fois naturelle et utile (cf. Chap. VI) des considérations précédentes est la suivante: dans un espace vectoriel topologique localement convexe $\mathcal{F}$ on considère deux sous espaces V_0 et V_1, avec $V_0 \subset \mathcal{F}$, $V_1 \subset \mathcal{F}$, inclusions algébriques et topologiques.

On suppose que chaque V_i est un espace de HILBERT; pour $u, v \in V_i$, $i = 0, 1$, $((u,v))_i$ désigne le produit scalaire, et

$$\|u\|_i = ((u, u))_i^{\frac{1}{2}}.$$

On introduit $V = V_0 \cap V_1$ (éventuellement réduit à $\{0\}$); pour $u, v \in V$ on pose

$$((u,v)) = ((u,v))_0 + ((u,v))_1,$$

ce qui munit V d'une structure hilbertienne.

Sur chaque V_i, $i=0,1$, on donne une famille de formes $a_i(t; u,v)$ sesquilinéaires continues sur V_i, pour $t \in [0,T]$.

On fait les hypothèses suivantes (cf. note [1], p. 66):

$$\left.\begin{aligned} &\text{pour } u,v \in V_1,\ t \to a_1(t;u,v) \text{ est continue sur } [0,T], \text{ avec} \\ &D_t a_1(t;u,v) = a_1'(t;u,v) \quad \text{mesurable et} \\ &|a_1'(t;u,v)| \leqq M_1 \|u\|_1 \|v\|_1, \quad M_1 = \text{constante}; \end{aligned}\right\} \tag{7.1}$$

$$a_1(t;u,v) = \overline{a_1(t;v,u)}, \quad a_1(t;v,v) \geqq \alpha_1 \|v\|_1^2, \quad \alpha_1 > 0,\ v \in V_1; \tag{7.2}$$

$$\left.\begin{aligned} &t \to a_0(t;u,v) \quad \text{est mesurable, avec} \\ &|a_0(t;u,v)| \leqq M_0 \|u\|_0 \|v\|_0; \end{aligned}\right\} \tag{7.3}$$

$$\left.\begin{aligned} &\text{il existe } \lambda \text{ tel que} \\ &\operatorname{Re} a_0(t;v,v) + \lambda a_1(t;v,v) \geqq \alpha_0 \left(\|v\|_0^2 + \|v\|_1^2\right), \quad v \in V_0 \cap V_1 = V. \end{aligned}\right\} \tag{7.4}$$

Il est toujours possible de prolonger les formes $a_i(t; u,v)$ pour $t<0$, de façon que les conditions précédentes aient lieu pour tout $t \leqq T$; c'est ce que nous supposerons dans la suite.

On considère maintenant la variante suivante du problème 1.1:

Problème 7.1. Trouver $u \in L^2(-\infty, T; V)$, nulle pour $t<0$, vérifiant

$$\left.\begin{aligned} a_0(t; u(t), v) + D_t\big(a_1(t; u(t), v)\big) = ((g(t), v)) + a_1(0; u_0, v)\,\delta, \\ \text{pour tout } v \in V, \end{aligned}\right\} \tag{7.5}$$

où g est donnée dans $L^2(-\infty, T; V)$, nulle pour $t<0$, et où u_0 est donné dans V_1.

Théorème 7.1. *Sous les hypothèses* (7.1), (7.2), (7.3), (7.4), *le problème* 7.1 *admet une solution unique. L'application* $\{g, u_0\} \to u$ *est continue de* $L^2(-\infty, T; V) \times V_1$ *dans* $L^2(-\infty, T; V)$.

Démonstration de l'existence. Si l'on change $u(t)$ en $\exp(kt)\, u(t)$, $k>0$, on transforme le problème 7.1 en un problème analogue, mais où $a_0(t; u,v)$ est remplacée par $a_0(t;u,v) + k a_1(t;u,v)$, $a_1(t;u,v)$ étant inchangée. Alors $V_0 = V$, et on peut toujours supposer que

$$\operatorname{Re} a_0(t;v,v) + (\tfrac{1}{2})\, a_1'(t;v,v) \geqq \alpha \|v\|^2, \quad \alpha > 0,\ v \in V. \tag{7.6}$$

On constate ensuite comme au No. 1 que le problème équivaut à la recherche de $u \in L^2(0, T; V)$, vérifiant

$$\left.\begin{aligned}&\int_0^T \{a_0(t; u(t), \varphi(t)) - a_1(t; u(t), \varphi'(t))\} dt\\&\qquad = \int_0^T ((g(t), \varphi(t)))\, dt + a_1(0; u_0, \varphi(0)),\end{aligned}\right\} \tag{7.7}$$

et ceci pour toute fonction φ vérifiant

$$\varphi \in L^2(0, T; V), \quad \varphi' \in L^2(0, T; V_1), \quad \varphi(T) = 0. \tag{7.8}$$

On utilise alors le théorème 1.1, Chap. III, avec:

$$F = L^2(0, T; V);$$

Φ = espace des $\varphi \in F$ avec $\varphi' \in L^2(0, T; V_1)$, $\varphi(T) = 0$, et muni de la norme

$$|||\varphi||| = (\|\varphi\|_F^2 + \|\varphi(0)\|_1^2)^{\frac{1}{2}};$$

$E(u, \varphi)$ = premier membre de (7.7), $L(\varphi)$ = deuxième membre de (7.7). On vérifie que

$$2 \operatorname{Re} E(\varphi, \varphi) = \int_0^T \{2 \operatorname{Re} a_0(t; \varphi, \varphi) + a_1'(t; \varphi, \varphi)\} dt + a_1(0; \varphi(0), \varphi(0)).$$

Par conséquent, grâce à (7.6) et (7.2),

$$\operatorname{Re} E(\varphi, \varphi) \geqq \inf(\alpha/2, \alpha_1)\, |||\varphi|||^2,$$

de sorte qu'il existe u vérifiant (7.7), ce qui démontre l'existence dans le théorème.

Démonstration de l'unicité. Soit u vérifiant (7.7) avec $f = 0$, $u_0 = 0$. On veut montrer que $u = 0$. On peut toujours supposer que (7.6) a lieu. On va faire un choix de φ analogue à celui de la démonstration du théorème 1.1, point 3); précisons un peu: soit $\varrho(t) \in \mathcal{D}(R_t)$, $\varrho \geqq 0$, de support dans $[-1, +1]$, avec $\int \varrho(t)\, dt = 1$; on prend alors $\varrho_m(t) = m\varrho(mt)$; soit alors $\varphi = \vartheta_n((\vartheta_n u) * \varrho_m)$, qui vérifie (7.8); on obtient alors

$$X_{nm} - Y_{nm} - Z_{nm} = 0, \tag{7.9}$$

où

$$X_{nm} = \int_{-\infty}^T a_0(t; \vartheta_n u(t), (\vartheta_n u) * \varrho_m)\, dt,$$

$$Y_{nm} = \int_{-\infty}^T \vartheta_n' a_1(t; u(t), (\vartheta_n u) * \varrho_m)\, dt,$$

$$Z_{nm} = \int_{-\infty}^T a_1(t; \vartheta_n u, (\vartheta_n u) * \varrho_m')\, dt.$$

Lorsque $m\to\infty$, $X_{nm}\to X_n=\int_0^T a_0\big(t;u_n(t),u_n(t)\big)\,dt$, en posant

$$\vartheta_n u = u_n,$$

et

$$Y_{nm}\to Y_n=\int_0^T \vartheta_n\vartheta_n' a_1\big(t;u(t),u(t)\big)\,dt.$$

On note que $Y_n\leqq 0$. On démontrera çi après le

Lemme 7.1. *Lorsque* $m\to\infty$,

$$2\operatorname{Re} Z_{nm}\to -\int_0^T a_1'\big(t;u_n(t),u_n(t)\big)\,dt.$$

On déduit alors de (7.9):

$$2\operatorname{Re} X_n - 2Y_n + \int_0^T a_1'\big(t;u_n(t),u_n(t)\big)\,dt = 0,$$

et comme $Y_n\leqq 0$ et que (7.6) a lieu, il en résulte que $u_n=\vartheta_n u=0$, et ceci quel que soit n, donc $u=0$.

Démonstration du Lemme 7.1. On peut écrire

$$a_1(t;u,v)=((\mathscr{A}_1(t)\,u,v))_1,\qquad \mathscr{A}_1(t)\in\mathscr{L}(V_1;V_1),$$

de sorte que (en utilisant (7.2)):

$$2\operatorname{Re} Z_{nm}=\int\{((\mathscr{A}_1(t)\,u_n(t),u_n(t)*\varrho_m'))_1+((\mathscr{A}_1(t)\,(u_n*\varrho_m'),u_n(t)))_1\}\,dt$$

où on peut considérer l'intégrale comme prise sur $-\infty,+\infty$. Alors, ϱ_m étant paire:

$$2\operatorname{Re} Z_{nm}=\int\big((D_t[\mathscr{A}_1(t)\,(u_n*\varrho_m)-(\mathscr{A}_1(t)\,u_n(t))*\varrho_m],u_n(t))\big)_1 dt-$$
$$-\int\big((\mathscr{A}_1'(t)\,(u_n*\varrho_m),u_n(t))\big)_1 dt,$$

de sorte que tout revient à démontrer le

Lemme 7.2. *Dans un espace de* Hilbert $\mathscr{H}$ (produit scalaire (f,g)), *on donne une famille d'opérateurs* $\mathscr{A}(t)\in\mathscr{L}(\mathscr{H};\mathscr{H})$, *telle que la fonction* $t\to(\mathscr{A}(t)f,g)$ *soit continue sur* R, *de dérivée en* t (au sens des distributions) *mesurable, avec*

$$|D_t(\mathscr{A}(t)f,g)|=|(\mathscr{A}'(t)f,g)|\leqq c|f|\,|g|.$$

Alors, pour $u\in L^2(-\infty,+\infty;\mathscr{H})$, *on a*

$$v_m=D_t[\mathscr{A}(t)\,(u*\varrho_m)-(\mathscr{A}(t)\,u)*\varrho_m]\to 0 \text{ dans } L^2(-\infty,+\infty;\mathscr{H}),\quad (7.10)$$

lorsque $m\to\infty$.

Ce lemme (qui s'étend facilement lorsque $\mathscr{H}$ n'est pas un espace de Hilbert) est un *lemme de Friedrichs vectoriel*; pour ce lemme, cf.

K. O. FRIEDRICHS [4]; cf. des variantes dans L. SCHWARTZ [8], L. HÖRMANDER [3].

Démonstration. Soit T_m l'application: $u \to v_m$, considérée de l'espace $L^2(-\infty, +\infty; \mathscr{H})$ dans lui même. Si u est par exemple une fois continûment différentiable à valeurs dans $\mathscr{H}$ et à support compact, alors $T_m u \to 0$ dans $L^2(-\infty, +\infty; \mathscr{H})$, de sorte qu'il suffit de montrer que T_m demeure dans un ensemble borné de l'espace des applications linéaires continues de $L^2(-\infty, +\infty; \mathscr{H})$ dans lui même. Or,

$$v_m(t) = \mathscr{A}'(t)\,(u * \varrho_m) + w_m,$$

où

$$w_m(t) = \mathscr{A}(t)\,(u * \varrho_m')\,(t) - \big(\mathscr{A}(t)\,u\big) * \varrho_m',$$

et il suffit de montrer que w_m demeure dans un ensemble borné de $L^2(-\infty, +\infty; \mathscr{H})$. Mais

$$w_m(t) = \int_{-1/m}^{1/m} [\mathscr{A}(t) - \mathscr{A}(t-s)]\, u(t-s)\, \varrho_m'(s)\, ds,$$

et comme $|\mathscr{A}(t) - \mathscr{A}(t-s)| \leqq c_1 |s|$, on a

$$|w_m(t)| \leqq c_1 m^{-1} |u| * |\varrho_m'|,$$

d'où

$$\Big(\int |w_m(t)|^2 dt\Big)^{\frac{1}{2}} \leqq c_1 m^{-1} \Big(\int |u(t)|^2 dt\Big)^{\frac{1}{2}} \Big(\int |\varrho_m'|\, dt\Big) = c_2 \Big(\int |u(t)|^2 dt\Big)^{\frac{1}{2}},$$

ce qui démontre le lemme.

Le théorème 7.1 est complètement démontré.

Problèmes: 1) dans quelle mesure peut-on généraliser au cas présent les résultats du No. 2?

2) peut-on affaiblir les hypothèses de régularité en t faites sur $a_1(t; u, v)$?

8. Problèmes à plusieurs variables de temps

Nous considérons maintenant trois espaces de HILBERT, V_0, V_{11} et V_{12} contenus algébriquement et topologiquement dans un même espace $\mathscr{F}$ (notations du No. 7; si par exemple $u, v \in V_{11}$, leur produit scalaire est noté $((u, v))_{11}$).

On introduit $V = V_0 \cap V_{11} \cap V_{12}$, avec le produit scalaire

$$((u, v)) = ((u, v))_0 + ((u, v))_{11} + ((u, v))_{12}.$$

On considère maintenant $t = (t_1, t_2) \in R^2$ et on désigne par Q_T l'ensemble des points t avec $t_1 < T$, $t_2 < T$. Pour chaque $t \in Q_T$, on donne $a_0(t; u, v)$, $a_{11}(t; u, v)$, $a_{12}(t; u, v)$, formes sesquilinéaires continues sur

V_0, V_{11} et V_{12} respectivement. On fait les hypothèses suivantes:

$$\left.\begin{array}{l} a_{11}(t;u,v)=\overline{a_{11}(t;v,u)} \quad \text{pour tout } v\in V_{11}, \quad a_{11}(t;v,v)\geqq \alpha_{11}\|v\|_{11}^2, \\ \alpha_{11}>0;\text{ si l'on pose } D_i=\partial/\partial t_i, \text{ on suppose que} \\ D_1 a_{11}(t;u,v) \text{ est mesurable, avec } |D_1 a_{11}(t;u,v)|\leqq M_{11}\|u\|_{11}\|v\|_{11}; \end{array}\right\} \quad (8.1)$$

$$\left.\begin{array}{l} \text{hypothèse analogue à (8.1) relative à } a_{12}(t;u,v),\ D_1 \text{ étant rem-} \\ \text{placé par } D_2; \end{array}\right\} \quad (8.2)$$

$$\left.\begin{array}{l} t\to a_0(t;u,v) \text{ est mesurable dans } Q_T, \text{ pour } u,v\in V_0, \\ |a_0(t;u,v)|\leqq M_0\|u\|_0\|v\|_0, \text{ et il existe deux constantes } \lambda_1 \text{ et } \lambda_2 \\ \text{telles que} \\ \operatorname{Re} a_0(t;v,v)+\lambda_1 a_{11}(t;v,v)+\lambda_2 a_{12}(t;v,v)\geqq \alpha_0\|v\|^2 \\ \qquad\qquad \text{pour tout } v\in V=V_0\cap V_{11}\cap V_{12}. \end{array}\right\} \quad (8.3)$$

On a alors le

Théorème 8.1. *Sous les hypothèses* (8.1), (8.2), (8.3), *il existe u unique dans* $L^2(Q_T;V)$, *avec*

$$u \text{ est nulle pour } t_1<0 \text{ ou } t_2<0; \quad (8.4)$$

$$\left.\begin{array}{l} a_0(t;u(t),v)+D_1\big(a_{11}(t;u(t),v)\big)+D_2\big(a_{12}(t;u(t),v)\big) \\ \quad =((f(t),v))+\delta_{t_1}\otimes a_{11}(0,t_2;g_1(t_2),v)+a_{12}(t_1,0;g_2(t_1),v)\otimes\delta_{t_2} \\ \qquad\qquad \text{pour tout } v\in V \end{array}\right\} \quad (8.5)$$

où:

f est donnée dans $L^2(Q_T;V)$, nulle pour $t_1<0$ ou pour $t_2<0$;

g_1 (resp. g_2) est donnée dans $L^2(-\infty,T;V_{11})$ (resp. $L^2(-\infty,T;V_{12})$), nulle pour $t_2<0$ (resp. $t_1<0$);

δ_{t_1} (resp. δ_{t_2}) est la masse de DIRAC à l'origine de l'axe des t_1 (resp. t_2). *La solution u dépend continûment de f*, g_1 *et* g_2 (pour les topologies évidentes).

Nous ne donnons pas la démonstration de ce théorème, en tous points parallèle à celle du théorème 7.1. Ce théorème complète LIONS [11], No. 10 (et résout le problème posé à la fin de ce No.); pour les solutions distributions à valeurs vectorielles, nous renvoyons à cet article. Cf. aussi A. FRIEDMAN [8].

Naturellement, ce qui précède s'étend au cas où $t=\{t_1,\ldots,t_\nu\}$, ν quelconque.

On a des problèmes non résolus analogues à ceux signalés à la fin du No. 7.

9. Stabilité

Reprenons les notations des No. 1 et 2, $V \subset H$, V étant séparable. On donne une famille de formes $a(t, \xi; u, v)$, dépendant, non seulement de $t \in]-\infty, T]$ mais en outre d'un paramètre réel ξ[1]. On fait les hypothèses suivantes:

$$\left.\begin{array}{l} t \to a(t,\xi; u, v) \text{ est, pour chaque } \xi, \text{ et tout } u, v \in V, \\ \text{mesurable, avec } |a(t,\xi; u, v)| \leqq M_\xi \|u\| \|v\|, \ t \in]-\infty, T]; \end{array}\right\} \quad (9.1)$$

$$\left.\begin{array}{l} \operatorname{Re} a(t,\xi; v, v) + \lambda |v|^2 \geqq \alpha \|v\|^2, \ \lambda \text{ et } \alpha \text{ indépendants} \\ \text{de } \xi, \ \alpha > 0, \ t \leqq T, \ v \in V; \end{array}\right\} \quad (9.2)$$

$$\left.\begin{array}{l} |a(t,\xi; u, v) - a(t, 0; u, v)| \leqq \varphi(\xi) \|u\| \|v\|, \ t \leqq T, \text{ avec} \\ \varphi(\xi) \to 0 \text{ lorsque } \xi \to 0. \end{array}\right\} \quad (9.3)$$

Soit alors f donnée dans $L^2(-\infty, T; H)$, nulle pour $t < 0$, et u_{00} donné dans H. Soit u_ξ (resp. u_0) *la* solution dans $L^2(-\infty, T; V)$, nulle pour $t < 0$, de

$$a(t, \xi; u_\xi(t), v) + \frac{d}{dt}(u_\xi(t), v) = (f(t), v) + (u_{00}, v)\,\delta \tag{9.4}$$

(resp. de

$$a(t, 0; u_0(t), v) + \frac{d}{dt}(u_0(t), v) = (f(t), v) + (u_{00}, v)\,\delta). \tag{9.5}$$

Après modification éventuelle sur des ensembles de mesure nulle, on peut supposer que $t \to u_\xi(t)$ et $t \to u_0(t)$ sont continues de $[0, T]$ dans H, avec $u_\xi(0) = u_0(0) = u_0$.

On va démontrer le

Théorème 9.1. *On suppose que* (9.1), (9.2) *et* (9.3) *ont lieu. Soit* $u_\xi(t)$ *et* $u_0(t)$ *la solution de* (9.4) *et* (9.5) *respectivement. Lorsque* $\xi \to 0$ *on a:*

(i) $u_\xi(t) \to u_0(t)$ dans $L^2(0, T; V)$;

(ii) il existe U_ξ (resp. U_0), sur $(-\infty, +\infty)$, p.p. égale à $u_\xi(t)$ (resp. $u_0(t)$) sur $(0, T)$, telle que

$$\int_{-\infty}^{+\infty} |\tau|\, |\hat{U}_\xi(\tau) - \hat{U}_0(\tau)|^2 d\tau \to 0;$$

(iii) $u_\xi(t) \to u_0(t)$ dans H fort, uniformément sur $[0, T]$.

Démonstration. On suppose que (9.2) a lieu avec $\lambda = 0$.

---

[1] Naturellement, ξ «réel» n'a rien d'essentiel.

1) Posons:

$$E_\xi(u,\varphi) = \int_0^T \{a(t,\xi; u(t), \varphi(t)) - (u(t), \varphi'(t))\} dt,$$

$$E_0(u,\varphi) = \int_0^T \{a(t,0; u(t), \varphi(t)) - (u(t), \varphi'(t))\} dt;$$

on en déduit, en utilisant (9.3) (et les notations du Chap. III, No. 3) que $|||R_\xi||| \leqq \varphi(\xi)$, d'où (i) en vertu de la proposition 3.1, Chap. III.

2) Définissons $b(t,\xi; u,v)$, pour tout t, prolongement de $a(t,\xi; u,v)$ lorsque $t \in [0,T]$, les $b(t,\xi; u,v)$ ayant des propriétés analogues sur R_t à celles des $a(t,\xi; u,v)$ sur $]-\infty, T]$.

Soit U_ξ (resp. U_0) la solution dans $L^2(-\infty, +\infty; V)$, nulle pour $t<0$ de

$$b(t,\xi; U_\xi(t), v) + \frac{d}{dt}(U_\xi(t), v) = (f(t), v) + (u_{00}, v)\,\delta,$$

f étant prolongée par 0 hors de $(0,T)$, (resp. de

$$b(t,0; U_0(t), v) + \frac{d}{dt}(U_0(t), v) = (f(t), v) + (u_{00}, v)\,\delta).$$

Comme au point 1), on a:

$$U_\xi \to U_0 \quad \text{dans} \quad L^2(-\infty, +\infty; V); \tag{9.6}$$

utilisant cela et l'analogue de (9.3) pour les $b(t,\xi; u,v)$, on en déduit

$$\frac{d}{dt}(U_\xi(t) - U_0(t), v) = ((g(t), v)),$$

où

$$g_\xi(t) \to 0 \quad \text{dans} \quad L^2(-\infty, +\infty; V). \tag{9.7}$$

Par transformation de Fourier en t, et prenant $v = \hat{U}_\xi(\tau) - \hat{U}_0(\tau)$, il vient:

$$|\tau|\,|\hat{U}_\xi(\tau) - \hat{U}_0(\tau)|^2 \leqq \|\hat{g}_\xi(\tau)\|\,\|\hat{U}_\xi(\tau) - \hat{U}_0(\tau)\|,$$

d'où

$$\int_{-\infty}^{+\infty} |\tau|\,|\hat{U}_\xi(\tau) - \hat{U}_0(\tau)|^2 d\tau \leqq \left(\int \|g_\xi(t)\|^2 dt\right)^{\frac{1}{2}} \left(\int \|U_\xi(t) - U_0(t)\|^2 dt\right)^{\frac{1}{2}}$$

d'où (ii), grâce à (9.6) et (9.7).

3) Si l'on pose:

$$w_\xi(t) = u_\xi(t) - u_0(t),$$

on déduit de (9.4) et (9.5):

$$a(t,\xi; w_\xi(t), v) + \frac{d}{dt}(w_\xi(t), v) = -[a(t,\xi; u_0(t), v) - a(t,0; u_0(t), v)]. \tag{9.8}$$

On en déduit (cf. la démonstration de (2.13)):

$$\left.\begin{aligned}&2\,\mathrm{Re}\int_0^s a\big(t,\xi;w_\xi(t),w_\xi(t)\big)\,dt+|w_\xi(s)|^2\\&\quad=-2\,\mathrm{Re}\int_0^s\big[a\big(t,\xi;u_0(t),w_\xi(t)\big)-a\big(t,0;u_0(t),w_\xi(t)\big)\big]\,dt.\end{aligned}\right\}\tag{9.9}$$

Par conséquent la fonction $s\to|w_\xi(s)|^2$ a une dérivée distribution qui est une fonction sommable et p.p. en t:

$$2\,\mathrm{Re}\,a\big(t,\xi;w_\xi(t),w_\xi(t)\big)+\frac{d}{dt}|w_\xi(t)|^2$$
$$=-2\,\mathrm{Re}\big[a\big(t,\xi;u_0(t),w_\xi(t)\big)-a\big(t,0;u_0(t),w_\xi(t)\big)\big],$$

d'où

$$2\alpha\|w_\xi(t)\|^2+\frac{d}{dt}|w_\xi(t)|^2\leqq 2\varphi(\xi)\,\|u_0(t)\|\,\|w_\xi(t)\|\leqq\alpha\|w_\xi(t)\|^2+\frac{1}{\alpha}\varphi(\xi)^2\|u_0(t)\|^2.$$

Comme $\|u\|\geqq k|u|$, il en résulte

$$k\alpha|w_\xi(t)|^2+\frac{d}{dt}|w_\xi(t)|^2\leqq\frac{1}{\alpha}\varphi(\xi)^2\|u_0(t)\|^2,$$

et comme $w_\xi(0)=0$, il vient finalement

$$|w_\xi(t)|^2\leqq\frac{1}{\alpha}\varphi(\xi)^2\int_0^t\exp\big(-k\alpha(t-\tau)\big)\,\|u_0(\tau)\|^2\,d\tau,\tag{9.10}$$

et ceci contient (iii).

Le théorème est démontré.

Avec des hypothèses supplémentaires et les résultats du Chap. V, on peut obtenir des modes de convergence plus forts dans le théorème précédent. Nous n'y reviendrons pas.

On peut également introduire une famille d'espaces V_ξ dépendant de ξ (cf. No. 11).

10. Limite des solutions lorsque $t \to +\infty$

On donne $V\subset H$, et $a(t;u,v)$, *pour tout* $t\in R$, forme sesquilinéaire continue sur V. On fait les hypothèses suivantes:

$$\left.\begin{aligned}&a(t;u,v)\text{ est mesurable en }t,\ |a(t;u,v)|\leqq M_T\|u\|\,\|v\|\text{ pour }t\geqq T,\\&\text{quel que soit }T\text{ fini, et }\mathrm{Re}\,a(t;v,v)\geqq\alpha\|v\|^2,\ \alpha>0.\end{aligned}\right\}\tag{10.1}$$

On donne ensuite une forme $b(u,v)$ sesquilinéaire continue sur V, telle que

$$\mathrm{Re}\,b(v,v)\geqq\beta\|v\|^2,\qquad\beta>0,\ v\in V.\tag{10.2}$$

On supposera que

$$|a(t;u,v)-b(u,v)|\leqq\psi(t)\,\|u\|\,\|v\|,\quad\text{où }\psi(t)\geqq0,\ \in L^2(0,\infty).\tag{10.3}$$

On donne une fonction f sur R_t, à valeurs dans H, avec

$$f \in L^2(-\infty, T; H) \quad \text{pour tout } T \text{ fini, } f = 0 \text{ p.p. pour } t < 0; \tag{10.4}$$

on suppose qu'il existe g_0 dans H avec

$$\int_0^\infty |f(t) - g_0|^2 dt < \infty. \tag{10.5}$$

On définit $u(t)$ comme étant *la* solution dans $L^2(-\infty, T; V)$ pour tout T fini, nulle pour $t < 0$, de

$$a\big(t; u(t), v\big) + \frac{d}{dt}\big(u(t), v\big) = \big(f(t), v\big) + (u_0, v)\,\delta, \tag{10.6}$$

où u_0 est donné dans H. On sait (No. 2, théorème 2.1), qu'après modification éventuelle sur un ensemble de mesure nulle, $t \to u(t)$ est continue de $t \geqq 0$ dans H.

Soit par ailleurs w_0 *la* solution dans V de

$$b(w_0, v) = (g_0, v) \qquad \text{pour tout } v \in V. \tag{10.7}$$

Nous allons démontrer le

Théorème 10.1. *On suppose que les conditions* (10.1) ... (10.5) *ont lieu. Soit u la solution de* (10.6) *et w_0 la solution de* (10.7). *On a:*

$$u(t) \to w_0 \qquad \textit{dans } H \textit{ fort lorsque } t \to +\infty. \tag{10.8}$$

Démonstration. On introduit

$$x(t) = u(t) - w_0 \qquad \text{pour } t \geqq 0, \; x(t) = 0 \text{ pour } t < 0. \tag{10.9}$$

On déduit de (10.6) et (10.7):

$$\left.\begin{aligned} &a\big(t; x(t), v\big) + \frac{d}{dt}\big(x(t), v\big) \\ &\quad = \big(f(t) - g_0, v\big) - [a(t; w_0, v) - b(w_0, v)] + (u_0 - w_0, v)\,\delta. \end{aligned}\right\} \tag{10.10}$$

On en déduit (cf. la démonstration de (2.13)):

$$\left.\begin{aligned} &2\,\mathrm{Re}\int_0^s a\big(t; x(t), x(t)\big)\,dt + |x(s)|^2 - |u_0 - w_0|^2 \\ &= 2\,\mathrm{Re}\int_0^s \big(f(t) - g_0, x(t)\big)\,dt - 2\,\mathrm{Re}\int_0^s \big[a\big(t; w_0, x(t)\big) - b\big(w_0, x(t)\big)\big]\,dt. \end{aligned}\right\} \tag{10.11}$$

Il résulte de (10.11) que la fonction $t \to y(t) = |x(t)|^2$ admet une dérivée (au sens des distributions) sommable sur tout compact, et que, p.p. en t:

$$\begin{aligned} &y'(t) + 2\,\mathrm{Re}\, a\big(t; x(t), x(t)\big) \\ &\qquad = 2\,\mathrm{Re}\big(f(t) - g_0, x(t)\big) - 2\,\mathrm{Re}\big[a\big(t; w_0, x(t)\big) - b\big(w_0, x(t)\big)\big], \end{aligned}$$

donc

$$2\alpha \|x(t)\|^2 + y'(t) \leqq 2\,|f(t) - g_0|\,|x(t)| + 2\psi(t)\,\|w_0\|\,\|x(t)\|. \tag{10.12}$$

Le deuxième membre de (10.12) est majoré par

$$2k^{-1}|f(t) - g_0|\,\|x(t)\| + 2\psi(t)\,\|w_0\|\,\|x(t)\|$$
$$\leqq \frac{\alpha}{2}\|x(t)\|^2 + 2\alpha^{-1}k^{-2}|f(t) - g_0|^2 + \frac{\alpha}{2}\|x(t)\|^2 + 2\alpha^{-1}\|w_0\|^2\psi(t)^2$$

d'où

$$\alpha k\, y(t) + y'(t) \leqq \alpha\|x(t)\|^2 + y'(t) \leqq 2\alpha^{-1}\left(k^{-2}|f(t) - g_0|^2 + \|w_0\|^2\psi(t)^2\right),$$

avec

$$y(0) = |u_0 - w_0|^2.$$

Donc

$$\left.\begin{aligned} y(t) &\leqq \exp(-k\alpha t)\,|u_0 - w_0|^2 + \\ &+ (2/\alpha)\int_0^t \exp\left(-k\alpha(t-s)\right)\left(k^{-2}|f(s) - g_0|^2 + \|w_0\|^2\psi(s)^2\right) ds \end{aligned}\right\} \tag{10.13}$$

ce qui contient (10.8), et donc démontre le théorème.

Sous des hypothèses plus restrictives, le résultat précédent est dû à I. M. VISIK [5], p. 134 et sq. (Cf. aussi VISIK-LOUSTERNIK [2], [3].)

Avec des hypothèses plus restrictives, et notamment les résultats du Chap. V, on peut obtenir des convergences plus fortes que (10.8), et notamment la convergence dans V.

Voir aussi M. KRZYZANSKI [1].

11. Perturbations singulières

On donne des espaces de HILBERT (tous séparables) V_ε (ε étant un paramètre réel, $\varepsilon \in]0,1]$ par exemple), W, $\mathscr{W}$, H, avec les hypothèses suivantes

$$V_\varepsilon \subset \mathscr{W} \subset H, \qquad \bigcap_\varepsilon V_\varepsilon \subset W \subset \mathscr{W}, \tag{11.1}$$

(toutes ces inclusions étant algébriques et topologiques),

$$\bigcap_\varepsilon V_\varepsilon \text{ est dense dans } W;\ W \text{ est fermé dans } \mathscr{W}. \tag{11.2}$$

On désigne par $((u,v))_\varepsilon$ (resp. $(u,v)_{\mathscr{W}}$) le produit scalaire dans V_ε (resp. $\mathscr{W}$); $\|u\|_\varepsilon = ((u,u))_\varepsilon^{\frac{1}{2}}$, $|u|_{\mathscr{W}} = (u,u)_{\mathscr{W}}^{\frac{1}{2}}$; si $u, v \in W$, $(u,v)_W = (u,v)_{\mathscr{W}}$.

On suppose

$$\text{si } u \in \bigcap V_\varepsilon,\quad \|u\|_\varepsilon \text{ est borné lorsque } \varepsilon \to 0. \tag{11.3}$$

Désignons par P l'opérateur de projection orthogonale dans $\mathscr{W}$ sur W; on supposera que

$$\text{pour } u \in V_\varepsilon,\quad |Pu - u|_{\mathscr{W}} \leqq c(\varepsilon)\,\|u\|_\varepsilon,\quad c(\varepsilon) \to 0 \text{ lorsque } \varepsilon \to 0. \tag{11.4}$$

On donne maintenant une famille $a_\varepsilon(t;u,v)$ (resp. $b(t;u,v)$) de formes sesquilinéaires continues sur V_ε (resp. $\mathscr{W}$) avec les hypothèses suivantes:

$$\left.\begin{aligned}&\text{pour } u,v\in V_\varepsilon,\text{ la fonction } t\to a_\varepsilon(t;u,v) \text{ est mesurable sur}\\&(-\infty,T),\ \text{avec } |a_\varepsilon(t;u,v)|\leqq M_\varepsilon\|u\|_\varepsilon\|v\|_\varepsilon,\\&\operatorname{Re} a_\varepsilon(t;v,v)\geqq\alpha(\varepsilon)\|v\|_\varepsilon^2+\beta|v|_{\mathscr{W}}^2,\qquad v\in V_\varepsilon,\\&\alpha(\varepsilon)>0,\ \to 0 \text{ lorsque } \varepsilon\to 0,\ \beta>0 \text{ indépendant de } \varepsilon;\end{aligned}\right\}\tag{11.5}$$

$$\left.\begin{aligned}&b(t;u,v) \text{ est donnée sur } \mathscr{W},\ t\to b(t;u,v) \text{ étant mesurable sur}\\&(-\infty,T),\ \text{avec } |b(t;u,v)|\leqq N|u|_{\mathscr{W}}|v|_{\mathscr{W}},\quad t\leqq T;\end{aligned}\right\}\tag{11.6}$$

$$\operatorname{Re} b(t;v,v)\geqq\beta_0|v|_{\mathscr{W}}^2,\qquad v\in W,\ \beta_0>0,\ t\leqq T.\tag{11.7}$$

Les formes $a_\varepsilon(t;u,v)$ et $b(t;u,v)$ sont liées de la façon suivante:

$$\left.\begin{aligned}&a_\varepsilon(t;u,v)-b(t;u,v)=r_\varepsilon(t;u,v),\\&|r_\varepsilon(t;u,v)|\leqq\varrho(\varepsilon)\|u\|_\varepsilon\|v\|_\varepsilon,\qquad u,v\in\bigcap_\varepsilon V_\varepsilon,\ \text{avec}\\&\varrho(\varepsilon)/\sqrt{\alpha(\varepsilon)}\to 0 \text{ lorsque } \varepsilon\to 0.\end{aligned}\right\}\tag{11.8}$$

Soit f donnée dans $L^2(-\infty,T;H)$, nulle pour $t<0$, et u_0 donné dans H; on désigne par $u_\varepsilon(t)$ (resp. $w(t)$) la solution dans $L^2(-\infty,T;V)$ (resp. dans $L^2(-\infty,T;W)$), nulle pour $t<0$, de

$$a_\varepsilon(t;u_\varepsilon(t),v)+\frac{d}{dt}(u_\varepsilon(t),v)=(f(t),v)+(u_0,v)\,\delta,\qquad v\in V,\tag{11.9}$$

(resp. de

$$b(t;w(t),v)+\frac{d}{dt}(w(t),v)=(f(t),v)+(u_0,v)\,\delta,\qquad v\in W).\tag{11.10}$$

On va démontrer le

Théorème 11.1. *On suppose que* (11.1) ... (11.8) *ont lieu, et que*

$$c(\varepsilon)/\sqrt{\alpha(\varepsilon)}\to 0\qquad\text{lorsque } \varepsilon\to 0.\tag{11.11}$$

Soit $u_\varepsilon(t)$ (resp. $w(t)$) *la solution de* (11.9) (resp. (11.10)). *Lorsque* $\varepsilon\to 0$, *on a*

$$u_\varepsilon\to w \textit{ dans } L^2(0,T;\mathscr{W}) \textit{ faible.}\tag{11.12}$$

Démonstration. On vérifie d'abord (cf. No. 1 et 2) que

$$\alpha(\varepsilon)\int_0^T\|u_\varepsilon(t)\|_\varepsilon^2\,dt+\beta\int_0^T|u_\varepsilon(t)|_{\mathscr{W}}^2\,dt\leqq c_1\tag{11.13}$$

(en désignant par c_i des constantes diverses). On peut donc choisir une suite $\varepsilon_i\to 0$ telle que $u_{\varepsilon_i}=u_i$ vérifie

$$u_i\to u\qquad\text{dans } L^2(0,T;\mathscr{W}) \text{ faible.}\tag{11.14}$$

On utilise maintenant (11.9) pour $\varepsilon=\varepsilon_i$; si $\varphi(t)$ est une fonction une fois continûment différentiable dans $[0,T]$, avec $\varphi(T)=0$, il vient (en écrivant a_i pour a_{ε_i}):

$$\left.\begin{aligned}\int_0^T \{a_i(t; u_i(t), v)\,\varphi(t) - (u_i(t), v)\,\varphi'(t)\}\,dt = \int_0^T (f(t), v)\,\varphi(t)\,dt + \\ + (u, v)\,\varphi(0), \qquad v \in \bigcap V_\varepsilon.\end{aligned}\right\} \quad (11.15)$$

On utilise maintenant (11.8), et on note que

$$\begin{aligned}\left|\int_0^T r_{\varepsilon_i}(t; u_i(t), v)\,\varphi(t)\,dt\right| &\leq \varrho(\varepsilon_i)\,\|v\|_{\varepsilon_i}\left(\int_0^T \|u_i(t)\|^2_{\varepsilon_i}\,dt\right)^{\frac{1}{2}}\left(\int_0^T |\varphi(t)|^2\,dt\right)^{\frac{1}{2}} \\ &\leq c_2\,\varrho(\varepsilon_i)/\sqrt{\alpha(\varepsilon_i)} \to 0,\end{aligned}$$

en utilisant (11.3), (11.13) et (11.8).

On déduit donc de (11.15) lorsque $\varepsilon_i \to 0$:

$$\int_0^T \{b(t; u(t), v)\,\varphi(t) - (u(t), v)\,\varphi'(t)\}\,dt = \int_0^T (f(t), v)\,\varphi(t)\,dt + (u_0, v)\,\varphi(0)$$

et ceci pour tout $v \in \bigcap V_\varepsilon$. Mais les deux membres de cette égalité dépendent continûment de v dans la topologie de $\mathscr{W}$, de sorte que d'après (11.2), cette égalité vaut pour tout $v \in W$, et par conséquent u vérifie:

$$u \in L^2(-\infty, T; \mathscr{W}), \qquad \text{nulle pour } t < 0, \qquad (11.16)$$

et

$$b(t; u(t), v) + \frac{d}{dt}(u(t), v) = (f(t), v) + (u_0, v)\,\delta, \qquad v \in W. \qquad (11.17)$$

On va maintenant montrer que

$$u \in L^2(0, T; W). \qquad (11.18)$$

En effet, g étant quelconque dans $L^2(0,T;\mathscr{W})$, et utilisant l'opérateur P de projection orthogonale sur W dans $\mathscr{W}$:

$$X_i = \int_0^T (P u_i(t) - u_i(t), g(t))_{\mathscr{W}}\,dt \to X = \int_0^T (P u(t) - u(t), g(t))_{\mathscr{W}}\,dt.$$

Mais

$$\begin{aligned}|X_i| &\leq c_3\left(\int_0^T |P u_i(t) - u_i(t)|^2_{\mathscr{W}}\,dt\right)^{\frac{1}{2}} \\ &\leq c_3\left(c(\varepsilon_i)^2\int_0^T \|u_i(t)\|^2_{\varepsilon_i}\,dt\right)^{\frac{1}{2}} \\ &\leq c_4\,c(\varepsilon_i)/\sqrt{\alpha(\varepsilon_i)} \to 0 \qquad \text{par (11.11)}.\end{aligned}$$

Donc $X=0$, et par conséquent $Pu=u$, d'où (11.18).

De (11.17) et (11.18) il résulte que $u=w$, w étant la solution de (11.10). La limite dans (11.14) est donc w, indépendante de la suite extraite, d'où (11.12).

Il serait intéressant de préciser le mode de convergence dans (11.12) (y a-t-il convergence dans $L^2(0, T; \mathscr{W})$ fort? A-t-on $u_\varepsilon(t) \to w(t)$ dans H fort, uniformément en $t \in [0, T]$?).

Pour une étude systématique des problèmes de perturbation singulière du type précédent, lorsque $V_\varepsilon = V$ ne dépend pas de ε, cf. D. Huet [1]. (Cf. aussi Lions [9] pour le cas des ouverts non cylindriques; pour une discussion générale des problèmes de perturbation singulière, cf. K. O. Friedrichs [6], I. M. Visik-Lousternik [1], [2], [3], [4], [5].)

Cf. un problème de ce genre (avec changement du type de l'équation) dans R. Bellman-R. Kalaba-G. M. Wing [1].

Chapitre V

Equations différentielles opérationnelles du premier ordre en t (II)

Sommaire. La lecture de ce chapitre suppose acquis les Chap. I et III, le No. 1 du Chap. II, et le No. 1 du Chap. IV.

Les No. 1 et 2, purement techniques, préparent le No. 3 qui contient les résultats essentiels de ce chapitre. Le théorème 3.1 contient le théorème 1.1 du Chap. IV, mais nous avons préféré séparer nettement les deux cas; en effet, au Chap. IV, $k = 0$, la difficulté essentielle réside dans l'unicité, alors qu'ici, $k > 0$, l'unicité est immédiate, l'existence étant par contre techniquement plus compliquée.

Le No. 4 donne les résultats «transposés» de ceux du No. 3; la méthode est très analogue à celle du Chap. II, No. 10 (de sorte que ces deux No. ont intérêt à être lus simultanément). Ce No. nécessite la connaissance des rudiments de la théorie des distributions à valeurs vectorielles (et peut être passé par le lecteur non au fait de cette théorie — théorie dont un bref résumé est donné au Chap. XI, No. 1 —).

Le No. 5, application facile du No. 3, complète un résultat de O. A. Ladyzenskaya.

Le No. 6 étudie le cas des données initiales non nulles — problème qui est résolu de façon non complètement satisfaisante (cf. le texte).

Le No. 7 donne un résultat de régularité du type de ceux du No. 3; la méthode (quotients différentiels) est plus importante que le résultat obtenu. On donne ensuite une application facile de la théorie de l'interpolation dans les espaces de Hilbert — ce qui conduit d'ailleurs à un problème non résolu.

1. Espaces $\mathscr{D}^k(X)$, $\mathscr{D}_+^k(X)$

Soit X un espace de Hilbert, dont nous désignons le produit scalaire par $(f, g)_X$ et la norme par $|f|_X$.

Définition 1.1. Si k est un nombre *réel* quelconque ($\geqq 0$ ou <0), on désigne par $\mathcal{D}^k(X)$ l'espace des fonctions $f \in L^2(-\infty, +\infty; X)$ telles que, $\hat{f}(\tau)$ désignant la transformée de FOURIER de $f(t)$, on ait:

$$(1+|\tau|^2)^{k/2} \hat{f}(\tau) \in L^2(-\infty, +\infty; X). \tag{1.1}$$

Muni de la norme

$$\|f\|_{\mathcal{D}^k(X)} = \left(\int_{-\infty}^{+\infty} (1+|\tau|^2)^{k/2} |\hat{f}(\tau)|^2 d\tau \right)^{\frac{1}{2}} \tag{1.2}$$

c'est un espace de HILBERT.

Si k est un entier positif, la condition nécessaire et suffisante pour que f soit dans $\mathcal{D}^k(X)$ est que $f, f', \ldots, f^{(k)} \in L^2(-\infty, +\infty; X)$ (toutes ces dérivées étant prises au sens des distributions à valeurs dans X; cf. Chap. I, note 1, p. 5). La norme (1.2) est alors équivalente à

$$\left(\int_{-\infty}^{+\infty} \sum_{p=0}^{p=k} |f^{(p)}(t)|^2 dt \right)^{\frac{1}{2}}, \quad \text{ou à} \quad \left(\int_{-\infty}^{+\infty} (|f(t)|^2 + |f^{(k)}(t)|^2)\, dt \right)^{\frac{1}{2}}.$$

Définition 1.2. On désigne par $\mathcal{D}_+^k(X)$ le sous espace vectoriel fermé de $\mathcal{D}^k(X)$ des éléments f *qui sont à support dans* $t \geqq 0$.

Si k est un entier >0, la condition nécessaire et suffisante pour que f soit dans $\mathcal{D}_+^k(X)$ est que la restriction f_+ de f à $(0, \infty)$ vérifie:

$$f_+, Df_+, \ldots, D^k f_+ \in L^2(0, \infty; X), \qquad D = d/dt, \tag{1.3}$$

(les dérivées sont prises dans l'ouvert $]0, \infty[$, à valeurs dans X), et

$$f_+(0) = 0, Df_+(0) = 0, \ldots, D^{k-1} f_+(0) = 0. \tag{1.4}$$

2. Lemmes

On désigne par $\mathcal{D}(X)$ l'espace des fonctions indéfiniment différentiables à support compact à valeurs dans X.

Lemme 2.1. *Soit* $\varphi \in \mathcal{D}(X)$. *Alors, pour tout* $\gamma > 0$, *on a*

$$\|\exp(-\gamma t)\, \varphi(t)\|_{L^2(X)} \leqq \gamma^{-1} \|\exp(-\gamma t)\, D\varphi(t)\|_{L^2(X)}, \tag{2.1}$$

où l'on a posé: $L^2(X) = L^2(-\infty, +\infty; X)$.

Démonstration.

$$2\,\mathrm{Re} \int_{-\infty}^{+\infty} \exp(-2\gamma t)\, (D\varphi(t), \varphi(t))_X\, dt = 2\gamma \int_{\infty}^{+\infty} \exp(-2\gamma t)\, |\varphi(t)|_X^2\, dt$$

d'où

$$\gamma \|\exp(-\gamma t)\, \varphi\|_{L^2(X)}^2 \leqq \|\exp(-\gamma t)\, D\varphi\|_{L^2(X)} \|\exp(-\gamma t)\, \varphi\|_{L^2(X)}$$

d'où (2.1).

Corollaire 2.1. *Sous les conditions du lemme* 2.1, *on a*

$$\|\exp(-\gamma t)\,\varphi(t)\|_{L^2(X)} \leqq \gamma^{-m}\|\exp(-\gamma t)\,D^m\varphi(t)\|_{L^2(X)}, \tag{2.2}$$

pour tout entier $m > 0$.

Lemme 2.2. *Soit* $\mathscr{A}(t)$ *une famille d'opérateurs linéaires continus de* X *dans lui même,* $t \in R$, *la fonction* $t \to (\mathscr{A}(t)f, g)_X$ *étant* k *fois continûment différentiable sur* R, *bornée ainsi que toutes ses dérivées d'ordre* $\leqq k$. *On suppose que*

$$\operatorname{Re}(\mathscr{A}(t)f, f)_X \geqq \alpha\,|f|_X^2, \qquad \alpha > 0, \quad f \in X. \tag{2.3}$$

Il existe alors $\gamma_0 > 0$ *tel que pour* $\gamma \geqq \gamma_0$, *on ait*

$$\left.\begin{aligned}\operatorname{Re}\int_{-\infty}^{+\infty} &(\exp(-\gamma t)\,D^k(\mathscr{A}(t)\varphi(t)), \exp(-\gamma t)\,D^k\varphi(t))_X\,dt \\ &\geqq \frac{\alpha}{2}\|\exp(-\gamma t)\,D^k\varphi\|_{L^2(X)}^2,\end{aligned}\right\} \tag{2.4}$$

pour tout $\varphi \in \mathscr{D}(X)$.

Démonstration. On part de la formule

$$D^k(\mathscr{A}(t)\,\varphi) = \mathscr{A}(t)\,D^k\varphi + \sum_{j=1}^{k}\binom{k}{j}\mathscr{A}^{(j)}(t)\,D^{k-j}\varphi. \tag{2.5}$$

Par conséquent le premier membre de (2.4) vaut

$$\operatorname{Re}\int_{-\infty}^{+\infty}\exp(-2\gamma t)\,(\mathscr{A}(t)\,D^k\varphi(t), D^k\varphi(t))_X\,dt + S(\varphi), \tag{2.6}$$

où

$$S(\varphi) = \sum_{j=1}^{k}\binom{k}{j}\operatorname{Re}\int_{-\infty}^{+\infty}\exp(-2\gamma t)\,(\mathscr{A}^{(j)}(t)\,D^{k-j}\varphi(t), D^k\varphi(t))_X\,dt. \tag{2.7}$$

Mais d'après (2.3) le premier terme de (2.6) est supérieur ou égal à $\alpha\|\exp(-\gamma t)\,D^k\varphi\|_{L^2(X)}^2$, et on aura donc (2.4) si l'on montre que, pour $\gamma \geqq \gamma_0$, γ_0 convenable, $|S(\varphi)| \leqq \frac{\alpha}{2}\|\exp(-\gamma t)\,D^k\varphi\|_{L^2(X)}^2$.

Mais comme les opérateurs $\mathscr{A}^{(j)}(t)$ demeurent dans un ensemble borné de $\mathscr{L}(X; X)$, pour $j \geqq k$, on a:

$$|S(\varphi)| \leqq c_1\sum_{j=1}^{k}\|\exp(-\gamma t)\,D^{k-j}\varphi\|_{L^2(X)}\|\exp(-\gamma t)\,D^k\varphi\|_{L^2(X)}$$

et d'après (2.2), il en résulte

$$|S(\varphi)| \leqq c_1\left(\sum_{j=1}^{j=k}\gamma^{-j}\right)\|\exp(-\gamma t)\,D^k\varphi\|_{L^2(X)}^2,$$

d'où le résultat.

Ce lemme est dû à TRÈVES [1] (cf. notamment p. 102 et sq.), qui étudie systématiquement les inégalités de ce genre entre opérateurs différentiels sous le nom de *relations de domination*. M. TRÈVES considère en outre le cas où $\mathscr{A}(t)$ est à croissance quelconque à l'infini, ce qui peut se traiter en remplaçant les $\exp(-\gamma t)$ par des $\exp(-p(t))$, où $p(t)$ est à choisir en fonction de $\mathscr{A}(t)$. (M. TRÈVES considère aussi les inégalités de même type pour $k<0$; pour cela, cf. aussi No. 4.)

Supposons maintenant que φ est donnée dans l'espace $\mathscr{D}(0,\infty;X)$ des fonctions indéfiniment différentiables de $t\geqq 0$ dans X et à support compact. Si $\varphi(0)=0$, l'inégalité (2.1) est valable, en remplaçant $L^2(X)=L^2(-\infty,+\infty;X)$ par $L^2(0,\infty;X)$. Donc, si $\varphi\in\mathscr{D}(0,\infty;X)$, et vérifie

$$\varphi(0)=D\varphi(0)=\cdots=D^{k-1}\varphi(0)=0, \tag{2.8}$$

on a:

$$\left.\begin{aligned}&\int_0^\infty |\exp(-\gamma t)\,\varphi(t)|_X^2\,dt \leqq \gamma^{-2m}\int_0^\infty |\exp(-\gamma t)\,D^m\varphi(t)|_X^2\,dt,\\ &\text{pour } m\leqq k.\end{aligned}\right\} \tag{2.9}$$

Par conséquent, sous les hypothèses du lemme 2.2, on a, pour $\gamma\geqq\gamma_0$, γ_0 convenable,

$$\left.\begin{aligned}\operatorname{Re}\int_0^\infty \big(\exp(-\gamma t)\,D^k(\mathscr{A}(t)\,\varphi(t)),\ \exp(-\gamma t)\,D^k\varphi(t)\big)_X\,dt&\\ \geqq \frac{\alpha}{2}\int_0^\infty |\exp(-\gamma t)\,D^k\varphi(t)|_X^2\,dt,&\end{aligned}\right\} \tag{2.10}$$

pour toutes les fonctions φ de $\mathscr{D}(0,\infty;X)$ vérifiant (2.8).

On peut ensuite prolonger par continuité l'inégalité (2.10) au complété de l'espace des fonctions $\varphi\in\mathscr{D}(0,\infty;X)$, vérifiant (2.8), pour la norme $\left(\int_0^{+\infty}|\exp(-\gamma t)\,D^k\varphi(t)|^2\,dt\right)^{\frac{1}{2}}$, norme qui est, vu (2.9), équivalente à

$$\left(\int_0^\infty \sum_{m=0}^k |\exp(-\gamma t)\,D^m\varphi(t)|_X^2\,dt\right)^{\frac{1}{2}}.$$

On vérifie sans peine que ce complété est l'espace des fonctions u telles que $\exp(-\gamma t)\,u\in\mathscr{D}_+^k(X)$, d'où le

Lemme 2.3. *Sous les hypothèses du lemme* 2.2, *l'inégalité* (2.10) *vaut pour toute fonction* φ *telle que* $\exp(-\gamma t)\,\varphi\in\mathscr{D}_+^k(X)$.

3. Théorèmes de régularité

On donne deux espaces de HILBERT V et H comme au Chap. IV, No. 1. (La séparabilité de H n'est pas indispensable ici, mais pour fixer les idées nous supposerons toujours que H est séparable.) Pour chaque

$t \leqq T$ on donne une forme $a(t; u, v)$ sesquilinéaire continue sur V, avec les hypothèses suivantes:

$$t \to a(t; u, v) \quad \text{est } k \text{ fois continûment différentiable dans } t \leqq T; \tag{3.1}$$

$$\text{il existe } \lambda \text{ tel que } \operatorname{Re} a(t; v, v) + \lambda |v|^2 \geqq \alpha \|v\|^2, \ \alpha > 0, \ v \in V, \ t \leqq T. \tag{3.2}$$

Théorème 3.1. *On suppose que* (3.1) *et* (3.2) *ont lieu. On donne une fonction g vérifiant*

$$g, g', \ldots, g^{(k)} \in L^2(-\infty, T; V), \qquad g \text{ nulle pour } t < 0. \tag{3.3}$$

Il existe alors une fonction u et une seule vérifiant

$$u, u', \ldots, u^{(k)} \in L^2(-\infty, T; V), \qquad u \text{ nulle pour } t < 0, \tag{3.4}$$

et

$$a(t; u(t), v) + \frac{d}{dt}(u(t), v) = ((g(t), v)), \qquad v \in V. \tag{3.5}$$

Remarque 3.1. L'application: $g \to u$ est continue au sens:

$$\int_0^T \sum_{j=0}^k \|u^{(j)}(t)\|^2 dt \leqq c \int_0^T \sum_{j=0}^k \|g^{(j)}(t)\|^2 dt.$$

Remarque 3.2. La condition (3.4) implique que

$$u(0) = u'(0) = \cdots = u^{(k-1)}(0) = 0. \tag{3.6}$$

Même chose évidemment pour (3.3).

Pour le cas des conditions initiales non nulles, cf. No. 6 ci après.

Remarque 3.3. Le théorème vaut si l'on suppose seulement que $D^k a(t; u, v)$ est mesurable et vérifie

$$|D^k a(t; u, v)| \leqq M_k \|u\| \, \|v\|.$$

Cf. à ce sujet le Chap. IV, début du No. 1 et note [1], p. 66, Chap. IV.

Démonstration. 1) L'unicité est immédiate [comme à la démonstration du théorème 6.1, Chap. IV, point 2)], sauf si $k = 0$ (cf. alors théorème 1.1, Chap. IV).

2) Pour démontrer l'existence on peut toujours (cf. démonstration du théorème 1.1, Chap. IV) se ramener au cas où (3.2) a lieu avec $\lambda = 0$. On prolonge ensuite $a(t; u, v)$ pour $t \geqq T$, de façon que (3.1) et (3.2) (avec $\lambda = 0$) aient lieu pour tout $t \in R$, la fonction $t \to a(t; u, v)$ étant bornée sur R ainsi que ses dérivées d'ordre $\leqq k$. (On remplace dans (3.2) α par $\alpha - \varepsilon$, $\varepsilon > 0$ fixé arbitrairement petit.)

Pour chaque t, on peut écrire:

$$a(t; u, v) = ((\mathscr{A}(t) u, v)),$$

et avec $X = V$, on est dans les conditions d'application des résultats du No. 2. Donc:

il existe $\gamma_0 > 0$ tel que pour $\gamma \geqq \gamma_0$, on ait

$$\left.\begin{aligned} \operatorname{Re} \int_0^\infty \big((\exp(-\gamma t)\, D^k(\mathscr{A}(t)\, \varphi(t)), \exp(-\gamma t)\, D^k \varphi(t))\big)\, dt \\ \geqq \frac{\alpha}{2} \int_0^\infty \|\exp(-\gamma t)\, D^k \varphi(t)\|^2\, dt, \end{aligned}\right\} \tag{3.7}$$

pour toute fonction φ telle que $\exp(-\gamma t)\,\varphi \in \mathscr{D}_+^k(V)$.

On va maintenant utiliser le théorème 1.1, Chap. III, dans les conditions suivantes:

on désigne par F l'espace des u avec $\exp(-\gamma t)\, u \in \mathscr{D}_+^k(V)$, γ étant *fixé* $\geqq \gamma_0$; on munit F de la norme

$$\|u\|_F = \Big(\int_0^\infty \|\exp(-\gamma t)\, D^k u(t)\|^2\, dt\Big)^{\frac{1}{2}};$$

on désigne par Φ l'espace des $\varphi \in F$, avec

$$\exp(-\gamma t)\, D^{k+1} \varphi \in L^2(0, \infty; H),$$

muni de la norme (pré-hilbertienne)

$$|||\varphi||| = (\|\varphi\|_F^2 + |D^k \varphi(0)|^2)^{\frac{1}{2}};$$

pour $u \in F$, $\varphi \in \Phi$, on pose

$$\left.\begin{aligned} E(u, \varphi) = \int_0^\infty \big((\exp(-\gamma t)\, D^k(\mathscr{A}(t)\, u), \exp(-\gamma t)\, D^k \varphi(t))\big)\, dt \,- \\ - \int_0^\infty \big(D^k u(t), D(\exp(-2\gamma t)\, D^k \varphi(t))\big)\, dt; \end{aligned}\right\} \tag{3.8}$$

enfin

$$L(\varphi) = \int_0^\infty \big((\exp(-\gamma t)\, D^k g(t), \exp(-\gamma t)\, D^k \varphi(t))\big)\, dt, \tag{3.9}$$

où la fonction g est prolongée pour $t \geqq T$, de façon que, g désignant encore la fonction prolongée, $\exp(-\gamma t)\, g \in L^2(0, \infty; V)$ (on prendra par exemple g nulle pour t assez grand).

On vérifie que $u \to E(u, \varphi)$ est continue sur F, et que $\varphi \to L(\varphi)$ est continue sur Φ. Grâce à (3.7) on vérifie facilement que

$$2 \operatorname{Re} E(\varphi, \varphi) \geqq \alpha_1 |||\varphi|||^2, \qquad \alpha_1 > 0, \tag{3.10}$$

de sorte que, d'après le théorème 1.1, Chap. III, il existe $u \in F$ vérifiant

$$E(u, \varphi) = L(\varphi) \qquad \text{pour tout } \varphi \in \Phi. \tag{3.11}$$

Soit $\Theta \in \mathscr{D}(R)$, et ϑ sa restriction à $t \geqq 0$; introduisons $Y_k(t)$ définie par

$Y_k(t) = 0$ pour $t < 0$, $\quad Y_k(t) = t^{k-1}/(k-1)!$ pour $t \geqq 0$, k entier >0;

la fonction

$$\psi = Y_k * \vartheta$$

vérifie:

$$\exp(-\gamma t)\, D^j \psi \in L^2(0, \infty), \quad j \leqq k, \quad \psi(0) = \cdots = \psi^{(k-1)}(0) = 0, \quad D^k \psi = \vartheta,$$

donc on peut prendre

$$\varphi(t) = \psi(t)\, v, \qquad v \in V,$$

dans (3.11). On en déduit:

$$\int_0^\infty \exp(-2\gamma t)\left((D^k(\mathscr{A}(t)\, u), v)\right) \overline{\vartheta(t)}\, dt - \int_0^\infty \left(D^k u(t), v\right) D\left(\exp(-2\gamma t)\, \bar{\vartheta}\right) dt$$
$$= \int_0^\infty ((D^k g(t), v)) \exp(-2\gamma t)\, \overline{\vartheta(t)}\, dt.$$

Soit $\tilde{u}$ le prolongement de u par 0 pour $t < 0$; comme on a (cf. (1.4)) $u(0) = \cdots = u^{(k-1)}(0) = 0$, on a (avec des notations évidentes)

$$D^k(\tilde{u}) = (D^k u)^{\sim},$$

donc

$$\langle D^k((\mathscr{A}(t)\, \tilde{u}, v)), \exp(-2\gamma t)\, \bar{\Theta} \rangle - \langle D^k(\tilde{u}, v), D\left(\exp(-2\gamma t)\, \bar{\Theta}\right) \rangle$$
$$= \langle D^k((\tilde{g}, v)), \exp(-2\gamma t)\, \bar{\Theta} \rangle,$$

les crochets désignant la dualité entre $\mathscr{D}'(R)$ et $\mathscr{D}(R)$.

Il en résulte

$$D^k[((\mathscr{A}(t)\, \tilde{u}, v)) + D(\tilde{u}, v) - ((\tilde{g}, v))] = 0,$$

d'où, en composant par Y_k:

$$((\mathscr{A}(t)\, \tilde{u}, v)) + D(\tilde{u}, v) = ((\tilde{g}, v)), \qquad \text{pour tout } v \in V.$$

Par conséquent la restriction u^* de u à $]-\infty, T]$ vérifie (3.4) et (3.5), ce qui démontre le théorème.

Remarque 3.4. On peut prendre une forme $L(\varphi)$ un peu plus générale, à savoir

$$L(\varphi) = \int_0^\infty ((\exp(-\gamma t)\, D^k g(t), \exp(-\gamma t)\, D^k \varphi(t)))\, dt + \left(\xi, D^k \varphi(0)\right),$$

ξ étant donné dans H. Il en résulte qu'il y a aussi existence et unicité de u vérifiant (3.4) et

$$a\left(t; u(t), v\right) + \frac{d}{dt}\left(u(t), v\right) = ((g(t), v)) + (\xi, v)\, Y_k(t). \qquad (3.12)$$

Remarque 3.5. On peut écrire (3.12) sous la forme

$$((u(t), v)) + \frac{d}{dt}\big(u(t), v\big) = ((g(t), v)) + ((u(t), v)) - a\big(t; u(t), v\big) + (\xi, v)\, Y_k(t)$$

d'où

$$((u(t), v)) + \frac{d}{dt}\big(u(t), v\big) = ((g_1(t), v)) + (\xi, v)\, Y_k(t), \tag{3.13}$$

où

$$g_1, g_1', \ldots, g_1^{(k)} \in L^2(-\infty, T; V), \qquad g_1 \text{ nulle pour } t < 0; \tag{3.14}$$

dérivant (3.13) k fois en t, on obtient:

$$((u^{(k)}(t), v)) + \frac{d}{dt}\big(u^{(k)}(t), v\big) = ((g_1^{(k)}(t), v)) + (\xi, v)\,\delta, \tag{3.15}$$

avec: $u^{(k)} \in L^2(-\infty, T; V)$, nulle pour $t < 0$, et une condition analogue sur $g_1^{(k)}$. On peut alors utiliser les résultats du Chap. IV, No. 2, et conclure:

Théorème 3.2. *On se place dans les hypothèses du théorème* 3.1. *Soit u solution de* (3.12). *Alors:*

1) *si $\xi = 0$, la dérivée d'ordre $k + \frac{1}{2}$ de u est dans $L^2(0, T; H)$;*

2) *si $\xi \neq 0$, la dérivée d'ordre $k + \varepsilon$, $\varepsilon < \frac{1}{4}$, de u est dans $L^2(0, T; H)$;*

3) *après modification éventuelle sur un ensemble de mesure nulle, la fonction $t \to u^{(k)}(t)$ est continue dans $[0, T]$ à valeurs dans H et*

$$u^{(k)}(0) = \xi. \tag{3.16}$$

Remarque 3.6. Par une modification facile des techniques précédentes (cf. aussi Chap. IV, théorème 6.1), on montre le

Théorème 3.3. *Hypothèses du théorème* 3.3 *avec en outre*

$$a(t; u, v) = \overline{a(t; v, u)}, \qquad \textit{pour tout } u, v \in V. \tag{3.17}$$

On donne une fonction f avec

$$f, f', \ldots, f^{(k)} \in L^2(-\infty, T; H), \qquad f \textit{ nulle pour } t < 0; \tag{3.18}$$

il existe alors une fonction u et une seule vérifiant:

$$u, u', \ldots, u^{(k)} \in L^2(-\infty, T; V), \qquad u \textit{ nulle pour } t < 0, \tag{3.19}$$

$$u^{(k+1)} \in L^2(-\infty, T; H), \tag{3.20}$$

et

$$a\big(t; u(t), v\big) + \frac{d}{dt}\big(u(t), v\big) = \big(f(t), v\big), \qquad v \in V. \tag{3.21}$$

Remarque 3.7. Sous les hypothèses du théorème 3.1 et avec $((g(t), v)) = \big(f(t), v\big)$, f donné avec (3.18), on voit que la solution u de (3.5), vérifie, si $k \geq 1$,

$$u(t) \in D\big(A(t)\big), \qquad \text{pour tout } t \in [0, T],$$

et

$$A(t)\,u(t) + u'(t) = f(t),$$

ce qui complète la remarque 1.3, Chap. IV.

Remarque 3.8. A l'aide des résultats de ce No. (et avec des hypothèses convenables) on peut obtenir des compléments sur les modes de convergence dans les No. 9, 10, 11, Chap. IV.

4. Solutions distributions à valeurs vectorielles

Notations. Soit X un espace de Hilbert, $(f,g)_X$ désignant le produit scalaire. On désigne par $\mathscr{D}^k(a,b;X)$ l'espace des $u \in L^2(a,b;X)$, avec $D^p u \in L^2(a,b;X)$, pour $|p| \leqq k$; on le munit de la norme

$$\|u\|_{\mathscr{D}^k(a,b;X)} = \Big(\int_a^b \sum_{|p|\leqq k} |D^p u(t)|_X^2\, dt\Big)^{\frac{1}{2}}.$$

Avec les notations du No. 1, on a donc: $\mathscr{D}^k(X) = \mathscr{D}^k(-\infty, +\infty; X)$. On se borne à k entier >0 pour simplifier.

On désigne maintenant par $\mathscr{D}^k_a(a,b;X)$ (resp. $\mathscr{D}^k_b(a,b;X)$) l'espace des $u \in \mathscr{D}^k(a,b;X)$, avec $u(a) = u'(a) = \cdots = u^{(k-1)}(a) = 0$ (resp. $u(b) = \cdots = u^{(k-1)}(b) = 0$). On pose

$$\mathscr{D}^k_{a,b}(X) = \mathscr{D}^k_a(a,b;X) \cap \mathscr{D}^k_b(a,b;X).$$

On vérifie que $\mathscr{D}^k_{a,b}(X)$ est l'adhérence dans $\mathscr{D}^k(a,b;X)$ des fonctions nulles aux voisinages de a et de b. Notons également ceci:

$$\mathscr{D}^k_+(X) = \mathscr{D}^k_0(0, \infty; X).$$

On désigne maintenant par $\mathscr{D}^{-k}(a,b;X)$ *le dual de* $\mathscr{D}^k_{a,b}(a,b;X)$ [1]: c'est un espace de distributions sur $]a,b[$ à valeurs dans X; la condition nécessaire et suffisante pour que f, distribution sur $]a,b[$ à valeurs dans X, soit dans $\mathscr{D}^{-k}(a,b;X)$, est que l'on puisse l'écrire

$$f = \sum_{p=0}^{k} D^p f_p, \qquad f_p \in L^2(a,b;X);$$

alors, pour $v \in \mathscr{D}^k_{a,b}(a,b;X)$, la dualité est réalisée par

$$\langle f, v\rangle = \sum_{p=0}^{k} (-1)^{|p|} \int_a^b (f_p(t), D^p v(t))_X\, dt.$$

On va maintenant donner une interprétation de l'espace $\mathscr{D}^k_a(a,b;X)'$ dual de l'espace $\mathscr{D}^k_a(a,b;X)$ (comparer au Chap. II, No. 10, proposition

[1] Il sera commode de considérer dans ce No. les duals comme les espaces de formes *semi linéaires* continues.

10.1). On considère l'application

$$v \to r(v)$$

qui à $v \in \mathscr{D}_a^k(a, \infty; X)$ fait correspondre la restriction $r(v)$ de v à (a,b). On définit ainsi une application linéaire continue de $\mathscr{D}_a^k(a, \infty; X)$ dans $\mathscr{D}_a^k(a,b; X)$, qui est surjective. Le noyau de cette application consiste en les v nulles pour $a<t<b$, $v\in \mathscr{D}_a^k(a, \infty; X)$, (donc, $v(b)=v'(b)=\cdots =v^{(k-1)}(b)=0$). L'application *transposée,*

$$f \to \pi_k(f),$$

est alors un isomorphisme de $\mathscr{D}_a^k(a,b; X)'$ sur l'orthogonal Z dans $\mathscr{D}_a^k(a, \infty; X)' = \mathscr{D}^{-k}(a, \infty; X)$ du noyau de r; donc, si $g\in Z$, alors $\langle g,v\rangle=0$ pour tout $v\in \mathscr{D}_a^k(a, \infty; X)$, nulle dans (a,b), donc g est à support dans $(a,b]$; réciproquement si g est dans $\mathscr{D}^{-k}(a, \infty; X)$, nulle pour $t>b$, alors $\langle g,v\rangle=0$ si v est nulle sur (a,b), car $v=\lim \varphi_j$, φ_j à support compact dans $]b, +\infty[$, d'où $\langle g, \varphi_j\rangle=0$, donc $\langle g,v\rangle=0$. Par conséquent:

Proposition 4.1. *L'application $f\to\pi_k(f)$ définie par*

$$\langle \pi_k f, v\rangle = f(r(v)), \quad f\in \mathscr{D}_a^k(a,b; X)', \quad v\in \mathscr{D}_a^k(a, \infty; X), \tag{4.1}$$

est un isomorphisme de $\mathscr{D}_a^k(a,b; X)'$ sur l'espace $\mathscr{D}_{(a,b]}^{-k}(a, \infty; X)$ des distributions de $\mathscr{D}^{-k}(a, \infty; X)$ nulles pour $t>b$.

On va maintenant «transposer» le résultat du théorème 3.1. Utilisant l'opérateur J linéaire continu de H dans V défini par

$$(f,v) = ((Jf, v)), \quad f\in H, \ v\in V,$$

on peut écrire (3.5) sous la forme

$$\mathscr{A}(t)\, u(t) + \frac{d}{dt} J\, u(t) = g(t). \tag{4.2}$$

Désignons par $\mathscr{N}$ l'espace des v vérifiant

$$v\in \mathscr{D}_0^k(0, T; V), \quad Jv\in \mathscr{D}_0^{k+1}(0, T; V), \tag{4.3}$$

muni de la norme (hilbertienne)

$$\left(\|v\|^2_{\mathscr{D}_0^k(0,T;V)} + \|Jv\|^2_{\mathscr{D}_0^{k+1}(0,T;V)}\right)^{\frac{1}{2}}.$$

Le théorème 3.1 peut alors s'énoncer: $\mathscr{A}(t)+D_tJ$ est un isomorphisme de $\mathscr{N}$ sur $\mathscr{D}_0^k(0, T; V)$.

Par transposition, on en déduit:

étant donné $F\in\mathscr{N}'$, il existe U unique dans $\mathscr{D}_0^k(0, T; V)'$, tel que

$$U(\mathscr{A}(t)v + D_tJv) = F(v), \quad \text{pour tout } v\in\mathscr{N}. \tag{4.4}$$

Pour simplifier, on prend F dans $\mathscr{D}_0^k(0,T;V)'$; on introduit

$$\pi_k U = u, \quad \pi_k F = f. \tag{4.5}$$

Le résultat précédent s'énonce alors:

étant donnée $f \in \mathscr{D}^{-k}_{[0,T]}(0,\infty;V)$, il existe u unique dans le même espace, avec

$$\langle u, (\mathscr{A}(t) + D_t J)v\rangle = \langle f, v\rangle \tag{4.6}$$

pour tout $v \in \mathscr{N}$.

On en déduit, $\mathscr{A}^*(t)$ désignant l'adjoint de $\mathscr{A}(t)$ [1]:

$$\mathscr{A}^*(t)\,u - D_t J\,u = f. \tag{4.7}$$

Comme $\mathscr{A}(t)$ et $\mathscr{A}^*(t)$ ont les mêmes propriétés, on peut remplacer dans (4.7) $\mathscr{A}^*(t)$ par $\mathscr{A}(t)$, et en «inversant le sens du temps» (i.e. changeant t en $-t$), on obtient finalement le

Théorème 4.1. *Les hypothèses sont celles du théorème* 3.1. *Etant donné f dans $\mathscr{D}^{-k}(-\infty,T;V)$, nulle pour $t<0$, il existe une distribution u et une seule, dans $\mathscr{D}^{-k}(-\infty,T;V)$, nulle pour $t<0$, avec*

$$\mathscr{A}(t)\,u + D_t J\,u = f \tag{4.8}$$

(ou encore

$$a(t;u,v) + \frac{d}{dt}(u,v) = ((f,v))\,[2]). \tag{4.8'}$$

Remarque 4.1. Si l'on fait l'hypothèse que le théorème 3.1 vaut quel que soit k (donc que $t \to a(t;u,v)$ est indéfiniment différentiable sur $]-\infty,T]$ ou sur R), alors, on déduit du théorème 4.1:

---

[1] Il faut ajouter ceci:

a) on peut toujours supposer que $\mathscr{A}(t)$ est défini pour tout $t \in R$, $\mathscr{A}(t)$ demeurant dans un ensemble borné de $\mathscr{L}(V;V)$ ainsi que ses dérivées d'ordre $\leqq k$;

b) pour f dans $\mathscr{D}^{-k}(0,\infty;V)$, $\mathscr{A}(t)f$ est défini et appartient à $\mathscr{D}^{-k}(0,\infty;V)$, l'application $f \to \mathscr{A}(t)f$ étant continue (on prolonge par continuité l'application $f(t) \to \mathscr{A}(t)f(t)$, bien définie lorsque, par exemple, f est dans $L^2(0,\infty;V)$); même chose pour $\mathscr{A}^*(t)f$;

c) si f dans $\mathscr{D}^{-k}(0,\infty;V)$, et si $v \in \mathscr{D}_0^k(0,\infty;V)$, alors

$$\langle f, \mathscr{A}(t)v\rangle = \langle \mathscr{A}^*(t)f, v\rangle \tag{$*$}$$

les crochets désignant la dualité entre $\mathscr{D}^{-k}(0,\infty;V)$ et $\mathscr{D}_0^k(0,\infty;V)$. En effet, il suffit de considérer le cas où f est par exemple dans $L^2(0,\infty;V)$ (puis prolonger par continuité); or, dans ce cas,

$$\langle f, \mathscr{A}(t)v\rangle = \int_0^\infty ((f(t), \mathscr{A}(t)v(t)))\,dt = \int_0^\infty ((\mathscr{A}^*(t)f(t), v(t)))\,dt,$$

d'où le résultat.

[2] $a(t;u,v)$ est une distribution de $H^{-k}(-\infty,T)$, avec les notations du Chap. II, No. 2.

étant donnée f distribution sur $]-\infty, T[$ à valeurs dans V, nulle pour $t<0$, il existe une distribution u et une seule sur $]-\infty, T[$ à valeurs dans V nulle pour $t<0$, solution de (4.8)'.

Ce résultat a été obtenu par un procédé sensiblement différent dans LIONS [10]. Il a été obtenu avec la méthode du No. 3 et les inégalités des No. 2 et 3 pour $k<0$, par TRÈVES [1].

Remarque 4.2. Les méthodes précédentes permettent de montrer ceci (nous laissons les détails au lecteur):

Théorème 4.2. *On se place dans les hypothèses du théorème* 7.1, Chap. IV, *en supposant en outre que les fonctions $t \to a_i(t; u, v)$ sont $k+i$ fois continûment différentiables dans $t \leq T$, $i=0, 1$. Alors, étant donnée $g \in \mathcal{D}^{-k}(-\infty, T; V)$, nulle pour $t<0$, il existe une distribution u et une seule, élément de $\mathcal{D}^{-k}(-\infty, T; V)$, nulle pour $t<0$, vérifiant*

$$a_0(t; u, v) + D_t a_1(t; u, v) = ((g, v)), \qquad v \in V.$$

(On commence par généraliser le théorème 3.1 au cas présent, et ensuite on transpose comme au No. actuel.)

5. Un théorème d'unicité

Théorème 5.1. *On suppose que* (3.1) *et* (3.2) *ont lieu avec $k=1$. Dans ces conditions, si $u \in L^2(0, T; H)$, vérifie*

$$\int_0^T \big(u(t), A^*(t)\,\varphi(t) - \varphi'(t)\big)\, dt = 0, \tag{5.1}$$

pour toute fonction φ telle que

$$\varphi \in L^2(0, T; H), \quad \varphi(t) \in D\big(A^*(t)\big) \text{ p.p.}, \quad A^*(t)\,\varphi \in L^2(0, T; H), \tag{5.2}$$

$$\varphi' \in L^2(0, T; H), \quad \varphi(T) = 0, \tag{5.3}$$

alors $u=0$.

Démonstration. Soit f une fonction vérifiant

$$f, f' \in L^2(0, T; H), \quad f(T) = 0. \tag{5.4}$$

D'après le théorème 3.1 (où l'on inverse le sens du temps), il existe w (d'ailleurs unique), vérifiant

$$w, w' \in L^2(0, T; V), \quad w(T) = 0, \tag{5.5}$$

et

$$a^*(t; w(t), v) - \frac{d}{dt}\big(w(t), v\big) = \big(f(t), v\big), \qquad v \in V. \tag{5.6}$$

Alors $w(t) \in D\big(A^*(t)\big)$ p.p., et

$$A^*(t)\, w(t) - w'(t) = f(t). \tag{5.7}$$

On peut donc prendre $\varphi = w$ dans (5.1); donc

$$\int_0^T (u(t), f(t))\, dt = 0$$

pour toute fonction f vérifiant (5.4), d'où le résultat, l'espace des fonctions f vérifiant (5.4) étant dense dans $L^2(0, T; H)$.

Dans le cas particulier où $A(t)$ est à «partie principale» auto-adjointe et à domaine indépendant de t, le résultat précédent est dû à O. A. LADYZENSKAYA [2], [3].

Problème: le résultat précédent est-il vrai en supposant seulement $a(t; u, v)$ mesurable en t?

6. Le cas des données initiales non nulles

Reprenons le théorème 3.1 avec $k = 1$: on a l'existence et l'unicité de u, avec

$$u, u' \in L^2(0, T; V), \quad u(0) = 0, \quad u(t) \in D(A(t)) \text{ p.p.},$$

et

$$A(t)\, u(t) + u'(t) = f(t),$$

f vérifiant: $f, f' \in L^2(0, T; H)$, $f(0) = 0$ [1]. Ceci sous les hypothèses

$$t \to a(t; u, v) \quad \text{est une fois continûment différentiable dans } t \leqq T; \tag{6.1}$$

$$\operatorname{Re} a(t; v, v) + \lambda |v|^2 \geqq \alpha \|v\|^2, \qquad \alpha > 0,\ v \in V,\ t \leqq T. \tag{6.2}$$

On va dans ce No. considérer le problème analogue, mais avec $u(0)$ donné non nul. De façon précise:

Problème 6.1. On cherche u vérifiant:

$$u \in L^2(0, T; V), \qquad u' \in L^2(0, T; H), \tag{6.3}$$

$$u(t) \in D(A(t)), \qquad \text{pour tout } t, \tag{6.4}$$

$$A(t)\, u(t) + u'(t) = f(t), \qquad f, f' \in L^2(0, T; H), \tag{6.5}$$

$$u(0) = u_0, \qquad u_0 \text{ donné dans } D(A(0)). \tag{6.6}$$

On va démontrer le

Théorème 6.1. *On suppose que*

$$t \to a(t; u, v) \quad \textit{est deux fois continûment différentiable pour } t \leqq T, \tag{6.7}$$

et que (6.2) *a lieu. On donne f avec $f, f' \in L^2(0, T; H)$, et u_0 dans $D(A(0))$. Alors il existe une fonction u et une seule, solution du problème* 6.1.

---

[1] En utilisant la remarque 3.4, on peut supposer que $f(0) \neq 0$.

En outre u dépend continûment de f et u_0.

Problème: on notera que l'hypothèse (6.7) est, à priori, plus forte que l'hypothèse naturelle; le théorème précédent est-il exact sous la seule hypothèse (6.1) ?

Démonstration. Admettons pour l'instant l'existence d'une fonction $w(t)$, ayant les propriétés suivantes:

$$w \in L^2(0, T; V), \qquad w', w'' \in L^2(0, T; H), \tag{6.8}$$

$$w(0) = u_0, \tag{6.9}$$

$$w(t) \in D(A(t)), \qquad A(t)\, w \quad \text{et} \quad (A(t)\, w)' \in L^2(0, T; H). \tag{6.10}$$

Si alors on introduit

$$U = u - w,$$

on constate que le problème 6.1 équivaut au suivant:

$$U \in L^2(0, T; V), \qquad U' \in L^2(0, T; H),$$
$$U(t) \in D(A(t)), \qquad U(0) = 0,$$
$$A(t)\, U(t) + U'(t) = f(t) - A(t)\, w(t) - w'(t) = g(t),$$

où grâce à (6.8) et (6.10), g et g' sont dans $L^2(0, T; H)$, de sorte que (et ici (6.1) suffirait), d'après le théorème 3.1, pour $k = 1$, et la remarque 3.4, U existe et est unique, ce qui démontre le théorème sous réserve de vérifier l'existence de w (et avec la possibilité de choisir w dépendant continûment de u_0).

Comme d'ordinaire on peut supposer que (6.2) a lieu avec $\lambda = 0$. On désigne alors par $g(t)$ *la* solution dans V de

$$a(t; g(t), v) = a(0; u_0, v) = (A(0)\, u_0, v), \qquad v \in V. \tag{6.11}$$

Ceci entraine que $g(t) \in D(A(t))$ et

$$A(t)\, g(t) = A(0)\, u_0. \tag{6.11$'$}$$

On a:

$g(0) = u_0$, et $A(t)\, g$ (ainsi que $(A(t)\, g)'$, qui est nul!) est dans $L^2(0, T; H)$, de sorte que l'on pourra prendre $w = g$ si l'on vérifie ceci:

$$\left.\begin{array}{l} t \to g(t) \text{ est deux fois continûment différentiable} \\ \text{de } [0, T] \text{ dans } V \text{ faible.} \end{array}\right\} \tag{6.12}$$

Admettons un instant le

Lemme 6.1. *On suppose que $t \to a(t; u, v)$ est une fois continûment différentiable dans $[0, T]$ et que* Re $a(t; v, v) \geqq \alpha \|v\|^2$, $\alpha > 0$, $v \in V$. *Soit $u(t)$ la solution dans V de*

$$a(t; u(t), v) = ((f(t), v)) \tag{6.13}$$

où $t \to f(t)$ est une fois continûment différentiable de $[0, T]$ dans V faible. Alors $t \to u(t)$ est une fois continûment différentiable de $[0, T]$ dans V faible, et sa dérivée $u'(t)$ vérifie

$$a\big(t; u'(t), v\big) = ((f'(t), v)) - a'\big(t; u(t), v\big). \tag{6.14}$$

On voit alors que $g(t)$ est une fois continûment différentiable de $[0, T]$ dans V faible, sa dérivée $g'(t)$ vérifiant

$$a\big(t; g'(t), v\big) = -a'\big(t; g(t); v\big), \qquad v \in V,$$

et *d'après l'hypothèse* (6.7), une nouvelle application du lemme 6.1 donne (6.12).

Démonstration du Lemme 6.1. Si l'on écrit $a(t; u, v) = ((\mathscr{A}(t)\, u, v))$, on sait (Chap. II, No. 1) que $\mathscr{A}(t)$ est un isomorphisme de V sur lui même, avec

$$\|\mathscr{A}^{-1}(t)\| \leqq 1/\alpha.$$

Pour v fixé dans V, on peut écrire

$$h^{-1}\big(\mathscr{A}^{-1}(t+h) - \mathscr{A}^{-1}(t)\big)\, v = -\mathscr{A}^{-1}(t+h)\, h^{-1}\big(\mathscr{A}(t+h) - \mathscr{A}(t)\big)\, \mathscr{A}^{-1}(t)\, v$$

et lorsque $h \to 0$, ceci $\to -\mathscr{A}^{-1}(t)\, \mathscr{A}'(t)\, \mathscr{A}^{-1}(t)\, v$ dans V faible, d'où aussitôt (6.14).

La méthode précédente est donnée dans Lions [10], à propos d'un problème voisin.

7. Méthode des quotients différentiels

On donne V et H comme précédemment et $a(t; u, v)$, forme sesquilinéaire continue sur V, pour *tout* $t \in R$. On supposera que

$$\left.\begin{array}{l} t \to a(t; u, v) \text{ est continue, } D_t a(t; u, v) = a'(t; u, v) \text{ étant} \\ \text{mesurable, avec} \\ |a(t; u, v)| + |a'(t; u, v)| \leqq c_1 \|u\| \|v\|, \qquad u, v \in V,\ t \in R; \end{array}\right\} \tag{7.1}$$

$$\operatorname{Re} a(t; v, v) \geqq \alpha \|v\|^2, \qquad \alpha > 0,\ v \in V. \tag{7.2}$$

Notons d'abord ceci: *étant donnée $f \in L^2(-\infty, +\infty; H)$, il existe une fonction u et une seule dans $L^2(-\infty, +\infty; V)$, avec*

$$a\big(t; u(t), v\big) + \frac{d}{dt}\big(u(t), v\big) = \big(f(t), v\big); \tag{7.3}$$

(on remplace la condition d'annulation pour $t < 0$ par des conditions de croissance à l'infini). Le résultat précédent vaut d'ailleurs sous la seule hypothèse: «$a(t; u, v)$ dépend mesurablement de t, avec $|a(t; u, v)| \leqq c_2 \|u\| \|v\|$.»

La démonstration de l'existence se fait par application du théorème 1.1, Chap. III, avec $F = L^2(-\infty, +\infty; V)$, $\Phi =$ espace des $\varphi \in F$, avec $\varphi' \in L^2(-\infty, +\infty; H)$, et

$$E(u, \varphi) = \int_{-\infty}^{+\infty} \{a(t; u(t), \varphi(t)) - (u(t), \varphi'(t))\} dt.$$

Pour l'unicité, établissons une inégalité; si l'on pose, comme d'ordinaire, $a(t; u, v) = ((\mathscr{A}(t) u, v))$, et si l'on introduit $g(t) = \mathscr{A}(t) u(t)$, la fonction $g \in L^2(-\infty, +\infty; V)$ et (7.3) s'écrit

$$((g(t), v)) + \frac{d}{dt}(u(t), v) = (f(t), v);$$

transformant par Fourier en t, et prenant $v = \hat{u}(\tau)$, il en résulte

$$((\hat{g}(\tau), \hat{u}(\tau))) + i\tau |\hat{u}(\tau)|^2 = (\hat{f}(\tau), \hat{u}(\tau)),$$

et prenant la partie réelle des deux membres de cette équation, il vient:

$$\mathrm{Re} \int_{-\infty}^{+\infty} ((\hat{g}(\tau), \hat{u}(\tau))) d\tau = \mathrm{Re} \int_{-\infty}^{+\infty} (\hat{f}(\tau), \hat{u}(\tau)) d\tau,$$

d'où

$$\int_{-\infty}^{+\infty} \mathrm{Re}\, a(t; u(t), u(t)) dt = \int_{-\infty}^{+\infty} \mathrm{Re}\,(f(t), u(t)) dt, \tag{7.4}$$

d'où résulte

$$\int_{-\infty}^{+\infty} \|u(t)\|^2 dt \leqq c_3 \int_{-\infty}^{+\infty} |f(t)|^2 dt;$$

donc $u = 0$ si $f = 0$.

On va maintenant vérifier la

Proposition 7.1. *On suppose que* (7.1) *et* (7.2) *ont lieu, et que*

$$f, f' \in L^2(-\infty, +\infty; H). \tag{7.5}$$

Alors, la solution u de (7.3) *vérifie:*

$$u' \in L^2(-\infty, +\infty; V), \tag{7.6}$$

$$|\tau|^{\frac{3}{2}} \hat{u} \in L^2(-\infty, +\infty; H). \tag{7.7}$$

Démonstration. 1) (7.7) résulte de (7.6). En effet (7.3) peut alors s'écrire, en tenant compte de (7.5):

$$\frac{d}{dt}(u(t), v) = ((F(t), v)),$$

où $F, F' \in L^2(-\infty, +\infty; V)$; donc

$$|\tau|\, |\hat{u}(\tau)|^2 \leqq \|\hat{F}(\tau)\|\, \|\hat{u}(\tau)\|;$$

les fonctions $|\tau|\,\|\hat{F}(\tau)\|$ et $|\tau|\,\|\hat{u}(\tau)\|$ sont dans $L^2(-\infty,+\infty)$, de sorte que $|\tau|^3\,|\hat{u}(\tau)|^2$ est sommable, ce qui montre (7.7).

2) On va maintenant montrer (7.6) par la méthode des quotients différentiels. On introduit $w_h(t)$ par

$$w_h(t) = h^{-1}\big(u(t+h) - u(t)\big). \tag{7.8}$$

On vérifie que

$$\left.\begin{aligned} &a\big(t+h;w_h(t),v\big) + \frac{d}{dt}\big(w_h(t),v\big) \\ &\quad = h^{-1}\big(f(t+h)-f(t),v\big) - h^{-1}\big[a\big(t+h;u(t),v\big) - a\big(t;u(t),v\big)\big]. \end{aligned}\right\} \tag{7.9}$$

On déduit de (7.9) et (7.4):

$$\int_{-\infty}^{+\infty} \operatorname{Re} a\big(t+h;w_h(t),w_h(t)\big)\,dt = \operatorname{Re}\int_{-\infty}^{+\infty} \big(h^{-1}(f(t+h)-f(t)),w_h(t)\big)\,dt -$$
$$- \operatorname{Re}\int_{-\infty}^{+\infty} h^{-1}\big[a\big(t+h;u(t),w_h(t)\big) - a\big(t;u(t),w_h(t)\big)\big]\,dt.$$

Des hypothèses faites, il résulte que

$$\big|h^{-1}[a(t+h;u,v) - a(t;u,v)]\big| \leqq c_4\|u\|\,\|v\|,$$

d'où

$$\alpha\int_{-\infty}^{+\infty}\|w_h(t)\|^2\,dt \leqq \Big(\int_{-\infty}^{+\infty}|h^{-1}[f(t+h)-f(t)]|^2\,dt\Big)^{\frac12}\Big(\int_{-\infty}^{+\infty}|w_h(t)|^2\,dt\Big)^{\frac12} +$$
$$+ c_4\Big(\int_{-\infty}^{+\infty}\|u(t)\|^2\,dt\Big)^{\frac12}\Big(\int_{-\infty}^{+\infty}\|w_h(t)\|^2\,dt\Big)^{\frac12},$$

et d'après (7.5), il en résulte que

$$\int_{-\infty}^{+\infty}\|w_h(t)\|^2\,dt \leqq c_5.$$

On peut donc extraire une suite $h_i \to 0$ telle que $w_{h_i}(t) \to w(t)$ dans $L^2(-\infty,+\infty;V)$ faible. Mais $w_h \to u'$ dans l'espace des distributions en t à valeurs dans V de sorte que $u' = w$, d'où (7.6).

La méthode précédente, dite des quotients différentiels, est très utile dans toutes les questions de régularité (ou d'hypo-ellipticité). Cf. notamment L. Nirenberg [1], F. E. Browder [4]. Pour des résultats analogues au précédent, par la méthode des «mollifiers» de Friedrichs, cf. I. M. Visik [5]. On trouvera une autre application de la méthode précédente dans Lions-Malgrange [1].

Remarque 7.1. Supposons que (7.1) et (7.2) aient lieu. Alors, avec les notations du No. 1, l'application qui à f fait correspondre $u = \mathcal{G} f$, solution de (7.3), est une application linéaire continue de $\mathscr{D}^0(H)$ dans $\mathscr{D}^0(V)\cap\mathscr{D}^{\frac{1}{2}}(H)$ et de $\mathscr{D}^1(H)$ dans $\mathscr{D}^1(V)\cap\mathscr{D}^{\frac{3}{2}}(H)$. Par application de l'interpolation dans les espaces de HILBERT (LIONS [20]), on en déduit:

sous les hypothèses (7.1) *et* (7.2), *l'application* $f\to u=\mathscr{G}f$ *est linéaire continue de* $\mathscr{D}^\vartheta(H)$ *dans* $\mathscr{D}^\vartheta(V)\cap\mathscr{D}^{\vartheta+\frac{1}{2}}(H)$, *pour* $0<\vartheta<1$.

Problème: ce dernier résultat est-il vrai si (7.2) ayant lieu, on remplace (7.1) par

$$|a(t+h;u,v)-a(t;u,v)|\leqq c_6|h|^\vartheta\|u\|\,\|v\|,\qquad t\in R,\ u,\ v\in V?$$

Pour l'étude de la régularité de la solution sous cette dernière hypothèse, renvoyons à T. KATO [4]. Pour l'étude de l'analyticité en t, cf. T. KATO [4], H. KOMATSU [1], K. YOSIDA [8].

Chapitre VI

Exemples (I)

Sommaire. La lecture de ce chapitre suppose acquis le Chap. I, les exemples essentiels du Chap. II, et les parties suivantes des Chap. IV et V:

pour les No. 1, 2, 4, 5, le No. 1 du Chap. IV (et pour quelques compléments les No. 2, 5, 11 du Chap. IV);

pour le No. 3, le No. 3 du Chap. IV;

pour les No. 6 et 7, le No. 7 du Chap. IV;

pour le No. 8, le No. 3 du Chap. V;

pour le No. 9, le No. 10 du Chap. II et le No. 4 du Chap. V.

Les problèmes non résolus signalés dans le texte sont assez nombreux-spécialement dans le cas où $V=V(t)$ dépend de t (cf. par ex. No. 1).

Un certain nombre d'exemples traités ici peuvent également être abordés (généralement dans des espaces fonctionnels *différents*) par la méthode des solutions fondamentales et des équations intégrales associées. On se contente d'indications bibliographiques sur ce point (un fascicule entier serait nécessaire pour une étude complète et la comparaison des résultats!).

Pour les rapports entre les équations paraboliques (cf. en particulier No. 1) et l'intégration dans les espaces fonctionnels, consulter M. KAC [1] et I. M. GELFAND-YAGLOM [1] (ou l'on trouvera également d'autres indications bibliographiques). Pour les rapports des deux notions précédentes avec les équations variationnelles de VOLTERRA, cf. M. D. DONSKER-J. L. LIONS [1].

1. Opérateurs paraboliques du deuxième ordre en x

Les notations sont celles du Chap. II, No. 2 et 3. Sur Ω ouvert de R^n on considère les espaces $H^1(\Omega)$ et $H_0^1(\Omega)$, puis V avec

$$H_0^1(\Omega) \subset V \subset H^1(\Omega), \tag{1.1}$$

V étant un sous espace fermé de $H^1(\Omega)$, et les égalités étant admises dans (1.1).

On prend $H = L^2(\Omega)$, et $a(t; u, v)$ est donné par

$$\left.\begin{aligned} a(t; u, v) &= \sum_{i,j=1}^{n} \int_\Omega a_{ij}(x,t)\, D_j u(x)\, D_i \bar{v}(x)\, dx + \\ &+ \sum_{i=1}^{n} \int_\Omega a_i(x,t) \big(D_i u(x)\big) \overline{v(x)}\, dx + \int_\Omega a_0(x,t)\, u(x)\, \overline{v(x)}\, dx, \end{aligned}\right\} \tag{1.2}$$

où

$$\left.\begin{aligned} &a_{ij}, a_i, a_0 \text{ sont dans } L^\infty(\Omega \times (0,T)) = L^\infty(Q_T), \text{ en posant} \\ &Q_T = \Omega \times]0, T[. \end{aligned}\right\} \tag{1.3}$$

On fera l'hypothèse suivante:

$$\left.\begin{aligned} &\operatorname{Re} \sum a_{ij}(x,t)\, \zeta_j \bar{\zeta}_i \geqq \alpha(|\zeta_1|^2 + \cdots + |\zeta_n|^2), \qquad \alpha > 0,\ \zeta_i \in C, \\ &\text{p.p. dans } Q_T. \end{aligned}\right\} \tag{1.4}$$

On est alors dans les conditions d'application du théorème 1.1, Chap. IV. En effet,

$$\begin{aligned} &\operatorname{Re} a(t; v, v) + \lambda |v|^2 \\ &\geqq \alpha \int_\Omega \sum |D_i v|^2 dx - c_1 \Big(\int_\Omega \sum |D_i v|^2 dx\Big)^{\frac{1}{2}} \Big(\int_\Omega |v(x)|^2 dx\Big)^{\frac{1}{2}} + (\lambda - c_2) \int_\Omega |v|^2 dx \\ &\geqq (\alpha/2) \int_\Omega \sum |D_i v|^2 dx + (\lambda - c_2 - c_1^2/2\alpha)\, |v|^2 \geqq \alpha_1 \|v\|^2, \qquad \alpha_1 > 0, \end{aligned}$$

en prenant λ tel que

$$\lambda - c_2 - c_1^2/2\alpha > 0.$$

Donc, *sous les hypothèses* (1.3), (1.4), *étant donné* $f \in L^2(Q_T)$, *et étant donné* $u_0 \in L^2(\Omega)$, *il existe une fonction* u *et une seule vérifiant*

$$u \in L^2(-\infty, T; V), \qquad \text{nulle pour } t < 0, \tag{1.5}$$

et

$$a\big(t; u(t), v\big) + D_t\big(u(t), v\big) = \big(f(t), v\big) + (u_0, v)\,\delta, \qquad \text{pour tout } v \in V. \tag{1.6}$$

En outre, d'après le Chap. IV, No. 2, après modification éventuelle sur un ensemble de mesure nulle, $t \to u(t)$ est continue de $[0, T]$ dans H, et $u(0) = u_0$.

Interprétons maintenant le problème ainsi résolu.

On introduit l'opérateur différentiel

$$\left.\begin{aligned} A\left(x,t,\frac{\partial}{\partial x}\right) = A(t) = -\sum_{i,j=1}^{n} \frac{\partial}{\partial x_i}\left(a_{ij}(x,t)\frac{\partial}{\partial x_j}\right) + \\ + \sum_{i=1}^{n} a_i(x,t)\frac{\partial}{\partial x_i} + a_0(x,t). \end{aligned}\right\} \tag{1.7}$$

Alors (1.6) entraine en particulier:

$$A\left(x,t,\frac{\partial}{\partial x}\right)u + \frac{\partial}{\partial t}u = f, \qquad \text{dans } Q_T.^{1} \tag{1.8}$$

La condition (1.5) implique que $u(x,t)$ et $\frac{\partial}{\partial x_i}u(x,t)$, $i=1,\ldots,n$, sont dans $L^2(Q_T)$, et *en outre* entraine l'appartenance (p. p.) de $u(t): x \to u(x,t)$, à l'espace V (ceci n'est pas une condition supplémentaire si $V = H^1(\Omega)$, et seulement dans ce cas).

Ensuite si v est dans V, on déduit (formellement) de (1.8):

$$\int_\Omega \left(A\left(x,t,\frac{\partial}{\partial x}\right)u + \frac{\partial}{\partial t}u\right)\overline{v(x)}\,dx = \int_\Omega f(x,t)\,\overline{v(x)}\,dx$$

et par (1.6) ceci doit être égal à

$$a(t; u(t), v) + \int_\Omega \left(\frac{\partial}{\partial t}u\right)\bar{v}\,dx,$$

de sorte qu'en résumé:

1) $u = u(x,t)$ est solution de l'équation (1.8);

2) u vérifie la condition initiale: $u(x,0) = u_0(x)$;

3) u vérifie les conditions aux limites, qui sont de deux sortes:

(i) $u(t) \in V$ p.p.;[2]

(ii) $\int_\Omega \left(A\left(x,t,\frac{\partial}{\partial x}\right)u\right)\bar{v}\,dx = a(t; u(t), v)$ pour tout $v \in V$.

On peut transformer la condition 3), (ii), par utilisation de la formule de GREEN; en posant

$$\partial/\partial\nu_{A(t)} = \sum a_{ij}(x,t)\cos(n,x_i)\frac{\partial}{\partial x_j}, \tag{1.9}$$

---

[1] $A\left(x,t,\frac{\partial}{\partial x}\right)u \in H^{-1}(Q_T)$, ainsi que $\frac{\partial}{\partial t}u$, leur somme étant dans $L^2(Q_T)$; $H^{-1}(Q_T)$ est défini au Chap. II, No. 3, point 3.1.

[2] Ceci n'est une condition aux limites que si $V \subset H^1(\Omega)$ strictement.

n désignant la normale extérieure en x à Γ, frontière de Ω [1], on obtient la condition équivalente[1] à 3), (ii):

$$\int_\Gamma \partial u/\partial \nu_{A(t)} \bar{v}\, d\sigma = 0, \qquad \text{pour tout } v \in V, \tag{1.10}$$

$d\sigma$ désignant l'élément d'aire de Γ.

Exemple 1.1. $V = H_0^1(\Omega)$. La condition (1.10) est toujours satisfaite. On a donc obtenu u vérifiant l'équation (1.8), la condition initiale, et la condition aux limites

$$u(x,t) = 0 \qquad \text{pour } x \in \Gamma,\ t \in (0,T).^2 \tag{1.11}$$

Il s'agit donc de la condition aux limites de DIRICHLET. (Comparer au Chap. II, No. 4, exemple 4.1).

Exemple 1.2. $V = H^1(\Omega)$. Cette fois c'est la condition (i) qui n'est plus une condition aux limites, et (1.10) donne

$$\partial u/\partial \nu_{A(t)} = 0 \quad \text{pour } x \in \Gamma,\ t \in (0,T). \tag{1.12}$$

C'est la condition aux limites de NEUMANN. (Comparer au Chap. II, No. 4, exemple 4.2.)

Exemple 1.3. Supposons la frontière Γ de Ω «régulière» (cf. Chap. II, No. 3), et soit Γ_1 une partie de Γ (de capacité >0). Soit V le sous espace fermé de $H^1(\Omega)$ des v qui sont nulles sur Γ_1. Les conditions aux limites sont alors

$$u(x,t) = 0 \quad \text{pour } x \in \Gamma_1,\ t \in (0,T) \tag{1.13}$$

(c'est ce qui correspond à 3), (i)), et

$$\partial u/\partial \nu_{A(t)} = 0 \qquad \text{sur } \Gamma - \Gamma_1,\ t \in (0,T), \tag{1.14}$$

(c'est ce qui correspond à (1.10)).

Il s'agit de conditions aux limites *mêlées* (comparer au Chap. II, No. 4, exemple 4.3).

Exemple 1.4. (On utilise dans cet exemple le Chap. II, No. 3, théorème 3.2, et le No. 4, complément 4.1).

Soit Ω borné de frontière Γ une variété de dimension $n-1$, indéfiniment différentiable. On considère une famille d'opérateurs $T_0(t)$ avec

$$T_0(t) \in \mathscr{L}(H^{\frac{1}{2}}(\Gamma); H^{-\frac{1}{2}}(\Gamma)), \tag{1.15}$$

---

[1] Ceci est formel et il ne peut en être autrement pour l'instant, puisqu'il n'est fait aucune hypothèse de régularité sur la frontière Γ de Ω.

[2] Si Γ est régulier (cf. Chap. II, No. 3) la condition (1.11) signifie que $\gamma_0 u(t) = 0$ p.p. en t. Dans le cas général, pour presque tout t, la fonction $x \to u(x,t)$ est quas partout pseudo nulle au bord de Ω (cf. DENY-LIONS [1], BRELOT [1]).

la fonction $t \to \langle T_0(t)\, f, g\rangle$, $f \in H^{\frac{1}{2}}(\Gamma)$, $g \in H^{\frac{1}{2}}(\Gamma)$, étant mesurable sur $(0, T)$, avec

$$|\langle T_0(t)\, f, g\rangle| \leqq c\, \|f\|_{H^{\frac{1}{2}}(\Omega)} \|g\|_{H^{\frac{1}{2}}(\Gamma)}.$$

On prend maintenant

$$a(t; u, v) = \text{forme } (1.2) + \langle T_0(t)\, \gamma_0 u, \gamma_0 \bar{v}\rangle. \tag{1.16}$$

Si les $T_0(t)$ forment une famille d'opérateurs différentiels tangents à Γ, alors (cf. Chap. II, (4.11)), pour tout $\varepsilon > 0$, il existe $c(\varepsilon)$ avec

$$|\operatorname{Re} \langle T_0(t)\, \gamma_0 v, \gamma_0 \bar{v}\rangle| \leqq \varepsilon\, \|v\|^2 + c(\varepsilon)\, |v|^2,$$

de sorte que *sous l'hypothèse* (1.4) *on est dans les conditions d'application du théorème* 1.1, Chap. IV.

Il existe alors une fonction u et une seule, verifiant (1.8), la condition initiale $u(x, 0) = u_0(x)$, les conditions aux limites étant d'abord l'appartenance de $u(t)$ à V, p.p. en t, puis:

$$\int_\Gamma \partial u/\partial \nu_{A(t)} \bar{v}\, d\sigma + \langle T_0(t)\, \gamma_0 u, \gamma_0 \bar{v}\rangle = 0, \qquad v \in V. \tag{1.17}$$

Si l'on prend pour V le même espace que dans l'exemple 1.3, on obtient:

$$\left.\begin{aligned} &u(x, t) = 0, \qquad \text{si } x \in \Gamma_1,\ t \in (0, T), \\ &\partial u/\partial \nu_{A(t)} + T_0(t)\, u = 0, \qquad x \in \Gamma - \Gamma_1,\quad t \in (0, T). \end{aligned}\right\} \tag{1.18}$$

Il s'agit de conditions aux limites contenant *des dérivées obliques*, dans un cas *régulier* (cf. Chap. II, Complément 4.1; dans les cas paraboliques, rien ne semble connu relativement aux problèmes non réguliers de dérivée oblique).

Exemple 1.5. *Problème de transmission.*

Soit $\Omega = \Omega_1 \cup \Omega_2$, Ω_i étant un ouvert de R^r, Ω_1 et Ω_2 ayant une portion commune de frontière, soit Σ.

On considère $a^1_{ij}(x, t)$, $a^2_{ij}(x, t)$, éléments de $L^\infty(\Omega_1 \times (0, T))$ et $L^\infty(\Omega_2 \times (0, T))$ respectivement. Pour $u = \{u_1, u_2\} \in H^1(\Omega_1) \times H^1(\Omega_2)$ on posera

$$a(t; u, v) = \sum_{i,j=1}^{n} \int_{\Omega_1} a^1_{ij}(x, t)\, D_j u_1 \overline{D_i v_1}\, dx + \sum_{i,j=1}^{n} \int_{\Omega_2} a^2_{ij}(x, t)\, D_j u_2 \overline{D_i v_2}\, dx. \tag{1.19}$$

On fait les hypothèses suivantes

$$\begin{gathered} \operatorname{Re} \sum a^1_{ij}(x, t)\, \zeta_j \bar{\zeta}_i \geqq \alpha_1 (|\zeta_1|^2 + \cdots + |\zeta_n|^2), \\ \alpha_1 > 0, \text{ p.p. en } x \in \Omega_1,\ t \in (0, T), \\ \operatorname{Re} \sum a^2_{ij}(x, t)\, \zeta_j \bar{\zeta}_i \geqq \alpha_2 (|\zeta_1|^2 + \cdots + |\zeta_n|^2), \\ \alpha_2 > 0, \text{ p.p. en } x \in \Omega_2 \text{ et } t \in (0, T). \end{gathered}$$

On prend:
$$H = L^2(\Omega_1) \times L^2(\Omega_2),$$
$V =$ sous espace vectoriel fermé de $H^1(\Omega_1) \times H^1(\Omega_2)$ avec
$$H_0^1(\Omega_1) \times H_0^1(\Omega_2) \subset V \subset H^1(\Omega_1) \times H^1(\Omega_2).$$

On suppose que Σ est une variété bornée, de dimension $n-1$, une fois continûment différentiable par morceaux, de façon que pour $u_i \in H^1(\Omega_i)$, on puisse définir $\sigma(u_i)$, prolongement de u_i sur Σ, avec, en particulier, $\sigma(u_i) \in L^2(\Sigma)$.

On dira que V correspond à un problème de transmission si V est l'espace des $v = \{v_1, v_2\}$ tels que
$$b_1(x)\,\sigma(v_1) = b_2(x)\,\sigma(v_2), \qquad x \in \Sigma, \tag{1.20}$$
où b_1 et b_2 sont données dans $L^\infty(\Sigma)$.

Sous les hypothèses précédentes, le théorème 1.1, Chap. IV, s'applique. On obtient donc un couple de fonctions $u(x,t) = \{u_1(x,t), u_2(x,t)\}$ solutions de:
$$A^1\left(x, t, \frac{\partial}{\partial x}\right) u_1 + \frac{\partial}{\partial t} u_1 = f_1, \qquad f_1 \text{ donné dans } L^2(\Omega_1 \times (0,T)), \tag{1.21}$$
et
$$A^2\left(x, t, \frac{\partial}{\partial x}\right) u_2 + \frac{\partial}{\partial t} u_2 = f_2, \qquad f_2 \text{ donné dans } L^2(\Omega_2 \times (0,T)), \tag{1.21'}$$
(où l'on a posé
$$A^k\left(x, t, \frac{\partial}{\partial x}\right) = -\sum_{i,j=1}^{n} \frac{\partial}{\partial x_i} a_{ij}^k(x,t) \frac{\partial}{\partial x_j}, \qquad k = 1, 2).$$
Les conditions initiales sont:
$$u_1(x,0) = u_{01}(x), \quad u_2(x,0) = u_{02}(x), \quad u_{0k}(x) \text{ donné dans } L^2(\Omega_k). \tag{1.22}$$
Les *conditions aux limites* sont les suivantes: désignons par Γ_k la frontière totale de Ω_k; alors
$$\partial u_1/\partial \nu_{A^1(t)} = 0 \quad \text{sur} \quad \Gamma_1 - \Sigma, \tag{1.23}$$
et
$$\partial u_2/\partial \nu_{A^2(t)} = 0 \quad \text{sur} \quad \Gamma_2 - \Sigma; \tag{1.23'}$$
sur Σ, on a les conditions suivantes:
$$b_1\sigma(u_1) = b_2\sigma(u_2) \text{ [1]} \tag{1.24}$$

[1] Cela est une conséquence de l'appartenance à $L^2(0,T;V)$.

et

$$\bar{b}_2\, \partial u_1/\partial \nu_{A^1(t)} + \bar{b}_1\, \partial u_2/\partial \nu_{A^2(t)} = 0 \text{ [1]}. \tag{1.25}$$

Problème. Il est assez naturel de considérer le cas où V est défini par une relation de la forme

$$b_1(x,t)\,\sigma(u_1) = b_2(x,t)\,\sigma(u_2) \tag{1.26}$$

où

$$b_i(x,t) \in L^\infty(\Sigma \times (0,T));$$

dans ce cas $V = V(t)$ *dépend de* t (en général), et on peut, pour *l'existence*, utiliser le Chap. IV, No. 5; pour l'unicité, on peut également appliquer le Chap. IV, théorème 5.2, mais cela nécessite alors des hypothèses très restrictives et non naturelles. On pourra aussi appliquer les résultats du Chapitre VI (cf. Chap. VII, No. 7), mais là aussi les conditions d'application sont sûrement trop restrictives, de sorte qu'il y a là un problème loin d'être résolu de façon satisfaisante.

Exemple 1.6. Soit $\Sigma_{(t)}$ une famille de sous ensembles (de capacité >0) de la frontière Γ de Ω. *On définit l'espace* $V(t)$ comme le sous espace fermé de $H^1(\Omega)$ des fonctions v nulles sur $\Sigma_{(t)}$. On donne $a(t; u, v)$ par (1.2). Alors, d'après le Chap. IV, No. 5, on a *l'existence* de $u \in L^2(0,T; V(t))$ [2], vérifiant (1.8), la condition initiale habituelle, et les conditions aux limites:

$$u(x,t) = 0 \quad \text{sur} \quad \Sigma_{(t)},$$

$$\partial u/\partial \nu_{A(t)} = 0 \quad \text{sur} \quad \Gamma - \Sigma_{(t)}.$$

Nous ignorons si dans ces conditions il y a unicité. On pourra appliquer le théorème 5.2 (et donc on aura l'unicité) si la famille $a(t; u, v)$ est hermitienne, et si les $\Sigma_{(t)}$ sont *croissants*:

$$\Sigma_{(0)} \subset \cdots \subset \Sigma_{(t)} \subset \cdots \subset \Sigma_{(T)}.$$

Exemple 1.7. (Pour cet exemple, cf. Chap. II, No. 4, complément 4.2.) On prend $\Omega = \{x_n > 0\}$ dans R^n; donc $\Gamma = R^{n-1}$ (on désignera par $x' = (x_1, \ldots, x_{n+1})$ les points de Γ).

---

[1] Cela correspond (ainsi que les conditions (1.23) et (1.23)') à

$$\int_{\Omega_1} \left(A^1\left(x,t,\frac{\partial}{\partial x}\right) u_1(x,t)\right) \bar{v}_1(x)\,dx + \int_{\Omega_2} \left(A^2\left(x,t,\frac{\partial}{\partial x}\right) u_2(x,t)\right) \bar{v}_2(x)\,dx = a(t; u(t), v)$$

pour tout $v \in V$, i.e.

$$\int_{\Gamma_1} \partial u_1/\partial \nu_{A^1(t)}\, \bar{v}_1\, d\sigma_1 + \int_{\Gamma_2} \partial u_2/\partial \nu_{A_2(t)}\, \bar{v}_2\, d\sigma_2 = 0 \qquad \text{pour tout } v \in V.$$

Il faut évidemment prendre soin des orientations des Γ_i!.

[2] On définit $L^2(0,T; V(t))$ comme le sous espace de $L^2(0,T; H^1(\Omega))$ des fonctions $u(t)$ telles que $u(t) \in V(t)$ p.p., qui est fermé dans $L^2(0,T; H^1(\Omega))$.

On désigne par V l'espace des $u \in H^1(\Omega)$ tels que $\gamma_0 u = u(x', 0)$ soit dans $H^1(\Gamma)$. On prend ensuite

$$\left.\begin{aligned} a(t; u, v) &= \sum_{i,j=1}^{n} \int_{\Omega} a_{ij}(x, t)\, D_j u\, \overline{D_i v}\, dx + \\ &+ \sum_{i,j=1}^{n-1} \int_{\Gamma} b_{ij}(x', t)\, (D_j \gamma_0 u)\, (D_i \gamma_0 \bar{v})\, dx', \end{aligned}\right\} \tag{1.27}$$

où les a_{ij} vérifient les hypothèses (1.3), où $b_{ij} \in L^\infty(\Gamma \times (0, T))$, avec

$$\operatorname{Re} \sum_{i,j=1}^{n-1} b_{ij}(x', t)\, \zeta_j \bar{\zeta}_i \geqq \alpha_1 \left(|\zeta_1|^2 + \cdots + |\zeta_{n-1}|^2\right),$$
$$\alpha_1 > 0, \text{ p.p. dans } \Gamma \times (0, T).$$

On a alors:

$$\operatorname{Re} a(t; v, v) + \lambda |v|^2 \geqq \alpha \sum \int_{\Omega} |D_i v|^2 dx + \alpha_1 \sum_{i=1}^{n-1} \int_{\Gamma} |D_i v|^2 dx' + \lambda \int_{\Omega} |v|^2 dx;$$

mais

$$\int_{\Gamma} |\gamma_0 v|^2 dx \leqq c_1 \|v\|^2_{H^1(\Omega)},$$

de sorte que si l'on prend $\lambda = \alpha$,

$$\operatorname{Re} a(t; v, v) + \lambda |v|^2 \geqq \frac{\alpha}{2} \|v\|^2_{H^1(\Omega)} + \frac{\alpha}{2c_1} \int_{\Gamma} |\gamma_0 v|^2 dx' + \alpha_1 \int_{\Gamma} \sum_{i=1}^{n-1} |D_i v|^2 dx'$$
$$\geqq \alpha_2 \|v\|^2, \qquad v \in V,\ \alpha_2 > 0,$$ [1]

et on est donc dans les conditions d'application du théorème 1.1, Chap. IV. On a donc l'existence et l'unicité de u vérifiant (1.8), avec la condition initiale habituelle, et la condition aux limites

$$\partial u / \partial \nu_{A(t)} + B \gamma_0 u = 0, \qquad B = -\sum_{i,j=1}^{n-1} \frac{\partial}{\partial x_j} b_{ij}(x', t) \frac{\partial}{\partial x_i}. \tag{1.28}$$

Remarque 1.1. On peut modifier l'exemple précédent de la façon suivante: on désigne par $V(t)$ l'espace des $u \in H^1(\Omega)$ tels que $\gamma_0 u \in H^t(\Gamma)$ (cf. Chap. II, No. 3, pour la définition de cet espace). On prend ensuite

$$a(t; u, v) = \sum \int_{\Omega} a_{ij}(x, t)\, D_j u\, D_i \bar{v}\, dx + \int_{R^{n-1}} \left(1 + (\xi')^2\right)^t \hat{u}(\xi', 0)\, \overline{\hat{v}(\xi', 0)}\, d\xi'$$

où

$$\xi = (\xi_1, \ldots, \xi_{n-1}),$$
$$\hat{u}(\xi', 0) = \int \exp\left(-i(x_1 \xi_1 + \cdots + x_{n-1} \xi_{n-1})\right) u(x', 0)\, dx'.$$

On a l'existence d'une solution du problème 5.1, Chap. IV, et d'après le théorème 5.2, Chap. IV, on a l'unicité si $a_{ij} = \bar{a}_{ji}$ pour tout i, j, les

[1] $\|v\|^2 = \|v\|^2_{H^1(\Omega)} + \|v\|^2_{H^1(\Gamma)}$; V n'est pas fermé dans $H^1(\Omega)$.

fonctions a_{ij} dépendant de t de façon une fois continûment différentiable (mais, assez curieusement, le problème de l'unicité n'est pas résolu si l'on remplace «$\gamma_0 u \in H^t(\Gamma)$» par «$\gamma_0 u \in H^{1-t}(\Gamma)$»).

Exemple 1.8. Soit Ω de frontière Γ bornée, variété de dimension $n-1$, une fois continûment différentiable. Sur Γ on donne deux fonctions $\beta_1(x)$, $\beta_2(x)$, continues, $\geqq 0$, avec

$$\beta_1(x) + \beta_2(x) = 1, \qquad x \in \Gamma. \tag{1.29}$$

On désigne maintenant par V l'espace des $u \in H^1(\Omega)$ tels que

$$(\beta_1(x)/\beta_2(x))^{\frac{1}{2}} \gamma_0 u \in L^2(\Gamma), \tag{1.30}$$

muni de la norme (hilbertienne)

$$\|u\| = \Big(\|u\|^2_{H^1(\Omega)} + \int_\Gamma (\beta_1(x)/\beta_2(x)) \, |\gamma_0 u(x)|^2 d\sigma\Big)^{\frac{1}{2}} \, {}^1.$$

On prend

$$\left.\begin{aligned} a(t; u, v) = {} & \sum \int_\Omega a_{ij}(x,t) \, D_j u \, \overline{D_i v} \, dx + \\ & + \int_\Gamma (\beta_1(x)/\beta_2(x)) \, \gamma_0 u \, \gamma_0 \bar{v} \, d\sigma + \int_\Gamma M(x,t) \, \gamma_0 u \, \gamma_0 \bar{v} \, d\sigma \end{aligned}\right\} \tag{1.31}$$

où

$$M(x,t) \in L^\infty(\Gamma \times (0,T)).$$

On est encore dans les conditions d'application du théorème 1.1 (utiliser

$$\int_\Gamma |\gamma_0 v|^2 \, d\sigma \leqq \varepsilon \|v\|^2_{H^1(\Omega)} + c(\varepsilon) \, |v|^2).$$

Par conséquent on a l'existence et l'unicité d'une fonction u, vérifiant (1.8), la condition initiale habituelle, et la condition aux limites:

$$\beta_1(x) \, u + \beta_2(x) \, (\partial u / \partial \nu_{A(t)} + M(x,t) \, u) = 0 \quad \text{sur} \quad \Gamma \times (0,T). \tag{1.32}$$

De tels problèmes aux limites interviennent en théorie des probabilités; cf. S. Ito [1], [2], [3].

Problème: il est naturel d'introduire l'espace $V(t)$ défini comme l'espace des $v \in H^1(\Omega)$ tels que

$$(\beta_1(x,t)/\beta_2(x,t))^{\frac{1}{2}} \gamma_0 v \in L^2(\Gamma),$$

où les β_i sont des fonctions de x *et de* t, $\geqq 0$, avec

$$\beta_1(x,t) + \beta_2(x,t) = 1, \qquad x \in \Gamma, \; t \in (0,T).$$

On aura encore *existence* d'une solution (Chap. IV, théorème 5.1); pour l'unicité, nous avons à notre disposition le théorème 5.2, Chap. IV,

[1] V n'est pas fermé dans $H^1(\Omega)$.

qui n'apporte pas une solution satisfaisante au problème. Par une méthode essentiellement différente (utilisation entre autres des résultats de DRESSEL [1] sur les solutions fondamentales), S. ITO, loc. cit., étudie aussi ce cas, avec des hypothèses de régularité convenables sur les $\beta_i(x, t)$.

Remarque 1.2. *Opérateurs et noyaux de* GREEN. Dans tous les exemples traités çi dessus, lorsque V est indépendant de t, on peut appliquer le théorème 3.1, Chap. IV; la solution s'exprime alors sous la forme

$$u(t) = G(t, 0)\, u_0 + \int_0^t G(t, s)\, f(s)\, ds, \tag{1.33}$$

où $G(t, s)$, $0 \leqq s \leqq t \leqq T$, est un opérateur linéaire continu de $H = L^2(\Omega)$ dans lui même, avec les propriétés du théorème 3.1, Chap. IV. D'après le théorème des noyaux de L. SCHWARTZ [3], [5], [6] (cf. une application analogue à la présente au Chap. II, No. 9), $G(t, s)$ est défini par un noyau $G(x, y, t, s)$, distribution sur $\Omega_x \times \Omega_y$. On peut alors écrire la solution:

$$u(x, t) = \int_\Omega G(x, y, t, 0)\, u_0(y)\, dy + \int_0^t \int_\Omega G(x, y, t, s)\, f(y, s)\, dy\, ds. \tag{1.34}$$

Lorsque $V(t)$ dépend de t, on peut également appliquer le théorème des noyaux, cette fois à l'application $f \to u$ (en supposant pour simplifier $u_0 = 0$) de $L^2(\Omega \times (0, T))$ dans lui même (mais on n'a plus le théorème 3.1, Chap. IV). La distribution $G(x, y, t, s)$ est *le noyau de* GREEN *du* problème.

Remarque 1.3. Des opérateurs *intégraux* — par exemple $(-\Delta)^{\frac{1}{2}}$, cf. H. YAMABE [1] —, entrent dans notre cadre. Cf. aussi I. A. KIPRIANOV [1].

Remarque 1.4. Signalons la méthode suivante, pour les opérateurs paraboliques du deuxième ordre à coefficients discontinus: 1) on suppose établie l'existence de solutions usuelles du problème, par la méthode des équations intégrales par exemple, lorsque les coefficients sont suffisamment réguliers; 2) à l'aide de majorations à priori convenables (c'est le point essentiel), on peut passer à la limite dans les solutions approchées, correspondant à l'approximation des coefficients par des fonctions suffisamment régulières. Cette méthode a été appliquée par GAGLIARDO [1], ..., [4], et, dans les espaces étudiés par NIKOLSKY [1], ..., [5] par O. A. OLEINIK [1], [2]. (Pour la même méthode dans le cas des opérateurs hyperboliques, on pourra consulter SCHAUDER [1], J. LERAY [4], O. A. LADYZENSKAYA [1]).

Pour des applications diverses des méthodes d'équations intégrales on pourra consulter: AMERIO [2], FICHERA [1], A. FRIEDMAN [2], ..., [7], GEVREY [1], KIM et IVANOVA [1], LIPKO [1], MAGENES [1], [2], [3],

V. P. MIKHAILOV [1], [2], PAGNI [1], POGORZELSKI [1], ..., [6], P. C. ROSEMBLOOM [1] (où l'on trouvera d'autres indications bibliographiques); pour les systèmes paraboliques de PETROWSKY, cf. PETROWSKY [3], ARONSON [1], [2], EIDELMAN [1], [2], [3]. Cf. aussi un procédé de construction (par itération) de la fonction de GREEN pour $-\Delta + \frac{\partial}{\partial t}$, avec condition aux limites de DIRICHLET dans H. YAMABE [2].

Remarque 1.5. Pour le cas des opérateurs paraboliques du deuxième ordre avec singularités (sur les coefficients ou les données) à la frontière, cf. A. F. IL'IN [1], G. PRODI [1]. Pour l'étude de l'opérateur de la chaleur sur un espace de RIEMANN, cf. MILGRAM-ROSEMBLOOM [1].

Remarque 1.6. Pour les opérateurs paraboliques du deuxième ordre à coefficients assez réguliers, M. B. MALGRANGE a démontré (non publié) l'existence (l'unicité étant alors inexacte) d'une solution du problème de CAUCHY (donc $\Omega = R^n$) quelle que soit la croissance à l'infini de la donnée initiale. Pour des conditions de croissance à l'infini très larges, assurant existence et unicité, on consultera, dans le cas des opérateurs à coefficients constants, GELFAND et SILOV [3] (ceci n'étant plus limité aux opérateurs du deuxième ordre).

Remarque 1.7. Comme on a déja signalé dans la remarque 1.3, l'opérateur $A\left(x, t, \frac{\partial}{\partial x}\right)$ peut être un opérateur intégral, ou intégro-différentiel; un exemple important pour les applications pratiques (non détaillées ici) est celui où les «opérateurs élémentaires» (cf. Chap. II, No. 2) intervenant dans A sont des quotients différentiels (opérateurs aux différences finies).

Remarque 1.8. Signalons que l'on peut, dans le problème de CAUCHY pour des opérateurs du $2^{\text{ème}}$ ordre convenables, remplacer les conditions de croissance à l'infini par la positivité des solutions. Cf. D.V. WIDDER [1], C. PUCCI [1].

2. Ordre $2m$ en x

On adopte ici les notations du No. 5 du Chap. II. Sur $\Omega \subset R^n$, on prend $H = L^2(\Omega)$, et pour V un sous espace vectoriel fermé de $H^m(\Omega)$:

$$H_0^m(\Omega) \subset V \subset H^m(\Omega). \tag{2.1}$$

Si Ω est *quelconque*, on prend

$$a(t; u, v) = \sum_{|p|, |q| \leq m} \int_\Omega a_{pq}(x, t)\, D^q u\, D^p \bar{v}\, dx, \tag{2.2}$$

où

$$a_{pq}(x, t) \in L^\infty(\Omega \times (0, T)),$$

et si Ω est un ouvert de frontière Γ bornée, variété indéfiniment différentiable de dimension $n-1$, on prend

$$a(t; u, v) = \text{forme (2.2)} + \sum_{j=0}^{m-1} \langle T_j(t)\, u, \gamma_j \bar{v}\rangle, \tag{2.2$'$}$$

où

$$T_j(t) \in \mathscr{L}\left(H^m(\Omega); H^{-(m-j-\frac{1}{2})}(\Gamma)\right), \tag{2.3}$$

les fonctions $t \to \langle T_j(t)\, u, \varphi\rangle$, $u \in H^m(\Omega)$, $\varphi \in H^{(m-j-\frac{1}{2})}(\Gamma)$, étant mesurables, avec

$$|\langle T_j(t)\, u, \varphi\rangle \leqq c_j \|u\|_{H^m(\Omega)} \|\varphi\|_{H^{m-j-\frac{1}{2}}(\Gamma)}, \qquad t \in (0, T).$$

On fait l'hypothèse suivante (de coercivité de $a(t; u, v)$ sur V; cf. Chap. II, No. 5):

$$\operatorname{Re} a(t; v, v) + \lambda |v|^2 \geqq \alpha \|v\|^2, \qquad \alpha > 0,\ v \in V. \tag{2.4}$$

On peut alors appliquer le théorème 1.1, Chap. IV. On en déduit l'existence et l'unicité de $u(x, t)$ vérifiant

$$A\left(x, t, \frac{\partial}{\partial x}\right) u + \frac{\partial}{\partial t} u = f, \qquad f \text{ donnée dans } L^2(\Omega \times (0, T)), \tag{2.5}$$

où

$$A\left(x, t, \frac{\partial}{\partial x}\right) u = \sum_{p,q} (-1)^{|p|} D_x^p \left(a_{pq}(x, t)\, D_x^q u\right), \tag{2.6}$$

avec la condition initiale

$$u(x, 0) = u_0(x), \tag{2.7}$$

et les conditions aux limites:

$$u \in L^2(0, T; V), \tag{2.8}$$

$$\int_\Omega \left(A\left(x, t, \frac{\partial}{\partial x}\right) u\right) \bar{v}\, dx = a(t; u, v) \qquad \text{pour tout } v \in V\,[1]. \tag{2.9}$$

Ecrivons la formule de Green [2]:

$$\int_\Omega \left(A\left(x, t, \frac{\partial}{\partial x}\right) u\right) \bar{v}\, dx = \sum \int_\Omega a_{pq}(x, t)\, D^q u\, D^p \bar{v}\, dx + \sum_{j=0}^{m-1} \langle S_j(t)\, u, \gamma_j \bar{v}\rangle,$$

la condition (2.9) devient, dans le cas (2.2):

$$\sum_{j=0}^{m-1} \langle S_j(t)\, u, \gamma_j \bar{v}\rangle = 0 \qquad \text{pour tout } v \in V, \tag{2.10}$$

et dans le cas (2.2)':

$$\sum \langle (S_j(t) - T_j(t))\, u, \gamma_j \bar{v}\rangle = 0 \qquad \text{pour tout } v \in V. \tag{2.10$'$}$$

---

[1] La condition (2.8) (resp. (2.9)) n'est une condition aux limites que si $V \neq H^m(\Omega)$ (resp. $V \neq H_0^m(\Omega)$).

[2] Ceci, qui est formel, peut être rendu rigoureux avec des hypothèses supplémentaires (cf. No. 8).

Exemple 2.1. $V = H_0^m(\Omega)$.

Reste seulement la condition (2.8), qui signifie

$$D_x^p u(x,t) = 0 \quad \text{sur} \quad \Gamma \times (0,T), \qquad \text{pour } |p| \leqq m-1, \tag{2.11}$$

les conditions (2.11) étant prises au sens de la note 2, p. 102.

Exemple 2.2. $V = H^m(\Omega)$. Reste seulement la condition (2.10) ou (2.10)'. Dans le cas (2.10) les conditions aux limites sont

$$S_j(t)\, u = 0 \quad \text{sur} \quad \Gamma \times (0,T), \qquad j = 0, \ldots, m-1; \tag{2.12}$$

il s'agit des conditions de NEUMANN (cf. à ce sujet, Chap. II, remarque 5.1). Dans le cas (2.10)',

$$S_j(t)\, u - T_j(t)\, u = 0 \quad \text{sur} \quad \Gamma \times (0,T), \qquad j = 0, \ldots, m-1; \qquad (2.12)'$$

il s'agit de conditions du type *dérivées obliques*, dans un cas régulier (rien ne semble connu lorsque les directions des dérivations peuvent être tangentes à Γ).

Exemple 2.3. (cf. Exemple 5.3, Chap. II). On prend pour V l'espace des v avec $\gamma_0 v = 0$ sur Γ, et $\gamma_1 v = 0$ sur une partie Γ_1 (de capacité positive) de Γ. Alors, dans le cas de (2.2)', les conditions aux limites sont:

$$\begin{aligned} \gamma_0 u(x,t) &= 0 \quad \text{sur} \quad \Gamma \times (0,T), \\ \gamma_1 u(x,t) &= 0 \quad \text{sur} \quad \Gamma_1 \times (0,T), \\ S_1(t)\, u - T_1(t)\, u &= 0 \quad \text{sur} \quad (\Gamma - \Gamma_1) \times (0,T), \\ S_j(t)\, u - T_j(t)\, u &= 0, \quad j \geqq 2, \quad \text{sur} \quad \Gamma \times (0,T). \end{aligned}$$

Remarque 2.1. On peut naturellement considérer des problèmes analogues à ceux des exemples 1.5, ..., 1.8 du No. précédent (et il y a même ici beaucoup plus de possibilités de variantes). On a des problèmes non résolus analogues à ceux du No. 1 lorsque $V(t)$ dépend de t.

Remarque 2.2. La remarque 1.2 relative aux noyaux de GREEN s'étend au cas présent.

Remarque 2.3. Pour les problèmes analogues mais dans les espaces construits à partir de $L^p(\Omega)$, $p \neq 2$, il y a relativement peu de résultats connus. Signalons toutefois que pour $L^\infty(\Omega)$, et les opérateurs $A\left(x, t, \frac{\partial}{\partial x}\right) = A\left(x, \frac{\partial}{\partial x}\right)$ du deuxième ordre, des résultats peuvent être obtenus par utilisation du principe du maximum et du théorème de HILLE-YOSIDA, les conditions aux limites étant celles de DIRICHLET. Cf. K. YOSIDA [3], E. NELSON [1], où l'on trouvera d'autres indications bibliographiques. Les résultats récents dans la théorie des opérateurs elliptiques, dans les espaces L^p (cf. S. AGMON [2], AGMON-DOUGLIS-NIRENBERG [1],

F. E. Browder [8], [11], [12], Greco [1], [2], Koshelev [1], Lions-Magenes [3]) rendent possible l'extension de certains résultats à ces espaces (pour les conditions aux limites de Dirichlet, on peut utiliser T. Kato [1], [2]; dans le cas où $A\left(x, t, \frac{\partial}{\partial x}\right)$ *ne dépend pas de t,* on peut utiliser le théorème de Hille-Yosida, avec des conditions aux limites variées (cf. M. E. Solomiak [1], [2])). Consulter aussi Pini [1], Phillips [7].

Exemple de perturbation singulière. On va donner une application du théorème 11.1, Chap. IV.

On suppose que Ω est un ouvert de frontière bornée Γ, variété de dimension $n-1$, deux fois continûment différentiable. On définit $V_\varepsilon \subset H^2(\Omega)$ par

$$\gamma_0 u = \varepsilon^\lambda \gamma_1 u, \qquad \lambda > 1; \tag{2.13}$$

V_ε est un sous espace vectoriel fermé de $H^2(\Omega)$, muni de la norme induite, de sorte que (11.3), Chap. IV, a lieu.

On prend ensuite, avec les notations du Chap. IV, No. 11:

$$\mathscr{W} = H^1(\Omega), \qquad W = H_0^1(\Omega);$$

on vérifie que $\cap\, V_\varepsilon$ est dense dans $H_0^1(\Omega)$, donc que (11.1), (11.2), Chap. IV, ont lieu.

Soit maintenant P l'opérateur de projection orthogonale de $\mathscr{W}$ sur W; il faut évaluer $|Pu-u|_{\mathscr{W}} = \|Pu-u\|_{H^1(\Omega)}$ pour $u \in V_\varepsilon$. Posons $Pu = u_0$; par définition $(u-u_0, v)_{H^1(\Omega)} = 0$ pour tout $v \in H_0^1(\Omega)$, ou encore $-\Delta u_0 + u_0 = -\Delta u + u$, $u_0 \in H_0^1(\Omega)$; d'après Nirenberg [1], cela entraine $u_0 \in H^2(\Omega)$; donc $\|u-u_0\|^2_{H^1(\Omega)} = (u-u_0, u)_{H^1(\Omega)}$ et la formule de Green donne $= \langle \gamma_1(u-u_0), \gamma_0 \bar{u} \rangle$, où $\gamma_1(u-u_0)$ est dans $H^{\frac{1}{2}}(\Gamma)$ et $\gamma_0 u$ dans $H^{\frac{3}{2}}(\Gamma)$ (plus qu'il n'en faut pour que le crochet ait un sens). Mais $\gamma_0 u = \varepsilon^\lambda \gamma_1 u$, de sorte que

$$\|u-u_0\|^2_{H^1(\Omega)} \leqq \varepsilon^\lambda \|\gamma_1 u\|_{L^2(\Gamma)} \left(\|\gamma_1 u\|_{L^2(\Gamma)} + \|\gamma_1 u_0\|_{L^2(\Gamma)}\right).$$

Mais

$$\|\gamma_1 u_0\|_{L^2(\Gamma)} \leqq c_1 \|u_0\|_{H^2(\Omega)} \leqq c_2 \|u\|_{H^2(\Omega)},$$

d'où

$$|Pu-u|_{\mathscr{W}} \leqq c_3\, \varepsilon^{\lambda/2} \|u\|_{H^2(\Omega)},$$

on a donc (11.4) Chap. IV, avec

$$c(\varepsilon) = c_4\, \varepsilon^{\lambda/2}. \tag{2.14}$$

On prend ensuite $a(t; u, v)$ (resp. $b(t; u, v)$) forme sesquilinéaire continue sur $H^2(\Omega)$ (resp. $H^1(\Omega)$), mesurable en t, avec

$$\operatorname{Re} a(t; v, v) + \lambda |v|^2 \geqq \alpha \|v\|^2_{H^2(\Omega)}, \qquad v \in H^2(\Omega), \qquad \alpha > 0,$$

et

$$\operatorname{Re} b(t; v, v) + \lambda |v|^2 \geqq \beta_0 \|v\|^2_{H^1(\Omega)}, \qquad v \in H^1(\Omega), \qquad \beta_0 > 0,$$

et enfin

$$a_\varepsilon(t; u, v) = \varepsilon\, a(t; u, v) + b(t; u, v).$$

Alors (11.5) ... (11.8), Chap. IV, ont lieu, avec

$$\alpha(\varepsilon) = \alpha\,\varepsilon, \qquad \varrho(\varepsilon) = c_5\,\varepsilon,$$

de sorte que (11.11) a également lieu ($\lambda > 1$). *On est donc dans les conditions d'application du théorème* 11.1, Chap. IV. Nous laissons au lecteur le soin de voir à quels problèmes aux limites cela correspond. (Autres exemples: D. HUET [1].)

Remarque 2.4. Pour *les systèmes différentiels*, on appliquera (de façon analogue aux exemples précédents) les remarques de la fin du No. 5, Chap. II.

3. Quelques problèmes non linéaires

On va appliquer le No. 4, Chap. IV, à l'opérateur

$$\sum_{|p|,|q| \leq m} (-1)^{|p|} D_x^p \left(a_{pq}(x, t, D_x^{m-1} u(x, t))\, D_x^q u\right) + \frac{\partial}{\partial t} u,$$

(hypothèses précises plus loin).

Avec les notations du Chap. IV, No. 4, on prend

$$H = L^2(\Omega), \qquad H_0^m(\Omega) \subset V \subset H^m(\Omega), \qquad W = H^{m-1}(\Omega).$$

On supposera que

$$\left.\begin{array}{l}\text{l'injection de } H^m(\Omega) \text{ dans } H^{m-1}(\Omega) \text{ est complètement continue,}\\ \text{ce qui aura lieu si (Chap. II, No. 3) } \Omega \text{ est } \textit{borné} \text{ de frontière}\\ \text{assez régulière}^1.\end{array}\right\} \quad (3.1)$$

Pour $u, v \in H^m(\Omega)$, $w \in H^{m-1}(\Omega)$, on pose

$$a(t; u, v; w) = \sum \int_\Omega a_{pq}\left(x, t, D_x^{m-1} w(x)\right) D^q u\, D^p \bar{v}\, d x, \qquad (3.2)$$

où $D^{m-1} w$ désigne l'ensemble des dérivées d'ordre $\leq m-1$ de w, soit N le nombre de ces dérivées; on suppose que a_{pq} est une fonction $x, t, \lambda \to a_{pq}(x, t, \lambda)$, définie pour $x \in \Omega$, $t \in (0, T)$, $\lambda \in C^N$, mesurable en x et t pour tout λ fixé, continue en λ pour x et t fixés, avec

$$|a_{pq}(x, t, \lambda)| \leq M. \qquad (3.3)$$

Alors, $x \to a_{pq}\left(x, t, D^{m-1} w(x)\right)$ est dans $L^\infty(\Omega)$, de sorte que (3.2) a un sens, et définit une forme sesquilinéaire continue sur V; la condition (4.3), Chap. IV, a lieu; si $w \in L^2(0, T; W)$, et si $u(t)$ et $v(t)$ sont dans $L^2(0, T; V)$, la fonction $t \to a\left(t; u(t), v(t); w(t)\right)$ est mesurable.

---

[1] «Ω borné quelconque» est suffisant si $V = H_0^m(\Omega)$.

On fait l'hypothèse (de coercivité sur V):

$$\operatorname{Re}\, a(t; v, v; w) + \lambda |v|^2 \geqq \alpha \|v\|^2, \qquad \alpha > 0, \text{ pour tout } v \in V. \tag{3.4}$$

On sera alors dans les conditions (4.5), Chap. IV, si l'on vérifie ceci:

$$\left.\begin{array}{l} \text{si } w_n \to w \text{ dans } L^2(0, T; W), \text{ alors} \\ \int_0^T |a(t; u(t), v(t); w_n(t)) - a(t; u(t), v(t); w(t))| \, dt \to 0 \\ \text{pour } u \text{ fixé dans } L^2(0, T; V), \text{ uniformément pour } v \text{ dans un} \\ \text{borné de } L^2(0, T; V). \end{array}\right\} \tag{3.5}$$

On a donc à considérer les quantités

$$\int_0^T \int_\Omega |[a_{pq}(x, t, D_x^{m-1} w_n(x, t)) - a_{pq}(x, t, D^{m-1} w(x, t))] D^q u \, D^p \bar{v}| \, dx \, dt$$

et tout revient à montrer que

$$X_{pq} = \int_0^T \int_\Omega |a_{pq}(x, t, D^{m-1} w_n(x, t)) - a_{pq}(x, t, D^{m-1} w(x, t))|^2 |D_x^q(u)|^2 \, dx \, dt$$

tend vers 0 lorsque $n \to \infty$.

Or lorsque $n \to \infty$, $a_{pq}(x, t, D_x^{m-1} w_n(x, t)) - a_{pq}(x, t, D_x^{m-1} w(x, t))$ tend vers 0 en mesure (cf. E. GAGLIARDO [4], p. 255, qui utilise un théorème de G. SCORZA-DRAGONI [1] et STAMPACCHIA [1]; notons que ce point est facile si $a_{pq}(x, t, \lambda)$ est continue en les variables x, t, λ; c'est plus délicat si l'on suppose seulement que $a_{pq}(x, t, \lambda)$ est mesurable en x, t pour λ fixé).

On est donc dans les conditions d'applications du théorème 4.1, Chap. IV.

On peut alors reprendre, dans un cadre non linéaire, *tous* les exemples traités aux No. 1 et 2. (Voir aussi GAGLIARDO [4], LIONS [12], [15].)

Pour des méthodes différentes, on pourra consulter les travaux déja cités de EIDELMAN, A. FRIEDMAN, POGORZELSKI, et O.A. LADYZENSKAYA [4], MINAKSHISUNDARAM [1] et G. PRODI [2], [3].

Il y aurait évidemment lieu d'étudier les opérateurs de la forme

$$\sum (-1)^{|p|} D_x^p (a_{pq}(x, t, D^{2m-1} u(x, t)) D_x^q u) + \frac{\partial}{\partial t} u;$$

cela nécessite l'étude de la régularité des solutions des problèmes aux limites elliptiques, les coefficients étant seulement mesurables et bornés; des résultats dans cette direction sont connus seulement pour l'ordre 2: E. DE GIORGI [1], J. NASH [1], G. STAMPACCHIA [3], [4], [5], [6], C.B. MORREY [3], [4], URAL'TSEVA [1].

Signalons enfin qu'il ne serait peut être pas sans intérêt d'étudier des équations non linéaires dans la direction du Chap. IV, No. 7.

4. Autre exemple

Soit $\Omega \subset R^2$, $H = L^2(\Omega)$, et $\Lambda_1 = D_1 D_2$ ($D_i = \partial/\partial x_i$) l'opérateur élémentaire (cf. Chap. II, No. 2). On prend alors

$$V = H(D_1 D_2; \Omega),$$

i.e. l'espace des $u \in L^2(\Omega)$ tels que $D_1 D_2 u \in L^2(\Omega)$, muni de la norme

$$(|u|^2 + |D_1 D_2 u|^2)^{\frac{1}{2}}.$$

Soit

$$a(t; u, v) = \int_\Omega a_0(x, t)\,(D_1 D_2 u)\,(D_1 D_2 \bar{v})\,dx \tag{4.1}$$

où $a_0(x, t)$ est donnée dans $L^\infty(\Omega \times (0, T))$, avec

$$\operatorname{Re}\, a_0(x, t) \geqq \alpha > 0, \quad \text{p.p. dans} \quad \Omega \times (0, T). \tag{4.2}$$

On est alors dans les conditions d'application du théorème 1.1, Chap. IV. Posons

$$A\left(x, t, \frac{\partial}{\partial x}\right) u = D_1 D_2 \big(a_0(x, t)\, D_1 D_2 u\big). \tag{4.3}$$

On a alors l'existence d'une fonction $u \in L^2(\Omega \times (0, T))$, avec $D_1 D_2 u \in L^2(\Omega \times (0, T))$, solution de

$$A\left(x, t, \frac{\partial}{\partial x}\right) u + \frac{\partial}{\partial t} u = f, \tag{4.4}$$

f étant donnée dans $L^2(\Omega \times (0, T))$, avec la condition initiale

$$u(x, 0) = u_0(x), \tag{4.5}$$

et les conditions aux limites correspondant à

$$\left\langle A\left(x, t, \frac{\partial}{\partial x}\right) u, \bar{v} \right\rangle = a(t; u, v) \qquad \text{pour tout } v \in V; \tag{4.6}$$

intégrons par parties, en désignant par (α_1, α_2) les cosinus directeurs de la normale extérieure[1] à Ω en un point de Γ:

$$\int_\Gamma \big((\alpha_1 D_2 + \alpha_2 D_1)(a_0 D_1 D_2 u)\big)\,\bar{v}\,d\sigma - \int_\Gamma (a_0 D_1 D_2 u)\,(\alpha_1 D_2 + \alpha_2 D_1)\,\bar{v}\,d\sigma = 0$$

pour tout $v \in V$, d'où facilement

$$a_0 \alpha_1 \alpha_2 D_1 D_2 u = 0 \quad \text{sur} \quad \Gamma \times (0, T), \tag{4.7}$$

et

$$\left.\begin{aligned} &(\alpha_1 D_2 + \alpha_2 D_1)(a_0 D_1 D_2 u) + (\alpha_1 D_2 - \alpha_2 D_1)\big((\alpha_1^2 - \alpha_2^2)\, a_0 D_1 D_2 u\big) = 0 \\ &\qquad\qquad \text{sur} \quad \Gamma \times (0, T). \end{aligned}\right\} \tag{4.8}$$

[1] Formellement puisque Ω est quelconque.

Remarque 4.1. Il s'agit là d'interprétations formelles des conditions aux limites; si dans les exemples des No. 1 et 2, on peut (en général) avec des hypothèses de régularité supplémentaires sur les coefficients, la frontière et les données, rendre rigoureuses les interprétations formelles des No. 1 et 2 (cf. No. 8), il n'en va pas de même ici: il faudrait d'abord étudier la régularité des problèmes «elliptiques» lorsque les opérateurs élémentaires ne sont pas tous les D^p, $|p| \leqq m$ (cf. les remarques du Chap. II et de MAGENES-STAMPACCHIA [1]).

5. Opérateurs du type élasticité

(Pour ce No., cf. Chap. II, No. 7.)

On prend $H = (L^2(\Omega))^n$, et $H_0^1(\Omega)^n \subset V \subset E(\Omega)^n$, et on considère

$$a(t; u, v) = \sum \int_\Omega a_{jklm}(x, t)\, s_{jk}(u)\, s_{lm}(\bar{v})\, dx, \tag{5.1}$$

où $a_{jklm}(x, t) \in L^\infty(\Omega \times (0, T))$; on supposera que

$$\operatorname{Re} a(t; v, v) + \lambda |v|^2 \geqq \alpha \|v\|^2, \qquad \alpha > 0,\ v \in V; \tag{5.2}$$

on peut alors utiliser le théorème 1.1, Chap. IV.

Sont ainsi résolus de très nombreux problèmes aux limites faibles relativement à l'opérateur qui à $u = \{u_1, \ldots, u_n\}$ fait correspondre $v = \{v_1, \ldots, v_n\}$, par

$$v_l = -\sum_{j,k,m} \frac{1}{2} D_m\big((a_{jklm}(x, t) + a_{jklm}(x, t))\, s_{jk}(u)\big) + \frac{\partial}{\partial t} u_l. \tag{5.3}$$

(cf. les travaux déja cités de S. CAMPANATO).

Remarque 5.1. On peut appliquer le théorème des Noyaux de L. SCHWARTZ (cf. Remarque 1.2) aux exemples des No. 4 et de ce No. 5.

Remarque 5.2. Naturellement, à *tous* les exemples considérés jusqu'ici, on peut appliquer les résultats du Chap. V, ce qui fournit des solutions autant de fois différentiables *en t* que l'on voudra.

6. Conditions différentielles au bord

On applique ici le Chap. IV, No. 7.

On se place dans un ouvert Ω de R^n, de frontière Γ bornée, variété de dimension $n-1$, une fois continûment différentiable

On prend $V_0 = V_1 = V$, avec $H_0^1(\Omega) \subset V \subset H^1(\Omega)$, puis

$$a_0(t; u, v) = \sum \int_\Omega a_{ij}(x, t)\, D_j u(x)\, D_i \bar{v}(x)\, dx, \tag{6.1}$$

où

$$a_{ij}(x, t) \in L^\infty(\Omega \times (0, T)),$$

et

$$a_1(t; u, v) = \int_\Gamma a_1(x, t)\, \gamma_0 u\, \gamma_0 \bar{v}\, d\sigma, \tag{6.2}$$

où

$$a_1(x, t) \in L^\infty(\Gamma \times (0, T)).$$

On fait les hypothèses suivantes:

$$\operatorname{Re} \sum a_{ij}(x, t)\, \zeta_j \bar{\zeta}_i \geqq \alpha_0 (|\zeta_1|^2 + \cdots + |\zeta_n|^2), \qquad \alpha_0 > 0,\ \zeta_j \in C, \tag{6.3}$$

et

$$\left.\begin{aligned} &a_1 \text{ est réelle, avec } a_1(x, t) \geqq \alpha_1 > 0, \text{ et} \\ &\frac{\partial}{\partial t} a_1(x, t) \in L^\infty(\Gamma \times (0, T)). \end{aligned}\right\} \tag{6.4}$$

On est alors dans les conditions d'application du théorème 7.1, Chap IV. En effet

$$\operatorname{Re}\ a_0(t; v, v) + \lambda\, a_1(t; v, v) \geqq \alpha_0 \sum \int_\Omega |D_i v|^2\, dx + \lambda \alpha_1 \int_\Gamma |\gamma_0 v|^2\, d\sigma,$$

et ceci est $\geqq \alpha_2 \|v\|^2_{H^1(\Omega)}$, $\alpha_2 > 0$ (grâce aux hypothèses faites sur Ω; cf. Deny-Lions [1] ou Lions [2]). Par conséquent, étant donnée f dans $L^2(0, T; L^2(\Omega))$, et u_0 dans $H^{\frac{1}{2}}(\Gamma)$, il existe une fonction u et une seule, dans $L^2(-\infty, T; V)$, nulle pour $t < 0$, et vérifiant

$$a_0(t; u(t), v) + \frac{d}{dt} a_1(t; u(t)\ v) = (f(t), v) + a_1(0; u_0, v)\, \delta. \tag{6.5}$$

Interprétons le problème résolu. Posons

$$A_0\left(x, t, \frac{\partial}{\partial x}\right) = - \sum \frac{\partial}{\partial x_i}\left(a_{ij}(x, t) \frac{\partial}{\partial x_j}\right); \tag{6.6}$$

alors

$$A_0\left(x, t, \frac{\partial}{\partial x}\right) u(x, t) = f(x, t) \tag{6.7}$$

(équation *qui ne contient pas de dérivation en t*).

Voyons maintenant quelles sont les conditions aux limites:

$$\int_\Omega \left(A_0\left(x, t, \frac{\partial}{\partial x}\right) u\right) \bar{v}\, dx = \int_\Gamma \partial u/\partial \nu_{A_0(t)}\, \bar{v}\, d\sigma + a_0(t; u(t), v) = (f(t), v)$$

$$= a_0(t; u(t), v) + \frac{d}{dt} \int_\Gamma a_1(x, t)\, \gamma_0 u\, \gamma_0 \bar{v}\, d\sigma - \left(\int_\Gamma a_1(x, 0)\, u_0\, \gamma_0 \bar{v}\, d\sigma\right) \delta$$

d'où

$$\int_\Gamma \left(\partial u/\partial \nu_{A_0(t)} - \frac{\partial}{\partial t}\left(a_1(x, t)\, u(x, t)\right)\right) \bar{v}\, d\sigma = \left(\int_\Gamma a_1(x, 0)\, u_0(x)\, \bar{v}\, d\sigma\right) \delta \tag{6.8}$$

pour tout $v \in V$.

Exemple 6.1. $V = H^1(\Omega)$.

Alors

$$\partial u/\partial \nu_{A_0(t)} - \frac{\partial}{\partial t}\big(a_1(x,t)\,u(x,t)\big) = 0 \qquad \text{pour } x \in \Gamma,\ t \in (0,T), \tag{6.9}$$

et

$$u(x,0) = u_0(x), \qquad x \in \Gamma \tag{6.10}$$

(c'est ceci la condition initiale).

Exemple 6.2. $V =$ sous espace de $H^1(\Omega)$ des fonctions nulles sur Γ_1 ensemble de capacité positive de Γ. Alors

$$u(x,t) = 0 \qquad \text{pour } x \in \Gamma_1,\ t \in (0,T), \tag{6.11}$$

$$\partial u/\partial \nu_{A_0(t)} - \frac{\partial}{\partial t}\big(a_1(x,t)\,u(x,t)\big) = 0 \qquad \text{pour } x \in \Gamma - \Gamma_1,\ t \in (0,T) \tag{6.12}$$

$$u(x,0) = u_0(x) \qquad \text{donné sur } \Gamma - \Gamma_1. \tag{6.13}$$

Des problèmes de ce genre sont étudiés dans LIONS [10]. Dans le cas où les coefficients a_{ij}, a_1 ne dépendent pas de t, cf. SANDGREN [1]; le problème est alors lié (au moyen de la transformation de LAPLACE en t cf. Chap. XI) aux problèmes spectraux du type:

$$A_0\left(x, \frac{\partial}{\partial x}\right) u = 0 \qquad \text{dans } \Omega,$$

avec

$$\partial u/\partial \nu_{A_0} = \lambda\, a_1(x)\, u \quad \text{sur } \Gamma - \Gamma_1, \qquad u = 0 \text{ sur } \Gamma_1.$$

Cf. A. PLEIJEL [1], J. ODHNOFF [1].

Problèmes: 1) A-t-on un résultat analogue au précédent sans supposer que $\frac{\partial}{\partial t} a_1(x,t)$ est dans $L^\infty(\Gamma \times (0,T))$?

2) Etudier la régularité *en* x dans les problèmes de ce type (cf. No. 8).

7. Exemples correspondant à Δ^2

Sur Ω ouvert de R^n on considère W_i, $i = 1, 2$, sous espace vectoriel *fermé* de $H^1(\Omega)$ avec

$$H_0^1(\Omega) \subset W_i \subset H^1(\Omega), \qquad i = 1, 2. \tag{7.1}$$

Pour $u, v \in H^1(\Omega)$, nous poserons

$$(u,v)_1 = \sum_{j=1}^{n} \int_\Omega D_j u\, D_j \bar{v}\, dx. \tag{7.2}$$

On désigne par N_i l'espace des $u \in W_i$, tels que $\Delta u \in L^2(\Omega)$, et que

$$(-\Delta u, v) = (u,v)_1 \qquad \text{pour tout } v \in W_i \tag{7.3}$$

$\left(\text{où, comme d'ordinaire, } (f,g) = \int_\Omega f(x)\,\overline{g(x)}\,dx\right)$.

On désigne par H l'espace $L^2(\Omega)$ *et par* V l'espace des $u \in N_1$ tels que $\Delta u \in W_2$, muni du produit scalaire

$$((u, v)) = (u, v)_{N_1} + (\Delta u, \Delta v)_1 \tag{7.4}$$

où

$$(u, v)_{N_i} = (u, v)_{H^1(\Omega)} + (\Delta u, \Delta v). \tag{7.5}$$

On est alors dans la situation habituelle: $V \subset H$, dense dans H. On va appliquer le Chap. IV, No. 7, avec $V_0 = V$, $V_1 = W_1$, $\mathcal{F} = H$; puis

$$a_0(t; u, v) = (\Delta u, \Delta v)_1, \qquad u, v \in V, \tag{7.6}$$

$$a_1(t; u, v) = (u, v)_1, \qquad u, v \in W_1 \tag{7.7}$$

(donc les formes $a_i(t; u, v)$ sont indépendantes de t; il n'y aurait aucune difficulté à construire des variantes où $a_i(t; u, v)$ dépendrait effectivement de t).

On fait enfin l'hypothèse suivante:

$$|v|_1 \geqq c_i |v| \qquad \text{pour tout } v \in W_i, \ c_i > 0, \ |v|_1 = (v, v)_1^{\frac{1}{2}}. \tag{7.8}$$

(On verra des exemples plus loin.)

On a alors

$$\begin{aligned} \operatorname{Re} \big(a_0(t; v, v) + \lambda a_1(t; v, v)\big) &= |\Delta v|_1^2 + \lambda |v|_1^2 \\ &\geqq (\tfrac{1}{2}) |\Delta v|_1^2 + (c_2/2) |\Delta v|^2 + (\lambda/2) |v|_1^2 + (\lambda c_1/2) |v|^2 \geqq \alpha \|v\|^2, \quad \alpha > 0, \end{aligned}$$

de sorte que l'on est dans les conditions d'application du théorème 7.1, Chap. IV. Donc: (7.8) *ayant lieu, il existe* u *dans* $L^2(-\infty, T; V)$ *unique, nulle pour* $t < 0$, *et vérifiant*

$$(\Delta u(t), \Delta v)_1 + \frac{d}{dt} (u(t), v)_1 = (f(t), v)_1 + (u_0, v)_1 \delta, \qquad v \in V, \tag{7.9}$$

où f *est donnée dans* $L^2(-\infty, T; W_1)$, *nulle pour* $t < 0$, *et où* u_0 *est donné dans* W_1.

Interprétons le problème résolu. Soit Γ_i une partie de la frontière Γ de Ω, Ω supposé borné, Γ étant une variété de dimension $n-1$, une fois continûment différentiable. On prend pour W_i le sous espace de $H^1(\Omega)$ des fonctions nulles sur Γ_i. Si l'on suppose que Γ_i est «assez grand» (probablement de capacité > 0 est suffisant), les conditions (7.8) ont lieu (cf. par ex. Deny-Lions [1] ou Lions [2]).

Dans ces conditions l'appartenance de u à N_1 signifie[1]:

$$u = 0 \quad \text{sur } \Gamma_1, \qquad \frac{\partial}{\partial \nu} u = 0 \quad \text{sur } \Gamma - \Gamma_1,$$

$\partial/\partial\nu$ désignant la dérivée normale à Γ.

---

[1] On peut donner un sens précis à ces affirmations, par les méthodes de Lions-Magenes [1].

Par conséquent, l'appartenance de $u(t)$ à $L^2(0, T; V)$ signifie déja, du point de vue des conditions aux limites:

$$\left.\begin{array}{l} u(x,t)=0 \quad \text{sur } \Gamma_1, \quad \dfrac{\partial}{\partial\nu}u(x,t)=0 \quad \text{sur } \Gamma-\Gamma_1, \quad t\in(0,T) \\ \Delta u(x,t)=0 \quad \text{sur } \Gamma_2. \end{array}\right\} \quad (7.10)$$

Par ailleurs, $u(t)\in W_1$ p.p., et $v\in V\subset N_1$, donc par (7.3):

$$\big(u(t), v\big)_1 = -\big(u(t), \Delta v\big).$$

De même: $\big(f(t), v\big)_1 = -\big(f(t), \Delta v\big)$, $(u_0, v)_1 = -(u_0, \Delta v)$. On peut donc écrire (7.9) sous la forme

$$\big(\Delta u(t), \Delta v\big)_1 - \frac{d}{dt}\big(u(t), \Delta v\big) = -\big(f(t), \Delta v\big) - (u_0, \Delta v)\,\delta, \quad v\in V. \quad (7.11)$$

Mais comme, par (7.8), $(v, v)_1 \geqq \alpha_1 \|v\|^2_{H^1(\Omega)}$, $\alpha_1 > 0$, pour tout $v\in W_1$, $-\Delta$ est un isomorphisme de N_1 sur $H = L^2(\Omega)$ (cf. Chap. II, No. 1); donc, pour w donné dans W_2, il existe un élément v et un seul de N_1 avec $-\Delta v = w$, et alors $v\in V$; donc, (7.11) est équivalent à

$$\big(\Delta u(t), w\big)_1 - \frac{d}{dt}\big(u(t), w\big) = -\big(f(t), w\big) - (u_0, w)\,\delta, \quad w\in W_2. \quad (7.12)$$

Ceci entraine:

$$\Delta_x^2 u(x,t) + \frac{\partial}{\partial t}u(x,t) = f(x,t) \quad \text{dans} \quad \Omega\times\,]0, T[, \quad (7.13)$$

avec la condition initiale

$$u(x, 0) = u_0(x), \quad (7.14)$$

et comme conditions aux limites

$$\int_\Omega \big(\Delta^2 u(x,t)\big)\,\overline{w(x)}\,dx = (\Delta u, w)_1$$

donc

$$\frac{\partial}{\partial\nu}\Delta u(x,t) = 0 \quad \text{sur } \Gamma-\Gamma_2,\ t\in(0,T). \quad (7.15)$$

On a donc, *sous l'hypothèse* (7.8), *obtenu u solution de* (7.13) *avec la condition initiale* (7.14), *et les conditions aux limites* (7.10) *et* (7.15).

Problèmes: peut-on résoudre ce problème si (7.8) n'a pas lieu? Peut on supposer que f est dans $L^2(0, T; H)$ et que u_0 est dans H?

Remarque 7.1. Comme les $a_i(t; u, v)$ ne dépendent pas de t, on peut utiliser dans cet exemple la méthode de transformation de Laplace (cf. Lions [2] et Chap. XI).

8. Régularité

On suppose que $a(t; u, v)$ vérifie les hypothèses du Chap. V, théorème 3.1. Nous les rappelons:

$$t \to a(t; u, v) \text{ est } k \text{ fois continûment différentiable dans } [0, T]; \tag{8.1}$$

$$\operatorname{Re} a(t; v, v) + \lambda |v|^2 \geqq \alpha \|v\|^2, \qquad v \in V, \ \alpha > 0; \tag{8.2}$$

on se ramène au cas où $\lambda = 0$, donc

$$\operatorname{Re} a(t; v, v) \geqq \alpha \|v\|^2, \qquad v \in V. \tag{8.2'}$$

On se place par ailleurs dans le cadre du No. 2, donc $H_0^m(\Omega) \subset V \subset H^m(\Omega)$, V étant un sous espace vectoriel fermé de $H^m(\Omega)$. Vu (8.2)', pour tout f donné dans $H = L^2(\Omega)$, il existe une fonction u et une seule, solution de

$$a(t; u, v) = (f, v) \quad \text{pour tout } v \in V; \tag{8.3}$$

alors (Chap. II, No. 1) u est dans $D(A(t))$ et (8.3) équivaut à

$$A(t) u = f, \quad \text{i.e.} \quad u = A^{-1}(t) f. \tag{8.3'}$$

On fait maintenant l'hypothèse suivante

$$\left.\begin{array}{l}\text{pour } f \in H^\varrho(\Omega),\ 0 \leqq \varrho \leqq r,\ A^{-1}(t) f \text{ est dans } H^{\varrho+2m}(\Omega),\\ \text{et la fonction } t \to A^{-1}(t) f \text{ est } k \text{ fois continûment dif-}\\ \text{férentiable de } [0, T] \text{ dans } H^{\varrho+2m}(\Omega).\end{array}\right\} \tag{8.4}$$

Pour t *fixé*, l'appartenance de $A^{-1}(t) f$ à $H^{\varrho+2m}(\Omega)$ est vraie si les coefficients de $a(t; u, v)$ sont assez réguliers, ainsi que la frontière de Ω, et si V est défini par des relations différentielles linéaires entre les $\gamma_j v$, $j \leqq m-1$, à coefficients également assez réguliers. Cf. L. Nirenberg [1], Aronszajn-Smith [2], F. E. Browder [4], [10]. Si tous les coefficients dépendent continûment (resp. de façon une fois continûment différentiable, etc.) du paramètre t, alors $A^{-1}(t) f$ dépend de t dans $H^{\varrho+2m}(\Omega)$ (fort) de façon continue (resp. une fois continûment différentiable, etc.) et cela d'après la *démonstration* de la régularité dans le cas où t est fixé[1].

On utilisera au cours de ce No. le

Lemme 8.1. *Sous l'hypothèse* (8.4), *l'application* $u(t) \to A^{-1}(t) u(t)$ *est linéaire continue de* $\mathscr{D}^k(0, T; H^\varrho(\Omega))$ [resp. $\mathscr{D}_0^k(0, T; H^\varrho(\Omega))$] *dans* $\mathscr{D}^k(0, T; H^{\varrho+2m}(\Omega))$ [resp. $\mathscr{D}_0^k(0, T; H^{\varrho+2m}(\Omega))$].

On va maintenant démontrer le

Théorème 8.1. *On suppose que* (8.1), (8.2)' *et* (8.4) *ont lieu. On donne* f *dans* $\mathscr{D}_0^k(0, T; H^r(\Omega))$, $k \geqq 1$. *Dans ces conditions il existe* u *unique*

---

[1] Tout ceci vaut par interpolation pour ϱ non entier, $\varrho \in [0, r]$.

vérifiant

$$u \in \mathscr{D}_0^k(0, T; V), \tag{8.5}$$

$$u \in L^2\bigl(0, T; D(A(t))\bigr) \text{ [1]}, \tag{8.6}$$

$$A\left(x, t, \frac{\partial}{\partial x}\right) u + \frac{\partial}{\partial t} u = f \text{ [2]} \tag{8.7}$$

En outre:

$$\left.\begin{array}{lll} \text{(i) si } 0 \leqq r \leqq m, & u \in \mathscr{D}^{k-1}\bigl(0, T; H^{r+2m}(\Omega)\bigr); & \\ \text{(ii) si } m < r \leqq 3m, & u \in \mathscr{D}^{k-1}\bigl(0, T; H^{3m}(\Omega)\bigr) & \text{et si } k \geqq 2, \\ & u \in \mathscr{D}^{k-2}\bigl(0, T; H^{r+2m}(\Omega)\bigr), & \\ \text{et ainsi de suite.} & & \end{array}\right\} \tag{8.8}$$

Démonstration. D'après le théorème 3.1, Chap. V, il n'y a plus que (8.8) à démontrer. On déduit de (8.7)

$$u(t) = A^{-1}(t)\,\bigl(f(t) - u'(t)\bigr). \tag{8.9}$$

Or $f \in \mathscr{D}_0^k\bigl(0, T; H^r(\Omega)\bigr)$, et $u' \in \mathscr{D}^{k-1}\bigl(0, T; H^m(\Omega)\bigr)$ (d'après (8.5) et comme $V \subset H^m(\Omega)$). Donc, dans le cas (i),

$$f - u' \in \mathscr{D}^{k-1}\bigl(0, T; H^r(\Omega)\bigr),$$

et de (8.9) et du lemme (8.1), on déduit (8.8) (i).

Dans le cas (ii), $f - u'$ est dans $\mathscr{D}^{k-1}\bigl(0, T; H^m(\Omega)\bigr)$, de sorte que u est dans $\mathscr{D}^{k-1}\bigl(0, T; H^{3m}(\Omega)\bigr)$. Si $k \geqq 2$, il en résulte que

$$u' \in \mathscr{D}^{k-2}\bigl(0, T; H^{3m}(\Omega)\bigr) \text{ [3]},$$

et si $m < r \leqq 3m$, on a donc $f - u' \in \mathscr{D}^{k-2}\bigl(0, T; H^r(\Omega)\bigr)$, d'où le résultat.

Appliquant maintenant le théorème 3.3, Chap. V, on a, par la même méthode, le:

Théorème 8.2. *On se place dans les hypothèses du théorème* 8.1 *avec en outre:*

$$a(t; u, v) = \overline{a(t; v, u)} \quad \text{pour tout } u, v \in V. \tag{8.10}$$

Alors il existe u unique vérifiant

$$u \in \mathscr{D}_0^k(0, T; V) \cap \mathscr{D}^{k+1}(0, T; H), \tag{8.11}$$

---

[1] Cela signifie: $u \in L^2(0, T; V)$, $u(t) \in D(A(t))$ p.p., avec $A(t)u \in L^2(0, T; H)$; muni de la norme

$$\left(\int_0^T \|u(t)\|^2\,dt + \int_0^T |A(t)\,u(t)|^2\,dt\right)^{\frac{1}{2}}$$

c'est un espace de Hilbert. Cf. aussi Chap. VII.

[2] Ou encore $A(t)\,u(t) + u'(t) = f(t)$; $A(x, t, \partial/\partial x)$ est défini au No. 2.

[3] On se borne à $k \geqq 2$ pour simplifier, mais ce n'est pas essentiel.

avec (8.6) *et* (8.7). *En outre*

$$u \in \mathcal{D}_0^k\big(0,\, T;\, H^{2m}(\Omega)\big), \tag{8.12}$$

et

$$\left.\begin{array}{lll} \text{(i) si } 0 \leqq r \leqq 2m, & u \in \mathcal{D}^{k-1}\big(0,\, T;\, H^{r+2m}(\Omega)\big); & \\ \text{(ii) si } 2m < r \leqq 4m, & u \in \mathcal{D}^{k-1}\big(0,\, T;\, H^{4m}(\Omega)\big), & \text{et si } k \geqq 2, \\ & u \in \mathcal{D}^{k-2}\big(0,\, T;\, H^{r+2m}(\Omega)\big), & \\ \text{et ainsi de suite.} & & \end{array}\right\} \tag{8.13}$$

Remarque 8.1. Utilisant ces théorèmes et le théorème 3.5, Chap. II, on obtiendra donc pour les problèmes aux limites correspondants des solutions autant de fois différentiables que l'on voudra, frontière comprise. On obtient en particulier des interprétations rigoureuses de toutes les interprétations formelles des conditions aux limites données aux No. 1 et 2 — au moins dans les cas où (8.4) s'applique, le cas le plus notable ainsi *exclu* étant le cas des problèmes *mêlés* (cf. Chap. II, exemple 4.3, et ce chapitre, exemple 1.3).

Remarque 8.2. Les théorèmes 8.1 et 8.2 fournissent des résultats de régularité, frontière comprise. Pour la régularité à l'intérieur de $\Omega \times\,]0, T[$, on peut utiliser le procédé suivant: si l'on suppose que la fonction $t \to a(t; u, v)$ est $2m$ fois continûment différentiable, alors $u \in \mathcal{D}^{2m}(0, T; V)$ (si f est dans $\mathcal{D}_0^{2m}(0, T; H)$), de sorte que

$$A\left(x, t, \frac{\partial}{\partial x}\right) u + (-1)^m D_t^{2m} u \in L^2\big(\Omega \times (0, T)\big).$$

Or l'opérateur

$$A\left(x, t, \frac{\partial}{\partial x}\right) + (-1)^m D_t^{2m}$$

est fortement elliptique donc (cf. FRIEDRICHS [9], F.E. BROWDER [10]) *u est localement dans* $H^{2m}\big(\Omega \times (0, T)\big)$.

Ce procédé (non économique relativement aux hypothèses) est inspiré de K. YOSIDA [3], qui l'a utilisé pour les opérateurs hyperboliques du deuxième ordre.

On trouvera un procédé directement adapté au cas actuel dans F.E. BROWDER [3], et le cas des paraboliques généraux dans S. MIZOHATA [7]. La régularité à l'intérieur d'un point de vue plus général est étudiée dans L. HÖRMANDER [1], [4], B. MALGRANGE [2], F. TRÈVES [4].

Dans le cas où $A\left(x, t, \frac{\partial}{\partial x}\right)$ ne dépend pas de t et les conditions aux limites de DIRICHLET, cf. P.D. LAX-N. MILGRAM [1].

On pourra étudier l'analyticité au bord en utilisant les méthodes de MORREY-NIRENBERG [1] (cf. aussi E. MAGENES-G. STAMPACCHIA [1].

Pour ce No. on consultera également P.C. ROSEMBLOOM [1].

9. Conditions aux limites non homogènes

On va donner une interprétation nouvelle de l'espace $\mathscr{D}_a^k(a, b; H^r(\Omega))'$ dual de $\mathscr{D}_a^k(a, b; H^r(\Omega))$ (notations du Chap. IV, No. 4).

On supposera que Ω est r-régulier (définition 10.1, Chap. II). On considère l'application $v \to r(v)$ qui à $v \in \mathscr{D}_a^k(a, \infty; H^r(R^n))$ fait correspondre la restriction de v à $\Omega \times]a, b[$; c'est une application linéaire continue de $\mathscr{D}_a^k(a, \infty; H^r(R^n))$ dans $\mathscr{D}_a^k(a, b; H^r(\Omega))$, qui est surjective ($\Omega$ étant r-régulier) et le noyau de cette application consiste en les v nuls pour $t < b$, et $x \in \Omega$. Alors l'application transposée

$$f \to \pi_{k,r} f$$

est un isomorphisme de $\mathscr{D}_a^k(a, b; H^r(\Omega))'$ sur l'orthogonal Z dans $\mathscr{D}_a^k(a, \infty; H^r(R^n))'$ du noyau de r; on peut identifier $\mathscr{D}_a^k(a, \infty; H^r(R^n))'$ à $\mathscr{D}^{-k}(a, \infty; H^{-r}(R^n))$, et $g \in Z$ si $\langle g, v\rangle = 0$ pour tout v dans le noyau de r. Donc $g \in \mathscr{D}_{(a,b]}^{-k}(a, \infty; H_{\bar{\Omega}}^{-r}(R^n))$, sous espace de $\mathscr{D}^{-k}(a, \infty; H^{-r}(R^n))$ des distributions nulles pour $t > b$ ou en dehors de Ω.

Réciproquement, soit $g \in \mathscr{D}_{(a,b]}^{-k}(a, \infty; H_{\bar{\Omega}}^{-r}(R^n))$; on va montrer que $g \in Z$; soit v dans le noyau de r; désignons par $\mathcal{O}$ le complémentaire de $\bar{\Omega}$, et soit $v_{\mathcal{O}}(t)$ la restriction de $v(t)$ à $\mathcal{O}$; comme Ω est r-régulier, $v_{\mathcal{O}}(t) \in H_0^r(\mathcal{O})$, et donc

$$v_{\mathcal{O}} \in \mathscr{D}_a^k(a, \infty; H_0^r(\mathcal{O})),$$

et en outre $v_{\mathcal{O}}$ est nulle pour $t < b$; on peut donc trouver une suite de fonctions φ_j, éléments de $\mathscr{D}(\mathcal{O} \times]b, \infty[)$, telle que $\tilde{\varphi}_j$ (prolongement de φ_j par 0 pour $t < b$ et en dehors de $\mathcal{O}$) converge vers v dans $\mathscr{D}_a^k(a, \infty; H^r(R^n))$; alors $\langle g, \varphi_j\rangle = 0$ et $\langle g, \varphi_j\rangle \to \langle g, v\rangle$ donc $\langle g, v\rangle = 0$, et $g \in Z$. Donc

Proposition 9.1. *Si Ω est r-régulier, l'application $f \to \pi_{k,r} f$ définie par*

$$\langle \pi_{k,r} f, v\rangle = f(r(v)), \qquad v \in \mathscr{D}_a^k(a, \infty; H^r(R^n)), \tag{9.1}$$

est un isomorphisme de $\mathscr{D}_a^k(a, b; H^r(\Omega))'$ sur $\mathscr{D}_{(a,b]}^{-k}(a, \infty; H_{\bar{\Omega}}^{-r}(R^n))$.

On va maintenant transposer les résultats du No. précédent. *Pour simplifier, on prend $k = 1$, $r = 0$.* Désignons par $\mathscr{N}$ l'espace des $v \in \mathscr{D}^1(0, T; V) \cap L^2(0, T; D(A(t))) \cap L^2(0, T; H^{2m}(\Omega))$.

Alors $A\left(x, t, \frac{\partial}{\partial x}\right) + \frac{\partial}{\partial t}$ est, d'après le théorème 8.1, un isomorphisme de $\mathscr{N}$ sur $L^2(0, T; H)$, de sorte que, par transposition, pour F donné dans $\mathscr{N}'$, il existe un élément U et un seul de l'espace $(L^2(0, T; H))'$, avec

$$U\left(\overline{A\left(x, t, \frac{\partial}{\partial x}\right) v + \frac{\partial}{\partial t} \bar{v}}\right) = F(\bar{v}), \qquad v \in \mathscr{N}. \tag{9.2}$$

On peut en particulier prendre F dans $L^2(0, T; H^{2m}(\Omega))'$; supposons que Ω soit $2m$-régulier. On applique la proposition 9.1 avec $k = 0$; on considère donc

$$\pi_{0,2m}^{-1} F = f \in L^2(0, T; H_{\bar\Omega}^{-2m}(R^n)), \quad \pi_{0,0}^{-1} U = u \in L^2(0, T; H_{\bar\Omega}^0(R^n)) \tag{9.3}$$

(puisqu'on peut évidemment identifier $\mathscr{D}^0_{[a,b]}(a, \infty; H_{\bar\Omega}^{-r}(R^n))$ avec $L^2(a, b; H_{\bar\Omega}^{-r}(R^n))$).

On déduit alors de (9.2)

$$\left\langle u, \overline{\tilde{\alpha}\left(x, t, \frac{\partial}{\partial x}\right) v + \frac{\partial}{\partial t} \bar v} \right\rangle = \langle f, \bar v\rangle \text{ [1]} \tag{9.4}$$

pour toute fonction v telle que

$$\left.\begin{aligned} &v \in \mathscr{D}_0^1(0, T; H^m(R^n)) \cap L^2(0, T; H^{2m}(R^n)) \text{ avec} \\ &v_\Omega \in \mathscr{D}_0^1(0, T; V) \cap L^2(0, T; D(A(t))). \text{ [2]} \end{aligned}\right\} \tag{9.5}$$

Donc:

Théorème 9.1. *On se place dans les hypothèses du théorème* 8.1, *en supposant que Ω est $2m$-régulier. Alors pour f donnée dans $L^2(0, T; H_{\bar\Omega}^{-2m}(R^n))$ il existe u unique, $\in L^2(0, T; H_{\bar\Omega}^0(R^n))$, avec* (9.4) *pour tout v vérifiant* (9.5).

Exemple 9.1. (Cf. Exemple 10.1, Chap. II.)

Nous prenons $m = 1$. On donne

$$g_0 = g_0(t) \in L^2(0, T; H^{-\frac12}(\Gamma)), \qquad g_1 = g_1(t) \in L^2(0, T; H^{-\frac32}(\Gamma)). \tag{9.6}$$

On définit ensuite $S = S(t)$, avec

$$S(t) \in L^2(0, T; H^{-2}(R^n)), \tag{9.7}$$

par

$$\langle S(t), \bar\psi\rangle = -\langle g_1(t), \gamma_0 \bar\psi\rangle + \left\langle g_0(t), \frac{\partial}{\partial \nu_{A(t)}} \bar\psi\right\rangle, \tag{9.8}$$

où $\psi \in H^2(R^n)$ et où le premier (resp. deuxième) crochet désigne la dualité entre $H^{-\frac32}(\Gamma)$ (resp. $H^{-\frac12}(\Gamma)$) et $H^{\frac32}(\Gamma)$ (resp. $H^{\frac12}(\Gamma)$).

On prend ensuite $g \in L^2(Q_T)$, $Q_T = \Omega \times]0, T[$, et soit $\tilde g$ le prolongement de g par 0 hors de Ω; alors

$$f = \tilde g + S, \qquad f \in L^2(0, T; H_{\bar\Omega}^{-2}(R^n)). \tag{9.9}$$

On peut écrire

$$u - u_0, \qquad u_0 \in L^2(Q_T),$$

et il résulte de (9.4) que

$$A^*\left(x, t, \frac{\partial}{\partial x}\right) u_0 - \frac{\partial}{\partial t} u_0 = g. \text{ [3]} \tag{9.10}$$

---

[1] $\tilde\alpha(x, t, \partial/\partial x)$ est un «prolongement» à R^n de $A(x, t, \partial/\partial x)$; cf. Chap. II, No. 10.

[2] v_Ω est la restriction de v à $\Omega \times (0, T)$.

[3] $A^*\left(x, t, \frac{\partial}{\partial x}\right) = -\sum \frac{\partial}{\partial x_j} \overline{a_{ji}(x, t)} \frac{\partial}{\partial x_i} - \sum \frac{\partial}{\partial x_i} (\overline{a_i(x, t)}) + \overline{a_0(x, t)}$

si $a(t; u, v)$ est définie par (1.2).

Ensuite

$$\left\langle u, \overline{\tilde{\alpha}\left(x, t, \frac{\partial}{\partial x}\right) v} + \frac{\partial}{\partial t} \bar{v} \right\rangle = \left\langle u_0, \overline{A\left(x, t, \frac{\partial}{\partial x}\right) v} + \frac{\partial}{\partial t} \bar{v} \right\rangle$$
$$= \langle f, \bar{v} \rangle = \langle S, \bar{v} \rangle + \langle \tilde{g}, \bar{v} \rangle$$

donc

$$\left\langle u_0, \overline{A\left(x, t, \frac{\partial}{\partial x}\right) v} + \frac{\partial}{\partial t} \bar{v} \right\rangle - \left\langle A^*\left(x, t, \frac{\partial}{\partial x}\right) u_0 - \frac{\partial}{\partial t} u_0, \bar{v}_\Omega \right\rangle = \langle S, \bar{v} \rangle .$$

Mais le premier membre peut s'écrire[1]

$$(u_0(T), v(T)) + \int_0^T \int_\Gamma u_0 \frac{\partial}{\partial \nu_{A(t)}} \bar{v} \, d\sigma \, dt - \int_0^T \int_\Gamma \left(\frac{\partial}{\partial \nu_{A^*(t)}} u_0 \right) \bar{v} \, d\sigma \, dt$$

d'où

$$u_0(T) = 0, \tag{9.11}$$

$$\left.\begin{aligned} &\int_0^T \int_\Gamma u_0 \frac{\partial}{\partial \nu_{A(t)}} \bar{v} \, d\sigma \, dt - \int_0^T \int_\Gamma \left(\frac{\partial}{\partial \nu_{A^*(t)}} u_0 \right) \bar{v} \, d\sigma \, dt \\ &\qquad = \int_0^T \left\langle g_0(t), \frac{\partial}{\partial \nu_{A(t)}} \bar{v} \right\rangle dt - \int_0^T \langle g_1(t), \bar{v} \rangle \, dt. \end{aligned}\right\} \tag{9.12}$$

Prenons deux cas particuliers:

1) $V = H_0^1(\Omega)$.

Alors (9.12) devient

$$u_0(t) = g_0(t) \quad \text{sur } \Gamma \times]0, T[, \tag{9.13}$$

et on a obtenu u_0 solution de (9.10), (9.11) et (9.13).

2) $V = H^1(\Omega)$.

Alors (9.12) devient

$$\frac{\partial}{\partial \nu_{A^*(t)}} u_0(t) = g_1(t) \quad \text{sur } \Gamma \times]0, T[\tag{9.14}$$

(et cette fois u_0 est solution de (9.10), (9.11), (9.14)).

Il s'agit de problèmes avec conditions aux limites non homogènes. Cf. aussi Džavadov [1].

Sous des hypothèses supplémentaires, on peut donner des résultats beaucoup plus précis. Cf. Lions-Magenes [2].

---

[1] Ceci peut être justifié, mais nécessite alors quelques développements sur lesquels nous reviendrons. Cf. aussi Lions-Magenes [2].

Chapitre VII

Equations différentielles opérationnelles du premier ordre en t (III)

Sommaire. Ce chapitre suppose acquis les Chap. I et II. Le résultat essentiel est énoncé au No. 1 et démontré aux No. 2 et 3. Il est relatif aux opérateurs $A(t) + \partial/\partial t$, le domaine de $A(t)$ dépendant de t *ainsi que* le domaine $D(A(t)^{\frac{1}{2}})$ de $A(t)^{\frac{1}{2}}$ (en supposant pour simplifier ici que $A(t) \geqq 0$). Les cas étudiés au Chap. IV supposaient (sauf le Chap. IV, No .5 - relevant d'ailleurs d'une technique un peu différente, et d'applications nettement différentes) que $D(A(t)^{\frac{1}{2}}) = V$ est indépendant de t (ceci dans un sens convenable, puisqu'on ne supposait pas au Chap. IV, que $A(t)$ était auto adjoint!). Ce résultat du No. 1 pose d'ailleurs un certain nombre de problèmes non résolus. L'un d'eux est relatif aux hypothèses de différentiabilité (cf. No. 1); un autre est le suivant: l'hypothèse que la «partie principale» de $A(t)$ — cf. No. 1 — est auto adjointe, est elle, ou non, nécessaire?

Le No. 4 donne un théorème de traces, qui utilise les No. 1, 2, 3 — et conduit à deux problèmes.

Le No. 5 est préliminaire aux applications, qui sont données aux No. 6 et 7. Ces No. utilisent le Chap. II, No. 3.

Avec les méthodes de ce chapitre on peut étudier des problèmes voisins de ceux du Chap. IV, No. 9, 10, 11; cela n'est pas détaillé ici.

L'étude de la régularité en t de la solution — et par transposition (ou passage à la limite), l'étude des solutions distributions — n'est pas faite ici. Il faut en effet d'abord mettre sur pieds une théorie des distributions à valeurs dans des espaces vectoriels variables, théorie dûe à F. Trèves [5], [6]. Nous renvoyons aux travaux de M. Trèves pour cette direction.

Nous n'abordons pas non plus l'étude du problème de Cauchy relatif aux opérateurs

$$A_0(t) + \frac{\partial}{\partial t} A_1(t),$$

où $D(A_0(t))$ et $D(A_1(t))$ dépendent de t ainsi que $D(A_0(t)^{\frac{1}{2}})$ et $D(A_1(t)^{\frac{1}{2}})$ (le Chap. IV, No. 7, correspond — essentiellement — au cas où $D(A_i(t)^{\frac{1}{2}})$ est indépendant de t).

Il serait intéressant d'étudier l'unicité rétrograde (cf. Lions-Malgrange [1]) pour les opérateurs $A_0(t) + \dfrac{\partial}{\partial t} A_1(t)$.

1. Enoncé du résultat principal

On considère, dans l'espace de Hilbert H séparable (pour fixer les idées, ce n'est pas essentiel) (produit scalaire (f, g), norme $|f|$) une famille d'opérateurs $X(t)$ non bornés, $t \in [0, T]$, chaque $X(t)$ étant *fermé*. On désigne comme d'ordinaire par $D(X(t))$ le domaine de $X(t)$. *On désigne par* $L^2(0, T; D(X(t)))$ l'espace des (classes de) fonctions $u \in L^2(0, T; H)$, telles que $u(t) \in D(X(t))$ p.p. et que la fonction $t \to X(t)\, u(t)$ soit dans $L^2(0, T; H)$. Muni de la norme

$$\left(\int_0^T (|u(t)|^2 + |X(t)\, u(t)|^2)\, dt\right)^{\frac{1}{2}} \tag{1.1}$$

c'est *un espace de* HILBERT.

Ceci posé, soit $A(t)$, $t \in [0, T)$ une famille d'opérateurs non bornés, de la forme $A(t) = A_1(t) + A_2(t)$, où $A_1(t)$ est la «partie principale» de $A(t)$, auto adjointe bornée inférieurement, et où $A_2(t)$ est «petit» devant $A_1(t)$; voici les hypothèses précises:

$$\left.\begin{array}{l}\text{pour chaque } t \in [0, T],\ A_1(t) \text{ est auto adjoint, et il existe } \lambda \\ \text{indépendant de } t \text{ tel que} \\ \qquad (A_1(t)\, u, u) + \lambda |u|^2 \geqq 0 \quad \text{pour tout } u \in D(A_1(t));\end{array}\right\} \tag{1.2}$$

il faut maintenant traduire que, dans un sens convenable, $A_1(t)$ dépend «régulièrement» de t; comme il résulte de (1.2) que, pour ξ fixé $> \lambda$, $A_1(t) + \xi$ est inversible, l'hypothèse suivante a un sens:

$$\left.\begin{array}{l}\text{pour tout } f, g \in H, \text{ la fonction } t \to ((A_1(t) + \xi)^{-1} f, g) \text{ est une fois} \\ \text{continûment différentiable dans } [0, T] \text{ et} \\ \qquad \left|\left(\dfrac{d}{dt}(A_1(t) + \xi)^{-1} f, f\right)\right| \leqq 2\alpha |f|^2 + 2c_1 |(A_1(t) + \xi)^{-\frac{1}{2}} f|^2, \\ c_1 = \text{constante},\ \alpha > 0 \ (\text{non quelconque; cf. } (1.4)).\end{array}\right\} \tag{1.3}$$

Voici maintenant l'hypothèse traduisant que $A_2(t)$ est «petit» relativement à $A_1(t)$:

$$\left.\begin{array}{l}D(A_2(t)) \supset D(A_1(t)) \text{ pour chaque } t \in [0, T];\text{ pour } u \text{ élément de} \\ L^2(0, T; D(A_1(t))), \text{ on suppose que la fonction } t \to A_2(t)\, u(t) \text{ est} \\ \text{(fortement) mesurable dans } H;\text{ enfin, pour } u \in D(A_1(t)), \\ \qquad |A_2(t)\, u| \leqq \beta |(A_1(t) + \xi)\, u| + c_2 |(A_1(t) + \xi)^{\frac{1}{2}} u|, \\ \beta \text{ et } c_2 \text{ étant des constantes } \geqq 0, \text{ avec } 0 \leqq \alpha + \beta < 1.\end{array}\right\} \tag{1.4}$$

On voit donc que si $A_2(t) = 0$, il faudra avoir $\alpha < 1$.

Notons que, pour $u \in L^2(0, T; D(A_1(t)))$, la fonction $t \to A_2(t)\, u(t)$ est dans $L^2(0, T; H)$ (d'après (1.4), puisqu'elle est mesurable, et d'après la majoration de (1.4), $|A_2(t)\, u(t)|$ est dans $L^2(0, T)$); l'application $u \to A_2(t)\, u$ est continue de $L^2(0, T; D(A_1(t)))$ dans $L^2(0, T; H)$.

Voici maintenant le résultat principal:

Théorème 1.1. *Sous les hypothèses* (1.2), (1.3), (1.4), *il existe une fonction u et une seule ayant les propriétés suivantes:*

$$u \in L^2(0, T; D(A_1(t))), \frac{d}{dt} u \in L^2(0, T; H); \tag{1.5}$$

$$u(0) = u_0, \quad u_0 \text{ donné dans } D((A_1(0) + \xi)^{\frac{1}{2}})\,^1 \tag{1.6}$$

$$u' + (A_1(t) + A_2(t))\, u = f, \tag{1.7}$$

où f est donnée dans $L^2(0, T; H)$. *L'application* $\{f, u_0\} \to u$ *est continue de* $L^2(0, T; H) \times D((A_1(0) + \xi)^{\frac{1}{2}})$ *dans* $L^2(0, T; D(A_1(t)))$ [2].

L'existence de u sous les conditions précédentes avec $u_0 = 0$ a été annoncée dans LIONS [14]; l'hypothèse de mesurabilité introduite dans (1.4) remplace, selon une remarque de M. M. FOIAS et GUSSI, une hypothèse plus forte faite dans cette note.

Pour des résultats différents mais dans le même ordre d'idée (avec utilisation de puissances fractionnaires de $A_1(t)$; cf. Chap. I, No. 2), on consultera SOBOLEVSKY [3], [4], [5]. Voir aussi R. GUY [1], [2].

Problème: peut on affaiblir les hypothèses (1.2), (1.3), (1.4) dans l'énoncé précédent, et tout spécialement, l'énoncé précédent (ou un énoncé du même type) demeure-t-il valide sans l'hypothèse de différentiabilité (1.3) (qui interdit essentiellement des applications aux problèmes non linéaires) ?

2. Démonstration de l'existence dans le théorème 1.1

Comme on a déja vu plusieurs fois, on peut toujours remplacer l'équation (1.7) par

$$u' + (A_1(t) + A_2(t) + k)\, u = f, \qquad k \in R; \tag{2.1}$$

on choisit k de la façon suivante:

a) on choisit ξ fixé une fois pour toutes, $> \lambda$;

b) on choisit une constante η telle que

$$1 - \alpha - \beta - c_2 \eta/2 = \gamma > 0$$

(ce qui est loisible puisque $\alpha + \beta < 1$);

c) on choisit

$$k = \xi + c_1 + c_2/2\eta.$$

Pour simplifier l'écriture on posera

$$B(t) = A_1(t) + A_2(t) + k. \tag{2.2}$$

---

[1] On verra au No. 4 que les hypothèses (1.5) *entrainent* que $u(0)$ est dans $D((A_1(0) + \xi)^{\frac{1}{2}})$, de sorte que la condition (1.6) est la meilleure possible.

[2] Cet espace étant muni de la structure hilbertienne correspondant à (1.1).

On va maintenant transformer (2.1) en une équation scalaire; soit ψ une fonction vérifiant

$$\psi \in L^2(0,T;H), \qquad \psi' \in L^2(0,T;H), \qquad \psi(T)=0; \tag{2.3}$$

on déduit de (2.1) et de (1.5) et (1.6) que

$$\int_0^T \{(B(t)\,u(t),\psi(t)) - (u(t),\psi'(t))\}\,dt = \int_0^T (f(t),\psi(t))\,dt + (u_0,\psi(0)). \tag{2.4}$$

Réciproquement, *soit u dans* $L^2(0,T;D(A_1(t)))$ vérifiant (2.4) pour toute fonction ψ avec (2.3); par le même raisonnement qu'au Chap. IV, lemme 1.1, 1), on en déduit que, pour tout $v \in V$,

$$(B(t)\,u(t),v) + \frac{d}{dt}(u(t),v) = (f(t),v),$$

donc que $u'(t)=f(t)-B(t)\,u(t)$, donc que (1.5) a lieu, puis par intégration par parties, que (1.6) a lieu.

Tout revient donc à résoudre (2.4), $u \in L^2(0,T;D(A_1(t)))$, ψ vérifiant (2.3).

On utilise maintenant le théorème 1.1, Chap. III, dans les conditions suivantes:

$F=L^2(0,T;D(A_1(t)))$, muni de la structure hilbertienne correspondant à (1.1);

Φ = espace des fonctions $\varphi \in F$, telles que en posant

$$(A_1(t)+\xi)\,\varphi(t)=\varphi^*(t), \quad \text{on ait} \quad \frac{d}{dt}\varphi^* \in L^2(0,T;H) \quad \text{et} \quad \varphi^*(T)=0;$$

on munit Φ de la structure pré-hilbertienne:

$$|||\varphi||| = \left(\|\varphi\|_F^2 + ((A_1(0)+\xi)^{-1}\varphi^*(0),\varphi^*(0))\right)^{\frac{1}{2}};$$

pour $u \in F$, $\varphi \in \Phi$, on pose

$$E(u,\varphi) = \int_0^T \{(B(t)\,u(t),\varphi^*(t)) - (u, D\varphi^*(t))\}\,dt, \qquad D=d/dt; \tag{2.5}$$

on prend enfin

$$L(\varphi) = \int_0^T (f(t),\varphi^*(t))\,dt + (u_0,\varphi^*(0)). \tag{2.6}$$

Admettons un instant le

Lemme 2.1. *Si $u \in F$ vérifie*

$$E(u,\varphi) = L(\varphi) \quad \textit{pour tout} \quad \varphi \in \Phi, \tag{2.7}$$

alors u est solution de (2.4).

Nous allons vérifier que l'on est dans les conditions d'application du théorème 1.1, Chap. III.

Pour φ fixé dans Φ, $u \to E(u, \varphi)$ est continue sur F. Calculons $\operatorname{Re} E(\varphi, \varphi) = X + Y$, où

$$X = \operatorname{Re} \int_0^T (B(t)\,\varphi(t), \varphi^*(t))\,dt, \qquad Y = \operatorname{Re}\left(-\int_0^T (\varphi(t), D\varphi^*(t))\,dt\right).$$

Il vient:

$$X = \int_0^T |(A_1(t) + \xi)\,\varphi(t)|^2\,dt + \operatorname{Re}\int_0^T (A_2(t)\,\varphi(t), (A_1(t) + \xi)\,\varphi(t))\,dt + \\ + (k - \xi)\int_0^T |(A_1(t) + \xi)^{\frac{1}{2}}\,\varphi(t)|^2\,dt,$$

d'où, en utilisant (1.4):

$$X \geqq \int_0^T \{(1 - \beta)\,|\varphi^*(t)|^2 - c_2\,|\varphi^*(t)|\,|(A_1(t) + \xi)^{\frac{1}{2}}\,\varphi(t)| + \\ + (k - \xi)\,|(A_1(t) + \xi)^{\frac{1}{2}}\,\varphi(t)|^2\}\,dt,$$

donc

$$X \geqq \int_0^T \{(1 - \beta - c_2\eta/2)\,|\varphi^*(t)|^2 + (k - \xi - c_2/2\eta)\,|(A_1(t) + \xi)^{\frac{1}{2}}\,\varphi(t)|^2\}\,dt$$

de sorte que, vu le choix de η et k:

$$X \geqq (\alpha + \gamma)\int_0^T |\varphi^*(t)|^2\,dt + c_1\int_0^T |(A_1(t) + \xi)^{\frac{1}{2}}\,\varphi(t)|^2\,dt. \tag{2.8}$$

On a ensuite

$$2Y = -2\operatorname{Re}\int_0^T ((A_1(t) + \xi)^{-1}\,\varphi^*(t), D\varphi^*(t))\,dt$$

$$= -\int_0^T \left\{D\left((A_1(t) + \xi)^{-1}\,\varphi^*(t), \varphi^*(t)\right) - \left(\left(\frac{d}{dt}(A_1(t) + \xi)^{-1}\right)\varphi^*(t), \varphi^*(t)\right)\right\}dt$$

$$= \left((A_1(0) + \xi)^{-1}\,\varphi^*(0), \varphi^*(0)\right) + \int_0^T \left(\left(\frac{d}{dt}(A_1(t) + \xi)^{-1}\right)\varphi^*(t), \varphi^*(t)\right)dt$$

et donc, d'après (1.3)

$$Y \geqq (\tfrac{1}{2})\left((A_1(0) + \xi)^{-1}\,\varphi^*(0), \varphi^*(0)\right) - \alpha\int_0^T |\varphi^*(t)|^2\,dt - \\ - c_1\int_0^T |(A_1(t) + \xi)^{-\frac{1}{2}}\,\varphi^*(t)|^2\,dt$$

$$= (\tfrac{1}{2})\left((A_1(0) + \xi)^{-1}\varphi^*(0), \varphi^*(0)\right) - \alpha\int_0^T |\varphi^*(t)|^2\,dt - c_1\int_0^T |(A_1(t) + \xi)^{\frac{1}{2}}\,\varphi(t)|^2\,dt.$$

Cette inégalité, jointe à (2.8) entraine

$$\operatorname{Re} E(\varphi, \varphi) \geqq \gamma \int_0^T |(A_1(t)+\xi)\,\varphi(t)|^2\,dt + (\tfrac{1}{2})\left((A_1(0)+\xi)^{-1}\varphi^*(0), \varphi^*(0)\right)$$

$$\geqq \gamma_1 |||\varphi|||^2, \qquad \gamma_1 > 0\,[1].$$

On note maintenant que la forme $\varphi \to L(\varphi)$ est continue sur Φ (pour $|||\varphi|||$), car, u_0 étant donné dans $D\left((A_1(0)+\xi)^{\frac{1}{2}}\right)$, on a

$$\left(u_0, \varphi^*(0)\right) = \left((A_1(0)+\xi)^{\frac{1}{2}} u_0, (A_1(0)+\xi)^{\frac{1}{2}} \varphi^*(0)\right).$$

Donc le théorème 1.1, Chap. III est applicable; il existe donc u vérifiant (2.7), et il reste seulement à *vérifier le lemme* 2.1. Ceci est facile; soit en effet ψ donnée avec (2.3), et soit φ donnée par

$$\varphi(t) = \left(A_1(t)+\xi\right)^{-1}\psi(t); \tag{2.9}$$

alors $\varphi^* = \psi$ et on vérifie que $\varphi \in \Phi$: pour ce choix de φ, (2.7) est identique à (2.4), d'où le résultat.

3. Démonstration de l'unicité dans le Théorème 1.1

Soit u vérifiant (1.5), avec

$$u' + \left(A_1(t) + A_2(t)\right) u = 0, \tag{3.1}$$

et

$$u(0) = 0. \tag{3.2}$$

On se ramène comme au No. 2 au cas où

$$u' + \left(A_1(t) + A_2(t) + k\right) u = 0, \tag{3.3}$$

k étant choisi comme au début du No. 2.

Si l'on pose

$$X = \int_0^T |(A_1(t)+\xi)\,u(t)|^2\,dt + \operatorname{Re}\int_0^T \left(A_2(t)\,u(t), (A_1(t)+\xi)\,u(t)\right) dt +$$
$$+ (k-\xi)\int_0^T |(A_1(t)+\xi)^{\frac{1}{2}}\,u(t)|^2\,dt,$$

$$Y = \operatorname{Re}\left(\int_0^T \left(u'(t), (A_1(t)+\xi)\,u(t)\right) dt\right),$$

alors

$$X + Y = 0. \tag{3.4}$$

---

[1] Vu les hypothèses faites sur $A_1(t)$, la norme

$$\left(\int_0^T |(A_1(t)+\xi)\,u(t)|^2\,dt\right)^{\frac{1}{2}}$$

est équivalente, sur $L^2(0, T; D(A_1(t)))$, à celle correspondant à (1.1).

Faisons d'abord un calcul *formel* de Y; posons

$$(A_1(t) + \xi)\, u(t) = v(t); \tag{3.5}$$

il vient

$$\begin{aligned} 2Y &= \int_0^T \left\{\left(\frac{d}{dt}\left((A_1(t)+\xi)^{-1} v(t)\right), v(t)\right) + \left(v(t), \frac{d}{dt}\left((A_1(t)+\xi)^{-1} v(t)\right)\right)\right\} dt \\ &= \left((A_1(t)+\xi)^{-1} v(t), v(t)\right)\Big|_0^T - \int_0^T \left((A_1(t)+\xi)^{-1} v(t), Dv(t)\right) dt + \\ &\quad + \int_0^T \left(v(t), \frac{d}{dt}\left((A_1(t)+\xi)^{-1} v(t)\right)\right) dt \\ &= \left((A_1(T)+\xi)^{-1} v(T), v(T)\right) + \int_0^T \left(v(t), \left(\frac{d}{dt}(A_1(t)+\xi)^{-1}\right) v(t)\right) dt. \end{aligned}$$

Le premier produit scalaire est positif, donc en utilisant (1.3), on a

$$2Y \geqq -2\alpha \int_0^T |v(t)|^2\, dt - 2c_1 \int_0^T |(A_1(t)+\xi)^{-\frac{1}{2}} v(t)|^2\, dt,$$

donc

$$Y \geqq -\alpha \int_0^T |(A_1(t)+\xi)\, u(t)|^2\, dt - c_1 \int_0^T |(A_1(t)+\xi)^{-\frac{1}{2}} u(t)|^2\, dt. \tag{3.6}$$

La calcul précédent est toutefois *formel*, car dans l'intégration par parties en t, il suppose que $Dv = dv/dt$ est dans $L^2(0, T; H)$, ce qui n'est pas établi. *On va toutefois montrer que la conclusion* (3.6) *est correcte.* On utilisera pour cela le procédé du Chap. IV, No. 1, démonstration de l'unicité. Rappelons les notations: $\vartheta_n(t)$ est la fonction égale à 1 pour $t \leqq T - 2/n$, nulle pour $t \geqq T - 1/n$, continue sur R et linéaire dans $[T - 2/n, T - 1/n]$; soit $\varrho \in \mathcal{D}(R_t)$, $\varrho(t) \geqq 0$, paire, à support dans $[-1, +1]$, avec $\int \varrho(t)\, dt = 1$, et soit $\varrho_m(t) = m\varrho(mt)$.

Si nous désignons encore par u le prolongement de u par 0 pour $t < 0$, on peut écrire, comme $u(0) = 0$:

$$Y = \operatorname{Re}\left(\int_{-\infty}^T \left(u'(t), (A_1(t)+\xi)\, u(t)\right) dt\right).$$

Introduisons

$$Y_{nm} = \operatorname{Re}\left(\int_{-\infty}^T \left(\frac{d}{dt}(A_1(t)+\xi)^{-1} v(t), \vartheta_n\left((\vartheta_n v) * \varrho_m\right)\right) dt\right).$$

Lorsque n et $m \to \infty$, $Y_{nm} \to Y$. On va évaluer Y_{nm}. Posons

$$Z_{nm}^1 = -\int_{-\infty}^T \left((A_1(t)+\xi)^{-1} v(t), \vartheta_n((\vartheta_n v) * \varrho_m')\right) dt,$$

$$Z_{nm}^2 = -\int_{-\infty}^T \vartheta_n \vartheta_n' \left((A_1(t)+\xi)^{-1} v(t), v * \varrho_m\right) dt;$$

alors

$$Y_{nm} = \operatorname{Re} Z^1_{nm} + \operatorname{Re} Z^2_{nm}.$$

Lorsque $m \to \infty$,

$$Z^2_{nm} \to Z^2_n = -\int_{-\infty}^{T} \vartheta_n \vartheta'_n \big((A_1(t) + \xi)^{-1} v(t), v(t)\big) dt \geqq 0.$$

Si nous posons: $\vartheta_n v = v_n$, on peut écrire

$$2 \operatorname{Re} Z^1_{nm} = -\int_{-\infty}^{T} \big((A_1(t) + \xi)^{-1} v_n(t), D(v_n * \varrho_m)\big)\, dt -$$
$$- \int_{-\infty}^{T} \big(D(v_n * \varrho_m), (A_1(t) + \xi)^{-1} v_n(t)\big)\, dt$$
$$= \int_{-\infty}^{T} \big(v_n(t), D((A_1(t) + \xi)^{-1} v_n) * \varrho_m - (A_1(t) + \xi)^{-1} D(v_n * \varrho_m)\big)\, dt$$
$$= \int_{-\infty}^{T} \big(v_n(t), D\big[((A_1(t)+\xi)^{-1} v_n(t)) * \varrho_m - (A_1(t)+\xi)^{-1}(v_n * \varrho_m)\big]\big)\, dt +$$
$$+ \int_{-\infty}^{T} \big(v_n(t), (D(A_1(t) + \xi)^{-1})(v_n * \varrho_m)\big)\, dt.$$

Utilisant le lemme de FRIEDRICHS vectoriel, (Chap. IV, lemme 7.2), on en déduit:

$$2 \operatorname{Re} Z^1_{nm} \to \int_{-\infty}^{T} \big(v_n(t), (D(A_1(t) + \xi)^{-1})\, v_n(t))\big)\, dt, \quad \text{lorsque } m \to \infty,$$

et par conséquent

$$Y_{nm} \to Y_n \geqq (\tfrac{1}{2}) \int_{-\infty}^{T} \big(v_n(t), (D(A_1(t) + \xi)^{-1})\, v_n(t)\big)\, dt, \quad m \to \infty,$$

d'où en faisant tendre n vers l'infini:

$$Y_n \to Y \geqq (\tfrac{1}{2}) \int_{-\infty}^{T} \big(v(t), (D(A_1(t) + \xi)^{-1})\, v(t)\big)\, dt,$$

d'où (3.6).

On termine maintenant sans difficulté. De (3.4) et (3.6) on déduit

$$(1-\alpha-\beta) \int_0^T |(A_1(t)+\xi)\, u(t)|^2 dt - c_2 \int_0^T |(A_1(t)+\xi)\, u(t)|\, |(A_1(t)+\xi)^{\frac{1}{2}} u(t)|\, dt +$$
$$+ (k - \xi - c_1) \int_0^T |(A_1(t) + \xi)^{\frac{1}{2}} u(t)|^2 dt \leqq 0,$$

donc

$$(1 - \alpha - \beta - c_2 \eta/2) \int_0^T |(A_1(t) + \xi)\, u(t)|^2 dt +$$
$$+ \big(k - \xi - c_1 - c_2/(2\eta)\big) \int_0^T |(A_1(t) + \xi)^{\frac{1}{2}} u(t)|^2 dt \leqq 0,$$

i.e. avec le choix des constantes fait au début du No. 2:

$$\gamma \int_0^T |(A_1(t) + \xi)\, u(t)|^2\, dt \leqq 0,$$

d'où le résultat: $u(t) = 0$.

Ceci achève la démonstration du théorème 1.1, la continuité de l'application $\{f, u_0\} \to u$ résultant de (1.13), Chap. III.

4. Un théorème de traces

Théorème 4.1. *Dans l'espace de Hilbert H on donne une famille d'opérateurs $A_1(t)$, vérifiant* (1.2) *et* (1.3). *On désigne par W l'espace des fonctions u telles que*

$$u \in L^2(0, T; D(A_1(t))), \tag{4.1}$$

$$u' \in L^2(0, T; H)\ ^1 \tag{4.2}$$

Alors $u(0)$ a un sens et

$$u(0) \in D((A_1(0) + \xi)^{\frac{1}{2}}), \tag{4.3}$$

l'application $u \to u(0)$ étant continue de W dans $D((A_1(0) + \xi)^{\frac{1}{2}})$ (muni de la norme du graphe).

Réciproquement, si e est donné dans $D((A_1(0) + \xi)^{\frac{1}{2}})$, il existe u_e dans W, avec $u_e(0) = e$, l'application $e \to u_e$ étant continue de $D((A_1(0) + \xi)^{\frac{1}{2}})$ dans W.

Démonstration. 1) La deuxième partie du théorème est conséquence immédiate du théorème 1.1. On applique en effet ce théorème avec $f = 0$, $u_0 = e$, $A_2(t) = 0$; soit u_e la solution correspondante de (1.5), (1.6) et (1.7); u_e répond à la question.

2) Soit maintenant u vérifiant (4.1) et (4.2); nous pouvons toujours supposer (par tronquature) que u est nulle pour t assez grand, et donc supposer que u est définie pour tout $t \geqq 0$ (et à support compact). Pour simplifier l'écriture, on posera

$$A_1(t) + \xi = A(t), \tag{4.4}$$

et

$$A(t)\, u(t) = \varphi(t). \tag{4.5}$$

Soit $s > 0$; on introduit la fonction

$$X(s) = \int_s^\infty (\varphi(t), u'(t))\, dt. \tag{4.6}$$

[1] On munit W de la norme (hilbertienne)

$$\left(\int_0^T |(A_1(t) + \xi)\, u(t)|^2\, dt + \int_0^T |u'(t)|^2\, dt\right)^{\frac{1}{2}}.$$

Soit $\chi_n^s = \chi_n$, fonction égale à 1 pour $t > s + 1/n$, à 0 pour $t < s$, continue sur R, et linéaire dans l'intervalle $[s, s+1/n]$; ϱ_m est choisie comme au No. 3; on pose enfin $\varphi_n = \chi_n \varphi$.

On introduit maintenant

$$X_{nm}(s) = \int_s^\infty \big((\varphi_n * \varrho_m)\,\chi_n, u'(t)\big)\,dt; \tag{4.7}$$

si l'on pose

$$X_{nm}^1(s) = -\int_s^\infty \big((\varphi_n * \varrho_m)\,\chi_n', u(t)\big)\,dt,$$

$$X_{nm}^2(s) = -\int_s^\infty \big((\varphi_n * \varrho_m)'\,\chi_n, u(t)\big)\,dt,$$

on a

$$X_{nm}(s) = X_{nm}^1(s) + X_{nm}^2(s);$$

mais si $m \to \infty$, $X_{nm}^1(s) \to X_n^1(s) = -\int_s^\infty \chi_n \chi_n' \big(\varphi(t), u(t)\big)\,dt$, et lorsque $n \to \infty$, d'après le théorème de Lebesgue, on a, p.p. en s:

$$X_n^1(s) \to -\left(\tfrac{1}{2}\right)\big(\varphi(s), u(s)\big).$$

Ensuite

$$\begin{aligned} 2\,\mathrm{Re}\,X_{nm}^2(s) &= -\int_s^\infty \big(\chi_n D(\varphi_n * \varrho_m), A(t)^{-1}\varphi(t)\big)\,dt - \\ &\quad - \int_s^\infty \big(A^{-1}(t)\,\varphi(t), \chi_n D(\varphi_n * \varrho_m)\big)\,dt \\ &= \int_s^\infty \big(D\big((A^{-1}(t)\,\varphi_n) * \varrho_m - A^{-1}(t)\,(\varphi_n * \varrho_m)\big), \varphi_n(t)\big)\,dt + \\ &\quad + \int_s^\infty \big(D(A^{-1}(t))\,(\varphi_n * \varrho_m), \varphi_n(t)\big)\,dt, \end{aligned}$$

et lorsque $m \to \infty$, on en déduit, d'après le lemme 7.2, Chap. IV,

$$2\,\mathrm{Re}\,X_{nm}^2 \to \int_s^\infty \big(D(A^{-1}(t))\,\varphi_n(t), \varphi_n(t)\big)\,dt = 2\,\mathrm{Re}\,X_n^2,$$

et lorsque $n \to \infty$, $2\,\mathrm{Re}\,X_n^2 \to \int_s^\infty \big(D(A^{-1}(t))\,\varphi(t), \varphi(t)\big)\,dt$. Comme, lorsque n et $m \to \infty$, $X_{nm}(s) \to X(s)$, on a finalement

$$2\,\mathrm{Re}\,X(s) = -\big(\varphi(s), u(s)\big) + \int_s^\infty \big(D(A^{-1}(t))\,\varphi(t), \varphi(t)\big)\,dt, \tag{4.8}$$

p.p. en s.

On en déduit que la fonction $s \to \big(\varphi(s), u(s)\big) = |A(s)^{\frac{1}{2}} u(s)|^2$ est p.p. égale à une fonction continue dans $s \geqq 0$. Par conséquent, on peut trouver une suite $s_i \to 0$ telle que

$$u(s_i) \to u(0) = e \quad \text{dans } H \text{ faible}, \tag{4.9}$$

avec

$$v_i = A(s_i)^{\frac{1}{2}} u(s_i) \to f \quad \text{dans } H \text{ faible}. \tag{4.10}$$

On déduit de (4.9) que

$$A(s_i)^{-\frac{1}{2}} v_i \to e \quad \text{dans } H \text{ faible};$$

mais

$$A(s_i)^{-\frac{1}{2}} v_i = A(0)^{-\frac{1}{2}} v_i + \left(A(s_i)^{-\frac{1}{2}} - A(0)^{-\frac{1}{2}}\right) v_i;$$

admettons un instant que

$$\left(A(s_i)^{-\frac{1}{2}} - A(0)^{-\frac{1}{2}}\right) v_i \to 0 \quad \text{dans } H \text{ faible lorsque } s_i \to 0. \tag{4.11}$$

Alors

$$A(s_i)^{-\frac{1}{2}} v_i \to A(0)^{-\frac{1}{2}} f = e$$

ce qui montre que $e \in D\left(A(0)^{\frac{1}{2}}\right)$. Comme l'application $u \to u(0) = e$ est continue de W dans H, cette application considérée de W dans $D\left(A(0)^{\frac{1}{2}}\right)$ est continue d'après le théorème du graphe fermé. Reste donc seulement à démontrer (4.11); soit g fixe dans H; alors

$$\left(\left(A(s_i)^{-\frac{1}{2}} - A(0)^{-\frac{1}{2}}\right) v_i, g\right) = \left(v_i, \left(A(s_i)^{-\frac{1}{2}} - A(0)^{-\frac{1}{2}}\right) g\right),$$

et on aura le résultat si l'on montre que

$$\left|\left(A(s_i)^{-\frac{1}{2}} - A(0)^{-\frac{1}{2}}\right) g\right|^2 \to 0 \quad \text{lorsque } s \to 0;$$

or cette expression vaut

$$\left(A(s)^{-1} g, g\right) + \left(A(0)^{-1} g, g\right) - 2\,\mathrm{Re}\left(A(s)^{-\frac{1}{2}} g, A(0)^{-\frac{1}{2}} g\right),$$

et ceci, d'après (1.3), tend bien vers 0 lorsque $s \to 0$, ce qui achève la démonstration du théorème.

Problèmes: 1) plaçons nous sur la droite entière, et considérons $A_1(t)$ donné sur R avec les propriétés analogues à celles du théorèmes 4.1. Soit $u \in L^2\left(-\infty, +\infty; D(A_1(t))\right)$, avec une transformée de FOURIER en t, soit $\hat{u}(\tau)$, vérifiant

$$|\tau|^\alpha \hat{u}(\tau) \in L^2(-\infty, +\infty; H).$$

Alors, si $\alpha > \frac{1}{2}$, a-t-on $u(0) \in D\left(A(0)^{1-\vartheta}\right)$, $\vartheta = \frac{1}{2}\alpha$, l'application $u \to u(0)$ étant continue et *surjective* sur $D\left(A(0)^{1-\vartheta}\right)$?

Dans le cas où $D(A(t))$ est indépendant de t, la réponse est positive, d'après LIONS [20].

2) Dans les mêmes conditions que précédemment, soit u avec

$$t^\alpha u \in L^2\left(0, +\infty; D(A_1(t))\right), \quad t^\alpha u' \in L^2(0, +\infty; H);$$

a-t-on alors $u(0) \in D\left(A(0)^{1-\vartheta}\right)$, $\frac{1}{2} + \alpha = \vartheta$, l'application $u \to u(0)$ étant surjective?

Si $D(A(t))$ est indépendant de t, la réponse est positive d'après LIONS [21]. Pour le cas général, il faut étudier le problème — ayant un certain intérêt en lui même — analogue à (1.5), (1.6), (1.7) mais où l'on remplace les espaces L^2 en t par les espaces L^2 avec poids t^α.

5. Construction d'opérateurs $A_1(t)$

On va dans ce No. donner un critère permettant de vérifier dans certains cas pratiques (cf. No. suivant) que la condition (1.3) a lieu.

Les données sont les suivantes: K désigne un deuxième espace de HILBERT, avec $K \subset H$ algébriquement et topologiquement, K étant dense dans H; pour $u, v \in K$, $((u, v))$ désignera le produit scalaire dans K, et $\|u\| = ((u, u))^{\frac{1}{2}}$ [1]. On donne ensuite une famille $V(t)$, $t \in [0, T]$, de sous espaces vectoriels *fermés* de K:

$$V(t) \subset K \subset H; \tag{5.1}$$

on désigne par $P(t)$ l'opérateur de projection orthogonale de K sur $V(t)$; on supposera:

$$\left.\begin{array}{l}\text{pour } u \text{ fixé dans } K, \text{ la fonction } t \to P(t)\, u \text{ est continue de } [0, T] \\ \text{dans } K \text{ fort; lorsque } h \to 0, \\ \qquad h^{-1}\big(P(t+h) - P(t)\big)\, u \to P'(t)\, u \qquad \text{dans } K \text{ faible}^{2}; \\ \text{la fonction } t \to P'(t)\, u \text{ est continue de } [0, T] \text{ dans } K \text{ faible.}\end{array}\right\} \tag{5.2}$$

On donne maintenant une famille de formes $a(t; u, v)$ sesquilinéaires continues sur K, avec

$$\left.\begin{array}{l}\text{pour tout } u, v \in K, \text{ la fonction } t \to a(t; u, v) \text{ est} \\ \text{une fois continûment différentiable dans } [0, T);\end{array}\right\} \tag{5.3}$$

et

$$\left.\begin{array}{ll} a(t; u, v) = \overline{a(t; v, u)} & \text{pour tout } u, v \in V(t), \\ a(t; v, v) + \xi\, |v|^2 \geqq \alpha \|v\|^2, & \text{pour tout } v \in V(t).\end{array}\right\} \tag{5.4}$$

Soit $A(t)$ l'opérateur non borné défini par $a(t; u, v)$ et $V(t)$, H (cf. Chap. II, No. 1); on va démontrer le

Théorème 5.1. *Sous les hypothèses* (5.1), ..., (5.4), *l'opérateur* $A_1(t) = A(t)$ *défini par* $a(t; u, v)$, $V(t)$ *et* H, *vérifie* (1.2) *et* (1.3).

Que (1.2) soit vrai résulte du Chap. II, No. 1. Il reste seulement (1.3) à démontrer; nous allons commencer par quelques lemmes. En remplaçant $A(t)$ par $A(t) + \xi$, on peut supposer que (5.4) a lieu avec $\xi = 0$ — ce que nous ferons dans la suite —.

---

[1] Lorsque l'on est simultanément dans les conditions présentes et celles des Chap. IV et V, V est un sous espace vectoriel *fermé* de K, de sorte que les notations coincident.

[2] Avec $h > 0$ (resp. < 0) si $t = 0$ (resp. $t = T$).

Lemme 5.1. *Soit $v \to L(v)$ une forme semi linéaire continue sur K. Soit $u(t)$ la solution dans $V(t)$ de*

$$a(t; u(t), v) = L(v), \quad \text{pour tout } v \in V(t). \tag{5.5}$$

La fonction $t \to u(t)$ est continue de $[0, T]$ dans K fort.

Démonstration. On déduit de (5.4) et (5.5):

$$\|u(t)\| \leqq \alpha^{-1} \|L\|, \qquad \|L\| = \text{norme de } L \text{ sur } K. \tag{5.6}$$

Soit alors $t_j \to t_0$, t_j, $t_0 \in [0, T]$. D'après (5.6) on voit que l'on peut extraire une suite t_k telle que

$$u(t_k) \to w_0 \quad \text{dans } K \text{ faible, lorsque } t_k \to 0. \tag{5.7}$$

Mais

$$u(t_k) - P(t_0) w_0 = P(t_k) u(t_k) - P(t_0) u(t_k) + P(t_0)\big(u(t_k) - w_0\big) \to 0$$

dans K faible[1], donc $P(t_0) w_0 = w_0$, donc

$$w_0 \in V(t_0). \tag{5.8}$$

On va montrer que

$$a(t_0; w_0, v) = L(v) \quad \text{pour tout } v \in V(t_0). \tag{5.9}$$

En effet, pour f quelconque dans K, on a:

$$a\big(t_k; u(t_k), P(t_k) f\big) = L\big(P(t_k) f\big),$$

ou encore, avec les notations du Chap. II, No. 1 $\big(a(t; u, v) = ((\mathscr{A}(t) u, v)) = ((u, \mathscr{A}(t) v))\big)$:

$$((u(t_k), \mathscr{A}(t_k) P(t_k) f)) = L\big(P(t_k) f\big);$$

lorsque $t_k \to t_0$, $\mathscr{A}(t_k) P(t_k) f \to \mathscr{A}(t_0) P(t_0) f$ dans K fort[2], et d'après (5.7), on en déduit:

$$((w_0, \mathscr{A}(t_0) P(t_0) f)) = L\big(P(t_0) f\big)$$

et ceci pour tout f dans K, d'où (5.9).

Mais de (5.9) résulte que $w_0 = u(t_0)$, et par conséquent la fonction $t \to u(t)$ est continue de $[0, T]$ dans K faible.

Il nous reste à vérifier que $u(t+h) - u(t) \to 0$ dans K *fort* lorsque $h \to 0$. Pour cela, il est suffisant de montrer que

$$Z_h = a\big(t+h; u(t+h) - u(t), u(t+h) - u(t)\big) \to 0$$

lorsque $h \to 0$. Or

$$Z_h = L\big(u(t+h)\big) + L\big(u(t)\big) + \big(((\mathscr{A}(t+h) - \mathscr{A}(t)) u(t), u(t)) - \\ - 2 \operatorname{Re}((\mathscr{A}(t+h) u(t), u(t+h)))\big).$$

---

[1] En effet

$$\big(((P(t_k) - P(t_0)) u(t_k), v)\big) = \big((u(t_k), (P(t_k) - P(t_0)) v)\big) \to 0.$$

[2] Cf. (5.10) çi après.

Mais

$$\left(\left((\mathscr{A}(t+h)-\mathscr{A}(t))\,u,\,v\right)\right)=\int_t^{t+h} a'(\sigma;\,u,\,v)\,d\sigma,$$

donc[1]

$$\|\mathscr{A}(t+h)-\mathscr{A}(t)\|\leqq M\,|h|, \tag{5.10}$$

de sorte que $Z_h\to 2L(u(t))-2\operatorname{Re} a\big(t;\,u(t),\,u(t)\big)=0$. Ceci achève la démonstration du lemme.

Lemme 5.2. *Notations du lemme* 5.1. *On suppose que t et $t+h\in[0,T]$. On pose*

$$X_h=a\big(t;\,P(t)\,u(t+h)-u(t),\,v\big),\qquad v \text{ fixé dans } V(t). \tag{5.11}$$

Lorsque $h\to 0$, on a

$$\left.\begin{aligned} h^{-1}X_h\to -\,a\big(t;\,P'(t)\,u(t),\,v\big)-a'\big(t;\,u(t),\,v\big)-\\ -\,a\big(t;\,u(t),\,P'(t)\,v\big)+L\big(P'(t)\,v\big).\end{aligned}\right\} \tag{5.12}$$

Démonstration. On peut écrire: $X_h=R_h+S_h+T_h+U_h$, où

$$\begin{aligned} R_h&=-\,a\big(t;\,(P(t+h)-P(t))\,u(t+h),\,v\big),\\ S_h&=-\big[a\big(t+h;\,u(t+h),\,v\big)-a\big(t;\,u(t+h),\,v\big)\big],\\ T_h&=-\,a\big(t+h;\,u(t+h),\,(P(t+h)-P(t))\,v\big),\\ U_h&=L\big(P(t+h)\,v-P(t)\,v\big).\end{aligned}$$

Grâce au Lemme 5.1, $h^{-1}\big(P(t+h)-P(t)\big)\,u(t+h)\to P'(t)\,u(t)$ dans K faible[2], de sorte que

$$h^{-1}R_h\to -\,a\big(t;\,P'(t)\,u(t),\,v\big).$$

Ensuite

$$\begin{aligned} h^{-1}S_h&=-\left(\left(u(t+h),\,h^{-1}(\mathscr{A}(t+h)-\mathscr{A}(t))\,v\right)\right)\to -\left(\left(u(t),\,\mathscr{A}'(t)\,v\right)\right)\\ &=-\,a'\big(t;\,u(t),\,v\big).\end{aligned}$$

Puis

$$\begin{aligned} h^{-1}T_h=-\left(\left(\mathscr{A}(t+h)\,u(t+h),\,h^{-1}(P(t+h)-P(t))\,v\right)\right)\to\\ -\left(\left(\mathscr{A}(t)\,u(t),\,P'(t)\,v\right)\right)=-\,a\big(t;\,u(t),\,P'(t)\,v\big)\,^{3}.\end{aligned}$$

Enfin

$$h^{-1}U_h\to L\big(P'(t)\,v\big),$$

et le Lemme est démontré.

---

[1] En effet, $a'(\sigma;\,u,\,v)=((\mathscr{A}'(\sigma)\,u,\,v))$ et par (5.3), $\mathscr{A}'(\sigma)$ demeure dans un ensemble borné de l'espace $\mathscr{L}(K;\,K)$.

[2] Cf. [1], p. 139.

[3] Car $\mathscr{A}(t+h)\,u(t+h)\to\mathscr{A}(t)\,u(t)$ dans K fort, et $h^{-1}(P(t+h)-P(t))\,v\to P'(t)\,v$ dans K faible.

Lemme 5.3. *Notations du Lemme* 5.1. *La fonction* $t \to u(t)$ *est une fois continûment différentiable de* $[0, T]$ *dans* K *faible, sa dérivée* $u'(t)$ *étant donnée par*

$$u'(t) = P'(t)\, u(t) + w(t), \tag{5.13}$$

où $w(t)$ *est la solution dans* $V(t)$ *de*

$$\left.\begin{aligned} a\big(t; w(t), v\big) = &- a\big(t; P'(t)\, u(t), v\big) - a'\big(t; u(t), v\big) - \\ &- a\big(t; u(t), P'(t)\, v\big) + L\big(P'(t)\, v\big). \end{aligned}\right\} \tag{5.14}$$

Démonstration. On peut écrire

$$\begin{aligned} h^{-1}\big(u(t+h) - u(t)\big) = h^{-1}[P(t+h) - P(t)]\, u(t+h) + \\ + h^{-1} P(t)\, \big[\big(u(t+h) - u(t)\big)\big] \end{aligned}$$

et lorsque $h \to 0$, $h^{-1}[P(t+h) - P(t)]\, u(t+h) \to P'(t)\, u(t)$ dans K faible[1]. Il reste donc à montrer que

$$h^{-1} P(t)\, [u(t+h) - u(t)] = f_h(t) \to w(t) \tag{5.15}$$

dans K faible, $w(t)$ étant donnée par (5.14) (on vérifie en effet sans peine que $t \to u'(t)$ est alors continue de $[0, T]$ dans K faible). Comme (5.15) est une limite dans $V(t)$ et que $\mathscr{A}(t)$ est un isomorphisme de $V(t)$ sur lui même (cf. Chap. II, No. 1), (5.15) est équivalent à

$$((f_h(t), \mathscr{A}(t)\, v)) \to ((w(t), \mathscr{A}(t)\, v)) \quad \text{pour tout} \quad v \in V(t),$$

i.e.

$$a\big(t; f_h(t), v\big) \to a\big(t; w(t), v\big);$$

mais $a\big(t; f_h(t), v\big) = h^{-1} X_h$, notations du Lemme 5.2, de sorte que le résultat suit d'après le Lemme 5.2.

Démonstration du Théorème 5.1. 1. Soit f donnée dans H et $u(t)$ *la* solution dans $D\big(A(t)\big)$ de $A(t)\, u(t) = f$. Donc $a\big(t; u(t), v\big) = (f, v)$ pour tout v dans $V(t)$, et d'après le Lemme 5.3, $\big(A^{-1}(t)\, f, g\big) = \big(u(t), g\big)$ (g fixé dans H) est une fois continûment différentiable dans $[0, T]$, ce qui montre que la première des conditions intervenant dans (1.3) est vérifiée.

2. On doit maintenant majorer, pour f fixé dans H,

$$X = \big((DA^{-1}(t))\, f, f\big) = \big(u'(t), f\big) = \big(u'(t), A(t)\, u(t)\big).$$

Utilisant (5.13), on a

$$X = \big(P'(t)\, u(t), f\big) + \big(w(t), A(t)\, u(t)\big) = \big(P'(t)\, u(t), f\big) + a\big(t; w(t), u(t)\big),$$

et par (5.14):

$$\begin{aligned} X = \big(P'(t)\, u(t), f\big) - a\big(t; P'(t)\, u(t), u(t)\big) - a'\big(t; u(t), u(t)\big) - \\ - a\big(t; u(t), P'(t)\, u(t)\big) + \big(f, P'(t)\, u(t)\big), \end{aligned}$$

[1] Cf. [1], p. 139.

donc

$$X = 2\,\mathrm{Re}\big(P'(t)\,u(t), f\big) - 2\,\mathrm{Re}\, a\big(t; P'(t)\,u(t), u(t)\big) - a'\big(t; u(t), u(t)\big),$$

d'où

$$\begin{aligned} |X| &\leqq 2\,|f|\,|P'(t)\,u(t)| + c_1\|u(t)\|^2 \ {}^{1} \\ &\leqq \varepsilon\,|f|^2 + (1/\varepsilon)\,|P'(t)\,u(t)|^2 + c_1\|u(t)\|^2 \\ &\leqq \varepsilon\,|f|^2 + c_1(\varepsilon)\,\|u(t)\|^2 \ {}^{2}. \end{aligned}$$

Mais

$$|A(t)^{\frac{1}{2}} u(t)|^2 = \big(A(t)\,u(t), u(t)\big) = a\big(t; u(t), u(t)\big) \geqq \alpha\|u(t)\|^2$$

d'où

$$|X| \leqq \varepsilon\,|f|^2 + c(\varepsilon)\,|A(t)^{\frac{1}{2}} u(t)|^2,$$

i.e.

$$\big|\big((DA(t)^{-1})\,f, f\big)\big| \leqq \varepsilon|f|^2 + c(\varepsilon)\,|A(t)^{\frac{1}{2}} f|^2, \qquad f \in H, \tag{5.16}$$

quel que soit $\varepsilon > 0$. Ceci contient *en particulier* la majoration désirée dans (1.3), et achève la démonstration du Théorème 5.1.

Le Théorème 5.1 était annoncé dans Lions [14].

6. Exemples d'espaces $V(t)$

On va dans ce No. utiliser le Chap. II, No. 2 et 3.

Soit Ω ouvert de R^n, de frontière Γ bornée, variété de dimension $n-1$, indéfiniment différentiable.

On prend, avec les notations du No. 5,

$$H = L^2(\Omega), \qquad K = H^m(\Omega)\ {}^{3}.$$

On désigne par $V(t)$ l'espace des $u \in H^m(\Omega)$ tels que

$$\gamma_j u = \sum_{k=0}^{k_0} a_{jk}(t)\,\gamma_k u, \qquad 0 \leqq k_0 \leqq m-1,\ j \in J \subset [k_0+1, \dots, m-1], \tag{6.1}$$

où

$$a_{jk}(t) \in \mathscr{L}\big(H^{m-k-\frac{1}{2}}(\Gamma); H^{m-k-\frac{1}{2}}(\Gamma)\big),$$

avec

$$\left.\begin{array}{l} t \to \big(a_{jk}(t)\,\varphi, \psi\big)_{H^{m-k-\frac{1}{2}}(\Gamma)} \text{ une fois continûment différentiable dans} \\ [0, T], \text{ pour } \varphi \text{ et } \psi \text{ fixés dans } H^{m-k-\frac{1}{2}}(\Gamma). \end{array}\right\} \tag{6.2}$$

Théorème 6.1. *Sous les hypothèses* (6.1) *et* (6.2), *l'opérateur* $P(t)$ *de projection orthogonale dans* K *sur* $V(t)$ *vérifie* (5.2), i.e.:

(i) $t \to P(t)\,u$ est continue de $[0, T]$ dans $H^m(\Omega)$ fort, pour u fixé dans $H^m(\Omega)$;

[1] Car $P'(t)$ demeure dans un borné de $\mathscr{L}(K; K)$.

[2] Car $|P'(t)\,u(t)| \leqq k\|P'(t)\,u(t)\| \leqq k_1\|u(t)\|$ (cf. [1]).

[3] Donc $((u, v)) = \sum_{|p| \leqq m} \int_\Omega D^p u\, \overline{D^p v}\, dx$.

(ii) $h^{-1}(P(t+h)-P(t))\,u\to P'(t)\,u$ dans $H^m(\Omega)$ faible, lorsque $h\to 0$;

(iii) $t\to P'(t)\,u$ est continue dans $[0,T]$ à valeurs dans $H^m(\Omega)$ faible.

Démonstration. 1) Soit $u\in H^m(\Omega)$; $P(t)\,u=u(t)$ est défini par $((u(t),v))=((u,v))$ pour tout $v\in V(t)$. Soit $t\to t_0$; comme $\|u(t)\|\leqq\|u\|$, on peut extraire une suite $t_j\to t_0$ telle que $u(t_j)\to w$ dans $H^m(\Omega)$ faible. Mais

$$\gamma_j u(t_j)=\sum_k a_{jk}(t_j)\,\gamma_k u(t_j),$$

d'où résulte que [1]

$$\gamma_j w=\sum_k a_{jk}(t_0)\,\gamma_k w,$$

donc $w\in V(t_0)$.

Admettons un instant le

Lemme 6.1. *Pour v donné dans $V(t_0)$, il existe $g(t)\in H^m(\Omega)$ avec*

$$v-g(t)\in V(t), \tag{6.3}$$

$$\|g(t)\|\to 0 \quad \text{lorsque } t\to t_0. \tag{6.4}$$

Alors

$$\begin{aligned}((u(t),v))&=((u(t),v-g(t)))+((u(t),g(t)))\\&=((u,v-g(t)))+((u(t),g(t)))\\&=((u,v))+((u-u(t),g(t)))\to((u,v)),\qquad\text{lorsque } t\to t_0\end{aligned}$$

et comme $((u(t_j),v))\to((w,v))$, on obtient $((w,v))=((u,v))$ pour tout $v\in V(t_0)$, donc $w=u(t_0)$, et par conséquent $t\to u(t)$ est continue de $[0,T]$ dans $H^m(\Omega)$ faible. Ensuite

$$\|u(t)-u(t_0)\|^2=((u,u(t)))+((u,u(t_0)))-2\,\mathrm{Re}\,((u(t),u(t_0)))\to 0$$

lorsque $t\to t_0$, ce qui montre (i) sous réserve de la

Vérification du Lemme 6.1. La condition (6.3) signifie

$$\gamma_j g(t)-\sum_k a_{jk}(t)\,\gamma_k g(t)=\gamma_j v-\sum_k a_{jk}(t)\,\gamma_k v=-\sum_k\,[a_{jk}(t)-a_{jk}(t_0)]\,\gamma_k v,$$

ce qui sera vrai si

$$\left.\begin{aligned}&\gamma_j g(t)=0,\qquad j\notin J,\\&\gamma_j g(t)=-\sum_k\,[a_{jk}(t)-a_{jk}(t_0)]\,\gamma_k v+\sum_k a_{jk}(t)\,\gamma_k g(t).\end{aligned}\right\} \tag{6.5}$$

On peut choisir $g(t)$ dans $H^m(\Omega)$ de façon que (6.5) ait lieu (cf. Chap. II, No. 3, Théorème 3.2) et que

$$\|g(t)\|^2\leqq c_1\sum_{j\in J}\Big\|\sum_k\,[a_{jk}(t)-a_{jk}(t_0)]\,\gamma_k v\Big\|^2_{H^{m-j-\frac12}(\Gamma)},$$

d'où (6.4).

[1] Grâce à (6.2).

2) Soit v fixé dans $H^m(\Omega)$. Nous posons $P(t)\,v = v(t)$. Admettons un instant le

Lemme 6.2. *Il existe $w_h(t)$ (resp. $r_h(t)$), élément de $H^m(\Omega)$, tel que*

$$u(t+h) - w_h(t) \in V(t), \tag{6.6}$$

(resp.

$$v(t) - r_h(t) \in V(t+h)), \tag{6.7}$$

avec

$$\left.\begin{array}{l} h^{-1} w_h(t) \to w'(t) \text{ dans } H^m(\Omega) \text{ faible lorsque } h \to 0, \\ t \to w'(t) \text{ étant continue de } [0,T] \text{ dans } H^m(\Omega) \text{ faible} \end{array}\right\} \tag{6.8}$$

(resp.

$$\left.\begin{array}{l} h^{-1} r_h(t) \to r'(t) \text{ dans } H^m(\Omega) \text{ faible lorsque } h \to 0,\ t \to r'(t) \\ \text{étant continue de } [0,T] \text{ dans } H^m(\Omega) \text{ faible}) \end{array}\right\} \tag{6.9}$$

[1].

Posons

$$X_{h,t}(v) = h^{-1}((u(t+h) - u(t), v));$$

on peut l'écrire sous la forme

$$X_{h,t}(v) = Y_{h,t}(v) + h^{-1}((w_h(t), v))$$

avec

$$Y_{h,t}(v) = h^{-1}((u(t+h) - w_h(t) - u(t), v)).$$

D'après (6.6),

$$((u(t+h) - w_h(t), v(t))) = ((u(t+h) - w_h(t), v)),$$

donc

$$Y_{h,t}(v) = h^{-1}((u(t+h), v(t) - r_h(t))) + h^{-1}((u(t+h), r_h(t))) - \\ - h^{-1}((w_h(t), v(t))) - h^{-1}((u(t), v(t))).$$

D'après (6.7)

$$((u(t+h), v(t) - r_h(t))) = ((u, v(t) - r_h(t))),$$

de sorte que

$$Y_{h,t}(v) = -h^{-1}((u, r_h(t))) + h^{-1}((u(t+h), r_h(t))) - h^{-1}((w_h(t), v(t))),$$

et lorsque $h \to 0$, on en déduit

$$X_{h,t}(v) \to -((u - u(t), r'(t))) + ((w'(t), v - v(t))).$$

Par conséquent,

$$h^{-1}(u(t+h) - u(t)) \to u'(t) \qquad \text{dans } H^m(\Omega) \text{ faible},$$

---

[1] Il s'agit, dans ce lemme et dans le lemme 6.1, d'une méthode de «compensation», un peu analogue à celle D'ARONSZAJN et K.T. SMITH dans l'étude de la régularité à la frontière (cf. N. ARONSZAJN et K.T. SMITH [2] et ARONSZAJN [4]).

avec

$$((u'(t), v)) = -((u - u(t), r'(t))) + ((w'(t), v - v(t))).$$

D'après 1) ,(6.8) et (6.9), il en résulte que $t \to u'(t)$ est continue de $[0, T]$ dans $H^m(\Omega)$ faible, d'où (ii) et (iii), sous réserve de la

Vérification du Lemme 6.2. 1) Nous utiliserons la remarque suivante: soit $\mathscr{H}^m(\Omega)$ l'orthogonal dans $H^m(\Omega)$ de $H_0^m(\Omega)$: $H^m(\Omega) = H_0^m(\Omega) \oplus \mathscr{H}^m(\Omega)$ (la condition nécessaire et suffisante pour que u, élément de $H^m(\Omega)$ soit dans $\mathscr{H}^m(\Omega)$ est que $\sum_{k=0}^{m} (-1)^k \Delta^k u = 0$). Alors (cf. Chap. II, théorème 3.2) l'opérateur $\gamma = \{\gamma_0, \gamma_1, \ldots, \gamma_{m-1}\}$ est un isomorphisme de $\mathscr{H}^m(\Omega)$ sur $\prod_{j=0}^{m-1} H^{m-j-\frac{1}{2}}(\Gamma)$; soit γ^{-1} son inverse.

2) La condition (6.6) signifie

$$\gamma_j(u(t+h) - w_h(t)) = \sum_k a_{jk}(t)\, \gamma_k(u(t+h) - w_h(t)),$$

ce qui est équivalent (puisque $u(t+h) \in V(t+h)$) à

$$\gamma_j w_h(t) - \sum_{k=0}^{k_0} a_{jk}(t)\, \gamma_k w_h(t) = \sum_k [a_{jk}(t+h) - a_{jk}(t)]\, \gamma_k u(t+h). \tag{6.10}$$

On détermine complètement $\gamma_j w_h(t)$ pour $j = 0, \ldots, m-1$, en ajoutant à (6.10) les conditions

$$\gamma_j w_h(t) = 0 \qquad \text{pour } j \notin J. \tag{6.11}$$

La solution de (6.10) et (6.11) est alors

$$\gamma_j w_h(t) = \varphi_j(t; h), \qquad j = 0, \ldots, m-1, \tag{6.12}$$

où

$$\varphi_j(t; h) \in H^{m-j-\frac{1}{2}}(\Gamma),$$

avec

$$h^{-1} \varphi_j(t; h) \to \varphi_j'(t) \qquad \text{dans } H^{m-j-\frac{1}{2}}(\Gamma) \text{ faible, lorsque } h \to 0, \tag{6.13}$$

où

$$t \to \varphi_j'(t) \text{ est continue dans } [0, T] \text{ à valeurs dans } H^{m-j-\frac{1}{2}}(\Gamma) \text{ faible.} \tag{6.14}$$

On peut alors prendre $w_h(t) \in \mathscr{H}^m(\Omega)$ par

$$w_h(t) = \gamma^{-1}\{\varphi_0(t; h), \varphi_1(t; h), \ldots, \varphi_{m-1}(t; h)\}. \tag{6.15}$$

Construction analogue pour $r_h(t)$.

Ceci démontre le lemme 6.2 et achève la démonstration du théorème 6.1.

Remarque 6.1. Sous les hypothèses du théorème 6.1 la solution u de (1.5), (1.6) et (1.7) (avec $A_2(t) = 0$) vérifie

$$u \in L^2(0, T; H^{2m}(\Omega)), \tag{6.16}$$

si $a(t; u, v) = \sum \int_\Omega a_{pq}(x, t)\, D^q u\, D^p \bar{v}\, dx$, les a_{pq} étant indéfiniment différentiables dans $\bar{\Omega}$; on ne reproduit pas la démonstration, extrêmement technique (on reprend la démonstration de la régularité selon NIRENBERG, BROWDER, ARONSZAJN-SMITH).

7. Applications

On se place dans le cadre du No. 6, avec $m = 3$, et $V(t)$ défini par

$$\gamma_1 v(x) = b_1(x, t)\,\gamma_0 v, \qquad \gamma_2 v = b_2(x, t)\,\gamma_0 v, \tag{7.1}$$

où les $b_i(x, t)$ sont des multiplicateurs sur $H^{\frac{5}{2}}(\Gamma)$ (disons: $\in L^\infty(\Gamma)$ ainsi que leurs dérivées d'ordre $\leqq 4$; on peut d'ailleurs préciser: cf. PEETRE [1]).

On prend

$$a(t; u, v) = \sum \int_\Omega a_{pq}(x, t)\, D^q u\, \overline{D^p v}\, dx$$

(notations du Chap. VI, No. 2), avec $a(t; u, v) = \overline{a(t; v, u)}$ pour tout $u, v \in H^3(\Omega)$.

Alors, la solution u de (1.5), (1.6), (1.7) vérifie

$$A\left(x, t, \frac{\partial}{\partial x}\right) u + \frac{\partial}{\partial t} u = f, \tag{7.2}$$

$\left(\text{où } A\left(x, t, \frac{\partial}{\partial x}\right)\right.$ est défini comme au Chap. VI, No. 2$\Big)$, avec la condition initiale

$$u(x, 0) = u_0(x), \qquad u_0 \text{ donné dans } V(0)^{1}. \tag{7.3}$$

Les conditions aux limites correspondent à l'appartenance de u à $L^2(0, T; D(A(t)))$. Soit $w \in D(A(t))$; alors

$$A\left(x, t, \frac{\partial}{\partial x}\right) w \in L^2(\Omega) \text{ et } \left(A\left(x, t, \frac{\partial}{\partial x}\right) w, v\right) = a(t; w, v) \text{ pout tout } v \in V(t).$$

Mais

$$\int_\Omega \left(A\left(x, t, \frac{\partial}{\partial x}\right) w\right) \overline{v(x)}\, dx = a(t; w, v) + \sum_{j=0}^{2} \langle S_j(t)\, w, \gamma_j \bar{v}\rangle,$$

et par conséquent, si w est dans $D(A(t))$,

$$\sum \langle S_j(t)\, w, \gamma_j \bar{v}\rangle = 0 \qquad \text{pour tout } v \in V(t).$$

On obtient alors pour $u(x, t)$ les conditions suivantes

$$\left.\begin{aligned} \gamma_1 u(x, t) &= b_1(x, t)\,\gamma_0 u(x, t), \\ \gamma_2 u(x, t) &= b_2(x, t)\,\gamma_0 u(x, t), \\ S_0(t)\, u + b_1(x, t)\, &S_1(t)\, u + b_2(x, t)\, S_2(t)\, u = 0. \end{aligned}\right\} \tag{7.4}$$

[1] $D((A(0) + \xi)^{\frac{1}{2}}) = V(0)$.

Autre application. Prenons pour «opérateur élémentaire» $\Lambda_1 = \Delta$ (Chap. II, No. 2). Nous prenons alors

$$K = H(\Delta; \Omega)$$

avec les notations du No. 5, et celles du Chap. II, No. 2 (donc K est l'espace des $u \in L^2(\Omega)$ tels que $\Delta u \in L^2(\Omega)$). On suppose encore que Ω est borné, de frontière Γ une variété indéfiniment différentiable de dimension $n-1$. Alors (cf. LIONS-MAGENES [1]) on peut définir

$$\gamma_0 u \in H^{-\frac{1}{2}}(\Gamma), \quad \gamma_1 u \in H^{-\frac{3}{2}}(\Gamma);$$

on définit maintenant l'espace $V(t)$ comme l'espace des $u \in K$ tels que

$$\gamma_1 u = q(t)\,\gamma_0 u, \tag{7.5}$$

où

$$q(t) \in \mathscr{L}\left(H^{-\frac{1}{2}}(\Gamma); H^{-\frac{3}{2}}(\Gamma)\right),$$

la fonction

$$t \to \left(q(t)\,\varphi, \psi\right)_{H^{-\frac{3}{2}}(\Gamma)}, \quad \varphi \in H^{-\frac{1}{2}}(\Gamma), \quad \psi \in H^{-\frac{3}{2}}(\Gamma),$$

étant une fois continûment différentiable dans $[0, T]$. L'opérateur $P(t)$ de projection orthogonale dans K sur $V(t)$ vérifie les conditions (5.2) (cela nécessite quelques développements, de nature assez technique, qui seront donnés ailleurs).

Prenons maintenant par exemple

$$a(t; u, v) = (\Delta u, \Delta v), \tag{7.6}$$

donc indépendante de t. On a alors, pour la solution correspondante de (1.5), (1.6), (1.7):

$$\Delta^2 u(x,t) + \frac{\partial}{\partial t} u = f(x,t) \quad \text{dans } \Omega \times]0, T[, \tag{7.7}$$

avec la condition initiale

$$u(x, 0) = u_0(x), \quad u_0 \text{ étant donné dans } V(0), \tag{7.8}$$

et les conditions aux limites correspondant à l'appartenance de $u(t)$ à $L^2\left(0, T; D(A(t))\right)$, soit

$$\left.\begin{aligned} &\gamma_1 u(x,t) = q(t)\,\gamma_0 u(x,t), \\ &\frac{\partial}{\partial \nu} \Delta u(x,t) = q(t)\,\Delta u(x,t), \quad \text{sur} \quad \Gamma \times (0, T). \end{aligned}\right\} \tag{7.9}$$

Remarque 7.1. Les méthodes précédentes permettent d'apporter une réponse *partielle* au problème posé à la fin de l'Exemple 1.5, Chap. VI. Supposons — avec les notations de cet exemple — que Γ soit une variété (à bord) indéfiniment différentiable de dimension $n-1$. On peut encore définir $H^{\frac{1}{2}}(\Gamma)$; supposons que $V(t) \subset H^1(\Omega_1) \times H^1(\Omega_2)$ soit défini par

$$\sigma_1 u_1 = q(t)\, \sigma_2 u_2,$$

où

$$q(t) \in \mathscr{L}(H^{\frac{1}{2}}(\Gamma); H^{\frac{1}{2}}(\Gamma)),$$

la fonction

$$t \to (q(t)\,\varphi, \psi)_{H^{\frac{1}{2}}(\Gamma)}, \qquad \varphi, \psi \in H^{\frac{1}{2}}(\Gamma),$$

étant une fois continûment différentiable dans $[0, T]$. On peut alors montrer que l'opérateur $P(t)$ de projection orthogonale dans $H^1(\Omega_1) \times H^1(\Omega_2)$ sur $V(t)$ vérifie la condition (5.2), de sorte que l'on pourra appliquer les théorèmes 1.1 et 5.1, mais en supposant que $a(t; u, v)$ est *hermitienne*: $a(t; u, v) = \overline{a(t; v, u)}$ — hypothèse qui est probablement inutile.

Même remarque au sujet de l'exemple 1.6, Chap. VI,

Remarque 7.2. Le problème signalé à l'Exemple 1.8, Chap. VI, n'entre pas dans le cadre des No. 5 et 6, car alors les espaces $V(t)$ ne sont pas en général des sous espaces vectoriels fermés d'un espace de Hilbert fixe.

Remarque 7.3. Supposons que $A_1(t) = A_1\left(x, t, \frac{\partial}{\partial x}\right)$ soit un opérateur d'ordre $2m$, défini sur $V(t)$ (No. 6) par $a(t; u, v)$ (No. 5). Alors (cf. (5.16)), l'hypothèse (1.3) a lieu, avec α arbitrairement petit. Supposons que $A_2(t) = A_2\left(x, t, \frac{\partial}{\partial x}\right)$ soit un opérateur différentiel d'ordre $2m - 1$:

$$A_2\left(x, t, \frac{\partial}{\partial x}\right) = \sum_{|p| \leqq 2m-1} a_p^{(2)}(x, t)\, D^p, \qquad a_p^{(2)}(x, t) \in L^\infty(\Omega \times (0, T)),$$

avec

$$D(A_2(t)) = H^{2m-1}(\Omega) \subset L^2(\Omega) = H.$$

Supposons (cf. remarque 6.1 et Chap. III) que

$$\left| A_1\left(x, t, \frac{\partial}{\partial t}\right) u + \xi u \right| \geqq c_1 \|u\|_{H^{2m}(\Omega)}, \qquad u \in D(A_1(t)), \tag{7.10}$$

l'ouvert Ω étant borné de frontière $2m$ fois continûment différentiable.

Dans ces conditions, pour $u \in D(A_1(t))$,

$$|A_2(t)\, u| \leqq c_2 \|u\|_{H^{2m-1}(\Omega)}. \tag{7.11}$$

Mais

$$\|u\|_{H^{2m-1}(\Omega)} \leqq \varepsilon \|u\|_{H^{2m}(\Omega)} + c_3(\varepsilon)\, |u| \tag{7.12}$$

(puisque Ω est borné, de frontière $2m$ fois continûment différentiable, l'injection de $H^{2m}(\Omega)$ dans $H^{2m-1}(\Omega)$ est complètement continue (Chap. II, No. 3) et (7.12) résulte alors de la proposition 4.1, Chap. IV; ou encore, Ω ayant la propriété de $2m$ prolongement (cf. définition 3.3, Chap. II), on se ramène à la propriété analogue pour $\Omega = R^n$, immédiate par transformation de Fourier).

De (7.10), (7.11) et (7.12), on déduit

$$|A_2(t)\,u| \leqq \varepsilon\,|(A_1(t)+\xi)\,u| + c_4(\varepsilon)\,|u|,$$

pour $\varepsilon > 0$ quelconque, de sorte que l'hypothèse (1.4) aura lieu.

Chapitre VIII

Discussion générale; équations differentielles opérationnelles d'ordre supérieur en t

Sommaire. Ce Chapitre suppose connus les Chapitres I, II, et le Chapitre IV, No. 1. On y étudie quelques types d'équations différentielles opérationnelles contenant des dérivées en t d'ordre > 1.

Le No. 1 donne un théorème d'existence (obtenu par une méthode voisine de celle du Chapitre V, No. 1, 2, 3, mais il n'est pas nécessaire d'avoir lu ces No. pour la lecture du cas présent). Le No. 2 donne un résultat d'unicité; les questions relatives aux hypothèses minima de différentiabilité sur les données ne sont pas ici tout à fait au point: il y a un décalage entre les hypothèses nécessaires (?) pour l'existence et pour l'unicité; des recherches dans ce sens sont encore indispensables-spécialement si l'on a en vue des applications aux problèmes non linéaires.

Le No. 3 donne un critère assez général, où interviennent trois formes sesquilinéaires (c'est l'analogue du No. 7 du Chapitre IV). Ce No. est indispensable pour la lecture de nombreux exemples au Chapitre IX. Le No. 4 donne une variante qui sera également utile dans les exemples du Chapitre IX.

Le No. 5 donne quelques indications sur les équations du type SCHROEDINGER (nous renvoyons à O. A. LADYZENSKAYA [2], [3], I. M. VISIK [5], J. L. LIONS [10], V. P. MASLOV [1], [2], F. TRÈVES [2] pour d'autres résultats dans cette direction); ce No. aurait pu se placer au Chapitre IV, mais, du point de vue des méthodes, il relève davantage du présent Chapitre. Comme aux No. 1 et 2, le problème des hypothèses minima de différentiabilité n'est pas complètement résolu (notons que, si au No. 2, les hypothèses nécessaires pour l'unicité sont plus fortes que celles nécessaires pour l'existence, c'est ici la situation contraire).

Le No. 6 donne enfin quelques indications (de caractère plutot négatif) sur des cas où interviennent des dérivées d'ordre > 2 en t.

(Des résultats positifs dans ce sens sont connus, dans des ouverts non cylindriques, pour les opérateurs hyperboliques; cf. références au Chap. IX, No. 1).

Nous n'avons que des résultats extrêmement fragmentaires dans le cas où $D(A(t))$ *et* $D(A(t)^{\frac{1}{2}})$ dépendent de t (cf. Chap. VII pour le cas analogue, avec une dérivation du premier ordre en t). Des recherches dans cette direction seraient utiles.

1. Un théorème d'existence

On considère deux espaces de Hilbert V et H, $V \subset H$ algébriquement et topologiquement, avec les notations du Chap. II, No. 1 et du Chap. IV, No. 1. On suppose que H est séparable, pour fixer les idées — mais ce n'est pas indispensable. Pour chaque $t \in [0, T]$, on donne une forme sesquilinéaire $a(t; u, v)$ continue sur $V \times V$, et des opérateurs $B(t) \in \mathcal{L}(V; H)$ et $C(t) \in \mathcal{L}(H; H)$ (où comme d'ordinaire, $\mathcal{L}(X; Y)$ désigne l'espace des applications linéaires continues de X dans Y).

Pour fixer les idées (nous aurons besoin d'hypothèses plus fortes plus loin) nous supposons que pour tout $u, v \in V$ et $f, g \in H$, les fonctions $t \to a(t; u, v)$, $(f, B(t)\, v)$, $(C(t)\, f, g)$, sont continues dans $[0, T]$.

Pour énoncer plus commodémment les problèmes, nous prolongeons $a(t; u, v)$, $B(t)$ et $C(t)$ pour $t < 0$, les fonctions prolongées ayant les mêmes propriétés de continuité que les fonctions initiales.

Problème 1.1. Trouver une fonction u, telle que

$$u \in L^2(-\infty, T; V), \qquad u \text{ nulle pour } t < 0, \tag{1.1}$$

$$u' = du/dt \in L^2(-\infty, T; H), \tag{1.2}$$

$$\left.\begin{aligned} &a(t; u(t), v) + (u'(t), B(t)\, v) + \frac{d}{dt}(C(t)\, u'(t), v) \\ &\quad = (f(t), v) + (C(0)\, u_1, v)\, \delta, \qquad \text{pour tout } v \in V, \end{aligned}\right\} \tag{1.3}$$

où f est donnée dans $L^2(-\infty, T; H)$, nulle pour $t < 0$, où u_1 est donné dans H, et où δ désigne la masse de Dirac à l'origine. La condition (1.2) a le sens précisé dans le note 1, p. 5, Chap. I.

Notons que de (1.1) et (1.2) il résulte que la fonction u est (presque partout égale à) une fonction continue de $]-\infty, T]$ à valeurs dans $V^{\frac{1}{2}}H^{\frac{1}{2}}$ (cf. LIONS [20]), et comme u est nulle pour $t < 0$, on voit donc que

$$u(0) = 0.$$

On va maintenant donner des conditions suffisantes pour que le problème 1.1 soit bien posé.

On suppose que

$$a(t; u, v) = q(t; u, v) + r(t; u, v) \tag{1.4}$$

(q est la «partie principale» et r le «reste»), où l'on suppose que

$$\left.\begin{array}{l} t\to q(t;u,v) \text{ est une fois continûment différentiable dans } [0,T], \\ q(t;u,v)=\overline{q(t;v,u)} \text{ pour tout } u,v\in V, \text{ et il existe } \lambda \text{ tel que} \\ \qquad q(t;v,v)+\lambda|v|^2\geqq\alpha\|v\|^2, \quad \alpha>0,\ v\in V, \end{array}\right\} \tag{1.5}$$

et

$$t\to r(t;u,v) \text{ est continue sur } [0,T], \quad \text{avec } |r(t;u,v)|\leqq c_1\|u\|\,|v|. \tag{1.6}$$

On suppose ensuite:

$$\left.\begin{array}{l} t\to\big(f, B(t)v\big) \text{ est continue dans } [0,T],\ f\in H,\ v\in V, \text{ et} \\ \big|\mathrm{Re}\big(v, B(t)v\big)\big|\leqq c_2|v|^2, \quad \text{pour tout } v\in V, \end{array}\right\} \tag{1.7}$$

et enfin

$$\left.\begin{array}{l} C(t) \text{ est hermitien } >0\text{: } \big(C(t)f,f\big)\geqq c|f|^2,\ c>0, \text{ indépendant de} \\ t\in[0,T], \text{ la fonction } t\to\big(C(t)f,g\big) \text{ étant une fois continûment} \\ \text{différentiable dans } [0,T], \text{ pour tout } f,g\in H. \end{array}\right\} \tag{1.8}$$

On peut toujours prolonger ces données pour $t<0$ comme on a vu plus haut.

On va démontrer le

Théorème 1.1. *Sous les hypothèses* (1.4), ... (1.8), *il existe une fonction u solution du problème* 1.1.

Démonstration. 1) Si l'on change u en $\exp(kt)\,u$, k réel quelconque, le problème 1.1 est remplacé par un problème analogue, mais où $a(t;u,v)$ est remplacé par $a(t;u,v)+k\big(u,B(t)v\big)+k^2\big(C(t)u,v\big)+k\big(C'(t)u,v\big)$, $\big(C'(t)=dC(t)/dt\big)$, $B(t)$ par $B(t)+2k\,C(t)$, $C(t)$ étant inchangé. Alors, $q(t;u,v)$ est, par exemple, remplacé par

$$\tilde q(t;u,v)=q(t;u,v)+k^2\big(C(t)u,v\big),$$

et $r(t;u,v)$ par $\tilde r(t;u,v)=r(t;u,v)+k\big(u,B(t)v\big)+k\big(C'(t)u,v\big)$.

On peut maintenant choisir k de façon que

$$\tilde q(t;v,v)\geqq\alpha\|v\|^2,$$

et

$$\tilde q(t;v,v)+2\,\mathrm{Re}\,\tilde r(t;v,v)\geqq\alpha_1\|v\|^2, \qquad \alpha_1>0$$

(c'est loisible, car $\mathrm{Re}\,\tilde r(t;v,v)\leqq c_1\|v\|\,|v|+k(c_2+c_n)\,|v|^2$).

On va donc supposer dans la suite que les hypothèses (1.4) ... (1.8) ont lieu, avec en outre

$$q(t;v,v)\geqq\alpha\|v\|^2, \qquad v\in V, \tag{1.9}$$

et

$$q(t;v,v)+2\,\mathrm{Re}\,r(t;v,v)\geqq\alpha_1\|v\|^2, \quad \alpha_1>0,\ v\in V. \tag{1.10}$$

2) Il sera commode de se placer sur la demi droite $[0, +\infty[$ entière. Pour cela, on prolonge les fonctions $a(t; u, v)$, $q(t; u, v)$, $r(t; u, v)$, $B(t)$ et $C(t)$ pour $t > T$, de façon que les hypothèses (1.4) ... (1.10) aient lieu sur $[0, +\infty[$, ces fonctions prolongées (que l'on désigne encore par $a(t; u, v), \ldots$,) étant bornées sur $[0, +\infty[$, ainsi que leur dérivée première (pour q et C) [1].

On va maintenant vérifier le

Lemme 1.1. *Pour $\gamma > 0$ assez grand, si φ est une fonction telle que*

$$\left.\begin{array}{c}\exp(-\gamma t)\,\varphi \in L^2(0, \infty; V), \quad \exp(-\gamma t)\,\varphi' \in L^2(0, \infty; V), \\ \exp(-\gamma t)\,\varphi'' \in L^2(0, \infty; H),\end{array}\right\} \tag{1.11}$$

$$\varphi(0) = 0, \tag{1.12}$$

on a:

$$\left.\begin{array}{l}\operatorname{Re}\int_0^\infty \{a(t; \exp(-\gamma t)\,\varphi, \exp(-\gamma t)\,\varphi') + \\ \quad + (\exp(-\gamma t)\,\varphi', B(t)\exp(-\gamma t)\,\varphi') - \\ \quad - (C(t)\,\varphi', (\exp(-2\gamma t)\,\varphi')')\}\,dt \geqq c_4 |||\varphi|||^2,\end{array}\right\} \tag{1.13}$$

où $c_4 > 0$, et

$$|||\varphi|||^2 = \int_0^\infty \{\|\exp(-\gamma t)\,\varphi\|^2 + |\exp(-\gamma t)\,\varphi'|^2\}\,dt + |\varphi'(0)|^2. \tag{1.14}$$

En effet, posons

$$X = \operatorname{Re}\int_0^\infty a(t; \exp(-\gamma t)\,\varphi,\ \exp(-\gamma t)\,\varphi')\,dt,$$

$$Y = \operatorname{Re}\int_0^\infty (\exp(-\gamma t)\,\varphi',\ B(t)\exp(-\gamma t)\,\varphi')\,dt,$$

$$Z = -\operatorname{Re}\int_0^\infty (C(t)\,\varphi',\ (\exp(-2\gamma t)\,\varphi')')\,dt;$$

le premier membre de (1.13) est $X + Y + Z$. Or

$$\begin{aligned}2X &= \int_0^\infty \exp(-2\gamma t)\left\{\frac{d}{dt}\,q(t; \varphi, \varphi) - q'(t; \varphi, \varphi)\right\}dt + \\ &\quad + 2\operatorname{Re}\int_0^\infty \exp(-2\gamma t)\,r(t; \varphi, \varphi')\,dt \\ &= \int_0^\infty \exp(-2\gamma t)\,\{2\gamma\,q(t; \varphi, \varphi) - q'(t; \varphi, \varphi)\}\,dt + \\ &\quad + 2\operatorname{Re}\int_0^\infty \exp(-2\gamma t)\,r(t; \varphi, \varphi')\,dt,\end{aligned}$$

---

[1] Pour la fonction q prolongée, (1.5) aura lieu avec α remplacé par $\alpha - \varepsilon$, $\varepsilon > 0$ fixé arbitrairement petit.

d'où

$$2X \geqq \int_0^\infty \exp(-2\gamma t)\left(2\gamma\alpha\|\varphi(t)\|^2 - c_5\|\varphi(t)\|^2 - 2c_1\|\varphi(t)\|\,|\varphi'(t)|\right)dt.$$

Ensuite,

$$2Y \geqq -c_2\int_0^\infty |\exp(-\gamma t)\,\varphi'(t)|^2\,dt,$$

et

$$\begin{aligned}2Z &= -\int_0^\infty \left(C(t)\,\varphi',\ (\exp(-2\gamma t)\,\varphi')'\right)dt - \int_0^\infty \left((\exp(-2\gamma t)\,\varphi')',\ C(t)\,\varphi'\right)dt\\ &= \left(C(0)\,\varphi'(0),\ \varphi'(0)\right) + 2\gamma\int_0^\infty \exp(-2\gamma t)\left(C(t)\,\varphi',\varphi'\right)dt +\\ &\quad + \int_0^\infty \exp(-2\gamma t)\left(C'(t)\,\varphi',\varphi'\right)dt,\end{aligned}$$

donc

$$2Z \geqq c\,|\varphi'(0)|^2 + \int_0^\infty \exp(-2\gamma t)\,(2c\gamma - c_6)\,|\varphi'(t)|^2\,dt,$$

et finalement

$$\begin{aligned}2(X+Y+Z) \geqq \int_0^\infty \exp(-2\gamma t)\,\{(2\gamma\alpha - c_5)\,\|\varphi(t)\|^2 - 2c_1\,\|\varphi(t)\|^2\,|\varphi'(t)| +\\ + (2c\gamma - c_2 - c_6)\,|\varphi'(t)|^2\}\,dt + c\,|\varphi'(0)|^2,\end{aligned}$$

et il est alors clair que l'on aura (1.13) pour γ assez grand

On fixe désormais γ, tel que (1.13) ait lieu.

Pour démontrer le théorème 1.1, on va maintenant appliquer le théorème 1.1 du Chap. III, dans les conditions suivantes: on désigne par F l'espace des fonctions u telles que

$$\exp(-\gamma t)\,u \in L^2(0,\infty;V),\qquad \exp(-\gamma t)\,u' \in L^2(0,\infty;H),\qquad u(0)=0,$$

muni de la norme

$$\|u\|_F = \left(\int_0^\infty \left(\|\exp(-\gamma t)\,u(t)\|^2 + |\exp(-\gamma t)\,u'(t)|^2\right)dt\right)^{\frac{1}{2}},$$

qui en fait un espace de Hilbert;

on désigne par Φ l'espace des fonctions φ vérifiant (1.11) et (1.12), muni de la norme (préhilbertienne) (1.14). Pour $u \in F$, $\varphi \in \Phi$, on pose

$$\left.\begin{aligned}E(u,\varphi) = \int_0^\infty \{a\left(t;\exp(-\gamma t)\,u(t),\exp(-\gamma t)\,\varphi'(t)\right) +\\ + \left(\exp(-\gamma t)\,u'(t),\ B(t)\exp(-\gamma t)\,\varphi'(t)\right) -\\ - \left(C(t)\,u'(t),\ (\exp(-2\gamma t)\varphi')'\right)\}\,dt\end{aligned}\right\}\qquad(1.15)$$

et

$$L(\varphi) = \int_0^\infty \left(\exp(-\gamma t)\,f(t),\ \exp(-\gamma t)\,\varphi'(t)\right)dt + \left(C(0)\,u_1,\ \varphi'(0)\right).\qquad(1.16)$$

D'après le lemme 1.1, on est dans les conditions d'application du théorème 1.1, Chap. III; par conséquent, il existe u dans F tel que

$$E(u, \varphi) = L(\varphi) \qquad \text{pour tout } \varphi \in \Phi. \tag{1.17}$$

Reste à vérifier que l'on obtient à partir de là une solution du problème 1.1. Soit ϑ une fonction de $\mathscr{D}(R)$ (espace des fonctions indéfiniment différentiables à support compact sur R) et soit

$$\psi(t) = \int_0^t \exp(2\gamma\sigma)\,\vartheta(\sigma)\,d\sigma;$$

pour v quelconque dans V, la fonction $\varphi(t) = \psi(t)\,v$ est dans Φ. Pour ce choix de φ, (1.17) s'écrit

$$\int_0^\infty a(t; u(t), v)\,\overline{\vartheta(t)}\,dt + \int_0^\infty (u'(t), B(t)\,v)\,\overline{\vartheta(t)}\,dt - \int_0^\infty (C(t)\,u'(t), v)\,\overline{\vartheta'(t)}\,dt$$
$$= \int_0^\infty (f(t), v)\,\overline{\vartheta(t)}\,dt + (C(0)\,u_1, v)\,\overline{\vartheta(0)}.$$

Si l'on prolonge u en $\tilde{u}$ par 0 pour $t < 0$, on en déduit (en utilisant le fait que $u(0) = 0$):

$$a(t; \tilde{u}(t), v) + (\tilde{u}'(t), B(t)\,v) + \frac{d}{dt}(C(t)\,\tilde{u}'(t), v) = (\tilde{f}(t), v) + (C(0)\,u_1, v)\,\delta,$$

et la restriction de $\tilde{u}$ à $t < T$ est solution du problème.

Ceci achève la démonstration du théorème 1.1.

La méthode précédente est dûe à F. Trèves [1]. Cf. aussi I. M. Visik [5], J. L. Lions [10], [12], F. Trèves [2], [3].

Problème: dans quelle mesure peut-on affaiblir les hypothèses de différentiabilité dans le théorème 1.1?

Remarque 1.1. Soit $A(t)$ (cf. Chap. II, No. 1 et Chap. IV, remarque 1.3) l'opérateur non borné défini dans H par $a(t; u, v)$. On peut alors interpréter le problème 1.1 de la façon suivante, en supposant pour simplifier que $B(t) \in \mathscr{L}(H; H)$: si l'on pouvait fixer t dans l'équation (1.3), on aurait

$$u(t) \in D(A(t))$$

et

$$A(t)\,u(t) + B^*(t)\,u'(t) + \frac{d}{dt}(C(t)\,u'(t)) = f(t) \qquad \text{pour } t > 0, \tag{1.18}$$

($B^*(t)$ étant l'adjoint de $B(t)$), avec $u(0) = 0$, et $u'(0) = u_1$.

Cette interprétation est formelle, mais elle devient correcte si u vérifie en outre: $u'' \in L^2(0, T; H)$. La relation (1.18) a alors lieu presque partout.

Remarque 1.2. On a le théorème de régularité en t que voici (nous ne démontrons pas ce théorème, la démonstration étant analogue à celle du théorème 1.1 précédent, et des résultats du Chap. V; cf. aussi les travaux de TRÈVES):

Théorème 1.2. *On se place dans les hypothèses du théorème* 1.1, *avec en outre* (k étant un entier fixé $\geqq 1$):

$$\left.\begin{array}{l} t \to q(t; u, v) \text{ est } k+1 \text{ fois continûment différentiable dans } [0, T], \\ t \to r(t; u, v) \text{ est } k \text{ fois continûment différentiable dans } [0, T], \\ \qquad |r^{(j)}(t; u, v)| \leqq c_1 \|u\| \, |v|, \qquad j \leqq k, \end{array}\right\} \quad (1.19)$$

$$\left.\begin{array}{l} t \to (f, B(t)\, v) \text{ est } k \text{ fois continûment différentiable dans } [0, T], \\ \text{pour } f \in H,\ v \in V, \text{ et} \\ \qquad |\mathrm{Re}(v, B^{(j)}(t)\, v)| \leqq c_2 |v|^2, \qquad j \leqq k, \end{array}\right\} \quad (1.20)$$

$$t \to (C(t)\, f, g) \text{ est } k+1 \text{ fois continûment différentiable dans } [0, T]. \quad (1.21)$$

On suppose que $f, f', \ldots, f^{(k)} \in L^2(-\infty, T; H)$, *et que* $u_1 = 0$. *Alors il existe* u *solution du problème* 1.1, *avec*

$$u, u', \ldots, u^{(k)} \in L^2(-\infty, T; V), \quad (1.22)$$

$$u^{(k+1)} \in L^2(-\infty, T; H). \quad (1.23)$$

Notons que la solution est *unique*. En effet, supposons que (1.3) ait lieu avec $f = 0$ et $u_1 = 0$. On fait dans cette équation $v = u'(t)$, ce qui est loisible, et on en déduit facilement que

$$\|u(t)\|^2 + |u'(t)|^2 \leqq c_7 \int_0^t (\|u(\sigma)\|^2 + |u'(\sigma)|^2)\, d\sigma,$$

d'où le résultat (ceci n'est pas valable lorsque $k = 0$, cf. alors le No. 2).

Remarque 1.3. Dans le problème 1.1, $u(0)$ est nul. Le problème avec une donnée initiale non nulle est le suivant:

on cherche une fonction $u \in L^2(-\infty, T; V)$, nulle pour $t < 0$, telle que $du/dt \in L^2(0, T; H)$, et

$$\left.\begin{array}{l} a(t; u(t), v) + (u'(t), B(t)\, v) + \dfrac{d}{dt}(C(t)\, u'(t), v) \\ \quad = (f(t), v) + [(u_0, B(0)\, v) + (C(0)\, u_1, v)]\, \delta + (C(0)\, u_0, v)\, \delta', \end{array}\right\} \quad (1.24)$$

où δ' est égal à $d\delta/dt$, pour u_0 donné dans l'espace $V^{\frac{1}{2}} H^{\frac{1}{2}}$ (LIONS [20]).

Ce problème n'est pas résolu, sous les seules hypothèses du théorème 1.1 et avec u_0 dans $V^{\frac{1}{2}} H^{\frac{1}{2}}$. Nous pouvons le résoudre en faisant les hypothèses plus fortes suivantes:

$$\left.\begin{array}{l} t \to a(t; u, v) \text{ est } \textit{deux} \text{ fois continûment différentiable dans } [0, T], \\ \text{pour tout } u, v \in V, \end{array}\right\} \quad (1.25)$$

$$u_0 \in D(A(0)), \quad (1.26)$$

$$B(t) \in \mathscr{L}(H; H). \quad (1.27)$$

En effet, soit $\vartheta(t)$ une fonction deux fois continûment différentiable dans $t \geqq 0$, avec $\vartheta(0)=1$, $\vartheta'(0)=0$ (par exemple). Soit $w(t)$ la solution dans $D(A(t))$ de

$$a(t; w(t), v) = \vartheta(t)\,(A(0)\,u_0, v), \quad \text{pour tout } v \in V \tag{1.28}$$

(on se ramène toujours au cas où $\operatorname{Re} a(t; v, v) \geqq \alpha \|v\|^2$, de sorte que (cf. Chap. II, No. 1), l'équation (1.28) admet bien une solution unique $w(t)$ qui est dans $D(A(t))$). D'après le lemme 6.1, Chap. V, on voit que la fonction $t \to w(t)$ est deux fois continûment différentiable de $[0, T]$ dans V, et par ailleurs $w(0) = u_0$.

Si donc nous désignons par $\tilde{w}(t)$ le prolongement de $w(t)$ par 0 pour $t<0$, on a:

$$\begin{aligned} a(t; \tilde{w}(t), v) &+ (\tilde{w}', B(t)\,v) + \frac{d}{dt}(C(t)\,\tilde{w}'(t), v) \\ &= \widetilde{\vartheta(t)}\,(A(0)\,u_0, v) + (u_0, B(0)\,v)\,\delta + (C(0)\,u_0, v)\,\delta' + (C(0)\,w'(0), v)\,\delta + \\ &\quad + (w'(t), B(t)\,v)^{\sim} + (C(t)\,w''(t), v)^{\sim} + (C'(t)\,w'(t), v)^{\sim} \end{aligned}$$

de sorte que, si $U(t) = u(t) - w(t)$, il vient

$$\begin{aligned} a(t; U(t), v) + (U'(t), B(t)\,v) &+ \frac{d}{dt}(C(t)\,U'(t), v) \\ &= (g(t), v) + (C(0)\,(u_1 - w'(0)), v)\,\delta, \end{aligned}$$

où

$$g(t) = f(t) - \widetilde{\vartheta(t)}\,A(0)\,u_0 + (B(t) * w'(t))^{\sim} + (C(t)\,w''(t))^{\sim} + (C'(t)\,w'(t))^{\sim},$$

et on est donc ramené au problème 1.1, sous les hypothèses du théorème 1.1, ce qui résout le problème.

2. Unicité

Nous ignorons si, sous les seules hypothèses du théorème 1.1, il y a unicité de la solution du problème 1.1. Nous ferons les hypothèses supplémentaires suivantes:

$$\left.\begin{array}{l} t \to r(t; u, v) \text{ est une fois continûment différentiable dans } [0, T], \\ \text{pour tout } u, v \in V, \end{array}\right\} \tag{2.1}$$

$$\left.\begin{array}{l} t \to (f, B(t)\,v) \text{ est une fois continûment différentiable dans } [0, T], \\ \text{pour } f \in H,\ v \in V. \end{array}\right\} \tag{2.2}$$

On va démontrer le

Théorème 2.1. *Sous les hypothèses* (1.4) ... (1.8) *et* (2.1), (2.2), *le problème* 1.1 *admet une solution unique* (et l'application $\{f, u_1\} \to u$ est continue, au sens suivant:

$$\int_0^T (\|u(t)\|^2 + |u'(t)|^2)\,dt \leqq K\left(\int_0^T |f(t)|^2\,dt + |u_1|^2\right), \qquad K = \text{constante}).$$

Commençons par démontrer le

Lemme 2.1. *Si u vérifie* (1.1), (1.2) *et* (1.3), *alors*

$$\left.\begin{aligned}\int_0^T \{a(t; u(t), \varphi(t)) + (u'(t), B(t)\varphi(t)) - (C(t)u'(t), \varphi'(t))\}\,dt \\ = \int_0^T (f(t), \varphi(t))\,dt + (C(0)u_1, \varphi(0)),\end{aligned}\right\} \qquad (2.3)$$

pour toute fonction φ vérifiant

$$\varphi \in L^2(0, T; V), \qquad \varphi' \in L^2(0, T; H), \qquad \varphi(T) = 0. \qquad (2.4)$$

Démonstration. Soit $\psi \in C^1(0, T)$ (espace des fonctions une fois continûment différentiables dans $[0, T]$), avec $\psi(T) = 0$, et v quelconque dans V. Multipliant (1.3) par $\psi(t)$, et intégrant sur $(0, T)$, on obtient (2.3) pour φ donnée par $\varphi(t) = \psi(t)\, v$. Donc (2.3) a lieu pour toute fonction φ de la forme

$$\varphi(t) = \sum_{i=1}^{\nu} \psi_i(t)\, v_i, \qquad \psi_i \in C^1(0, T), \qquad \psi_i(T) = 0, \qquad v_i \in V,$$

et par utilisation du lemme de densité 1.2, Chap. IV, on en déduit le résultat.

Supposons maintenant que u vérifie (1.3) avec $f = 0$, $u_1 = 0$. On a donc (2.3) avec $f = 0$, $u_1 = 0$. On peut toujours supposer que (1.10) a lieu. On va choisir φ dans (2.3) de la façon suivante: soit $s \in]0, T[$ et $\varphi(t) = \left\{-\int_t^s u(\sigma)\,d\sigma \text{ pour } t \leqq s,\ 0 \text{ pour } t \geqq s\right\}$; la fonction φ ainsi définie vérifie (2.4), et pour ce choix de φ l'équation (2.3) (avec $f = 0$, $u_1 = 0$) donne

$$\int_0^s \{a(t; \varphi'(t), \varphi(t)) + (u'(t), B(t)\varphi(t)) - (C(t)u'(t), u(t))\}\,dt = 0.$$

Prenant deux fois la partie réelle de cette équation, on en déduit

$$\begin{aligned}\int_0^s \Big\{\frac{d}{dt} q(t; \varphi(t), \varphi(t)) - q'(t; \varphi, \varphi) + 2\operatorname{Re} r(t; \varphi'(t), \varphi(t)) + \\ + 2\operatorname{Re}(u'(t), B(t)\varphi(t)) - \frac{d}{dt}(C(t)u(t), u(t)) + (C'(t)u, u)\Big\}\,dt = 0\end{aligned}$$

d'où

$$\begin{aligned}q(0; \varphi(0), \varphi(0)) + (C(s)u(s), u(s)) - \int_0^s \{2\operatorname{Re} r(t; \varphi', \varphi) - q'(t; \varphi, \varphi) + \\ + 2\operatorname{Re}(u'(t), B(t)\varphi) + (C'(t)u, u)\}\,dt = 0.\end{aligned}$$

Mais

$$\int_0^s r(t; \varphi', \varphi)\,dt = -r(0; \varphi(0), \varphi(0)) - \int_0^s \{r(t; \varphi, \varphi') + r'(t; \varphi, \varphi)\}\,dt,$$

et

$$\int_0^s (u', B(t)\,\varphi)\,dt = -\int_0^s \big(u(t), B(t)\,u(t)\big)\,dt - \int_0^s \big(u(t), B'(t)\,\varphi(t)\big)\,dt$$

de sorte que

$$2\,\mathrm{Re}\int_0^s (u', B(t)\,\varphi)\,dt \leqq c_1 \int_0^s |u(t)|^2\,dt + c_2 \int_0^s |u(t)|\,\|\varphi(t)\|\,dt,$$

et alors

$$q\big(0;\varphi(0),\varphi(0)\big) + 2\,\mathrm{Re}\,r\big(0;\varphi(0),\varphi(0)\big) + \big(C(s)\,u(s), u(s)\big)$$
$$\leqq c_3 \int_0^s \{\|\varphi(t)\|^2 + \|\varphi(t)\|\,|u(t)| + |u(t)|^2\}\,dt.$$

Par conséquent

$$\|\varphi(0)\|^2 + |u(s)|^2 \leqq c_4 \int_0^s \big(\|\varphi(t)\|^2 + |u(t)|^2\big)\,dt. \tag{2.5}$$

Mais si l'on introduit

$$v(t) = \int_0^t u(\sigma)\,d\sigma, \tag{2.6}$$

on a: $\varphi(t) = v(t) - v(s)$, donc

$$\|v(s)\|^2 + |u(s)|^2 \leqq 2c_4 \int_0^s \|v(t)\|^2\,dt + 2c_4 s\,\|v(s)\|^2 + c_4 \int_0^s |u(t)|^2\,dt. \tag{2.7}$$

Choisissons s_0 avec, par exemple $1 - 2c_4 s_0 = \frac{1}{2}$ (et $s_0 = T$ si $1 - 2c_4 T > 0$). On déduit de (2.7) que pour $s \leqq s_0$,

$$\|v(s)\|^2 + |u(s)|^2 \leqq c_5 \int_0^s \big(\|v(t)\|^2 + |u(t)|^2\big)\,dt.$$

Il en résulte que $u = 0$ dans $[0, s_0]$, et on recommence le même raisonnement à partir de s_0, d'où de proche en proche, $u = 0$ dans $(0, T)$. Le Théorème est démontré.

Le choix de φ qui précède (déja utilisé de façon très voisine au Chap. IV, No. 5) est dû à O. A. LADYZENSKAYA [1].

Remarque 2.1. Si l'on suppose que $|r(t; u, v)| \leqq c\,|u|\,|v|$, alors la mesurabilité de la fonction $t \to r(t; u, v)$ est suffisante dans le raisonnement précédent.

Remarque 2.2. Rappelons que l'on désigne par $L^2_{\mathrm{loc}}(a, b; X)$ l'espace des (classes de) fonctions localement de carré sommable sur (a, b) à valeurs dans l'espace X. Supposons que les fonctions $a(t; u, v)$, $B(t)$, $C(t)$ soient définies sur R entier, avec les hypothèses (1.4) ... (1.8), (2.1) et (2.2) sur tout intervalle $(-T, +T)$, T fini quelconque [1]. Alors,

[1] Précisons ce point: pour T fini donné, il existe λ_T et $\alpha_T > 0$ tels que

$$\mathrm{Re}\,q(t; v, v) + \lambda_T |v|^2 \geqq \alpha_T \|v\|^2, \quad v \in V,\ t \leqq T.$$

pour f donnée dans $L^2_{\text{loc}}(-\infty, +\infty; H)$, nulle pour $t<0$, il existe une fonction u et une seule dans $L^2_{\text{loc}}(-\infty, +\infty; V)$, avec

$$u' \in L^2_{\text{loc}}(-\infty, +\infty; H),$$

u nulle pour $t<0$, et vérifiant

$$\left.\begin{aligned} a\big(t; u(t), v\big) + \big(u'(t), B(t)\, v\big) + \frac{d}{dt}\big(C(t)\, u'(t), v\big) \\ = \big(f(t), v\big) + \big(C(0)\, u_1, v\big)\, \delta. \end{aligned}\right\} \tag{2.8}$$

Remarque 2.3. Utilisant les relations (cf. remarque 1.4, Chap. IV):

$$a(t; u, v) = ((\mathscr{A}(t)\, u, v)), \qquad (f, v) = ((Jf, v))$$

on peut écrire (2.8) (ou (1.3)) de la façon suivante:

$$\left(\mathscr{A}(t) + B^*(t)\, J \frac{d}{dt} + \frac{d}{dt} J\, C(t) \frac{d}{dt}\right) u = J f(t) + \big(J\, C(0)\, u_1\big)\, \delta,$$

où $B^*(t) \in \mathscr{L}(H; V)$, adjoint de $B(t)$ dans $\mathscr{L}(V; H)$.

Si l'on change t en $-t$, l'opérateur

$$\mathscr{A}(t) + B^*(t)\, J \frac{d}{dt} + \frac{d}{dt} J\, C(t) \frac{d}{dt} \tag{2.9}$$

est remplacé par

$$\mathscr{A}(-t) - B^*(-t)\, J \frac{d}{dt} + \frac{d}{dt} J\, C(-t) \frac{d}{dt}$$

qui, sous les hypothèses de la remarque 2.2, a des propriétés analogues à celles de (2.9). On peut donc dans le problème 1.1, «inverser le sens du temps».

Remarque 2.4. On trouvera une démonstration un peu différente du théorème 1.1 dans Lions [13] (cf. aussi M. Nagumo [1], T. Shirota [1], [2]).

3. Cas de trois familles $a_i(t; u, v)$

On considère trois espaces de Hilbert séparables V_i, $i=0, 1, 2$, avec $V_i \subset \mathscr{F}$, algébriquement et topologiquement, $\mathscr{F}$ étant un espace vectoriel topologique localement convexe. Les notations seront les suivantes: si $u, v \in V_i$, $((u, v))_i$ désignera le produit scalaire de u et v dans V_i, et on posera $\|u\|_i = ((u, u))_i^{\frac{1}{2}}$.

On désignera par V l'espace

$$V = V_0 \cap V_1 \cap V_2 \tag{3.1}$$

(éventuellement réduit à $\{0\}$, mais les cas intéressants seront au contraire ceux où V est «grand»); pour $u, v \in V$, on pose

$$((u, v)) = \sum_{i=0}^{i=2} ((u, v))_i, \qquad \text{et} \qquad \|u\| = ((u, u))^{\frac{1}{2}}.$$

On désignera par W l'espace

$$W = V_1 \cap V_2; \tag{3.2}$$

pour $u, v \in W$, on pose

$$[u, v] = ((u, v))_1 + ((u, v))_2, \quad [u] = [u, u]^{\frac{1}{2}}.$$

Pour chaque $t \in]-\infty, T]$, on donne une forme sesquilinéaire $a_i(t; u, v)$ continue sur $V_i \times V_i$, et on suppose déja (on aura besoin d'hypothèses plus fortes plus loin) que les fonctions $t \to a_i(t; u, v)$ sont continues sur $]-\infty, T]$. On pose le

Problème 3.1. Trouver une fonction u, telle que

$$u \in L^2(-\infty, T; V), \quad u' \in L^2(-\infty, T; W), \qquad u \text{ nulle pour } t < 0, \tag{3.3}$$

avec

$$\left.\begin{aligned} a_0(t; u(t), v) + \frac{d}{dt} a_1(t; u(t), v) + \frac{d^2}{dt^2} a_2(t; u(t), v) \\ = [f(t), v] + a_2(0; u_1, v)\,\delta, \qquad v \in V, \end{aligned}\right\} \tag{3.4}$$

où f est donnée dans $L^2(-\infty, T; W)$, nulle pour $t<0$, u_1 est donné dans V_2.

Notons que (3.3) entraine que $u(0) = 0$.

On fera les hypothèses suivantes:

$$\left.\begin{aligned} &\text{la fonction } t \to a_i(t; u, v) \text{ est } i+1 \text{ fois continûment différentiable} \\ &\text{dans }]-\infty, T], \text{ bornée ainsi que ses dérivées d'ordre} \leqq i+1, \end{aligned}\right\} \tag{3.5}$$

$$a_i(t; u, v) = \overline{a_i(t; v, u)} \qquad \text{pour tout } u, v \in V_i, \tag{3.6}$$

$$a_2(t; v, v) \geqq 0, \quad a_2(t; v, v) \geqq c_1 a_2'(t; v, v), \quad v \in V_2, \tag{3.7}$$

$$a_1(t; v, v) + \lambda\, a_2(t; v, v) \geqq \alpha_1 [v]^2, \quad \alpha_1 > 0, \ v \in W, \ t \leqq T \tag{3.8}$$

$$a_0(t; v, v) + \mu [v]^2 \geqq \alpha_0 \|v\|^2, \quad \alpha_0 > 0, \ v \in V, \ t \leqq T, \tag{3.9}$$

pour λ et μ convenables.

On va démontrer le

Théorème 3.1. *Sous les hypothèses (3.5), (3.6), ... (3.9), le problème 3.1 admet une solution unique. L'application $\{f, u_1\} \to u$ est continue, au sens suivant: il existe une constante K telle que*

$$\int_0^T (\|u(t)\|^2 + [u'(t)]^2)\, dt \leqq K \left(\int_0^T [f(t)]^2 dt + |u_1|^2 \right). \tag{3.10}$$

Démonstration de l'existence. 1) Si l'on change u en $\exp(kt)\, u$, k réel, le problème 3.1 est remplacé par un problème équivalent, avec

a_0 remplacé par $\tilde{a}_0 = a_0 + k a_1 + k^2 a_2$ (on écrit ici a_j pour $a_j(t; u, v)$), a_1 remplacé par $\tilde{a}_1 = a_1 + 2k\, a_2$, a_2 étant inchangé.

On prolonge ensuite les fonctions $a_i(t; u, v)$ sur R, de façon que (3.5) ... (3.9) aient lieu sur R, les dérivées d'ordre $\leqq i+1$ de $a_i(t; u, v)$ étant bornées sur R. On désigne encore par $a_i(t; u, v)$ ces fonctions prolongées. On va vérifier que l'on peut choisir k et $\gamma > 0$ de façon que les inégalités suivantes aient lieu:

$$\tilde{a}_0(t; v, v) + \tilde{a}_1'(t; v, v) + \tilde{a}_2''(t; v, v) \geqq \alpha_0 \|v\|^2, \quad v \in V, \tag{3.11}$$

$$2\gamma\, \alpha_0 \|v\|^2 \geqq \tilde{a}_0'(t; v, v) + \tilde{a}_1''(t; v, v) + \tilde{a}_2'''(t; v, v) + \alpha_0 \|v\|^2, \quad v \in V, \tag{3.12}$$

$$2\left(\tilde{a}_1(t; v, v) + \gamma\, a_2(t; v, v)\right) + 3\, a_2'(t; v, v) \geqq 2\alpha_1 [v]^2. \tag{3.13}$$

En effet, en écrivant $a_i(v)$ au lieu de $a_i(t; v, v)$, etc., ces inégalités sont équivalentes aux suivantes:

$$\left.\begin{aligned} a(v) = a_0(v) + k\, a_1(v) + k^2 a_2(v) + a_1'(v) + \\ + 2k\, a_2'(v) + a_2''(v) \geqq \alpha_0 \|v\|^2, \end{aligned}\right\} \tag{3.11)'$$

$$\left.\begin{aligned} 2\gamma\, \alpha_0 \|v\|^2 \geqq b(v) = a_0'(v) + k\, a_1'(v) + k^2 a_2'(v) + a_1''(v) + \\ + 2k\, a_2''(v) + a_2'''(v) + \alpha_0 \|v\|^2, \end{aligned}\right\} \tag{3.12)'$$

$$c(v) = 2a_1(v) + 4k\, a_2(v) + 2\gamma\, a_2(v) + 3\, a_2'(v) \geqq 2\alpha_1 [v]^2. \tag{3.13)'$$

Mais nous utilisons maintenant les hypothèses (3.7), (3.8), (3.9): il vient

$$\begin{aligned} a(v) \geqq \alpha_0 \|v\|^2 - \mu [v]^2 + k\, \alpha_1 [v]^2 - k\, \lambda\, a_2(v) + k^2 a_2(v) + \\ + a_1'(v) + 2k\, a_2'(v) + a_2''(v), \end{aligned}$$

de sorte que (3.11)' aura lieu si

$$(k\, \alpha_1 - \mu)\, [v]^2 + k(k - \lambda)\, a_2(v) + a_1'(v) + 2k\, a_2'(v) + a_2''(v) \geqq 0.$$

Or

$$a_2''(v) + a_1'(v) \leqq c_2 [v]^2 \quad \text{et} \quad a_2'(v) \leqq (1/c_1)\, a_2(v),$$

d'où le résultat (3.11)' si

$$k\, \alpha_1 - \mu - c_2 \geqq 0 \tag{3.14}$$

et

$$k - \lambda - 2/c_1 \geqq 0. \tag{3.15}$$

On choisit k de façon que (3.14) et (3.15) aient lieu. Alors $b(v) \leqq c_3 \|v\|^2$, et donc (3.12)' a lieu si

$$\gamma\, \alpha_0 \geqq c_3. \tag{3.16}$$

Ensuite

$$c(v) \geqq 2\alpha_1 [v]^2 - 2\lambda\, a_2(v) + 4k\, a_2(v) + 2\gamma\, a_2(v) + 3\, a_2'(v),$$

d'où le résultat (3.13)' si

$$2\gamma + 4k - 2\lambda - 3/c_1 \geqq 0. \tag{3.17}$$

On choisit γ pour que (3.16) et (3.17) aient lieu. Alors les inégalités (3.11), (3.12) et (3.13) sont vérifiées. Revenant aux notations a_i au lieu de $\tilde{a}_i$, on voit donc que l'on peut supposer dans la suite que

$$a_0(t; v, v) + a_1'(t; v, v) + a_2''(t; v, v) \geqq \alpha_0 \|v\|^2, \tag*{(3.11)''}$$

$$2\gamma\,\alpha_0 \|v\|^2 \geqq a_0'(t; v, v) + a_1''(t; v, v) + a_2'''(t; v, v) + \alpha_0 \|v\|^2, \tag*{(3.12)''}$$

$$2\big(a_1(t; v, v) + \gamma\, a_2(t; v, v)\big) + 3\,a_2'(t; v, v) \geqq 2\alpha_1 [v]^2. \tag*{(3.13)''}$$

2) On va maintenant appliquer le théorème 1.1, Chap. III, dans les conditions suivantes:

on désigne par F l'espace des fonctions u telles que $\exp(-\gamma t) u \in L^2(0, \infty; V)$ (γ étant choisi comme dans les inégalités (3.11)'', etc.), avec $\exp(-\gamma t)\, u'(t) \in L^2(0, \infty; W)$, et $u(0) = 0$; on munit F de la norme

$$\|u\|_F = \Big(\int_0^\infty \big(\|\exp(-\gamma t)\, u(t)\|^2 + [\exp(-\gamma t)\, u'(t)]^2\big)\, dt\Big)^{\frac{1}{2}},$$

qui en fait un espace de Hilbert;

on désigne par Φ l'espace des fonctions $\varphi \in F$, telles que

$$\exp(-\gamma t)\, \varphi' \in L^2(0, \infty; V), \ \exp(-\gamma t)\, \varphi'' \in L^2(0, \infty; W),$$

et l'on pose

$$|||\varphi||| = \big(\|\varphi\|_F^2 + a_2(0; \varphi'(0), \varphi'(0))\big)^{\frac{1}{2}}.$$

Pour $u \in F$, $\varphi \in \Phi$, posons

$$X(u, \varphi) = \int_0^\infty a_0\big(t; \exp(-\gamma t)\, u(t), \exp(-\gamma t)\, \varphi'(t)\big)\, dt,$$

$$Y(u, \varphi) = -\int_0^\infty a_1\big(t; u(t), D_t(\exp(-2\gamma t)\, \varphi'(t))\big)\, dt,$$

$$Z(u, \varphi) = \int_0^\infty a_2\big(t; u(t), D_t^2(\exp(-2\gamma t)\, \varphi'(t))\big)\, dt,$$

et

$$E(u, \varphi) = X(u, \varphi) + Y(u, \varphi) + Z(u, \varphi);$$

puis

$$L(\varphi) = \int_0^\infty [\exp(-\gamma t)\, \tilde{f}(t), \exp(-\gamma t)\, \varphi'(t)]\, dt + a_2\big(0; u_1, \varphi'(0)\big),$$

où $\tilde{f}$ est égale à $f(t)$ dans $t \leqq T$, et à 0 pour $t > T$.

On vérifie ceci:

$$2\,\mathrm{Re}\, X(\varphi, \varphi) = \int_0^\infty \exp(-2\gamma t)\, \{2\gamma\, a_0(\varphi) - a_0'(\varphi)\}\, dt,$$

(on pose:

$$a_i^{(j)}(t; \varphi(t), \varphi(t)) = a_i^{(j)}(\varphi));$$

$$2\operatorname{Re} Y(\varphi, \varphi) = \int_0^\infty \exp(-2\gamma t)\{2\gamma a_1'(\varphi) - a_1''(\varphi) + 2a_1(\varphi')\}\,dt,$$

$$2\operatorname{Re} Z(\varphi, \varphi) = a_2(0; \varphi'(0), \varphi'(0)) + \int_0^\infty \exp(-2\gamma t)\{2\gamma a_2''(\varphi) - a_2'''(\varphi)\}\,dt +$$

$$+ \int_0^\infty \exp(-2\gamma t)\{2\gamma a_2(\varphi') + 3a_2'(\varphi')\}\,dt.$$

On en déduit

$$2\operatorname{Re} E(\varphi, \varphi) = a_2(0; \varphi'(0), \varphi'(0)) + \int_0^\infty \exp(-2\gamma t)\{R(\varphi(t)) + S(\varphi'(t))\}\,dt,$$

où l'on a posé

$$R(v) = 2\gamma[a_0(v) + a_1'(v) + a_2''(v)] - a_0'(v) - a_1''(v) - a_2'''(v),$$
$$S(v) = 2[a_1(v) + \gamma a_2(v)] + 3a_2'(v).$$

Mais d'après (3.11)'' et (3.12)'', $R(v) \geqq \alpha_0 \|v\|^2$, et d'après (3.13)'', $S(v) \geqq 2\alpha_1 [v]^2$, donc $\operatorname{Re} E(\varphi, \varphi) \geqq \alpha_2 |||\varphi|||^2$, $\alpha_2 > 0$, et par conséquent, d'après le théorème 1.1, Chap. III, il existe u dans F vérifiant

$$E(u, \varphi) = L(\varphi) \quad \text{pour tout } \varphi \in \Phi\text{[1]}. \tag{3.18}$$

3) Soit maintenant ψ indéfiniment différentiable de $t \geqq 0$ dans V, nulle pour t assez grand. Alors, si

$$\varphi(t) = \int_0^t \psi(\sigma)\,d\sigma,$$

on vérifie que $\varphi \in \Phi$. Pour ce choix de φ l'équation (3.18) s'écrit

$$\int_0^\infty \{a_0(t; u(t), \exp(-2\gamma t)\psi) - a_1(t; u(t), (\exp(-2\gamma t)\psi)') +$$
$$+ a_2(t; u, (\exp(-2\gamma t)\psi)'')\}\,dt$$
$$= \int_0^\infty [f(t), \exp(-2\gamma t)\psi]\,dt + a_2(0; u_1, \psi(0)),$$

d'où aussitôt

$$a_1(t; u(t), v) + D_t a_1(t; u(t), v) + D_t^2 a_2(t; u(t), v) = [f(t), v] + a_2(0; u_1, v)\,\delta,$$

pour tout $v \in V$.

La restriction de u à $t < T$ est solution du problème 3.1.

---

[1] Pour minorer $|E(\varphi, \varphi)|$ nous avons minoré $\operatorname{Re} E(\varphi, \varphi)$; les conditions du théorème 3.1 ne sont donc nullement les plus générales permettant d'appliquer le théorème 1.1, Chap. III. On verra d'ailleurs au No. 5 un exemple n'entrant pas dans le cadre du présent No.

Démonstration de l'unicité. Soit u solution du problème 3.1 avec $f=0$ et $u_1=0$. Par le changement de u en $\exp(kt)\,u$, on peut toujours supposer que

$$a_0(t;v,v) \geqq \alpha_0 \|v\|^2, \tag{3.19}$$

et

$$2a_1(t;v,v) + a_2'(t;v,v) \geqq 0, \qquad v\in V. \tag{3.20}$$

Soit ψ une fonction scalaire deux fois continûment différentiable dans $]-\infty, T]$, à support compact, telle que $\psi(T)=\psi'(T)=0$, et soit v quelconque dans V. Si l'on pose $\varphi(t)=\psi(t)\,v$, $v\in V$, on déduit de (3.4) (avec $f=0$ et $u_1=0$) que

$$\left.\begin{aligned}\int_0^T \{a_0(t;u(t),\varphi(t)) - a_1(t;u(t),\varphi'(t)) - a_2(t;u'(t),\varphi'(t)) -\\ - a_2'(t;u(t),\varphi(t))\}\,dt = 0,\end{aligned}\right\} \tag{3.21}$$

et par un raisonnement de densité, la relation (3.21) est vraie pour tout φ vérifiant

$$\varphi\in L^2(0,T;V), \qquad \varphi'\in L^2(0,T;W), \qquad \varphi(T)=0. \tag{3.22}$$

Soit alors $s\in]0,T[$; on choisit φ de la façon suivante:

$$\varphi(t) = \left\{-\int_t^s u(\sigma)\,d\sigma \text{ si } t\leqq s, \qquad 0 \text{ si } t\geqq s\right\}.$$

Avec ce choix de φ, l'équation (3.21) donne

$$\begin{aligned}\int_0^s \{a_0(t;\varphi'(t),\varphi(t)) - a_1(t;u(t),u(t)) - a_2(t;u'(t),u(t)) -\\ - a_2'(t;u(t),u(t))\}\,dt = 0,\end{aligned}$$

d'où l'on déduit

$$\begin{aligned}\int_0^s \frac{d}{dt}\{a_0(t;\varphi(t),\varphi(t)) - a_2(t;u(t),u(t))\}\,dt -\\ - \int_0^s \{a_0'(t;\varphi,\varphi) + a_2'(t;u,u) + 2a_1(t;u,u)\}\,dt = 0,\end{aligned}$$

ce qui donne en changeant tous les signes

$$\begin{aligned}a_0(0;\varphi(0),\varphi(0)) + a_2(s;u(s),u(s)) +\\ + \int_0^s \{2a_1(t;u,u) + a_2'(t;u,u) + a_0'(t;\varphi,\varphi)\}\,dt = 0.\end{aligned}$$

Utilisant (3.19) et (3.20) on en tire, comme $a_2(s;v,v)\geqq 0$,

$$\|\varphi(0)\|^2 \geqq c_4 \int_0^s \|\varphi(t)\|^2\,dt.$$

Si l'on pose $w(t) = \int_0^t u(\sigma)\, d\sigma$, on en déduit (puisque $\varphi(t) = w(t) - w(s)$):

$$\|w(s)\|^2 \leqq 2c_4 s \|w(s)\|^2 + 2c_4 \int_0^s \|w(t)\|^2 dt,$$

et on termine comme à la fin de la démonstration du théorème 2.1.

Remarque 3.1. La démonstration de l'unicité qui précède vaut en supposant seulement a_0 et a_2 une fois continûment différentiables en t et a_1 continue.

Remarque 3.2. On peut évidemment dans le théorème 3.1 «perturber» les $a_i(t; u, v)$ de façon que seules leurs «parties principales» (comme au No. 1) soient hermitiennes.

Remarque 3.3. Nous énonçons sans démonstration le résultat de régularité suivant:

Théorème 3.2. *On se place dans les hypothèses du théorème* 3.1 *et on suppose en outre que*

$$\left.\begin{array}{l} t \to a_i(t; u, v) \text{ est } k+i+1 \text{ fois continûment} \\ \text{différentiable dans } [0, T]. \end{array}\right\} \tag{3.23}$$

On suppose que $u_1 = 0$ *et que* $f, f', \ldots, f^{(k)} \in L^2(-\infty, T; W)$. *Alors si* u *est la solution du problème* 3.1, *on a*

$$u, u', \ldots, u^{(k)} \in L^2(-\infty, T; V), \tag{3.24}$$

et

$$u^{(k+1)} \in L^2(-\infty, T; W). \tag{3.25}$$

On peut également considérer des solutions distributions vectorielles de l'équation (3.4). Nous renvoyons pour cela à Lions [10], Trèves [1], [2].

Remarque 3.4. Comme on a déja signalé, la donnée initiale $u(0)$ est nulle. Le problème correspondant avec $u(0)$ donné non nul est: trouver u dans $L^2(0, T; V)$, avec $u' \in L^2(0, T; W)$, la fonction u prolongée par 0 pour $t < 0$ vérifiant

$$\begin{aligned} a_0(t; u(t), v) &+ \frac{d}{dt} a_1(t; u(t), v) + \frac{d^2}{dt^2} a_2(t; u(t), v) \\ &= [f(t), v] + [a_1(0; u_0, v) + a_2(0; u_1, v)]\, \delta + a_2(0; u_0, v)\, \delta', \end{aligned}$$

pour u_0 donné dans $V_1 \cap V_2 = W$ et u_1 donné dans V_2.

On peut résoudre ce problème avec les hypothèses suivantes:

$$u_0 \in V \quad \text{et} \quad a_0(0; u_0, v) = [u_0^*, v], \quad u_0^* \in W \tag{3.26}$$

et

$$t \to a_0(t;\, u, v) \text{ est deux fois continûment différentiable dans } [0, T]. \quad (3.27)$$

Comme on a vu, on peut toujours supposer que

$$a_0(t; v, v) \geqq \alpha \|v\|^2, \qquad \alpha > 0.$$

On désigne alors par $w(t)$ la solution dans V de

$$a_0(t; w(t), v) = a_0(0; u_0, v)\, \vartheta(t),$$

où $\vartheta(t)$ est deux fois continûment différentiable dans $[0, T]$, $\vartheta(0) = 1$. Alors (Lemme 6.1, Chap. V) la fonction $t \to w(t)$ est deux fois continûment différentiable de $[0, T]$ dans V, et $w(0) = u_0$. Si l'on désigne encore par $w(t)$ le prolongement de w par 0 pour $t < 0$, on a

$$a_0(t; w(t), v) + \frac{d}{dt} a_1(t; w(t), v) + \frac{d^2}{dt^2} a_2(t; w(t), v)$$
$$= [f_1(t), v] + [a_1(0; u_0, v) + a_2(0; w'(0), v)]\, \delta + a_2(0; u_0, v)\, \delta',$$

où $t \to f_1(t)$ est continue de $[0, T]$ dans W.

Donc si l'on pose $U = u - w$, on obtient

$$a_0(t; U(t), v) + \frac{d}{dt} a_1(t; U(t), v) + \frac{d^2}{dt^2} a_2(t; U(t), v)$$
$$= [f(t) - f_1(t), v] + a_2(0; u_1 - w'(0), v)\, \delta',$$

ce qui nous ramène au problème 3.1 et donc résout la question.

4. Une variante

On utilisera au chapitre suivant la variante que voici du No. précédent.

On considère un espace de Hilbert V_0; si $u, v \in V_0$, $((u, v))_0$ désigne le produit scalaire de u et v dans V_0; $\|v\|_0 = ((v, v))_0^{\frac{1}{2}}$. Pour chaque $t \leqq T$, on donne $a_0(t; u, v)$, forme sesquilinéaire continue sur $V_0 \times V_0$. On supposera ceci:

$$\left.\begin{aligned} &t \to a_0(t;\, u, v) \text{ est une fois continûment différentiable dans } t \leqq T, \\ &\qquad a_0(t; u, v) = \overline{a_0(t; v, u)} \qquad \text{pour tout } u, v \in V_0. \end{aligned}\right\} \quad (4.1)$$

Soit maintenant $\mathscr{H}$ un autre espace de Hilbert; si $h, h' \in \mathscr{H}$, on désignera par $(h, h')_{\mathscr{H}}$ leur produit scalaire dans $\mathscr{H}$; on posera $|h|_{\mathscr{H}} = (h, h)_{\mathscr{H}}^{\frac{1}{2}}$.

On donne un opérateur K linéaire continu de V_0 dans $\mathscr{H}$:

$$K \in \mathscr{L}(V_0; \mathscr{H}). \quad (4.2)$$

Sur $\mathscr{H}$, on donne deux familles de formes $b_i(t; h, h')$, $i=1, 2$, sesquilinéaires continues. On fera les hypothèses suivantes

$$\left.\begin{array}{l} t\to b_i(t;h,h') \text{ est } i+1 \text{ fois continûment différentiable pour } t\leqq T; \\ b_i(t; h, h') = \overline{b_i(t;h',h)},\quad b_2(t;h,h)\geqq 0,\quad b_2'(t;h,h)\leqq c_1 b_2(t;h,h); \end{array}\right\} \quad (4.3)$$

$$b_1(t; h, h) + \lambda b_2(t;h,h) \geqq \beta_1 |h|^2_{\mathscr{H}}, \quad \beta_1 > 0, \quad h\in\mathscr{H}, \quad (4.4)$$

$$a_0(t;v,v) + \mu |Kv|^2_{\mathscr{H}} \geqq \alpha_0 \|v\|^2, \quad v\in V_0, \quad \alpha_0 > 0, \quad (4.5)$$

pour λ et μ convenables.

On démontre comme au No. précédent le

Théorème 4.1. *Sous les hypothèses* (4.1) ... (4.5), *il existe une fonction u et une seule, vérifiant*

$$u\in L^2(-\infty, T; V_0), \quad \text{nulle pour } t<0, \quad (4.6)$$

$$\frac{d}{dt} K u \in L^2(-\infty, T;\mathscr{H}), \quad (4.7)$$

$$\left.\begin{array}{l} a_0\big(t; u(t), v\big) + \dfrac{d}{dt} b_1\big(t; Ku(t), Kv\big) + \dfrac{d^2}{dt^2} b_2\big(t; Ku(t), Kv\big) \\ \quad = \big(f(t), Kv\big)_{\mathscr{H}} + b_2(0; h_1, Kv)\,\delta, \quad \text{pour tout } v\in V_0, \end{array}\right\} \quad (4.8)$$

où f est donnée dans $L^2(-\infty, T;\mathscr{H})$ nulle pour $t<0$, et où h_1 est donné dans $\mathscr{H}$.

On a un résultat de régularité analogue au théorème 3.2.

5. Equations du type Schroedinger

Nous reprenons V et H comme au No. 1. Pour chaque $t\in T$ nous considérons une forme sesquilinéaire continue sur $V\times V$, soit $a(t; u, v)$, avec les hypothèses suivantes:

$$\left.\begin{array}{l} \text{pour tout } u, v\in V, \text{ la fonction } t\to a(t; u, v) \text{ est} \\ \text{une fois continûment différentiable dans } t\leqq T; \end{array}\right\} \quad (5.1)$$

$$\left.\begin{array}{l} a(t; u, v) = \overline{a(t; v, u)} \text{ pour tout } u, v\in V, \text{ et il existe } \lambda \text{ tel que} \\ \quad a(t; v, v) + \lambda |v|^2 \geqq \alpha \|v\|^2, \quad \alpha>0,\ v\in V,\ t\leqq T. \end{array}\right\} \quad (5.2)$$

On va considérer le

Problème 5.1. Trouver u, vérifiant

$$u\in L^2(-\infty, T; V), \quad \text{nulle pour } t<0, \quad (5.3)$$

et

$$i\omega\, a\big(t; u(t), v\big) + \frac{d}{dt}\big(u(t), v\big) = ((g(t), v)), \quad \text{pour tout } v\in V, \quad (5.4)$$

où ω est un nombre réel donné de signe quelconque, et où g est donnée dans $L^2(-\infty, T; V)$, nulle pour $t<0$.

Remarque 5.1. Remplaçons le deuxième membre de (5.4) par $(f(t), v)$, où f est donnée dans $L^2(-\infty, T; H)$, nulle pour $t<0$. Alors, comme $(f, v) = ((Jf, v))$, $J \in \mathscr{L}(H; V)$, on peut écrire $(f(t), v) = ((g(t), v))$, avec $g(t) = Jf(t)$, ce qui définit g dans $L^2(-\infty, T; V)$, nulle pour $t<0$; on est donc ramené au problème 5.1.

Nous allons démontrer le

Théorème 5.1. *On suppose que* (5.1) *et* (5.2) *ont lieu. On suppose en outre que*

$$g' \in L^2(0, T; V)\,^{1}. \tag{5.5}$$

Dans ces conditions, le problème 5.1 *admet une solution unique, l'application* $g \to u$ *étant continue au sens suivant: il existe une constante* K *telle que*

$$\int_0^T \|u(t)\|^2 dt \leqq K \int_0^T (\|g(t)\|^2 + \|g'(t)\|^2)\, dt.$$

Démonstration. 1) Changeant u en $\exp(ikt)\, u$, k réel, on peut se ramener, en choisissant convenablement k, à

$$a(t; v, v) \geqq \alpha \|v\|^2. \tag{5.6}$$

2) Nous prolongeons ensuite $a(t; u, v)$ pour $t \geqq T$, de façon que les hypothèses (5.1), (5.2), (5.6) aient lieu sur R, la fonction $a(t; u, v)$ étant supposée bornée sur R ainsi que sa dérivée $a'(t; u, v)$ [2]. On choisit maintenant γ de façon que

$$2\gamma\, a(t; v, v) - a'(t; v, v) \geqq \alpha_1 \|v\|^2, \quad \alpha_1 > 0,\ v \in V,\ t \in R. \tag{5.7}$$

On va alors appliquer le théorème 1.1, Chap. III, sous la forme suivante. On prend pour F l'espace des (classes de) fonctions u telles que $\exp(-\gamma t)\, u \in L^2(0, \infty; V)$, muni de la norme

$$\|u\|_F = \left(\int_0^\infty \|\exp(-\gamma t)\, u(t)\|^2 dt\right)^{\frac{1}{2}}$$

qui en fait un espace de Hilbert.

On prend pour Φ l'espace des fonctions $\varphi \in F$, telles que

$$\exp(-\gamma t)\, \varphi' \in L^2(0, \infty; V), \qquad \exp(-\gamma t)\, \varphi'' \in L^2(0, \infty; H), \qquad \varphi(0) = 0,$$

et l'on pose

$$|||\varphi||| = \|\varphi\|_F.$$

---

[1] On considère la restriction de g à $]0, T[$, encore désignée par g, comme une distribution à valeurs dans V; dans l'ouvert $]0, T[$, g' est définie (au sens des distributions à valeurs dans V) ce qui donne un sens à la condition (5.5).

[2] Et dans (5.2) α remplacé par $\alpha - \varepsilon$, $\varepsilon > 0$ fixé arbitrairement petit.

Pour $u \in F$, $\varphi \in \Phi$, on pose

$$E(u, \varphi) = i\,\omega \int_0^\infty a\big(t; u(t), \exp(-2\gamma t)\, \varphi'(t)\big)\, dt - \\ - \int_0^\infty \big(u(t), D_t(\exp(-2\gamma t)\, \varphi'(t))\big)\, dt,$$

et

$$L(\varphi) = \int_0^\infty ((\tilde{g}(t), \exp(-2\gamma t)\, \varphi'(t)))\, dt,$$

où $\tilde{g}$ désigne un prolongement de g à $t > T$, choisi de façon que $\tilde{g}$ et $d\tilde{g}/dt$ soient dans $L^2(0, \infty; V)$.

Comme $\varphi(0) = 0$, on peut écrire

$$L(\varphi) = -\int_0^\infty \left(\left(\frac{d}{dt}\tilde{g}(t), \exp(-2\gamma t)\, \varphi(t)\right)\right) dt + \\ + 2\gamma \int_0^\infty ((\tilde{g}(t), \exp(-2\gamma t)\, \varphi(t)))\, dt,$$

de sorte que la forme $\varphi \to L(\varphi)$ est continue sur Φ.

On vérifie ensuite que

$$2\,\mathrm{Im}\, E(\varphi, \varphi) = \omega \int_0^\infty \exp(-2\gamma t)\, [2\gamma\, a(t; \varphi, \varphi) - a'(t; \varphi, \varphi)]\, dt,$$

d'où résulte, en utilisant (5.7):

$$|\mathrm{Im}\, E(\varphi, \varphi)| \geqq \alpha_1/(2\,|\omega|)\, |||\varphi|||^2. \tag{5.8}$$

Par conséquent, d'après le théorème 1.1, Chap. III, il existe une fonction $u \in F$, vérifiant

$$E(u, \varphi) = L(\varphi) \quad \text{pour tout } \varphi \in \Phi. \tag{5.9}$$

Si ψ est une fonction indéfiniment différentiable scalaire dans $t \geqq 0$ et à support compact, la fonction φ définie par

$$\varphi(t) = \left(\int_0^t \psi(\sigma)\, d\sigma\right) v, \qquad v \in V,$$

est dans Φ; pour ce choix de φ, on déduit de (5.9) que

$$i\,\omega\, a\big(t; u(t), v\big) + \frac{d}{dt}\big(u(t), v\big) = \big((\tilde{g}(t), v)\big), \quad \text{pour tout } v \in V,$$

de sorte que la restriction de u à $t < T$ est solution du problème.

3) *Unicité.* Soit u vérifiant (5.4) avec $g = 0$. On en déduit (comme au Chap. IV, No. 1) que

$$i\,\omega \int_0^T a\big(t; u(t), \varphi(t)\big)\, dt - \int_0^T \big(u(t), \varphi'(t)\big)\, dt = 0 \tag{5.10}$$

pour toute fonction φ telle que

$$\varphi \in L^2(0, T; V), \quad \varphi' \in L^2(0, T; H), \quad \varphi(T) = 0.$$

On va en déduire que $u = 0$ par un choix convenable de φ.

Soit s_1 et s_2 quelconques, avec $0 < s_1 < s_2 < T$. On va montrer que $u = 0$ dans $[s_1, s_2]$. On considère à cet effet une fonction $\vartheta(t)$, égale à 1 pour $t \in [0, s_1]$, $= 0$ pour $t \geqq s_2$, linéaire dans $[s_1, s_2]$ et continue sur $[0, T]$. On prend ensuite ϱ_m comme au Chap. IV, No. 1: les ϱ_m sont des fonctions indéfiniment différentiables sur R, à support compact dans $[-1/m, 1/m]$, paires, $\varrho_m(t) \geqq 0$, $\int \varrho_m(t)\, dt = 1$, et on pose

$$\varphi(t) = ((\vartheta u) * \varrho_m)\, \vartheta. \tag{5.11}$$

Pour ce choix de φ (qui est loisible), on peut écrire (5.10) sous la forme

$$X_m - Y_m - Z_m = 0, \tag{5.12}$$

où (en posant $\vartheta u = v$):

$$X_m = i\omega \int_0^{s_2} a(t; v(t), v(t) * \varrho_m)\, dt,$$

$$Y_m = \int_0^{s_2} (u(t), v(t) * \varrho_m)\, \vartheta'\, dt,$$

$$Z_m = \int_0^{s_2} (v(t), v(t) * \varrho_m')\, dt.$$

Mais lorsque $m \to \infty$,

$$X_m \to X = i\omega \int_0^{s_2} a(t; v(t), v(t))\, dt,$$

de sorte que $\operatorname{Re} X_m \to 0$.

Par ailleurs (cf. Chap. IV, lemme 1.3) $\operatorname{Re} Z_m = 0$, de sorte que l'on déduit de (5.12):

$$\lim_m \operatorname{Re} Y_m = 0.$$

Donc

$$\int_0^{s_2} \vartheta\vartheta' |u(t)|^2 dt = \int_{s_1}^{s_2} (s_2 - t)\, |u(t)|^2 dt = 0,$$

d'où le résultat.

Ceci achève la démonstration du théorème.

Problème. L'existence suppose (dans notre démonstration) que $a(t; u, v)$ dépend continûment de $t \leqq T$, et que $a'(t; u, v)$ est mesurable, avec $|a'(t; u, v)| \leqq M_1 \|u\| \|v\|$. Au contraire, l'unicité est vraie (cf. la démonstration qui précède) si la fonction $a(t; u, v)$ est seulement mesurable en t, avec $|a(t; u, v)| \leqq M_0 \|u\| \|v\|$. (Noter aussi qu'aucune hypothèse de positivité sur $a(t; v, v)$ n'est nécessaire dans cette démonstration de l'unicité.) Il serait donc intéressant de savoir si l'existence est valable sous des hypothèses moins fortes sur $a(t; u, v)$.

De même, peut on affaiblir les hypothèses sur g?

Remarque 5.2. Soit $u(t)$ solution du problème 5.1. On peut écrire:

$i\omega a(t; u(t), v) = ((g_1(t), v))$ où $g_1 \in L^2(-\infty, T; V)$, nulle pour $t<0$, de sorte que

$$\frac{d}{dt}(u(t), v) = ((h(t), v)),$$

où $h \in L^2(-\infty, T; V)$, nulle pour $t<0$.

On en déduit (cf. Chap. IV, No. 2):

$$D^{\frac{1}{2}} u \in L^2(0, T; H). \tag{5.13}$$

Par ailleurs, si $(f, v) = ((Jf, v))$, $J \in \mathscr{L}(H; V)$, on a:

$$u \quad \text{et} \quad \frac{d}{dt} Ju \in L^2(0, T; V),$$

d'où résulte (cf. note de bas de page 1, p. 54, Chap. IV): *après modification éventuelle sur un ensemble de mesure nulle, la solution u du problème* 5.1 *est continue de* $[0, T]$ *dans H, avec $u(0) = 0$.* Cf. également le No. 7 ci après.

Remarque 5.3. Dans le problème 5.1 la donnée initiale est nulle. Considérons le problème analogue avec donnée initiale non nulle: on cherche une fonction $u \in L^2(-\infty, T; V)$, nulle pour $t<0$, avec

$$i\omega a(t; u(t), v) + \frac{d}{dt}(u(t), v) = ((g(t), v)) + (u_0, v)\,\delta,$$

u_0 étant donné dans H.

Ce problème n'est résolu que sous les hypothèses supplémentaires suivantes: on suppose que $u_0 \in V$ et que $t \to a(t; u, v)$ est *deux fois* continûment différentiable en $t \leqq T$. On se ramène au cas où $a(t; v, v) \geqq \alpha \|v\|^2$, et on désigne par $w(t)$ *la* solution dans V de $a(t; w(t), v) = a(0; u_0, v)$ pour tout $v \in V$. D'après le lemme 6.1, Chap. V, la fonction $t \to w(t)$ est deux fois continûment différentiable de $[0, T]$ dans V, avec $w(0) = u_0$, de sorte que (prolongeant w par 0 pour $t<0$):

$$i\omega a(t; w(t), v) + \frac{d}{dt}(w(t), v) = ((g_2(t), v)) + (u_0, v)\,\delta,$$

où $g_2, g_2' \in L^2(0, T; V)$. Alors $U = u - w$ vérifie

$$i\omega a(t; U(t), v) + \frac{d}{dt}(U(t), v) = ((g(t) - g_2(t), v)),$$

et on est ramené au problème 5.1.

Remarque 5.4. Enonçons le résultat de régularité en t que voici:

Théorème 5.2. *On se place dans les hypothèses du théorème* 5.1, *en supposant en outre que la fonction* $t \to a(t; u, v)$ *est* $k+1$ *fois continûment différentiable dans* $t \leqq T$. *On suppose que* $g, \ldots, g^{(k+1)}$ *sont dans* $L^2(-\infty, T; V)$, *g étant nulle pour* $t < 0$. *Alors la solution du problème* 5.1 *vérifie* $u, u', \ldots, u^{(k)} \in L^2(-\infty, T; V)$.

Pour des problèmes différents attachés aux équations de SCHROEDINGER, cf. I. M. GELFAND-YAGLOM [1], M. D. DONSKER-J. L. LIONS [1], où l'on trouvera également d'autres indications bibliographiques.

6. Remarques sur les équations opérationnelles contenant des dérivées d'ordre > 2

On donne, comme au No. 1 ou au No. précédent, deux espaces de Hilbert V et H, avec les mêmes notations. Pour chaque $t \geqq 0$, on donne une forme sesquilinéaire $a(t; u, v)$ continue sur $V \times V$; on fera les hypothèses suivantes:

$$\left.\begin{array}{l} t \to a(t; u, v) \text{ est mesurable sur } (0, \infty), \text{ avec} \\ |a(t; u, v)| \leqq M \|u\| \|v\|, \quad t \geqq 0; \end{array}\right\} \tag{6.1}$$

$$\operatorname{Re} a(t; v, v) \geqq \alpha \|v\|^2, \quad \alpha > 0, \ v \in V, \text{ presque partout en } t. \tag{6.2}$$

On va démontrer le

Théorème 6.1. *On suppose H séparable. Sous les hypothèses* (6.1) *et* (6.2), *il existe une fonction u dans* $L^2(0, \infty; V)$ *et une seule, vérifiant*

$$\left.\begin{array}{l} \int\limits_0^\infty \{a(t; u(t), \varphi(t)) + (-1)^{m+1} (u(t), D^{2m+1} \varphi(t))\} dt \\ \qquad = \int\limits_0^\infty (f(t), \varphi(t))\, dt + (\xi, \varphi^{(m)}(0)), \end{array}\right\} \tag{6.3}$$

pour toute fonction φ *telle que*

$$\varphi \in L^2(0, \infty; V), \quad \varphi', \varphi'', \ldots, D^{2m+1}\varphi \in L^2(0, \infty; H), \qquad (D = d/dt), \tag{6.4}$$

$$\varphi(0) = \varphi'(0) = \cdots = \varphi^{(m-1)}(0) = 0, \tag{6.5}$$

la fonction f étant donnée dans $L^2(0, \infty; H)$, *et* ξ *donné dans H.* (m est un entier $\geqq 1$ et $D = d/dt$.)

Ce problème sera interprété plus loin.

Démonstration de l'existence. On utilise, ici encore, le théorème 1.1, Chap. III, dans les conditions suivantes: on prend pour F l'espace $L^2(0, \infty; V)$, muni de la norme

$$\|u\|_F = \left(\int\limits_0^\infty \|u(t)\|^2 dt\right)^{\frac{1}{2}},$$

qui en fait un espace de Hilbert.

On désigne par Φ l'espace des fonctions $\varphi \in F$ telles que (6.4) et (6.5) aient lieu, et l'on pose

$$|||\varphi||| = \left(\|\varphi\|_F^2 + |D^m \varphi(0)|^2\right)^{\frac{1}{2}}.$$

Pour $u \in F$, $\varphi \in \Phi$, on pose

$$E(u, \varphi) = \int_0^\infty \left\{a\left(t; u(t), \varphi(t)\right) + (-1)^{m+1} \left(u(t), D^{2m+1} \varphi(t)\right)\right\} dt,$$

et

$$L(\varphi) = \int_0^\infty \left(f(t), \varphi(t)\right) dt + \left(\xi, \varphi^{(m)}(0)\right).$$

On vérifie que, pour tout $\varphi \in \Phi$,

$$\operatorname{Re} E(\varphi, \varphi) \geqq \alpha \int_0^\infty \|\varphi(t)\|^2 dt + \left(\tfrac{1}{2}\right) |D^m \varphi(0)|^2,$$

de sorte que l'on est dans les conditions d'application du théorème 1.1, Chap. III, qui donne l'existence de u solution de $E(u, \varphi) = L(\varphi)$ pour tout $\varphi \in \Phi$, i.e. une solution de (6.3).

Démonstration de l'unicité. Soit $u \in L^2(0, \infty; V)$, vérifiant (6.3) avec $f = 0$ et $\xi = 0$. On va transformer cette équation. Introduisons des fonctions $g_0, g_1, \ldots, g_{m-1}$ de l'espace $\mathscr{D}(R)$ des fonctions indéfiniment différentiables à support compact, et vérifiant

$$g_j^{(k)}(0) = 0 \quad \text{si } k \neq j, \ k \leqq m-1,$$
$$g_j^{(k)}(0) = 1 \quad \text{si } k = j.$$

Pour ψ donnée quelconque dans $\mathscr{D}(R)$, définissons

$$\psi_1 = \psi(0) g_0 + \psi'(0) g_1 + \cdots + \psi^{(m-1)}(0) g_{m-1};$$

la fonction $\psi^* = \psi - \psi_1$ vérifie alors $D^k \psi^*(0) = 0$ pour $k \leqq m-1$, de sorte que, v étant quelconque dans V, la fonction φ définie par $\varphi(t) = \psi^*(t)\, v$ est dans Φ, donc donne lieu à (6.3) (avec $f = 0$ et $\xi = 0$). Par conséquent:

$$\left.\begin{aligned}
&\int_0^\infty \left\{a\left(t; u(t), v\right) \overline{\psi(t)} + (-1)^{m+1} \left(u(t), v\right) D^{2m+1} \overline{\psi}\right\} dt \\
&\quad = \int_0^\infty \left\{a\left(t; u(t), v\right) \overline{\psi_1(t)} + (-1)^{m+1} \left(u(t), v\right) D^{2m+1} \overline{\psi_1}\right\} dt \\
&\quad = \sum_{k=0}^{k=m-1} \left\{\int_0^\infty \left[a\left(t; u(t), v\right) \overline{g_k(t)} + \right.\right. \\
&\qquad \left.\left. + (-1)^{m+1} (u(t), v)\, D^{2m+1} \overline{g_k(t)}\right] dt\right\} \overline{\psi^{(k)}(0)}.
\end{aligned}\right\} \quad (6.6)$$

La forme semi linéaire

$$v \to \int_0^\infty \left[a\big(t; u(t), v\big)\, \overline{g_k(t)} + (-1)^{m+1} \big(u(t), v\big)\, D^{2m+1} \bar{g}_k\right] dt$$

est continue sur V, donc vaut $(-1)^k ((y_k, v))$, $y_k \in V$, et par conséquent le deuxième membre de (6.6) vaut

$$\sum_{k=0}^{k=m-1} (-1)^k ((y_k, v))\, \overline{\psi^{(k)}(0)}.$$

Prolongeons maintenant $a(t; u, v)$ et $u(t)$ par 0 pour $t<0$ (et désignons encore par $a(t; u, v)$ et $u(t)$ ces fonctions prolongées). On peut alors écrire (6.6) sous la forme

$$a\big(t; u(t), v\big) + (-1)^m D^{2m+1} \big(u(t), v\big) = \sum_{k=0}^{m-1} ((y_k, v))\, \delta^{(k)}, \qquad (6.7)$$

où $\delta^{(k)} = D^k \delta$, avec

$$u \in L^2(-\infty, +\infty; V), \quad \text{nulle pour } t<0, \qquad (6.8)$$

les dérivations dans (6.7) étant prises au sens des distributions sur R.

On utilise maintenant l'opérateur de diagonalisation ϑ (Chap. IV, No. 2), transformation isométrique de H sur la somme mesurable

$$\mathfrak{H} = \int^{\oplus} \mathfrak{H}(\lambda)\, d\nu(\lambda),$$

telle que

$$((u, v)) = \int_{\lambda_0}^{\infty} \big(\vartheta u(\lambda), \vartheta v(\lambda)\big)_{\mathfrak{H}(\lambda)}\, d\nu(\lambda), \qquad \lambda_0 > 0.$$

Ecrivons $a\big(t; u(t), v\big)$ sous la forme

$$a\big(t; u(t), v\big) = \big(\big(g(t), v\big)\big), \qquad (6.9)$$

ce qui définit $g \in L^2(-\infty, +\infty; V)$, nulle pour $t<0$. Posons

$$\vartheta u(t)(\lambda) = w(t, \lambda), \qquad \vartheta g(t)(\lambda) = G(t, \lambda), \qquad Y_k = \vartheta y_k.$$

Alors

$$\lambda G(t, \lambda) + (-1)^m D_t^{2m-1} w(t, \lambda) = \sum_{k=0}^{m-1} \lambda Y_k(\lambda)\, \delta^{(k)}. \qquad (6.10)$$

Désignons par $\mathfrak{H}_{\lambda^{-\frac{1}{2}}}$ l'espace des champs de vecteurs $\lambda \to e(\lambda)$, ν-mesurables, tels que

$$\int_{\lambda_0}^{\infty} \lambda^{-1} |e(\lambda)|^2_{\mathfrak{H}(\lambda)}\, d\nu(\lambda) < \infty.$$

Il résulte de (6.10) que $D^{2m+1} w(t, \lambda)$ — considérée dans l'ouvert $t>0$ — est dans $L^2(0, \infty; \mathfrak{H}_{\lambda^{-\frac{1}{2}}})$; par conséquent, on peut définir $w(0, \lambda)$, $D_t w(0, \lambda), \ldots, D_t^{2m} w(0, \lambda)$, éléments de $\mathfrak{H}_{\lambda^{-\frac{1}{2}}}$ (on peut préciser, cf. remarque 6.2, mais ceci n'est pas indispensable pour le moment); comme dans le terme de droite de (6.10) n'apparaissent que des dérivées d'ordre $m-1$ de δ, on a donc

$$w(0,\lambda) = D_t w(0,\lambda) = \cdots = D_t^m w(0,\lambda) = 0. \qquad (6.11)$$

Désignons par $w(t)$ la fonction $\lambda \to w(t,\lambda)$ (champ de vecteurs) pour $t \geqq 0$, et 0 pour $t<0$. Comme $w \in L^2(-\infty, +\infty; \mathfrak{H}_{\lambda\frac{1}{2}})$, et comme on a (6.11), il en résulte

$$D^k w \in L^2(-\infty, +\infty; \mathfrak{H}_{\lambda-\frac{1}{2}}), \quad \text{pour } k \leqq m+1. \qquad (6.12)$$

Ceci entraine (vérification facile par transformation de Fourier en t par exemple) que $D^k w \in L^1(-\infty, +\infty; \mathfrak{H}_{\lambda-\frac{1}{2}})$ pour $k \leqq m-1$, de sorte que, $\hat{w}$ étant la transformée de Fourier en t de w, les relations (6.11) entrainent

$$\int_{-\infty}^{+\infty} \tau^k \hat{w}(\tau)\, d\tau = 0, \quad k \leqq m-1, \qquad (6.13)$$

ces intégrales étant prises dans l'espace $\mathfrak{H}_{\lambda-\frac{1}{2}}$.

Transformons maintenant l'égalité (6.10) par transformation de Fourier en t. Il vient

$$\lambda \hat{G}(\tau,\lambda) + (-1)^m (i)^{2m+1} \tau^{2m+1} \hat{w}(\tau,\lambda) = \sum_{k=0}^{k=m-1} \lambda Y_k(\lambda)(i\tau)^k. \qquad (6.14)$$

On en déduit

$$\lambda\big(\hat{G}(\tau,\lambda), \hat{w}(\tau,\lambda)\big)_{\mathfrak{H}(\lambda)} + i(\tau)^{2m+1} |\hat{w}(\tau,\lambda)|^2_{\mathfrak{H}(\lambda)}$$
$$= \sum_{k=0}^{k=m-1} \lambda (i)^k \tau^k \big(Y_k(\lambda), \hat{w}(\tau,\lambda)\big)_{\mathfrak{H}(\lambda)},$$

$d\nu$ presque partout en λ . En intégrant en τ, on en déduit, $d\nu$ presque partout en λ:

$$\int_{-\infty}^{+\infty} \lambda\big(\hat{G}(\tau,\lambda), \hat{w}(\tau,\lambda)\big)_{\mathfrak{H}(\lambda)} d\tau + i \int_{-\infty}^{+\infty} \tau^{2m+1} |\hat{w}(\tau,\lambda)|^2_{\mathfrak{H}(\lambda)} d\tau = 0$$

et en prenant la partie réelle de cette égalité,

$$\operatorname{Re} \int_{-\infty}^{+\infty} \big(\hat{G}(\tau,\lambda), \hat{w}(\tau,\lambda)\big)_{\mathfrak{H}(\lambda)} d\tau = 0.$$

Intégrant en $d\nu(\lambda)$, on en déduit

$$\operatorname{Re} \int_0^{\infty} \big((g(t), u(t))\big)\, dt = 0,$$

ou encore

$$\operatorname{Re} \int_0^{\infty} a\big(t; u(t), u(t)\big)\, dt = 0.$$

Comme on a (6.2) cela entraine $u=0$, et achève la démonstration du théorème.

Remarque 6.1. On peut interpréter le problème de la façon suivante (avec les notations de la remarque 1.1): la fonction u vérifie (formellement)

$$A(t)\,u(t) + (-1)^m D^{2m+1} u(t) = f(t),$$
$$u(0) = u'(0) = \cdots = u^{(m-1)}(0) = 0, \qquad u^{(m)}(0) = \xi.$$

On notera que ceci *n'est pas* le problème de Cauchy, qui consisterait à se donner $u(0), \ldots, u^{(2m)}(0)$. Il y a seulement $m+1$ données du type Cauchy, alors que le problème de Cauchy en contient $2m+1$. On dit avec HILLE [2], ..., [5] (pour le cas où $A(t)=A$ ne dépend pas de t) que le problème est de défaut m. (Cf. aussi BALAKRISHNAN [1]). Pour avoir un problème bien posé, on a remplacé m données de Cauchy par une condition de croissance à l'infini: $u \in L^2(0,\infty; V)$.

Remarque 6.2. On déduit de la démonstration de l'unicité qui précède que

$$w \in L^2(0, \infty; \mathfrak{H}_{\lambda \frac{1}{2}}), \qquad D^{2m+1} w \in L^2(0, \infty; \mathfrak{H}_{\lambda - \frac{1}{2}}).$$

Il résulte alors de LIONS [20] que, pour $0 \leqq j \leqq 2m$, la fonction $t \to w^{(j)}(t)$ est continue de $t \geqq 0$ dans $\mathfrak{H}_{\lambda^{\frac{1}{2}} - \frac{j+\frac{1}{2}}{2m+1}}$, avec $w^{(j)}(0)=0$ dans cet espace, pour $j \leqq m$.

Remarque 6.3. Il est probable qu'aucun problème de Cauchy raisonnable n'est bien posé relativement à l'opérateur $A(t) + (-1)^m D^{2m+1}$, $A(t)$ étant défini par $a(t; u, v)$. Voici un résultat précis dans ce sens. Si E est un espace de Banach, on désigne par $\mathscr{D}'_+(E)$ l'espace des distributions en t à valeurs dans E et à support limité à gauche (cf. les rappels du Chap. XI). On suppose que $a(t; u, v) = a(u, v)$ est indépendant de t, avec

$$a(v, v) \geqq \alpha \|v\|^2, \qquad \text{pour tout } v \in V,\ \alpha > 0.$$

On considère alors le problème suivant: pour $\vec{f}$ donnée dans $\mathscr{D}_+(H)$ (espace des fonctions indéfiniment différentiables à valeurs dans H, de support limité à gauche), trouver $\vec{u}$ dans $\mathscr{D}'_+(V)$, vérifiant

$$a(\vec{u}, v) + (-1)^m D^{2m+1}(\vec{u}, v) = (\vec{f}, v) \qquad \text{pour tout } v \in V.$$

On montre alors qu'il n'existe pas de solution $\vec{u}$ de ce problème qui dépende continûment de $\vec{f}$.

7. Compléments sur la régularité

Ce No. précise et généralise la remarque de la note 1, p. 54, Chap. IV. On considère V et H comme précédemment, V dense dans H.

Considérons $u \in L^2(-\infty, T; V)$, nulle pour $t<0$, solution de

$$a\big(t; u(t), v\big) + \frac{d^m}{dt^m}\big(u(t), v\big) = \big(\big(g(t), v\big)\big) + \sum_{j=0}^{m-1} (u_j, v)\, \delta^{(j)}, \qquad v \in V, \tag{7.1}$$

où g est donnée dans $L^2(-\infty, T; V)$ nulle pour $t<0$, où les u_j sont donnés dans H et où $\delta^{(j)} = \frac{d^j}{dt^j}\delta$. On suppose que

$$\left.\begin{array}{l} t \to a(t; u, v) \text{ est mesurable sur } (-\infty, T), \text{ pour tout } u, v \in V, \\ \text{avec } |a(t; u, v)| \leq M \, \|u\| \, \|v\|, \ M \text{ indépendant de } t. \end{array}\right\} \tag{7.2}$$

Introduisons *l'espace* V' *des formes* $v \to L(v)$ *semi-linéaires continues sur* V. Si $f \in H$, $v \to (f, v)$ est continue sur V, donc définit $v \to L_f(v)$, $L_f \in V'$; l'application $f \to L_f$ de H dans V' est biunivoque (car V est dense dans H); on identifie alors L_f à f, de sorte que

$$V \subset H \subset V'.$$

Ceci posé:

Théorème 7.1. *Sous l'hypothèse* (7.2), *toute fonction* $u \in L^2(-\infty, T; V)$, *nulle pour* $t<0$, *vérifiant* (7.1), *a la propriété*:

$$\frac{d^m}{dt^m} u \in L^2(0, T; V'). \tag{7.3}$$

(La dérivée $\frac{d^m}{dt^m} u$ est calculée au sens des distributions sur $]0, T[$ à valeurs dans V'.)

Démonstration. 1) Comme $a(t; u, v) = ((\mathscr{A}(t)\, u, v))$, on peut écrire

$$a\big(t; u(t), v\big) = ((\mathscr{A}(t)\, u(t), v)) = ((g_1(t), v)),$$

où $g_1(t) \in L^2(-\infty, T; V)$, nulle pour $t<0$ (cf. note 1, p. 44).

De cette remarque et de (7.1) on déduit, *sur l'ouvert* $]0, T[$,

$$\frac{d^m}{dt^m}\big(u(t), v\big) = \big(\big(g_2(t), v\big)\big), \qquad v \in V, \qquad g_2 \in L^2(0, T; V). \tag{7.4}$$

2) Si u est donné dans V, la forme $v \to ((u, v))$ étant semi-linéaire continue sur V définit $\Lambda u \in V'$:

$$((u, v)) = \Lambda u(v); \tag{7.5}$$

on définit ainsi un *isomorphisme* $u \to \Lambda u$ de V sur V' (qui n'est autre que le prolongement par continuité de l'isomorphisme de $D(\Lambda)$ sur H, notations du Chap. IV, démonstration du théorème 2.1).

L'équation (7.4) s'écrit alors

$$\frac{d^m u(t)}{dt^m}(v) = \Lambda\, g_2(t)\,(v) \qquad \text{pour tout } v \in V,$$

i.e.

$$\frac{d^m u}{d t^m} = \Lambda g_2. \tag{7.6}$$

Comme $g_2 \in L^2(0, T; V)$ et $\Lambda \in \mathscr{L}(V, V')$, (7.3) résulte de (7.6).

Applications. 1) Des deux renseignements désormais en notre possession:

$$u \in L^2(0, T; V), \quad \frac{d^m u}{d t^m} \in L^2(0, T; V'),$$

on déduit, par utilisation de l'interpolation dans les espaces hilbertiens (cf. Lions [20]) des résultats sur la continuité (ou l'appartenance à L^2) de dérivées intermédiaires, *à valeurs dans des espaces intermédiaires entre V et V'*. Précisons cela dans deux exemples.

2) *Cas $m = 1$.* Alors, d'après Lions [20], u est (p.p. égale à) une fonction continue de $[0, T]$ dans $V^{\frac{1}{2}}(V')^{\frac{1}{2}}$ (cf. *une* définition de ces espaces pages 16 et 17). On montre que cet espace coincide avec H, ce qui redonne le théorème 2.1, Chap. IV.

3) *Cas $m = 2$.*

On déduit de Lions [20] que $u' \in L^2(0, T; H)$, d'où résulte que u est p.p. égale à une fonction continue à valeurs dans $V^{\frac{1}{2}} H^{\frac{1}{2}}$, de dérivée continue à valeurs dans $H^{\frac{1}{2}}(V')^{\frac{1}{2}}$ (espace dual de $V^{\frac{1}{2}} H^{\frac{1}{2}}$; cf. Lions [25]).

4) Ces remarques s'appliquent à des problèmes non linéaires. Cf. Chap. X et Lions [26].

Remarque 7.1. Pour les considérations précédentes on peut dans (7.1) remplacer la dérivation usuelle $d^m/d t^m$ par une *dérivation fractionnaire* (cf. Lions [20]).

Chapitre IX

Exemples (II)

Sommaire. Les No. 1 et 2 utilisant le Chap. VIII, No. 1 et 2. On obtient comme cas particulier du No. 1 les opérateurs hyperboliques du deuxième ordre pour lesquels nous renvoyons, entre autres, au Livre de O. A. Ladyzenskaya [1].

Les No. 3 à 10 utilisant le Chap. VIII, No. 3, et le No. 11 utilise le Chap. VIII, No. 4.

Tous les exemples supposent connus le Chap. II, No. 2 et, pour l'essentiel, le Chap. II, No. 3. (Mais le Chap. VI, exemples (I), n'est pas supposé connu).

Dans la plupart des exemples considérés dans ce chapitre, les propriétés de régularité en x à la frontière ne sont pas connues.

Cela est lié à l'étude de la régularité au bord pour les problèmes variationnels du Chap. II, lorsque les opérateurs élémentaires ne sont pas toutes les dérivations d'un ordre donné, les espaces fonctionnels correspondants n'étant pas alors des espaces de SOBOLEV. Il y a là une direction où de nombreuses recherches semblent encore nécessaires.

Les opérateurs considérés dans les No. 4 à 7 contiennent notamment les opérateurs étudiés récemment par PINI [1], ..., [10] (cf. aussi L. CATTABRIGA [1], ..., [5], A. MALFERRARI [1]); les méthodes sont différentes et les solutions sont — en général — obtenues dans des espaces fonctionnels différents (Naturellement les noyaux de GREEN, obtenus par utilisation du théorème des noyaux de L. SCHWARTZ, sont les mêmes); il serait intéressant de comparer les résultats, une application simultanée des deux méthodes conduisant probablement à des applications à des problèmes non linéaires.

Le No. 8 étudie un problème de transmission proposé par I. M. GELFAND [2], et le No. 9 étudie une variante de ce problème.

Les No. 10 et 11 étudient des problèmes où des dérivations en t interviennent essentiellement dans les conditions aux limites.

1. Opérateurs sur des espaces du type Sobolev

Les notations sont celles du Chap. II, No. 3. Sur un ouvert Ω de R^n, on considère un espace V avec

$$H_0^m(\Omega) \subset V \subset H^m(\Omega),$$

V étant fermé dans $H^m(\Omega)$; donc, si $u \in V$,

$$\|u\|^2 = \sum_{|p| \leqq m} |D^p u|^2,$$

où

$$|f|^2 = \int_\Omega |f(x)|^2 \, dx.$$

On prend $H = L^2(\Omega)$.

On considère la famille de formes sesquilinéaires sur V (avec les notations du Chap. VIII, No. 1 et 2) $a(t; u, v)$, donnée par

$$a(t; u, v) = \sum_{|p|, |q| \leqq m} \int_\Omega a_{pq}(x, t)\, D^q u\, \overline{D^p v}\, dx, \qquad u, v \in H^m(\Omega), \tag{1.1}$$

où les fonctions a_{pq} sont dans l'espace $L^\infty(\Omega \times (0, T))$. On suppose que

$$a(t; u, v) = \overline{a(t; v, u)} \qquad \text{pour tout } u, v \in V,$$

la fonction $t \to a(t; u, v)$ étant une fois continûment différentiable dans $[0, T]$, avec

$$a(t; v, v) + \lambda |v|^2 \geqq \alpha \|v\|^2, \qquad \alpha > 0, \ v \in V, \tag{1.2}$$

pour λ convenable.

Ceci est une hypothèse de coercivité de $a(t; u, v)$ sur V (cf. Chap. II, No. 5).

On considère ensuite l'opérateur $B(t)$ donné par

$$B(t) = \sum_{i=1}^{n} b_i(x, t)\, D_i, \qquad D_i = \partial/\partial x_i, \tag{1.3}$$

où la fonction $b_i(., t)$: $x \to b_i(x, t)$, est dans $L^\infty(\Omega)$, réelle, la fonction $t \to b_i(., t)$ étant continue de $[0, T]$ dans l'espace $L^\infty(\Omega)$ muni de la topologie de dual faible de $L^1(\Omega)$.

On considère enfin l'opérateur $C(t)$ donné par

$$C(t)\, f = c(x, t)\, f, \tag{1.4}$$

où l'on suppose que la fonction $c(., t)$: $x \to c(x, t)$, est dans $L^\infty(\Omega)$, la fonction $t \to c(., t)$ étant une fois continûment différentiable de $[0, T]$ dans $L^\infty(\Omega)$ muni de la topologie de dual faible de $L^1(\Omega)$, avec

$$c(x, t) \geqq c > 0. \tag{1.5}$$

On suppose en outre que

$$V \subset H_0^1(\Omega). \tag{1.6}$$

Alors

$$2\,\mathrm{Re}\big(v, B(t)\, v\big) = -\int_\Omega \sum \big(D_i b_i(x, t)\big)\, |v(x)|^2\, dx,$$

de sorte que, si l'on suppose

$$\Big|\sum_i D_i b_i(x, t)\Big| \leqq c_1 \tag{1.7}$$

on a

$$|\mathrm{Re}\big(v, B(t)\, v\big)| \leqq (c_1/2)\, |v|^2, \qquad v \in V,$$

et on est alors dans les conditions d'application du théorème 1.1, Chap. VIII. Si l'on ajoute la condition: la fonction $t \to b_i(., t)$ est, pour tout i, une fois continûment différentiable de $[0, T]$ dans $L^\infty(\Omega)$ faible, on est dans les conditions d'application du théorème 1.2, Chap. VII. Il existe alors une fonction u et une seule, avec:

$$u \in L^2(0, T; V), \qquad u' \in L^2(0, T; H), \qquad u(0) = 0,$$

et

$$a\big(t; u(t), v\big) + \big(u'(t), B(t)\, v\big) + \frac{d}{dt}\big(C(t)\, u'(t), v\big) = \big(f(t), v\big) + \big(C(0)\, u_1, v\big)\, \delta,$$

pour tout $v \in V$.

Ici f est donnée dans $L^2(0, T; H)$, donc $f \in L^2\big(\Omega \times (0, T)\big)$, et u_1 est donnée dans $L^2(\Omega)$.

Interprétons le problème résolu.

Posons

$$A\left(x, t, \frac{\partial}{\partial x}\right) u = \sum_{|p|, |q| \leqq m} (-1)^{|p|} D_x^p \left(a_{pq}(x, t) D_x^q u\right). \tag{1.8}$$

Alors u vérifie, dans l'ouvert $\Omega \times]0, T[$:

$$A\left(x, t, \frac{\partial}{\partial x}\right) u - \sum_i D_i\left(b_i(x, t) D_t u\right) + D_t\left(c(x, t) D_t u\right) = f, \tag{1.9}$$

avec les conditions initiales

$$u(x, 0) = 0, \qquad D_t u(x, 0) = u_1(x), \tag{1.10}$$

et les conditions aux limites correspondant d'une part à l'appartenance

$$u \in L^2(0, T; V), \tag{1.11}$$

d'autre part à l'égalité (formelle)

$$\left.\begin{aligned} \left\langle A\left(x, t, \frac{\partial}{\partial x}\right) u, \bar{v}\right\rangle - \langle \sum D_i(b_i D_t u), \bar{v}\rangle + \langle D_t(c\, D_t u), \bar{v}\rangle \\ = \left(f(t), v\right) \quad \text{pour tout } v \in V. \end{aligned}\right\} \tag{1.12}$$

Mais, toujours formellement, on a la formule de Green

$$\left\langle A\left(x, t, \frac{\partial}{\partial x}\right) u, \bar{v}\right\rangle = \sum_j \langle S_j(t)\, u, \gamma_j \bar{v}\rangle + a\left(t; u(t), v\right)$$

(notations du Chap. II, No. 3), où $S_j(t)$ est un opérateur différentiel d'ordre $2m - j - 1$.

Alors (1.12) devient:

$$\sum \langle S_j u, \gamma_j \bar{v}\rangle = 0 \qquad \text{pour tout } v \in V. \tag{1.13}$$

Exemple 1.1. $V = H_0^m(\Omega)$.

Les conditions aux limites sont alors toutes contenues dans (1.11), ce sont les conditions aux limites de Dirichlet:

$$D_x^p u(x, t) = 0 \qquad \text{pour } x \in \Gamma, \text{ frontière de } \Omega, \text{ pour } |p| \leqq m - 1,$$

(ces égalités au sens de l'exemple 4.1, Chap. II).

Exemple 1.2. $V = H^m(\Omega) \cap H_0^1(\Omega)$.

Les conditions aux limites sont alors

$$u(x, t) = 0 \qquad \text{pour } x \in \Gamma,$$

et

$$S_j(t)\, u = 0 \qquad \text{pour } j = 1, \ldots, m - 1.$$

On peut varier ces exemples à l'infini; tous les exemples du Chap. VI, No. 1, 2, s'appliquent, si l'on ajoute la condition $a(t; u, v) = \overline{a(t; v, u)}$ pour tout $u, v \in V$. On peut également ajouter à la forme (1.1) des intégrales de surface si, par exemple, Γ est une variété indéfiniment différentiable de dimension $n-1$, bornée (cf. Chap. VI, No. 2, équation (2.2)′).

Tout ceci s'applique aux systèmes différentiels (cf. Chap. II, No. 5).

Remarque 1.1. Les conditions aux limites ont été interprétées de façon formelle. Mais on peut déja préciser ces conditions si l'on peut fixer t, ce qui relève du théorème 1.2, Chap. VIII. On peut ensuite étudier la régularité en x: la situation est identique à celle du Chap. VI, No. 8; on obtient alors en particulier une justification complète des interprétations formelles précédentes. Nous laissons de coté l'adaptation (sans difficulté spéciale) du Chap. VI, No. 9, au cas actuel.

Remarque 1.2. On peut évidemment appliquer dans la situation présente le théorème des noyaux de L. SCHWARTZ, comme dans la remarque 1.2, Chap. VI.

Remarque 1.3. La condition (1.6) est intervenue pour obtenir l'inégalité $|\mathrm{Re}(v, B(t)\, v)| \leq (c_1/2)\,|v|^2$, $v \in V$. Si $B(t)=0$, on peut prendre V quelconque, avec $H_0^m(\Omega) \subset V \subset H^m(\Omega)$. Il n'est pas nécessaire non plus que V soit fermé dans $H^m(\Omega)$ (cf. exemple 1.7, Chap. VI).

Remarque 1.4. On a supposé V indépendant de t. L'étude systématique de cas où $V=V(t)$ dépend de t reste à faire (remarque d'ailleurs valable pour tout le Chap. VIII).

Remarque 1.5. Le cas $m=1$ est spécialement important, l'opérateur intervenant dans (1.9) étant alors un opérateur hyperbolique du deuxième ordre. Nous renvoyons pour cela au livre de O. A. LADYZENSKAYA [1] (cf. aussi SCHAUDER [1], [2], KRZYZANSKI-SCHAUDER [1], POVZNER-SOUKAREVSKI [1]).

L'hyperbolicité permet de modifier les conditions de croissance à l'infini (cf. O. A. LADYZENSKAYA [1]).

Signalons ici l'étude des solutions presque périodiques de ces équations: MUCKENHAUPT [1], S. BOCHNER [1], [2], S. BOCHNER-VON NEUMANN [1], S. SOBOLEV [4], L. AMERIO [3], [4], [5], [6], [7], S. ZAIDMAN [1], ..., [4], [5], (pour le cas parabolique, cf. C. FOIAS-S. ZAIDMAN [1]).

Pour l'étude du problème de CAUCHY pour les opérateurs hyperboliques d'ordre quelconque, cf. PETROWSKI [2], LERAY [4], GÅRDING [1], [3], [4]. Cf. aussi GELFAND et SILOV [3]. Pour ce problème par la méthode des équations intégrales singulières, cf. S. MIZOHATA [4], [5].

L'étude des problèmes mixtes dans des ouverts non cylindriques pour des opérateurs d'ordre >2 a donné lieu aux travaux de L. CAMPBELL [1], L. CAMPBELL-A. ROBINSON [1], DUFF [1], [2], [3], G. PEYSER [1], V. THOMÉE [1], [2]. Cf. aussi J. B. DIAZ [2], J. CONLAN [1], ABOLINIA et MICHKIS [1], W. LITTMAN [1].

Pour la régularité à l'intérieur, dans le cas hyperbolique du deuxième ordre, cf. K. YOSIDA [2].

Pour la propagation des ondes lorsque V n'est pas «de type local» cf. LIONS [1], p. 147—151.

Signalons qu'il ne serait peut être pas sans intéret d'étudier l'hyperbolicité partielle (hyperbolicité par rapport à certaines variables).

Remarque 1.6. On peut appliquer à la situation précédente le Chap. VIII, No. 5 (ceci vaut également pour le No. suivant). L'opérateur différentiel est cette fois

$$i\omega A\left(x, t, \frac{\partial}{\partial x}\right) + \frac{\partial}{\partial t}.$$

2. Exemples correspondant à $\Delta(a\Delta) + \partial^2/\partial t^2$

Soit Ω ouvert de R^n; nous considérons sur Ω l'espace $H(\Delta;\Omega)$ des fonctions $u \in L^2(\Omega)$ telles que $\Delta u \in L^2(\Omega)$ (cf. Chap. II, No. 2), et nous prenons V avec

$$H_0(\Delta;\Omega) = H_0^2(\Omega) \subset V \subset H(\Delta;\Omega),$$

et

$$H = L^2(\Omega).$$

Donc

$$\|u\|^2 = |u|^2 + |\Delta u|^2, \qquad \text{avec } |f|^2 = \int_\Omega |f(x)|^2 dx.$$

Nous considérons ensuite $a(t; u, v)$ donnée par

$$a(t; u, v) = \int_\Omega a(x, t)\, \Delta u\, \Delta \bar{v}\, dx, \tag{2.1}$$

où $a(., t)$ est dans $L^\infty(\Omega)$, à valeurs réelles, la fonction $t \to a(., t)$ étant une fois continûment différentiable de $[0, T]$ dans $L^\infty(\Omega)$ faible, avec

$$a(x, t) \geqq \alpha > 0. \tag{2.2}$$

Alors $a(t; u, v) = \overline{a(t; v, u)}$ et on est dans les conditions d'application du théorème 2.1, Chap. VIII (avec $B(t) = 0$, $C(t) = \text{Identité}$).

Par conséquent pour f donné dans $L^2(0, T; H)$ et u_1 donné dans H, il existe une fonction u et une seule dans $L^2(0, T; V)$ telle que $u' \in L^2(0, T; H)$, avec $u(0) = 0$ et

$$a(t; u(t), v) + \frac{d^2}{dt^2}(u(t), v) = (f(t), v) + (u_1, v)\,\delta, \quad \text{pour tout } v \in V. \tag{2.3}$$

Interprétons ce problème.

La fonction $u(x, t)$ est solution dans l'ouvert $\Omega \times]0, T[$ de

$$\Delta(a(x, t)\, \Delta u(x, t)) + \frac{\partial^2}{\partial t^2} u(x, t) = f(x, t), \tag{2.4}$$

les dérivées étant prises au sens des distributions. Les conditions initiales sont

$$u(x,0)=0, \quad \frac{\partial}{\partial t}u(x,0)=u_1(x). \tag{2.5}$$

Les conditions aux limites correspondent d'une part à l'appartenance

$$u\in L^2(0,T;V), \tag{2.6}$$

d'autre part à l'égalité (formelle):

$$\langle \Delta(a(x,t)\,\Delta u(x,t)),\bar{v}\rangle = a(t;u(t),v) \quad \text{pour tout } v\in V, \tag{2.7}$$

donc (toujours formellement) à

$$\int_\Gamma \Big(\frac{\partial}{\partial n}\big(a(x,t)\,\Delta u\big)\Big)\bar{v}\,d\sigma - \int_\Gamma a(x,t)\,\Delta u\,\frac{\partial}{\partial n}\bar{v}\,d\sigma = 0 \quad \text{pour tout } v\in V. \tag{2.8}$$

Prenons quelques exemples. Supposons que la frontière Γ de Ω soit bornée, variété indéfiniment différentiable de dimension $n-1$. Alors pour $u\in H(\Delta;\Omega)$ on sait (cf. LIONS-MAGENES [1]) que l'on peut définir $\gamma_0 u\in H^{-\frac{1}{2}}(\Gamma)$, $\gamma_1 u\in H^{-\frac{3}{2}}(\Gamma)$ (notations du Chap. II, No. 3). D'où les exemples suivants.

Exemple 2.1. $V=H_0^2(\Omega)$.

Toutes les conditions aux limites sont alors contenues dans (2.6), ce sont les conditions de DIRICHLET. Ce cas entre d'ailleurs dans le cadre du No. précédent.

Exemple 2.2. $V=H(\Delta;\Omega)$.

Toutes les conditions aux limites correspondent à (2.8); ce sont

$$\Delta u = 0 \quad \text{et} \quad \frac{\partial}{\partial n}\Delta u = 0 \quad \text{sur } \Gamma. \tag{2.9}$$

Ceci est formel mais peut être justifié par les méthodes de LIONS-MAGENES [1].

Exemple 2.3. V est l'espace des $v\in H(\Delta;\Omega)$ avec $\gamma_0 v=0$.

Les conditions aux limites correspondent pour une part à (2.6) et pour une part à (2.8). Ce sont

$$u=0 \quad \text{et} \quad \Delta u=0 \quad \text{sur } \Gamma. \tag{2.10}$$

Exemple 2.4. V est l'espace des $v\in H(\Delta;\Omega)$ avec $\gamma_1 v=0$.

On trouve

$$\frac{\partial}{\partial n}u=0, \quad \frac{\partial}{\partial n}(a\,\Delta u)=0 \quad \text{sur } \Gamma. \tag{2.11}$$

3. Nouveaux exemples relatifs à $\Delta^2 + \partial^2/\partial t^2$

Nous nous plaçons dans le cadre du Chap. VI, No. 7; rappelons les notations. Sur un ouvert Ω de R^n, on considère deux espaces W_i, $i=1$, 2, avec

$$H_0^1(\Omega) \subset W_i \subset H^1(\Omega), \quad i=1,2, \tag{3.1}$$

W_i étant fermé dans $H^1(\Omega)$. Pour $u, v \in H^1(\Omega)$, nous poserons

$$(u,v)_1 = \sum_{j=1}^{j=n} \int_\Omega (D_j u)\,(\overline{D_j v})\,dx.$$

On désigne par N_i l'espace des $u \in W_i$ tels que $\Delta u \in L^2(\Omega)$, avec

$$(-\Delta u, v) = (u,v)_1 \quad \text{pour tout } v \in W_i, \tag{3.2}$$

où $(f,g) = \int_\Omega f(x)\,\overline{g(x)}\,dx$.

Ceci posé, nous allons utiliser le Chap. VIII, No. 3, dans les conditions suivantes. Nous désignons par V_0 l'espace des $u \in N_1$ tels que $\Delta u \in W_2$, muni du produit scalaire

$$((u,v))_0 = (u,v)_{H^1(\Omega)} + (\Delta u, \Delta v)_{H^1(\Gamma)},$$

qui en fait un espace de Hilbert.

On prend ensuite

$$a_0(t;u,v) = (\Delta u, \Delta v)_1, \quad u,v \in V_0, \tag{3.3}$$

puis $a_1(t;u,v) = 0$, et

$$a_2(t;u,v) = (u,v)_1 \quad \text{pour } u,v \in V_2 = W_1. \tag{3.4}$$

Donc, avec les notations du Chap. VIII, No. 3, $((u,v))_2 = (u,v)_{H^1(\Omega)}$.

On fait l'hypothèse suivante (comme au Chap. VI, No. 7; nous ignorons comment résoudre le problème çi après en l'absence de cette hypothèse):

$$|v|_1 \geq c_i |v|, \quad c_i > 0, \ v \subset W_i. \tag{3.5}$$

Nous allons vérifier que l'on est dans les conditions d'application du théorème 3.1, Chap. VIII.

On note d'abord que $V = V_0$, $W = V_2$, $[v] = \|v\|_{H^1(\Omega)}$. On a

$$\lambda a_2(t;v,v) = \lambda |v|_1^2 \geq \frac{\lambda}{2} |v|_1^2 + \frac{\lambda c_1^2}{2} |v|^2 \geq \alpha_1 [v]^2,$$

$$a_0(t;v,v) + \mu [v]^2 = |\Delta v|_1^2 + \lambda \|v\|_{H^1(\Omega)}^2 \geq (\tfrac{1}{2}) |\Delta v|_1^2 + \frac{c_2^2}{2} |\Delta v|^2 + \mu \|v\|_{H^1(\Omega)}^2,$$

d'où le résultat voulu.

Donc, si (3.5) a lieu, pour f donnée dans $L^2(0, T; W_1)$, et pour u_1 donnée dans W_1, il existe une fonction u et une seule telle que

$$u \in L^2(0, T; V), \quad u' \in L^2(0, T; W_1), \quad \text{avec } u(0) = 0,$$

et

$$(\Delta u(t), \Delta v)_1 + \frac{d^2}{dt^2}(u(t), v)_1 = (f(t), v)_1 + (u_1, v)_1 \delta. \tag{3.6}$$

Nous allons interpréter le problème ainsi résolu, en prenant pour W_1 l'espace des $u \in H^1(\Omega)$, nulles sur une partie Γ_i de Γ (cf. Chap. VI, No. 7). L'appartenance de u à $L^2(0, T; V)$ implique déja les conditions aux limites suivantes:

$$u = 0 \quad \text{sur } \Gamma_1, \qquad \frac{\partial}{\partial n} u = 0 \quad \text{sur } \Gamma - \Gamma_1, \qquad \Delta u = 0 \quad \text{sur } \Gamma_2. \tag{3.7}$$

On peut maintenant écrire (3.6) sous la forme

$$(\Delta u(t), \Delta v)_1 - \frac{d^2}{dt^2}(u(t), \Delta v) = -(f(t), \Delta v) - (u_1, \Delta v)\delta,$$

d'où

$$(\Delta u(t), w)_1 - \frac{d^2}{dt^2}(u(t), w) = -(f(t), w) - (u_1, w)\delta, \quad \text{pour tout } w \in W_2.$$

Donc

$$\Delta_x^2 u(x, t) + \frac{d^2}{dt^2} u(x, t) = f(x, t) \quad \text{dans l'ouvert } \Omega \times]0, T[, \tag{3.8}$$

avec la dernière condition aux limites

$$\frac{\partial}{\partial n} \Delta u = 0 \quad \text{sur } \Gamma - \Gamma_2. \tag{3.9}$$

4. Un exemple d'opérateur «correct» au sens de Petrowski

Nous allons appliquer le théorème 3.1, Chap. VIII.

Sur Ω ouvert de R^n, nous considérons l'espace $H(\Delta; \Omega)$, comme au No. 2, et nous prenons pour V_0 un sous espace vectoriel fermé de $H(\Delta; \Omega)$, avec

$$H_0^2(\Omega) \subset V_0 \subset H(\Delta; \Omega); \tag{4.1}$$

le produit scalaire sur V_0 est donné par

$$((u, v))_0 = (u, v) + (\Delta u, \Delta v),$$

où

$$(f, g) = \int_\Omega f(x) \overline{g(x)}\, dx.$$

Sur V_0 on considère la forme sesquilinéaire $a_0(t; u, v) = a_0(u, v)$ indépendante de t donnée par

$$a_0(u, v) = (\Delta u, \Delta v). \tag{4.2}$$

On considère ensuite l'espace V_1, sous espace fermé de $H^1(\Omega)$, avec

$$H_0^1(\Omega) \subset V_1 \subset H^1(\Omega), \tag{4.3}$$

et sur V_1, la forme

$$a_1(t; u, v) = a_1(u, v) = (u, v)_1 \tag{4.4}$$

où comme au No. 3,

$$(u, v)_1 = \int_\Omega \sum (D_j u)(D_j \bar{v})\, dx.$$

On prend enfin $V_2 = L^2(\Omega)$ et

$$a_2(t; u, v) = a_2(u, v) = (u, v). \tag{4.5}$$

Avec les notations du Chap. VIII, No. 3, on a:

$$V = V_0 \cap V_1, \qquad W = V_1.$$

Vérifions que l'on est dans les conditions d'application du théorème 3.1, Chap. VIII.

On a:

$$a_1(v, v) + \lambda\, a_2(v, v) = |v|_1^2 + \lambda\, |v|^2 \geqq \inf(\lambda, 1)\, [v]^2,$$

et

$$a_0(v, v) + \mu\, [v]^2 = |\Delta v|^2 + \mu\, \|v\|_{H^1(\Omega)}^2 \geqq \inf(\mu, 1)\, \|v\|_0^2.$$

Par conséquent, pour f donnée dans $L^2(0, T; L^2(\Omega))$ et pour u_1 donnée dans $L^2(\Omega)$, il existe une fonction u et une seule telle que

$$u \in L^2(0, T; V_0 \cap V_1), \qquad u' \in L^2(0, T; V_1), \qquad u(0) = 0, \tag{4.6}$$

avec

$$(\Delta u(t), \Delta v) + \frac{d}{dt}(u(t), v)_1 + \frac{d^2}{dt^2}(u(t), v) = (f(t), v) + (u_1, v)\,\delta, \tag{4.7}$$

pour tout $v \in V_0 \cap V_1$.

Interprétons le problème résolu. Dans l'ouvert $\Omega \times]0, T[$, la fonction u vérifie

$$\Delta_x^2 u(x, t) - \frac{\partial}{\partial t} \Delta_x u(x, t) + \frac{\partial^2}{\partial t^2} u(x, t) = f(x, t), \tag{4.8}$$

avec

$$u(x, 0) = 0, \qquad \frac{\partial}{\partial t} u(x, 0) = u_1(x), \tag{4.9}$$

les conditions aux limites correspondant à l'appartenance (4.6), avec

$$\langle \Delta^2 u, \bar{v} \rangle - \left\langle \frac{\partial}{\partial t} \Delta u, \bar{v} \right\rangle = (\Delta u(t), \Delta v) + \frac{d}{dt}(u(t), v)_1,$$

c'est à dire

$$\left.\begin{aligned} &\int_\Gamma \left(\frac{\partial \Delta}{\partial n} u\right) \bar{v}\, d\sigma - \int_\Gamma \Delta u \frac{\partial}{\partial n} \bar{v}\, d\sigma - \\ &\quad - \int_\Gamma \left(\frac{\partial}{\partial t} \frac{\partial}{\partial n} u\right) \bar{v}\, d\sigma = 0 \qquad \text{pour tout } v \in V_0 \cap V_1. \end{aligned}\right\} \tag{4.10}$$

Exemple 4.1. V_0 est l'espace des v avec $\gamma_0 v = 0$ et $V_1 = H_0^1(\Omega)$. On obtient alors

$$u(x,t) = 0, \quad \Delta u(x,t) = 0 \quad \text{pour } x \in \Gamma,\ t \in (0,T).$$

Exemple 4.2. V_0 est l'espace des fonctions avec $\gamma_1 v = 0$, et $V = H^1(\Omega)$. On obtient alors

$$\frac{\partial}{\partial n} u = 0 \quad \text{sur } \Gamma,\ t \in (0,T), \quad \frac{\partial}{\partial n} \Delta u - \frac{\partial}{\partial t} \frac{\partial}{\partial n} u = 0, \quad x \in \Gamma,\ t \in (0,T).$$

Exemple 4.3. V_0 est l'espace des fonctions v avec $\gamma_0 v = 0$ sur $\Gamma_1 \subset \Gamma$, et $\gamma_1 v = 0$ sur $\Gamma_2 \subset \Gamma$; V_1 est l'espace des fonctions v avec $\gamma_0 v = 0$ sur Γ_1.

On aura alors les conditions aux limites:

$$u = 0, \quad x \in \Gamma_1,\ t \in (0,T); \quad \frac{\partial}{\partial n} u = 0, \quad x \in \Gamma_2,\ t \in (0,T);$$

$$\frac{\partial}{\partial n} \Delta u - \frac{\partial}{\partial t} \frac{\partial}{\partial n} u = 0, \quad x \in \Gamma - \Gamma_1,\ t \in (0,T),$$

$$\Delta u = 0, \quad x \in \Gamma - \Gamma_2, \quad t \in (0,T).$$

Naturellement, ce genre de résultat sera valable dans le cas des opérateurs

$$\Delta\big(a(x,t)\,\Delta\big) - \frac{\partial}{\partial t} \Delta + \frac{\partial^2}{\partial t^2}.$$

Ces opérateurs entrent dans la classe des opérateurs corrects au sens de PETROWSKI. Pour le problème de CAUCHY relativement à la classe générale des opérateurs corrects au sens de PETROWSKI à coefficients constants, on consultera GELFAND et SILOV [3], F. TRÈVES [2].

5. Exemple (I)

On va encore appliquer le No. 3, Chap. VIII.

Sur Ω ouvert de R^n, nous prenons

$$V_0 = H^1(\Omega), \tag{5.1}$$

et

$$a_0(t; u, v) = \sum_{i,j=1}^{n} \int_\Omega a_{ij}^0(x,t)\, D_j u\, \overline{D_i v}\, dx, \tag{5.2}$$

où $a_{ij}^0(.,t)$: $x \to a_{ij}^0(x,t)$, est dans $L^\infty(\Omega)$, la fonction $t \to a_{ij}^0(.,t)$ étant une fois continûment différentiable dans $[0,T]$ à valeurs dans $L^\infty(\Omega)$ faible, avec

$$a_{ij}^0(x,t) = \overline{a_{ji}^0(x,t)}.$$

On ne fait aucune hypothèse de positivité sur $a_0(t; v, v)$, de sorte que l'opérateur

$$A_0\left(x, t, \frac{\partial}{\partial x}\right) = -\sum_{i,j=1}^{n} \frac{\partial}{\partial x_i}\left(a_{ij}^0(x, t)\frac{\partial}{\partial x_j}\right) \tag{5.3}$$

n'est pas supposé elliptique.

On prend ensuite V_1 sous espace fermé de $H^1(\Omega)$ avec

$$H_0^1(\Omega) \subset V_1 \subset H^1(\Omega), \tag{5.4}$$

et sur V_1 on considère

$$a_1(t; u, v) = \sum_{i,j=1}^{n} \int_\Omega a_{ij}^1(x, t)\,(D_j u)\,(\overline{D_i v})\,dx, \tag{5.5}$$

où l'on suppose que la fonction $t \to a_{ij}^1(., t)$ est deux fois continûment différentiable de $[0, T]$ dans $L^\infty(\Omega)$ faible, avec $a_{ij}^1(x, t) = \overline{a_{ji}^1(x, t)}$, et l'hypothèse d'ellipticité

$$\sum_{i,j=1}^{n} a_{ij}^1(x, t)\,\zeta_j\bar{\zeta}_i \geqq \alpha_1\left(|\zeta_1|^2 + \cdots + |\zeta_n|^2\right), \quad \alpha_1 > 0. \tag{5.6}$$

On prend ensuite

$$V_2 = L^2(\Omega), \tag{5.7}$$

et

$$a_2(t; u, v) = (u, v)\left(= \int_\Omega u(x)\,\overline{v(x)}\,dx\right). \tag{5.8}$$

Avec les notations du No. 3, Chap. VIII, $V = V_1$, $W = V_1$, et il est facile de vérifier que l'on est dans les conditions d'application du théorème 3.1, Chap. VIII.

Par conséquent, pour f donnée dans $L^2(0; T, L^2(\Omega))$ et pour u_1 donnée dans $L^2(\Omega)$, il existe une fonction u et une seule, vérifiant

$$u \in L^2(0, T; V_1), \quad u' \in L^2(0, T; V_1), \quad u(0) = 0,$$

et

$$a_0(t; u(t), v) + \frac{d}{dt} a_1(t; u(t), v) + \frac{d^2}{dt^2}(u(t), v) = (f(t), v) + (u_1, v)\,\delta, \tag{5.9}$$

pour tout $v \in V_1$.

Interprétons maintenant le problème ainsi résolu. Posons

$$A_1\left(x, t, \frac{\partial}{\partial x}\right) = -\sum_{i,j=1}^{n} \frac{\partial}{\partial x_i}\left(a_{ij}^1(x, t)\frac{\partial}{\partial x_j}\right). \tag{5.10}$$

Alors la fonction u vérifie dans l'ouvert $\Omega \times]0, T[$:

$$A_0\left(x, t, \frac{\partial}{\partial x}\right)u + \frac{\partial}{\partial t} A_1\left(x, t, \frac{\partial}{\partial x}\right)u + \frac{\partial^2}{\partial t^2} u = f, \tag{5.11}$$

les dérivations étant prises au sens des distributions. Les conditions initiales sont

$$u(x,0)=0, \qquad \frac{\partial}{\partial t}u(x,0)=u_1(x), \tag{5.12}$$

et les conditions aux limites correspondent d'une part à l'appartenance

$$u\in L^2(0,T;V_1), \tag{5.13}$$

d'autre part à l'égalité

$$\left\langle A_0\left(x,t,\frac{\partial}{\partial x}\right)u,\bar v\right\rangle+\left\langle\frac{\partial}{\partial t}A_1\left(x,t,\frac{\partial}{\partial x}\right)u,\bar v\right\rangle$$
$$=a_0\big(t;u(t),v\big)+\frac{d}{dt}a_1\big(t;u(t),v\big), \qquad \text{pour tout } v\in V_1.$$

Avec les notations analogues à celles du Chap. IV, No. 1 (cf. équation (1.9)), ceci s'écrit

$$\int_\Gamma\left(\frac{\partial}{\partial\nu_{A_0(t)}}u+\frac{\partial}{\partial t}\,\frac{\partial}{\partial\nu_{A_1(t)}}u\right)\bar v\,d\sigma=0 \qquad \text{pour tout } v\in V_1. \tag{5.14}$$

Bornons nous à un exemple:

Exemple 5.1. On prend pour V_1 l'espace des fonctions nulles sur une partie Γ_1 de la frontière Γ. Les conditions aux limites sont alors

$$u(x,t)=0 \qquad \text{pour } x\in\Gamma_1,\ t\in(0,T),$$

et

$$\frac{\partial}{\partial\nu_{A_0(t)}}u+\frac{\partial}{\partial t}\,\frac{\partial}{\partial\nu_{A_1(t)}}u=0 \qquad \text{pour } x\in\Gamma-\Gamma_1,\ t\in(0,T).$$

Remarque 5.1. On aura les mêmes considérations pour les opérateurs

$$A_0\left(x,t,\frac{\partial}{\partial x}\right)+\frac{\partial}{\partial t}A_1\left(x,t,\frac{\partial}{\partial x}\right)+\frac{\partial^2}{\partial t^2},$$

où A_1 est d'ordre $2m$, correspondant à une forme hermitienne, et coercive sur un sous espace fermé de $H^m(\Omega)$, l'opérateur A_0 étant d'ordre $2m$, *quelconque*.

6. Exemple (II)

On applique le No. 3, Chap. VIII, dans les conditions suivantes. Sur un ouvert Ω de R^n, on prend $V_0=V_1=H^1(\Omega)$, et pour V_2 un sous espace vectoriel fermé de $H^1(\Omega)$, avec

$$H_0^1(\Omega)\subset V_2\subset H^1(\Omega).$$

On considère les formes sesquilinéaires

$$a_k(t;u,v)=\sum_{i,j=1}^n\int_\Omega a_{ij}^k(x,t)\,(D_ju)\,(\overline{D_iv})\,dx, \qquad k=0,1,2, \tag{6.1}$$

avec

$$a_{ij}^k = \bar{a}_{ji}^k \quad \text{pour tout } i, j,$$

les fonctions $t \to a_{ij}^k(., t)$ étant $k+1$ fois continûment différentiable de $[0, T]$ dans $L^\infty(\Omega)$ faible.

L'opérateur différentiel attaché à la forme $a_k(t; u, v)$ est

$$A_k\left(x, t, \frac{\partial}{\partial x}\right) = -\sum_{i,j=1}^{n} \frac{\partial}{\partial x_i}\left(a_{ij}^k(x, t)\, \frac{\partial}{\partial x_j}\right). \tag{6.2}$$

On ne fait *aucune hypothèse d'ellipticité sur* A_0 *et* A_1, mais l'on suppose que

$$\sum a_{ij}^2(x, t)\, \zeta_j \bar{\zeta}_i \geqq \alpha_2\left(|\zeta_1|^2 + \cdots + |\zeta_n|^2\right), \quad \alpha_2 > 0. \tag{6.3}$$

Nous ferons également l'hypothèse suivante:

$$|v|_1 \geqq c\,|v|, \quad c > 0, \quad \text{pour tout } v \in V_2, \tag{6.4}$$

où, comme au No. 3, $|v|_1 = \left(\sum_{i=1}^{n} |D_i v|^2\right)^{\frac{1}{2}}$, $D_i = \partial/\partial x_i$ (cette hypothèse aura lieu si V_2 consiste en les fonctions nulles sur une partie Γ_1 «assez grande» de Γ; cf. Chap. VI, No. 7).

Ces hypothèses ayant lieu, on vérifie facilement que l'on est dans les conditions d'application du théorème 3.1, Chap. VIII.

Par conséquent, pour f donnée dans $L^2(0, T; L^2(\Omega))$, u_1 donnée dans V_2, il existe une fonction u et une seule, telle que

$$u \in L^2(0, T; V_2), \quad u' \in L^2(0, T; V_2), \quad u(0) = 0,$$

avec

$$\left.\begin{aligned} a_0\big(t; u(t), v\big) + \frac{d}{dt}\, a_1\big(t; u(t), v\big) + \frac{d^2}{dt^2}\, a_2\big(t; u(t), v\big) \\ = \big(f(t), v\big) + a_2(0; u_1, v)\, \delta, \quad \text{pour tout } v \in V_2. \end{aligned}\right\} \tag{6.5}$$

Interprétons le problème ainsi résolu.

Dans l'ouvert $\Omega \times]0, T[$, u est solution de

$$A_0\left(x, t, \frac{\partial}{\partial x}\right) u + \frac{\partial}{\partial t}\, A_1\left(x, t, \frac{\partial}{\partial x}\right) u + \frac{\partial^2}{\partial t^2}\, A_2\left(x, t, \frac{\partial}{\partial x}\right) u = f, \tag{6.6}$$

avec les conditions initiales

$$u(x, 0) = 0, \quad \frac{\partial}{\partial t}\, u(x, 0) = u_1(x), \tag{6.7}$$

et les conditions aux limites correspondant d'une part à l'appartenance

$$u \in L^2(0, T; V_2) \tag{6.8}$$

et d'autre part à l'égalité

$$\left\langle\left(A_0\left(x,t,\frac{\partial}{\partial x}\right)+\frac{\partial}{\partial t}A_1\left(x,t,\frac{\partial}{\partial x}\right)+\frac{\partial^2}{\partial t^2}A_2\left(x,t,\frac{\partial}{\partial x}\right)\right)u,\bar v\right\rangle$$
$$=a_0\big(t;u(t),v\big)+\frac{d}{dt}a_1\big(t;u(t),v\big)+\frac{d^2}{dt^2}a_2\big(t;u(t),v\big)$$

pour tout $v\in V_2$, par conséquent

$$\int\limits_\Gamma\left(\frac{\partial}{\partial\nu_{A_0(t)}}u+\frac{\partial}{\partial t}\frac{\partial}{\partial\nu_{A_1(t)}}u+\frac{\partial^2}{\partial t^2}\frac{\partial}{\partial\nu_{A_2(t)}}u\right)\bar v\,d\sigma=0\qquad\text{pour tout } v\in V_2.$$

Exemple 6.1. V_2 est l'espace des fonctions nulles sur Γ_1. Alors les conditions aux limites sont

$$u(x,t)=0\qquad\text{pour } x\in\Gamma_1,\ t\in(0,T),$$
$$\frac{\partial}{\partial\nu_{A_0(t)}}u+\frac{\partial}{\partial t}\frac{\partial}{\partial\nu_{A_1(t)}}u+\frac{\partial^2}{\partial t^2}\frac{\partial}{\partial\nu_{A_2(t)}}u=0\qquad\text{pour } x\in\Gamma-\Gamma_1,\ t\in(0,T).$$

Remarque 6.1. Comme à la remarque 5.1, on peut remplacer les opérateurs A_k par des opérateurs d'ordre $2m$, $m>1$, A_0 et A_1 quelconques, A_2 correspondant à une forme hermitienne coercive sur un sous espace fermé de $H^m(\Omega)$.

Remarque 6.2. L'une des conditions initiales est $u(x,0)=0$. Pour le cas où $u(x,0)$ est donné non nul, on appliquera la remarque 3.4, Chap. VIII (même remarque pour les autres No. de ce chapitre).

7. Exemple (III)

Sur Ω on considère, comme au No. 2, l'espace $H(\Delta;\Omega)$, et on prend pour V_0 (on va encore appliquer le No. 3, Chap. VIII) un sous espace fermé de $H(\Delta;\Omega)$, avec

$$H_0^2(\Omega)\subset V_0\subset H(\Delta;\Omega),$$

et

$$a_0(t;u,v)=(\Delta u,\Delta v).\tag{7.1}$$

On prend ensuite:

$$V_1=H^1(\Omega),\quad\text{et}\quad V_2=\text{sous espace vectoriel fermé de } H^1(\Omega)$$

avec

$$H_0^1(\Omega)\subset V_2\subset H^1(\Omega),$$

puis

$$a_k(t;u,v)=\sum_{i,j=1}^n\int\limits_\Omega a_{ij}^k(x,t)\,(D_j u)\,(D_i\bar v)\,dx,\qquad k=1,2.\tag{7.2}$$

On suppose que

$$a_{ij}^k(x,t)=\overline{a_{ji}^k(x,t)},\qquad k=1,2,$$

avec les mêmes hypothèses de régularité sur les a_{ij}^k qu'au No. précédent. Les opérateurs $A_k\left(x, t, \frac{\partial}{\partial x}\right)$ attachés aux formes $a_k(t; u, v)$ sont définis par

$$A_k\left(x, t, \frac{\partial}{\partial x}\right) = -\sum_{i,j=1}^{n} \frac{\partial}{\partial x_i}\left(a_{ij}^k(x, t)\frac{\partial}{\partial x_j}\right). \tag{7.3}$$

On ne fait aucune hypothèse d'ellipticité relativement à $A_1\left(x, t, \frac{\partial}{\partial x}\right)$ mais on supposera que

$$\sum_{i,j=1}^{n} a_{ij}^2(x, t)\, \zeta_j \bar{\zeta}_i \geqq \alpha_2\left(|\zeta_1|^2 + \cdots + |\zeta_n|^2\right), \quad \alpha_2 > 0. \tag{7.4}$$

On suppose enfin (cf. No. précédent) que

$$|v|_1 \geqq c|v|, \quad \text{pour tout } v \in V_2. \tag{7.5}$$

On vérifie alors facilement que l'on est dans les conditions d'application du théorème 3.1, Chap. VIII. Par conséquent, pour f donnée dans $L^2(0, T; L^2(\Omega))$ et pour u_1 donné dans V_2, il existe une fonction u et une seule telle que

$$u \in L^2(0, T; V_0 \cap V_2), \quad u' \in L^2(0, T; V_2), \; u(0) = 0,$$

le prolongement de u par 0 pour $t < 0$ vérifiant

$$\left.\begin{aligned} a_0(t; u(t), v) + \frac{d}{dt} a_1(t; u(t), v) + \frac{d^2}{dt^2} a_2(t; u(t), v) \\ = (f(t), v) + a_2(0; u_1, v)\,\delta, \quad \text{pour tout } v \in V_0 \cap V_2. \end{aligned}\right\} \tag{7.6}$$

Par conséquent la fonction $u(x, t)$ est, dans l'ouvert $\Omega \times]0, T[$, solution de

$$\Delta^2 u + \frac{\partial}{\partial t} A_1\left(x, t, \frac{\partial}{\partial x}\right) u + \frac{\partial^2}{\partial t^2} A_2\left(x, t, \frac{\partial}{\partial x}\right) u = f(x, t), \tag{7.7}$$

les dérivations étant prises au sens des distributions. Les conditions initiales sont (cf. aussi remarque 6.2)

$$u(x, 0) = 0, \quad \frac{\partial}{\partial t} u(x, 0) = u_1(x), \tag{7.8}$$

les conditions aux limites correspondant à l'appartenance de u à $L^2(0, T; V_0 \cap V_2)$, et à

$$\begin{aligned} \langle \Delta^2 u, \bar{v}\rangle + \left\langle \frac{\partial}{\partial t} A_1\left(x, t, \frac{\partial}{\partial x}\right) u, \bar{v}\right\rangle + \left\langle \frac{\partial^2}{\partial t^2} A_2\left(x, t, \frac{\partial}{\partial x}\right) u, \bar{v}\right\rangle \\ = (\Delta u(t), \Delta v) + \frac{d}{dt} a_1(t; u(t), v) + \frac{d^2}{dt^2} a_2(t; u(t), v), \end{aligned}$$

ou encore

$$\int\limits_{\Gamma}\left(\frac{\partial}{\partial n}\Delta u-\frac{\partial}{\partial t}\frac{\partial}{\partial\nu_{A_1(t)}}u-\frac{\partial^2}{\partial t^2}\frac{\partial}{\partial\nu_{A_2(t)}}u\right)\bar{v}\,d\sigma-\int\limits_{\Gamma}(\Delta u)\frac{\partial}{\partial n}\bar{v}\,d\sigma=0,$$

pour tout $v\in V_0\cap V_2$.

Exemple 7.1. $V_2=H_0^1(\Omega)$, $V_0=H(\Delta;\Omega)$.

Les conditions aux limites sont alors

$$u(x,t)=0,\quad \Delta u(x,t)=0,\qquad x\in\Gamma,\ t\in(0,T). \tag{7.9}$$

Exemple 7.2. On prend pour V_0 l'espace des fonctions nulles sur Γ_1. Les conditions aux limites sont alors

$$\left.\begin{aligned}&u(x,t)=0\quad\text{pour } x\in\Gamma_1,\ t\in(0,T),\\&\frac{\partial}{\partial n}\Delta u-\frac{\partial}{\partial t}\frac{\partial}{\partial\nu_{A_1(t)}}u-\frac{\partial^2}{\partial t^2}\frac{\partial}{\partial\nu_{A_2(t)}}u=0\\&\qquad\qquad\text{pour } x\in\Gamma-\Gamma_1,\ t\in(0,T),\\&\Delta u=0\quad\text{pour } x\in\Gamma.\end{aligned}\right\} \tag{7.10}$$

8. Un problème de Gelfand

On considère deux ouverts Ω_1 et Ω_2 de R^n, ayant une portion (régulière) de frontière commune, soit Σ. Les notations sont les mêmes qu'au Chap. VI, No. 1, exemple 1.5. Si $\mathscr{D}'(\Omega_j)$ désigne l'espace des distributions sur Ω_j, tout élément T de $\mathscr{D}'(\Omega_1)\times\mathscr{D}'(\Omega_2)$ est représenté par $T=\{T_1,T_2\}$, $T_j\in\mathscr{D}'(\Omega_j)$.

On considère l'espace de Hilbert $H^m(\Omega_1)\times H^m(\Omega_2)$, et V_0, sous espace vectoriel fermé de $H^m(\Omega_1)\times H^m(\Omega_2)$, avec

$$H_0^m(\Omega_1)\times H_0^m(\Omega_2)\subset V_0\subset H^m(\Omega_1)\times H^m(\Omega_2);$$

pour $u, v\in V_0$, $u=\{u_1,u_2\}$, $v=\{v_1,v_2\}$, on aura

$$((u,v))_0=(u_1,v_1)_{H^m(\Omega_1)}+(u_2,v_2)_{H^m(\Omega_2)}.$$

On considère la forme sesquilinéaire

$$a_0(t;u,v)=a_{01}(t;u_1,v_1)+a_{02}(t;u_2,v_2),\qquad u,v\in V_0, \tag{8.1}$$

où

$$a_{0k}(t;u_k,v_k)=\sum_{|p|,\,|q|\le m}\int\limits_{\Omega_k}a_{pqk}(x,t)\,(D^q u_k)\,(D^p\bar{v}_k)\,dx,\quad k=1,2. \tag{8.2}$$

On suppose que

$$a_0(t;u,v)=\overline{a_0(t;v,u)}\qquad\text{pour tout } u,v\in V_0,$$

la fonction $t \to a_0(t; u, v)$ étant une fois continûment différentiable dans $[0, T]$. On suppose enfin qu'il existe ξ tel que

$$a_0(t; v, v) + \xi \left(|v_1|^2_{L^2(\Omega_1)} + |v_2|^2_{L^2(\Omega_2)} \right) \geqq \alpha_0 \|v\|_0^2 \quad \text{pour tout } v \in V_0, \ \alpha_0 > 0. \tag{8.3}$$

Nous prenons maintenant

$$V_1 = V_2 = L^2(\Omega_1) \times L^2(\Omega_2),$$

et

$$a_1(t; u, v) = (u_1, v_1)_{L^2(\Omega_1)}, \qquad a_2(t; u, v) = (u_2, v_2)_{L^2(\Omega_2)}. \tag{8.4}$$

Avec les notations du Chap. VIII, No. 3, on a donc:

$$V = V_0, \quad \text{et} \quad W = V_1 = V_2,$$

avec

$$[v]^2 = |v_1|^2_{L^2(\Omega_1)} + |v_2|^2_{L^2(\Omega_2)} = \int_{\Omega_1} |v_1(x)|^2 \, dx + \int_{\Omega_2} |v_2(x)|^2 \, dx.$$

Vérifions que l'on est dans les conditions d'application du théorème 3.1, Chap. VIII. On a

$$a_1(t; v, v) + \lambda \, a_2(t; v, v) \geqq \inf(\lambda, 1) \, [v]^2,$$

et $a_0(t; v, v) + \mu [v]^2 \geqq \alpha_0 \|v\|_0^2$, en prenant $\mu = \xi$ et utilisant (8.3). D'où le résultat.

Par conséquent, étant donnée f dans $L^2(0, T; L^2(\Omega_1) \times L^2(\Omega_2))$, et $u_1 = \{u_{11}, u_{12}\}$ donnée dans $L^2(\Omega_1) \times L^2(\Omega_2)$ (en fait u_{11} n'interviendra pas), il existe une fonction u et une seule, avec

$$u \in L^2(0, T; V_0), \qquad u' \in L^2(0, T; L^2(\Omega_1) \times L^2(\Omega_2)), \qquad u(0) = 0,$$

et dont le prolongement par 0 pour $t < 0$ vérifie

$$\left. \begin{aligned} & a_0(t; u(t), v) + \frac{d}{dt} a_1(t; u(t), v) + \frac{d^2}{dt^2} a_2(t; u(t), v) \\ & \quad = [f(t), v] + a_2(0; u_1, v) \, \delta, \qquad \text{pour tout } v \in V_0. \end{aligned} \right\} \tag{8.5}$$

Interprétons le problème ainsi résolu. L'opérateur A_{0k} attaché à la forme sesquilinéaire $a_{0k}(t; u, v)$ est défini par

$$A_{0k}\left(x, t, \frac{\partial}{\partial x}\right) - \sum_{|p|, |q| \leqq m} (-1)^{|p|} D_x^p \left(a_{pqk}(x, t) \, D_x^q \right). \tag{8.6}$$

La solution $u(x, t) = \{u_1(x, t), u_2(x, t)\}$, vérifie donc

$$A_{01}\left(x, t, \frac{\partial}{\partial x}\right) u_1(x, t) + \frac{\partial}{\partial t} u_1 = f_1(x, t), \quad \text{dans l'ouvert } \Omega_1 \times]0, T[, \tag{8.7}$$

et

$$A_{02}\left(x, t, \frac{\partial}{\partial x}\right) u_2(x, t) + \frac{\partial^2}{\partial t^2} u_2 = f_2(x, t) \quad \text{dans l'ouvert } \Omega_2 \times]0, T[. \tag{8.8}$$

Les conditions initiales sont

$$u_1(x,0)=0 \text{ dans } \Omega_1,\ u_2(x,0)=0 \quad \text{dans } \Omega_2,$$

$$\frac{\partial}{\partial t}u_2(x,0)=u_{12}(x) \quad \text{dans } \Omega_2.$$

Les conditions aux limites correspondent d'une part à l'appartenance

$$u\in L^2(0,T;V_0), \tag{8.9}$$

et d'autre part à l'égalité

$$\left.\begin{aligned}&\left\langle A_{01}\left(x,t,\frac{\partial}{\partial x}\right)u_1,\bar v\right\rangle+\left\langle A_{02}\left(x,t,\frac{\partial}{\partial x}\right)u_2,\bar v_2\right\rangle\\&\quad=a_0(t;u(t),v)\quad \text{pour tout } v\in V_0.\end{aligned}\right\} \tag{8.10}$$

Lorsque l'espace V_0 *n'est pas* de la forme $V_{01}\times V_{02}$, V_{0j} étant un sous espace vectoriel fermé de $H^m(\Omega_j)$, on a affaire à *un problème de transmission, avec des ordres de dérivation en t différents dans Ω_1 et dans Ω_2*. Ainsi, par exemple si $m=1$, l'opérateur intervenant dans (8.7) est parabolique, celui intervenant dans (8.8) est hyperbolique.

Voici précisément un exemple avec $m=1$. La condition (8.10) s'écrit (avec les notations des No. précédents, et en prenant soin des orientations)

$$\int_{\Gamma_1}\left(\frac{\partial}{\partial\nu_{A_{01}(t)}}u_1\right)\bar v_1\,d\sigma_1+\int_{\Gamma_2}\left(\frac{\partial}{\partial\nu_{A_{02}(t)}}u_2\right)\bar v_2\,d\sigma_2=0,\qquad \text{pour tout } v\in V_0.$$

Supposons que V_0 soit l'espace des fonctions v avec

$$v_1=v_2 \quad \text{sur } \Sigma. \tag{8.11}$$

Les conditions aux limites sont alors les suivantes :

$$\begin{aligned}\frac{\partial}{\partial\nu_{A_{01}(t)}}u_1&=0 &&\text{sur } \Gamma_1-\Sigma,\ t\in(0,T),\\ \frac{\partial}{\partial\nu_{A_{02}(t)}}u_2&=0 &&\text{sur } \Gamma_2-\Sigma,\ t\in(0,T),\\ u_1&=u_2 &&\text{sur } \Sigma,\ t\in(0,T),\\ \frac{\partial u_1}{\partial\nu_{A_{01}(t)}}+\frac{\partial u_2}{\partial\nu_{A_{02}(t)}}&=0 &&\text{sur } \Sigma,\ t\in(0,T).\end{aligned}$$

Ces considérations fournissent l'existence et l'unicité de solutions faibles d'un problème proposé par I. M. GELFAND [2].

9. Un nouveau problème de transmission

On prend Ω_1 et Ω_2 comme au No. précédent, et on considère cette fois V_0 avec

$$H_0^1(\Omega)\times H_0^2(\Omega)\subset V_0\subset H^1(\Omega_1)\times H(\Delta;\Omega_2)$$

(pour l'espace $H(\Delta;\Omega_2)$, cf. No. 2).

Sur l'espace V_0, on considère la forme sesquilinéaire

$$a_0(t; u, v) = a_{01}(t; u_1, v_1) + a_{02}(t; u_2, v_2), \tag{9.1}$$

où

$$a_{01}(t; u_1, v_1) = \sum \int_{\Omega_1} a_{ij1}(x, t) (D_j u_1) (\overline{D_i v_1}) \, dx, \tag{9.2}$$

et

$$a_{02}(t; u_2, v_2) = \int_{\Omega_2} (\Delta u_2) (\Delta \bar{v}_2) \, dx, \tag{9.3}$$

la fonction $t \to a_{ij1}(., t)$ étant une fois continûment différentiable de $[0, T]$ dans $L^\infty(\Omega_1)$ faible, $a_{ij1}(x, t) = \overline{a_{ji1}(x, t)}$, et

$$\sum_{i,j} a_{ij1}(x, t) \zeta_j \bar{\zeta}_i \geqq \alpha_1 (|\zeta_1|^2 + \cdots + |\zeta_n|^2), \quad \alpha_1 > 0. \tag{9.4}$$

Nous prenons ensuite

$$V_1 = V_2 = L^2(\Omega_1) \times L^2(\Omega_2),$$

et $a_1(t; u, v)$, $a_2(t; u, v)$ comme au No. précédent.

On vérifie facilement que l'on est alors dans les conditions d'application du théorème 3.1, Chap. VIII. Par conséquent, pour f donnée dans $L^2(0, T; L^2(\Omega_1) \times L^2(\Omega_2))$, et pour $u_1 = \{u_{11}, u_{12}\}$ donnée dans $L^2(\Omega_1) \times L^2(\Omega_2)$, il existe u unique, avec

$$u \in L^2(0, T; V_0), \quad u' \in L^2(0, T; L^2(\Omega_1) \times L^2(\Omega_2)), \quad u(0) = 0,$$

le prolongement de u par 0 pour $t < 0$ vérifiant

$$\left.\begin{aligned} &a_0(t; u(t), v) + \frac{d}{dt} a_1(t; u(t), v) + \frac{d^2}{dt^2} a_2(t; u(t), v) \\ &\quad = [f(t), v] + a_2(0; u_1, v)\, \delta, \quad \text{pour tout } v \in V_0. \end{aligned}\right\} \tag{9.5}$$

Si l'on pose

$$A_{01}\left(x, t, \frac{\partial}{\partial x}\right) = - \sum \frac{\partial}{\partial x_i} \left(a_{ij1}(x, t) \frac{\partial}{\partial x_j}\right), \tag{9.6}$$

on voit que la solution $u(x, t) = \{u_1(x, t), u_2(x, t)\}$ de (9.5) vérifie

$$A_{01}\left(x, t, \frac{\partial}{\partial x}\right) u_1(x, t) + \frac{\partial}{\partial t} u_1(x, t) = f_1(x, t), \quad \text{sur } \Omega_1 \times]0, T[, \tag{9.7}$$

et

$$\Delta^2 u_2(x, t) + \frac{\partial^2}{\partial t^2} u_2(x, t) = f_2(x, t), \quad \text{sur } \Omega_2 \times]0, T[. \tag{9.8}$$

Les conditions initiales sont

$$u_1(x, 0) = 0 \quad \text{dans } \Omega_1, \quad u_2(x, 0) = 0 \quad \text{dans } \Omega_2,$$

et

$$u_2(x, 0) = u_{12}(x) \quad \text{dans } \Omega_2.$$

Les conditions aux limites correspondent d'une part à l'appartenance

$$u \in L^2(0, T; V_0),$$

d'autre part à l'égalité

$$\left.\begin{aligned} -\int_{\Gamma_1}\left(\frac{\partial}{\partial\nu_{A_{01}(t)}}u_1\right)\bar{v}_1\,d\sigma_1+\int_{\Gamma_2}\left(\frac{\partial}{\partial n}\Delta u_2\right)\bar{v}_2\,d\sigma_2-\int_{\Gamma_2}(\Delta u_2)\frac{\partial}{\partial n}\bar{v}_2\,d\sigma_2=0 \\ \text{pour tout } v\in V_0. \end{aligned}\right\} \quad (9.9)$$

Exemple 9.1. On prend pour V_0 l'espace des fonctions v telles que $v_1 = v_2$ sur Σ (cela a un sens pour $H(\Delta; \Omega_2)$ si l'on suppose la frontière de Ω_2 régulière; cf. LIONS-MAGENES [1]). Les conditions aux limites sont alors

$$u_1 = u_2(x, t), \quad x\in\Sigma,\ t\in(0, T),$$

$$-\frac{\partial}{\partial\nu_{A_{01}(t)}}u+\frac{\partial}{\partial n}\Delta u_2=0, \quad x\in\Sigma,\ t\in(0, T),$$

et

$$\frac{\partial}{\partial\nu_{A_{01}(t)}}u_1=0 \quad \text{sur } \Gamma_1-\Sigma, \qquad \frac{\partial}{\partial n}\Delta u_2=0 \quad \text{sur } \Gamma_2-\Sigma,$$

$$\Delta u_2 = 0 \quad \text{sur } \Gamma_2.$$

10. Conditions différentielles au bord (I)

Sur Ω ouvert de R^n nous considérons l'espace V_0 fermé dans $H^1(\Omega)$ avec

$$H_0^1(\Omega) \subset V_0 \subset H^1(\Omega), \quad (10.1)$$

et (avec les notations du Chap. VIII, No. 3) $V_1 = V_0$; sur V_0 nous considérons les formes sesquilinéaires

$$a_k(t; u, v) = \sum_{i,j=1}^{n} \int_\Omega a_{ij}^k(x, t)\,(D_j u)\,(D_i \bar{v})\,dx, \quad k = 0, 1, \quad (10.2)$$

où nous supposons que les fonctions $t \to a_{ij}^k(., t)$ sont $k+1$ fois continûment différentiables de $[0, T]$ dans $L^\infty(\Omega)$ faible, avec $a_{ij}^k(x, t) = \overline{a_{ji}^k(x, t)}$, sans hypothèse d'ellipticité sur $a_0(t; u, v)$, mais avec

$$\sum a_{ij}^1(x, t)\,\zeta_j\bar{\zeta} \geqq \alpha_1(|\zeta_1|^2+\cdots+|\zeta_n|^2), \quad \alpha_1 > 0. \quad (10.3)$$

L'opérateur différentiel attaché à la forme $a_k(t; u, v)$ est défini par

$$A_k\left(x, t, \frac{\partial}{\partial x}\right) = -\sum_{i,j=1}^{n}\frac{\partial}{\partial x_i}\left(a_{ij}^k(x, t)\frac{\partial}{\partial x_j}\right), \quad k = 0, 1. \quad (10.4)$$

On suppose que la frontiére Γ de Ω est bornée, variété une fois continûment différentiable de dimension $n-1$. Alors (cf. Chap. II, No. 3) on sait définir une application linéaire continue $u \to \gamma_0 u$ de $H^1(\Omega)$

sur l'espace $H^{\frac{1}{2}}(\Gamma)$, et $H^{\frac{1}{2}}(\Gamma) \subset L^2(\Gamma)$. Par conséquent sur l'espace $V_2 = H^1(\Omega)$ on définit une forme sesquilinéaire continue par

$$a_2(t; u, v) = (\gamma_0 u, \gamma_0 v)_{L^2(\Gamma)} \Big(= \int_\Gamma \gamma_0 u \overline{\gamma_0 v}\, d\sigma\Big). \tag{10.5}$$

Avec les notations du Chap. VIII, No. 3, on a:

$$V = W = V_0$$

et on vérifie facilement que l'on est dans les conditions d'application du théorème 3.1, Chap. VIII. Par conséquent, pour f donnée dans $L^2(0, T; L^2(\Omega))$ et u_1 donnée dans $H^1(\Omega)$, il existe une fonction u et une seule, telle que

$$u \in L^2(0, T; V_0), \qquad u' \in L^2(0, T; V_0), \qquad \text{avec } u(0) = 0,$$

et le prolongement de u par 0 pour $t < 0$ vérifiant:

$$\left.\begin{aligned} &a_0(t; u(t), v) + \frac{d}{dt} a_1(t; u(t), v) + \frac{d^2}{dt^2} a_2(t; u(t), v) \\ &\quad = (f(t), v) + (\gamma_0 u_1, \gamma_0 v)_{L^2(\Gamma)}\, \delta, \quad \text{pour tout } v \in V_0. \end{aligned}\right\} \tag{10.6}$$

Par conséquent,

$$A_0\Big(x, t, \frac{\partial}{\partial x}\Big) u + \frac{\partial}{\partial t} A_1\Big(x, t, \frac{\partial}{\partial x}\Big) u = f(x, t) \quad \text{dans l'ouvert } \Omega \times]0, T[. \tag{10.7}$$

Les conditions initiales sont de deux types différents:

$$u(x, 0) = 0 \quad \text{pour } x \in \Omega, \tag{10.8}$$

et

$$\int_\Gamma \Big(\frac{\partial u}{\partial t}(x, 0)\Big) \overline{\gamma_0 v}\, d\sigma = \int_\Gamma u_1(x)\, \overline{\gamma_0 v}\, d\sigma \quad \text{pour tout } v \in V_0. \tag{10.9}$$

Les conditions aux limites correspondent d'une part à l'appartenance de u à $L^2(0, T; V_0)$ et d'autre part à

$$\left.\begin{aligned} &\int_\Gamma \Big(-\frac{\partial}{\partial \nu_{A_0(t)}} u - \frac{\partial}{\partial t} \frac{\partial}{\partial \nu_{A_1(t)}} u + \frac{\partial^2}{\partial t^2} u\Big) \gamma_0 \bar{v}\, d\sigma = 0 \\ &\qquad\qquad \text{pour tout } v \in V_0. \end{aligned}\right\} \tag{10.10}$$

Exemple 10.1. Nous prenons $V_0 = H^1(\Omega)$.

Les conditions aux limites sont alors

$$-\frac{\partial}{\partial \nu_{A_0(t)}} u - \frac{\partial}{\partial t} \frac{\partial}{\partial \nu_{A_1(t)}} u + \frac{\partial^2}{\partial t^2} u = 0 \quad \text{pour } x \in \Gamma,\ t \in (0, T). \tag{10.11}$$

Ainsi, dans l'ouvert $\Omega \times]0, T[$, l'opérateur différentiel intervenant dans (10.7) est du premier ordre en t, alors que dans les conditions aux limites

(10.11) intervient une dérivée du deuxième ordre en t. C'est ce qui explique les deux sortes de conditions initiales (10.8) et (10.9); (10.9) s'écrit ici:

$$\frac{\partial}{\partial t} u(x, 0) = u_1(x), \quad x \in \Gamma. \tag{10.12}$$

Exemple 10.2. Nous prenons pour V_0 l'espace des fonctions nulles sur une partie Γ_1 de Γ. Les conditions aux limites sont alors

$$\left.\begin{aligned} u(x, t) &= 0 \quad \text{pour } x \in \Gamma_1, \\ -\frac{\partial}{\partial \nu_{A_0(t)}} u - \frac{\partial}{\partial t} \frac{\partial}{\partial \nu_{A_1(t)}} u + \frac{\partial^2}{\partial t^2} u &= 0 \quad \text{pour } x \in \Gamma - \Gamma_1. \end{aligned}\right\} \tag{10.13}$$

La condition aux limites (10.9) devient

$$\frac{\partial}{\partial t} u(x, 0) = u_1(x) \quad \text{pour } x \in \Gamma - \Gamma_1. \tag{10.14}$$

11. Conditions différentielles au bord (II)

Sur Ω ouvert de R^n on considère V_0, espace fermé dans $H^m(\Omega)$ avec

$$H_0^m(\Omega) \subset V_0 \subset H^m(\Omega), \tag{11.1}$$

et sur V_0, la forme sesquilinéaire

$$a_0(t; u, v) = \sum_{|p|, |q| \leq m} \int_\Omega a_{pq}^0(x, t)\, D^q u\, D^p \bar{v}\, dx. \tag{11.2}$$

L'opérateur différentiel attaché à cette forme est défini par

$$A_0\left(x, t, \frac{\partial}{\partial x}\right) - \sum (-1)^{|p|} D_x^p \left(a_{pq}^0(x, t)\, D_x^q\right). \tag{11.3}$$

On suppose que la frontière Γ de Ω est bornée et est une variété indéfiniment différentiable de dimension $n-1$. On peut alors définir (Chap. II, No. 3) un opérateur linéaire $u \to \vec{\gamma} u = \{\gamma_j u\}$ de $H^m(\Omega)$ sur l'espace $\prod_{j=0}^{m-1} H^{m-j-\frac{1}{2}}(\Gamma)$, ce qui définit en particulier un opérateur linéaire continu de $H^m(\Omega)$ dans $\left(L^2(\Gamma)\right)^m$.

On va appliquer le Chap. VIII, No. 4, avec:

$$\mathcal{H} = \left(L^2(\Gamma)\right)^m, \tag{11.4}$$

et

$$K = \vec{\gamma}, \tag{11.5}$$

puis

$$b_1(t; h, h') = 0, \quad b_2(t; h, h') = (h, h')_{\mathcal{H}}.$$

On fait l'hypothèse suivante:

$$\left.\begin{aligned}&t\to a_0(t;u,v)\text{ est une fois continûment différentiable dans }[0,T],\\&\qquad a_0(t;u,v)=\overline{a_0(t;v,u)}\quad\text{pour tout }u,v\in V_0,\\&\text{et il existe }\mu\text{ tel que}\\&a_0(t;v,v)+\mu\,\|v\|_{L^2(\Gamma)^m}\geqq\alpha_0\|v\|^2_{H^m(\Omega)}\left(=\alpha_0\|v\|_0^2\right),\quad\alpha_0>0,\\&\qquad\qquad\text{pour tout }v\in V_0.\end{aligned}\right\}\tag{11.6}$$

On est alors dans les conditions d'application du théorème 4.1, Chap. VIII. Par conséquent, pour f donnée dans $L^2(0,T;\mathscr{H})$, et pour h_1 donné dans $\mathscr{H}$, il existe une fonction u et une seule, telle que

$$u\in L^2(0,T;V_0),\tag{11.7}$$

avec

$$(\vec{\gamma}u)'\in L^2(0,T;\mathscr{H}),\quad \vec{\gamma}u(0)=0,\tag{11.8}$$

et le prolongement de u par 0 pour $t<0$ vérifiant

$$\left.\begin{aligned}&a_0(t;u(t),v)+\frac{d^2}{dt^2}(\vec{\gamma}u,\vec{\gamma}v)_{L^2(\Gamma)^m}\\&\quad=(f(t),\vec{\gamma}v)_{L^2(\Gamma)^m}+(h_1,\vec{\gamma}v)_{L^2(\Gamma)^m},\quad\text{pour tout }v\in V_0.\end{aligned}\right\}\tag{11.9}$$

Interprétons le problème ainsi résolu.

Tout d'abord, $u(x,t)$ est, dans l'ouvert $\Omega\times]0,T[$, solution de

$$A_0\left(x,t,\frac{\partial}{\partial x}\right)u=0;\tag{11.10}$$

on notera qu'il n'intervient pas ici de dérivation en t.

On a ensuite la première condition initiale:

$$\vec{\gamma}u(x,0)=0.\tag{11.11}$$

Pour interpréter les conditions aux limites, écrivons la formule de Green:

$$\left\langle A_0\left(x,t,\frac{\partial}{\partial x}\right)u,\bar{v}\right\rangle=a_0(t;u(t),v)+\sum_{j=0}^{m-1}\langle S_j(t)\,u,\gamma_j\bar{v}\rangle,\tag{11.12}$$

les $S_j(t)$ étant des opérateurs d'ordre $2m-j-1$.

D'après (11.10), $\left\langle A_0\left(x,t,\frac{\partial}{\partial x}\right)u,\bar{v}\right\rangle=0$, ce qui avec (11.12) et (11.9), donne

$$\left.\begin{aligned}&(f(t),\vec{\gamma}v)_{L^2(\Gamma)^m}+(h_1,\vec{\gamma}v)_{L^2(\Gamma)^m}\delta-\frac{d^2}{dt^2}(\vec{\gamma}u,\vec{\gamma}v)_{L^2(\Gamma)^m}+\\&\qquad+\sum_{j=0}^{m-1}\langle S_j(t)\,u,\gamma_j\bar{v}\rangle=0,\quad\text{pour tout }v\in V_0.\end{aligned}\right\}\tag{11.13}$$

Exemple 11.1 Prenons $V_0 = H^m(\Omega)$.

Alors (11.13) donne

$$\frac{\partial^2}{\partial t^2} \gamma_j u - S_j(t)\, u = f(t), \quad j = 0, \ldots, m-1, \quad x \in \Gamma,$$

avec la deuxième «condition initiale»

$$\frac{d}{dt} (\vec{\gamma}\, u)\,(x, 0) = h_1(x) \in L^2(\Gamma)^m, \quad x \in \Gamma.$$

On pourra également consulter Lions [10].

Chapitre X

Autres méthodes et autres équations

Sommaire. Le No. 1 suppose connus le Chap. II, No. 1, le Chap. IV, No. 2 et le Chap. V, No. 7.

Le No. 2 suppose connus le Chap. II, No. 1 et le Chap. IV, No. 1 (au moins les résultats de ce No.); on expose la méthode des différences finies par rapport à t, avec les hypothèses minima de différentiabilité sur $a(t; u, v)$ (ce qui entraine quelques complications mais s'applique à des problèmes non linéaires). Naturellement ce No. n'a pas pour objet l'étude systématique des procédés de différences finies! Nous renvoyons à quelques articles ou ouvrages. De nombreux problèmes restent à résoudre dans cette direction.

Le No. 3 suppose acquis le Chap. II, No. 1 et le Chap. IV, No. 1.

Les No. 4 et 5 montrent comment l'utilisation de la méthode des «solutions approchées» donnée au No. 3, jointe à l'obtention de majorations à priori convenables, permet de résoudre les équations de Navier-Stokes, de façon assez satisfaisante en dimension 2, très partiellement en dimension $\geqq 3$. Notre objet n'est évidemment pas une étude systématique des équations de Navier-Stokes; nous posons à priori le problème comme l'a fait J. Leray [1], [2], [3] et nous donnons quelques résultats récents.

Parmi les «autres méthodes» de résolution des problèmes opérationnels il faut signaler (outre les méthodes que nous indiquons aux Chap. XI et XII) la méthode de décomposition spectrale, pour les opérateurs $A + d/dt$, *A étant indépendant de t*. L'opérateur A étant un opérateur différentiel elliptique, la méthode de développement de la solution au moyen de fonctions propres (méthode de Fourier) a donné lieu à un rapport de V. A. Il'in [2] (où l'on trouvera la bibliographie complémentaire; cf. aussi Boigelot [1], Boigelot-Garnir [1], Bureau [1],

GARNIR-GOBERT [1], V. A. IL'IN [1], MINAKSHISUNDARAM [1]; cf. également, dans un ordre d'idées voisin, K. MAURIN [1], L. MAURIN [1], [2], YOSIDA [5]).

Une méthode utilisant les propriétés générales de la décomposition spectrale dans l'espace de HILBERT est donnée dans C. FOIAS [2]. Pour la méthode de la transformation de FOURIER, cf. L. SCHWARTZ [7] et le livre de GELFAND et SILOV [3].

Si A est un opérateur différentiel à une variable, on peut aller plus loin. Cf. BIRKHOFF-LANGER [1], BRUSLINSKI [1], JDANOVICH [1], RACULOV [1], [2], TAMARKIN [1], VOGEL [1].

Signalons enfin ici les travaux sur les équations hyperboliques non linéaires du 1er ordre A. DOUGLIS [1], P.D. LAX [5], [6], O.A. OLEINIK [3], B.L. ROZHDESTVENSKII [1] (où l'on trouvera la bibliographie complémentaire).

1. Méthode du prolongement par rapport au paramètre

On donne deux espaces de HILBERT séparables, V, H, avec $V \subset H$, V étant dense dans H (comme au Chap. II, No. 1; les notations sont celles de ce No.).

On se place sur l'axe des t entier (comme au Chap. V, No. 7). Pour chaque $t \in R$, on donne une forme sesquilinéaire $a(t; u, v)$ continue sur V, avec

$$\left.\begin{array}{l} t \to a(t; u, v) \text{ est mesurable sur } R, \text{ pour tout } u, v \in V, \text{ avec} \\ |a(t; u, v)| \leqq c_1 \|u\| \|v\|, \quad \text{et} \quad \operatorname{Re} a(t; v, v) \geqq \alpha \|v\|^2, \quad \alpha > 0, \\ \hfill \text{pour tout } v \in V. \end{array}\right\} \quad (1.1)$$

Pour simplifier l'écriture on posera dans ce No.:

$$L^2(-\infty, +\infty; V) = L^2(V).$$

On a démontré au Chap. V, No. 7, le

Théorème 1.1. *Sous l'hypothèse* (1.1), *il existe une fonction u et une seule, appartenant à $L^2(V)$, et telle que*

$$a(t; u(t), v) + \frac{d}{dt}(u(t), v) = ((f(t), v)), \quad \text{pour tout } v \in V, \quad (1.2)$$

la fonction f étant donnée dans $L^2(V)$.

On va ici redémontrer l'existence de u, sans utilisation du théorème 1.1 du Chap. III.

Lemme 1.1. *Soit $b(t; u, v)$ une forme sesquilinéaire continue sur V, telle que la fonction $t \to b(t; u, v)$ soit mesurable, avec $|b(t; u, v)| \leqq c_2 \|u\| \|v\|$, et vérifiant*

$$\operatorname{Re} b(t; v, v) \geqq \beta \|v\|^2, \quad \beta > 0, \ v \in V. \quad (1.3)$$

Soit u donnée dans $L^2(V)$, vérifiant

$$b\big(t; u(t), v\big) + D_t\big(u(t), v\big) = \big((g(t), v)\big), \quad \text{pour tout } v \in V, \tag{1.4}$$

la fonction g étant donnée dans $L^2(V)$. Alors

$$\|u\|_{L^2(V)} \leqq \frac{1}{\beta} \|g\|_{L^2(V)}. \tag{1.5}$$

Démonstration. Cf. la démonstration de (7.4), Chap. V.

Lemme 1.2. *Il existe une fonction u* (et une seule) *dans $L^2(V)$, vérifiant*

$$\big((u(t), v)\big) + \frac{d}{dt}\big(u(t), v\big) = \big((f(t), v)\big), \quad \text{pour tout } v \in V, \tag{1.6}$$

la fonction f étant donnée dans $L^2(V)$. On définit ainsi une application linéaire continue: $f \to u = Gf$ de $L^2(V)$ dans lui même.

Démonstration. L'unicité résulte de (1.5), valable ici avec $\beta = 1$.

Pour l'existence on utilise la décomposition spectrale des opérateurs auto adjoints dans H (l'hypothèse de séparabilité n'est pas indispensable). Utilisant l'opérateur ϑ introduit au Chap. IV, No. 2, on peut écrire la solution de (1.6) sous la forme

$$u(t) = \vartheta^{-1}\Big(\lambda \int_{-\infty}^{t} \exp\big(-(t-s)\lambda\big)\big(\vartheta f(s)(\lambda)\big)\, ds\Big).$$

D'où le lemme.

On introduit maintenant les formes

$$a_\xi(t; u, v) = (1-\xi)\,((u, v)) + \xi\, a(t; u, v), \quad \xi \in [0, 1], \tag{1.7}$$

de sorte que

$$a_0(t; u, v) = ((u, v)), \quad a_1(t; u, v) = a(t; u, v),$$

et

$$\operatorname{Re} a_\xi(t; v, v) \geqq \alpha_1 \|v\|^2, \quad \alpha_1 = \inf(1, \alpha) > 0, \tag{1.8}$$

indépendant de ξ.

On considère l'équation en u $\big(\in L^2(V)\big)$:

$$a_\xi\big(t; u(t), v\big) + \frac{d}{dt}\big(u(t), v\big) = \big((f(t), v)\big), \quad \text{pour tout } v \in V; \tag{1.9}$$

cette équation coincide avec l'équation à résoudre (1.2) si $\xi = 1$, et l'équation (1.6) *déja résolue* si $\xi = 0$.

Si l'équation (1.9) admet une solution, elle est unique, d'après le lemme 1.1, (1.5), de sorte que $f \to u$ définit alors une application linéaire continue, soit $H(\xi)$, de $L^2(V)$ dans lui même, et en outre, toujours d'après (1.5):

$$\|H(\xi)\| \leqq 1/\alpha_1 \tag{1.10}$$

où $\| \ \|$ désigne la norme dans l'espace des applications linéaires continues de $L^2(V)$ dans lui même.

Soit ξ et ξ_1 donnés avec $0 \leqq \xi_1 < \xi \leqq 1$. L'équation (1.9) peut s'écrire

$$a_{\xi_1}(t; u(t), v) + \frac{d}{dt}(u(t), v) = ((f(t), v)) - (\xi - \xi_1)((Ku(t), v)) \quad (1.11)$$

où l'on a posé

$$((Ku(t), v)) = a(t; u(t), v) - ((u(t), v)),$$

ce qui définit K, opérateur linéaire continu de $L^2(V)$ dans lui même.

Si l'on admet maintenant que l'équation (1.9) admet une solution unique pour $\xi = \xi_1$, l'équation (1.11) équivaut à

$$u + (\xi - \xi_1) H(\xi_1) K u = H(\xi_1) f, \quad (1.11)'$$

équation dans $L^2(V)$, qui admettra une solution unique si

$$(\xi - \xi_1) \|H(\xi_1) K\| < 1.$$

Or d'après (1.10), $\|H(\xi_1) K\| \leqq \frac{1}{\alpha_1} \|K\| = c$, de sorte que: si $H(\xi_1)$ existe, alors $H(\xi)$ existe pour $\xi > \xi_1$, si $\xi < \xi_1 + 1/c$, $c > 0$ indépendant de ξ_1. Comme d'après le lemme 1.2, $H(0)$ existe $(H(0) = G)$, on voit que $H(\xi)$ existe pour tout $\xi \in [0, 1]$. Donc en particulier $H(1)$ existe, ce qui achève la démonstration du théorème.

La méthode précédente a été utilisée, dans un contexte très voisin, par O. A. LADYZENSKAYA [3] (cf. aussi I. M. VISIK et O. A. LADYZENSKAYA [1]) où l'on trouvera d'autres indications bibliographiques.

2. Méthode des différences finies

On considère V et H comme au No. précédent. On se place dans le cadre du Chap. IV, No. 1. On donne donc, pour chaque $t \leqq T$, une forme sesquilinéaire $a(t; u, v)$ continue sur $V \times V$, telle que la fonction $t \to a(t; u, v)$ soit mesurable, avec

$$|a(t; u, v)| \leqq M \|u\| \|v\|, \quad (2.1)$$

et

il existe λ tel que $\quad \operatorname{Re} a(t; v, v) + \lambda |v|^2 \geqq \alpha \|v\|^2, \quad \alpha > 0, \ v \in V. \quad (2.2)$

On va donner un procédé d'approximation de la solution u dans l'espace $L^2(-\infty, T; V)$, nulle pour $t < 0$, de

$$a(t; u(t), v) + \frac{d}{dt}(u(t), v) = (f(t), v) + (\xi, v)\,\delta, \quad (2.3)$$

où f est donnée dans $L^2(-\infty, T; H)$, nulle pour $t < 0$, et ou ξ est donné dans H ($\xi = u_0$ dans les notations utilisées jusqu'ici; nous remplaçons u_0 par ξ dans ce No. pour éviter une confusion possible de notations).

On peut, comme d'ordinaire, se ramener au cas où

$$\operatorname{Re} a(t; v, v) \geqq \alpha \|v\|^2 \quad \text{pour tout } v \in V. \tag{2.2'}$$

Voici d'abord la construction des «solutions approchées». On considère une suite $\xi_n \in V$, telle que $\xi_n \to \xi$ *dans* H lorsque $n \to \infty$. Alors, si ξ n'est pas dans V, $\|\xi_n\|^2 = \lambda_n \to +\infty$, et nous choisissons un nombre μ_n avec

$$0 < \mu_n \leqq 1/\lambda_n. \tag{2.4}$$

Si $\xi \in V$, on prendra $\xi_n = \xi$, et $\mu_n = 0$.

Soit n fixé assez grand pour que $1/\lambda_n < T$ (on suppose désormais que $\lambda_n \to \infty$, c'est le cas intéressant), et nous introduisons *le pas* $h = n^{-1}(T - \mu_n)$.

On va alors remplacer l'équation (2.3) par une «équation approchée», où d/dt est remplacé par un quotient différentiel. Mais comme la fonction $a(t; u, v)$ est seulement mesurable en t, il faut introduire des moyennes de $a(t; u, v)$. On peut écrire d'abord

$$a(t; u, v) = ((\mathscr{A}(t)\, u, v)), \qquad \mathscr{A}(t) \in \mathscr{L}(V; V),$$

puis l'on introduit

$$\mathscr{A}_{kn} = \frac{1}{h} \int_{\mu_n + kh}^{\mu_n + (k+1)h} \mathscr{A}(t)\, dt, \qquad k = 0, 1, \ldots, n-1, \tag{2.5}$$

intégrale prise dans $\mathscr{L}(V; V)$. On introduit ensuite

$$f_{kn} = \frac{1}{h} \int_{\mu_n + kh}^{\mu_n + (k+1)h} f(t)\, dt, \qquad k = 0, 1, \ldots, n-1. \tag{2.6}$$

Ceci posé, on définit $u_{kn} \in V$, pour $k = 0, \ldots, n-1$, par l'équation

$$((\mathscr{A}_{kn} u_{kn}, v)) + \frac{1}{h}(u_{kn} - u_{(k-1)n}, v) = (f_{kn}, v), \quad \text{pour tout } v \in V, \tag{2.7}$$

en posant

$$u_{-1,n} = \xi_n. \tag{2.8}$$

Ces équations définissent de proche en proche les u_{kn}; en effet,

$$\operatorname{Re}((\mathscr{A}_{kn} v, v)) = \frac{1}{h} \int_{\mu_n + kh}^{\mu_n + (k+1)h} \operatorname{Re} a(t; v, v)\, dt \geqq \alpha \|v\|^2, \quad \text{pour tout } v \in V. \tag{2.9}$$

Par conséquent (2.7) définit bien u_{kn} de façon unique, à partir de $u_{(k-1)n}$ (cf. Chap. II, No. 1). (Noter que la réduction (2.2)' n'est pas indispensable, puisque dans (2.7) on peut disposer de h, que l'on peut choisir arbitrairement petit.)

On définit maintenant la «solution approchée» $u_n(t)$ par

$$u_n(t)=\begin{cases} 0 & \text{si } t<0, \\ \xi_n & \text{si } t\in[0,\mu_n[, \\ u_{kn} & \text{pour } t\in[\mu_n+kh,\mu_n+(k+1)h[, \quad k=0,\ldots,n-1. \end{cases} \tag{2.10}$$

On définit ainsi un élément de l'espace $L^2(-\infty,T;V)$. On va démontrer le

Théorème 2.1. *On suppose que les hypothèses* (2.1) *et* (2.2)' *ont lieu. Lorsque* $n\to\infty$, u_n, *défini par* (2.10), *converge faiblement dans l'espace* $L^2(-\infty,T;V)$ *vers la solution* u *de* (2.3).

Nous allons diviser la démonstration en plusieurs lemmes.

Lemme 2.1. *On a:* $\int_{-\infty}^{T}\|u_n(t)\|^2\,dt\leq c_1$, *constante indépendante de* n.

Démonstration. Prenons $v=u_{kn}$ dans (2 7), et notons que

$$2\operatorname{Re}(u_{kn}-u_{(k-1)n},u_{kn})=|u_{kn}-u_{(k-1)n}|^2+|u_{kn}|^2-|u_{(k-1)n}|^2;$$

on en déduit, en sommant en k de 0 à $n-1$:

$$2\operatorname{Re}\sum_{k=0}^{k=n-1}((\mathscr{A}_{kn}u_{kn},u_{kn}))+(1/h)\sum_{k=0}^{k=n-1}|u_{kn}-u_{(k-1)n}|^2+(1/h)\,|u_{(n-1)n}|^2$$
$$=(1/h)\,|\xi_n|^2+2\operatorname{Re}\sum_{k=0}^{k=n-1}(f_{kn},u_{kn}),$$

d'où en utilisant (2.9)

$$2\alpha h\sum_{k=0}^{k=n-1}\|u_{kn}\|^2+\sum_{k=0}^{k=n-1}|u_{kn}-u_{(k-1)n}|^2+|u_{(n-1)n}|^2$$
$$\leq|\xi_n|^2+2h\sum_{k=0}^{k=n-1}|f_{kn}|\,|u_{kn}|$$
$$\leq|\xi_n|^2+h\eta\sum_{k=0}^{k=n-1}|u_{kn}|^2+h\eta^{-1}\sum_{k=0}^{k=n-1}|f_{kn}|^2,$$

et on choisit η de façon que $\eta\,|v|^2\leq\alpha\,\|v\|^2$, $v\in V$, d'où en particulier,

$$\alpha h\sum_{k=0}^{k=n-1}\|u_{kn}\|^2\leq|\xi_n|^2+h\eta^{\,1}\sum_{k=0}^{k=n-1}|f_{kn}|^2. \tag{2.11}$$

Mais, de la définition de f_{kn}, on déduit:

$$h\,|f_{kn}|^2\leq\int_{\mu_n+kh}^{\mu_n+(k+1)h}|f(t)|^2\,dt,$$

d'où

$$h\sum_{k=0}^{k=n-1}|f_{kn}|^2\leq\int_{\mu_n}^{T}|f(t)|^2\,dt\leq\int_{0}^{T}|f(t)|^2\,dt,$$

de sorte que (en tenant compte du fait que $\xi_n \to \xi$ dans H, donc que $|\xi_n| \to |\xi|$) (2.11) entraine

$$h \sum_{k=0}^{k=n-1} \|u_{kn}\|^2 \leqq c_2\left(|\xi|^2 + \int_0^T |f(t)|^2 dt\right), \tag{2.12}$$

où ici et dans la suite les c_j désignent des constantes indépendantes de n.

Mais, de la définition de u_n, il résulte que

$$\int_{-\infty}^{T} \|u_n(t)\|^2 dt = \mu_n \|\xi_n\|^2 + \sum_{k=0}^{k=n-1} h \|u_{kn}\|^2,$$

ce qui, avec (2.12), donne

$$\int_{-\infty}^{T} \|u_n(t)\|^2 dt \leqq \mu_n \lambda_n + c_2\left(|\xi|^2 + \int_0^T |f(t)|^2 dt\right), \tag{2.13}$$

et comme, par (2.4), $\mu_n \lambda_n \leqq 1$, on a le lemme.

Il résulte du lemme 2.1 que l'on peut extraire de u_n une suite u_m telle que

$$u_m \to u \text{ dans } L^2(-\infty, T;\, V) \text{ faible, } u \text{ étant nulle pour } t < 0. \tag{2.14}$$

On va maintenant vérifier que u, ainsi introduite, est solution de (2.3).

On utilisera le

Lemme 2.2. *Pour $g \in L^2(0, T;\, V)$, on définit $O_n g$ de la façon suivante:*

$$O_n g(t) = \begin{cases} 0 & \text{pour } t \in [0, \mu_n[, \\ \dfrac{1}{h} \displaystyle\int_{\mu_n + kh}^{\mu_n + (k+1)h} g(t)\, dt & \text{pour } t \in [\mu_n + kh, \mu_n + (k+1)h[, \\ & k = 0, 1, \ldots, n-1. \end{cases}$$

Alors $O_n g \to g$ dans $L^2(0, T;\, V)$ fort lorsque $n \to \infty$ (et donc lorsque $\mu_n \to 0$ et $h \to 0$).

Démonstration. Les O_n sont des opérateurs linéaires continus de $L^2(0, T;\, V)$ dans lui même; en outre

$$\int_0^T \|O_n g(t)\|^2 dt \leqq \int_{\mu_n}^T \|g(t)\|^2 dt \leqq \int_0^T \|g(t)\|^2 dt,$$

et par conséquent

$$\|O_n\| \leqq 1.$$

Pour démontrer le lemme, il suffit donc de montrer que $O_n g \to g$ dans $L^2(0, T;\, V)$ fort pour $g \in C^1(0, T;\, V)$, sous espace (dense) de $L^2(0, T;\, V)$, des fonctions une fois continûment différentiables dans $[0, T]$ à valeurs dans V. Pour une telle fonction g, et pour $t \in [\mu_n + kh, \mu_n + (k+1)\, h[$, on a

$$\|g_n(t) - g(t)\|^2 \leqq h \max \|g'(t)\|^2 = M\, h,$$

d'où

$$\int_0^T \|g_n(t) - g(t)\|^2 dt \leqq \int_0^{\mu_n} \|g(t)\|^2 dt + T M\, h,$$

et ceci tend vers 0 lorsque $n \to \infty$, d'où le lemme.

Soit maintenant ψ une fonction scalaire une fois continûment différentiable dans $[0, T]$ avec $\psi(T) = 0$, et v donné dans V. Nous posons

$$\varphi(t) = \psi(t)\, v.$$

Pour ce choix de v dans (2.7), nous multiplions cette relation par $\varphi(\mu_n + kh)$, et sommons en k:

$$h \sum_{k=0}^{k=n-1} ((\mathscr{A}_{kn} u_{kn}, \varphi(\mu_n + k\, h))) + \sum_{k=0}^{k=n-1} (u_{kn} - u_{(k-1)n}, \varphi(\mu_n + k\, h)) = h \sum_{k=0}^{k=n-1} (f_{kn}, \varphi(\mu_n + k\, h)).$$

Mais

$$\begin{aligned}\sum_{k=0}^{k=n-1} (u_{kn} - u_{(k-1)n}, \varphi(\mu_n + k\, h)) &= \sum_{k=0}^{k=n-1} (u_{kn}, \varphi(\mu_n + k\, h)) - \\ &\quad - \sum_{k=0}^{k=n-2} (u_{kn}, \varphi(\mu_n + (k+1)\, h)) \\ = -(\xi_n, \varphi(\mu_n)) - \sum_{k=0}^{k=n-1} &(u_{kn}, \varphi(\mu_n + (k+1)\, h) - \varphi(\mu_n + k\, h)),\end{aligned}$$

car

$$(u_{(n-1)n}, \varphi(\mu_n + n\, h)) = (u_{(n-1)n}, \varphi(T)) = 0.$$

Introduisant l'adjoint $\mathscr{A}_{kn}^*$ de $\mathscr{A}_{kn}$, on peut écrire

$$\left.\begin{aligned}h \sum_{k=0}^{k=n-1} ((u_{kn}, \mathscr{A}_{kn}^* \varphi(\mu_n + k\, h))) - \\ - \sum_{k=0}^{k=n-1} (u_{kn}, \varphi(\mu_n + (k+1)\, h) - \varphi(\mu_n + k\, h)) \\ = (\xi_n, \varphi(\mu_n)) + h \sum_{k=0}^{k=n-1} (f_{kn}, \varphi(\mu_n + k\, h)).\end{aligned}\right\} \qquad (2.15)$$

On va passer à la limite dans cette relation, en choisissant $n = m$. Notons d'abord le

Lemme 2.3. *Lorsque $m \to \infty$, on a*

$$h \sum_{k=0}^{k=n-1} ((u_{km}, \mathscr{A}_{km}^* \varphi(\mu_m + k\, h))) \to \int_0^T ((u(t), \mathscr{A}^*(t)\, \varphi(t)))\, dt.$$

Démonstration. Posons $\mathscr{A}^*(t)\,\varphi(t) = p(t)$, et

$$p_m(t) = \begin{cases} 0 & \text{pour } t \in [0, \mu_m[, \\ \mathscr{A}^*_{km}\,\varphi(\mu_m + kh) & \text{pour } t \in [\mu_m + kh, \mu_m + (k+1)\,h[, \\ & k = 0, \ldots, n-1. \end{cases}$$

Il faut alors montrer que

$$\int_0^T ((u_m(t), p_m(t)))\,dt \to \int_0^T ((u(t), p(t)))\,dt.$$

Comme on a (2.14), on aura donc le résultat si l'on montre que

$$p_m \to p \quad \text{dans } L^2(0, T; V) \tag{2.16}$$

fort.

Mais $p - p_m = p - O_m p + O_m p - p_m$, et d'après le lemme 2.2 il suffit de montrer que $O_m p - p_m \to 0$ dans $L^2(0, T; V)$ fort. Or

$$\int_0^T \|O_m p(t) - p_m(t)\|^2\,dt = h \sum_{k=0}^{k=m-1} \|(1/h) \int_{\mu_m+kh}^{\mu_m+(k+1)h} \mathscr{A}^*(t)\,[\varphi(t) - \varphi(\mu_m + kh)]\,dt\|^2$$

$$\leqq \sum_{k=0}^{k=m-1} \int_{\mu_m+kh}^{\mu_m+(k+1)h} \|\mathscr{A}^*(t)^2\|\,\|\varphi(t) - \varphi(\mu_m + kh)^2\|\,dt.$$

Mais $\|\varphi(t) - \varphi(\mu_m + kh)\|^2 \leqq c_3 h^2$, car φ est une fois continûment différentiable dans $[0, T]$, et comme $\|\mathscr{A}^*(t)\|$ est borné (d'après (2.1)), on en déduit

$$\int_0^T \|O_m p(t) - p_m(t)\|^2\,dt \leqq c_4 h^2,$$

d'où (2.16) et le lemme.

Lemme 2.4. *Lorsque* $m \to \infty$,

$$h \sum_{k=0}^{k=m-1} \left(f_{km}, \varphi(\mu_n + kh)\right) \to \int_0^T \left(f(t), \varphi(t)\right)\,dt.$$

Démonstration. Posons:

$$\varphi_m(t) = \begin{cases} 0 & \text{pour } t \in [0, \mu_m[, \\ \varphi(\mu_m + kh) & \text{pour } t \in [\mu_m + kh, \mu_m + (k+1)\,h[,\ k = 0, \ldots, m-1. \end{cases}$$

Alors

$$\int_0^T \left(O_m f(t), \varphi_m(t)\right)\,dt = h \sum_{k=0}^{k=m-1} \left(f_{km}, \varphi(\mu_m + kh)\right),$$

et comme $O_m f \to f$ et $\varphi_m \to \varphi$ dans $L^2(0, T; H)$ fort, on a le résultat.

Lemme 2.5. *Soit* $g \in L^2(0,T;H)$, *avec* $g' \in L^2(0,T;H)$. *On pose*

$$\mathscr{P}_m g(t) = \begin{cases} 0 & \text{pour } t \in [0, \mu_m[, \\ h^{-1}\big(g(\mu_m + (k+1)h) - g(\mu_m + kh)\big) & \\ \qquad \text{pour } t \in [\mu_m + kh, \mu_m + (k+1)h[, \; k = 0, \ldots, m-1. \end{cases}$$

Alors $\mathscr{P}_m g \to g'$ *dans* $L^2(0,T;H)$ *fort lorsque* $m \to \infty$.

Démonstration. On a

$$\int_0^T |\mathscr{P}_m g(t)|^2 dt = \sum_{k=0}^{k=m-1} h^{-1} |g(\mu_m + (k+1)h) - g(\mu_m + kh)|^2$$
$$\leqq \int_{\mu_m}^T |g'(t)|^2 dt \leqq \int_0^T |g'(t)|^2 dt,$$

de sorte qu'il suffit de vérifier le résultat pour une fonction g deux fois continûment différentiable de $[0,T]$ dans H — ce qui est immédiat, d'où le lemme.

Lemme 2.6. *Lorsque* $m \to \infty$, *on a*

$$\sum_{k=0}^{k=m-1} \big(u_{km}, \varphi(\mu_m + (k+1)h) - \varphi(\mu_m + kh)\big) \to \int_0^T \big(u(t), \varphi'(t)\big) dt. \tag{2.17}$$

Démonstration. L'expression de gauche dans (2.17) vaut

$$\int_0^T \big(u_m(t), \mathscr{P}_m \varphi(t)\big) dt,$$

et le résultat suit, d'après (2.14) et le lemme 2.5.

Prenons maintenant (2.15), pour $n = m$. D'après les lemmes 2.3 et 2.6, le premier membre de cette égalité tend vers

$$\int_0^T \big(\big(u(t), \mathscr{A}^*(t)\varphi(t)\big)\big) dt - \int_0^T \big(u(t), \varphi'(t)\big) dt.$$

Puisque $\xi_m \to \xi$ et $\varphi(\mu_m) \to \varphi(0)$ dans H fort, et d'après le lemme 2.4, le deuxième membre tend vers

$$\big(\xi, \varphi(0)\big) + \int_0^T \big(f(t), \varphi(t)\big) dt,$$

de sorte que $u(t)$ vérifie

$$\int_0^T \big\{\big(\big(\mathscr{A}(t)u(t), \varphi(t)\big)\big) - \big(u(t), \varphi'(t)\big)\big\} dt = \big(\xi, \varphi(0)\big) + \int_0^T \big(f(t), \varphi(t)\big) dt,$$

pour toute fonction φ de la forme $\varphi(t) = \psi(t)\, v$, ψ étant une fois continûment différentiable dans $[0,T]$, avec $\psi(T) = 0$. Il en résulte que le prolongement de u par 0 pour $t < 0$ (encore désigné par u) vérifie (2.3).

Mais la solution de (2.3) est unique (Chap. IV, No. 1). Par conséquent $u_n \to u$ dans $L^2(0, T; V)$ faible, ce qui achève la démonstration du théorème.

Remarque 2.1. Si l'unicité n'était pas connue, le procédé précédent fournirait quand même *l'existence* d'une solution du problème; on n'utilise pas le Chap. III, théorème 1.1.

Remarque 2.2. Si l'on suppose que la fonction $t \to a(t; u, v)$ est *continue*, la fonction $t \to f(t)$ étant continue de $[0, T]$ dans H, on peut remplacer (2.7) par

$$a(k h; u_{kh}, v) + h^{-1}(u_{kh} - u_{(k-1)h}, v) = \big(f(k h), v\big), \quad \text{pour tout } v \in V. \tag{2.18}$$

Ceci implique d'ailleurs (cf. Chap. II, No. 1) que u_{kh} est dans $D\big(A(kh)\big)$, $A(t)$ désignant l'opérateur (non borné dans H) défini par $a(t; u, v)$. On peut donc écrire (2.18) sous la forme équivalente

$$A(k h)\, u_{kh} + h^{-1}(u_{kh} - u_{(k-1)h}) = f(k h). \qquad (2.18)'$$

Remarque 2.3. Une méthode analogue, ou des variantes de cette méthode, s'appliquent à toutes les équations rencontrées jusqu'ici. Nous ne développons pas cela. On consultera notamment O. A. Ladyzenskaya [2], [3]; voir aussi O. A. Ladyzenskaya [4] pour une application de ces méthodes à un problème non linéaire.

Pour le cas où $A(t)$ est indépendant de t, consulter Lax-Richtmyer [1], Richtmyer [1] (où l'on trouvera aussi de nombreuses indications bibliographiques).

Remarque 2.4. Dans le cas des exemples des Chap. VI et IX — i.e. lorsque les $A(t)$ sont des opérateurs différentiels — il y a lieu de remplacer *tous les opérateurs élémentaires* qui interviennent (cf. Chap. II, No. 2) par des quotients différentiels, et non seulement l'opérateur $\partial/\partial t$. De très nombreux problèmes se posent dans cette direction. Pour le cas des problèmes de Cauchy pour les opérateurs hyperboliques, cf. P. D. Lax [4], Weinberger [1]. Pour le cas parabolique, cf. F. John [1], et Y. Chao-Din [1] (qui étudie le problème mixte avec condition de Dirichlet). Voir des exemples divers dans L. Collatz [1], et le rapport de O. A. Ladyzenskaya [7].

3. Méthode d'approximation par des projections

Nous nous plaçons dans la même situation qu'au No. précédent. On a donc les espaces de Hilbert V et H, et la famille de formes $a(t; u, v)$, sesquilinéaires continues sur V. On suppose que

$$\left.\begin{aligned} &t \to a(t; u, v) \text{ est mesurable dans } (0, T) \text{ avec} \\ &|a(t; u, v)| \leq M \, \|u\| \, \|v\|, \end{aligned}\right\} \tag{3.1}$$

et

$$\left.\begin{array}{r}\text{il existe } \lambda \text{ tel que } \operatorname{Re} a(t; v, v) + \lambda |v|^2 \geqq \alpha \|v\|^2, \ \alpha > 0, \\ \text{pour tout } v \in V.\end{array}\right\} \tag{3.2}$$

Reprenons le problème 1.1, Chap. IV: pour g donnée dans $L^2(-\infty, T; V)$, nulle pour $t<0$, (on utilise la remarque 1.2, Chap. IV) et pour u_0 donnée dans H (on revient à la notation u_0, qui avait été remplacée par ξ au No. précédent), on cherche u dans $L^2(-\infty, T; V)$, nulle pour $t<0$, vérifiant

$$a(t; u(t), v) + \frac{d}{dt}(u(t), v) = ((g(t), v)) + (u_0, v)\,\delta, \quad \text{pour tout } v \in V. \tag{3.3}$$

On introduit $\mathscr{A}(t) \in \mathscr{L}(V; V)$ et $J \in \mathscr{L}(H; V)$ par

$$a(t; u, v) = ((\mathscr{A}(t)\, u, v)), \tag{3.4}$$

$$(f, v) = ((J f, v)). \tag{3.5}$$

L'équation (3.3) est alors équivalente à la suivante

$$\mathscr{A}(t)\, u(t) + \frac{d}{dt} J u(t) = g(t) + J u_0 \otimes \delta. \tag{3.6}$$

Introduisons maintenant des opérateurs P_n de projection dans V, avec

$$\left.\begin{array}{l}P_n \text{ est, dans } V, \text{ un opérateur de projection orthogonale sur} \\ \text{un sous espace } V_n = P_n V \text{ de dimension finie;}\end{array}\right\} \tag{3.7}$$

$$\text{les espaces } V_n \text{ sont croissants et } \bigcup_n V_n \text{ est dense dans } V. \tag{3.8}$$

Si $v \in V_n$, on a $((P_n J P_n v, v)) = ((J v, v)) = |v|^2 > 0$ si $v \neq 0$, de sorte que $P_n J P_n$ est un isomorphisme de V_n sur lui même, et par conséquent, l'équation différentielle (ordinaire)

$$P_n \mathscr{A}(t)\, P_n u_n(t) + \frac{d}{dt} P_n J P_n u_n(t) = P_n g(t), \tag{3.9}$$

où u_n est à valeurs dans V_n, avec la condition initiale

$$u_n(0) = P_n J u_0, \tag{3.10}$$

admet une solution unique, qui vérifie:

$$u_n \in L^2(0, T; V_n), \qquad u_n' \in L^2(0, T; V_n). \tag{3.11}$$

On va maintenant démontrer le

Théorème 3.1. *On suppose que* (3.1), (3.2), (3.7) *et* (3.8) *ont lieu. Dans ces conditions,* $u_n \to u$ *dans* $L^2(0, T; V)$ *faible lorsque* $n \to \infty$.

Démonstration. Prenons le produit scalaire de (3.9) par $u_n(t)$. Il vient

$$((P_n \mathscr{A}(t)\, u_n(t), u_n(t))) + ((P_n J u_n'(t), u_n(t))) = ((P_n g(t), u_n(t))),$$

d'où en prenant deux fois la partie réelle:

$$2\,\mathrm{Re}\, a\big(t; u_n(t), u_n(t)\big) + \frac{d}{dt}\,|u_n(t)|^2 = 2\,\mathrm{Re}\,\big(\big(P_n g(t), u_n(t)\big)\big),$$

d'où

$$2\int_0^s \mathrm{Re}\, a\big(t; u_n(t), u_n(t)\big)\,dt + |u_n(s)|^2 = |u_n(0)|^2 + 2\,\mathrm{Re}\int_0^s \big(\big(P_n g(t), u_n(t)\big)\big)\,dt.$$

On en déduit (on se ramène préalablement au cas où (3.2) a lieu avec $\lambda = 0$):

$$2\alpha\int_0^s \|u_n(t)\|^2\,dt + |u_n(s)|^2 \leqq |u_n(0)|^2 + 2\int_0^s \|g(t)\|\,\|u_n(t)\|\,dt.$$

Mais

$$\|u_n(0)\| \leqq \|J u_0\| \leqq |u_0| \quad \text{et} \quad |v| \leqq k\,\|k\|, \qquad \text{donc } |u_n(0)| \leqq k\,|u_0|,$$

et par conséquent

$$\int_0^s \|u_n(t)\|^2\,dt \leqq c_1, \tag{3.12}$$

$$|u_n(t)| \leqq c_2. \tag{3.13}$$

Il en résulte que l'on peut extraire de u_n une suite u_m telle que

$$u_m \to w \quad \text{dans } L^2(0, T; V) \text{ faible}, \tag{3.12)'$$

$$u_m \to w \quad \text{dans } L^\infty(0, T; H) \text{ faible}. \tag{3.13)'$$

Soit maintenant ψ une fonction scalaire, à support compact, une fois continûment différentiable dans $]-\infty, T]$, avec $\psi(T) = 0$, et $v \in V_\mu$, μ entier fixé. On déduit de (3.9) et (3.10) — utilisés avec $n = m > \mu$ —:

$$\int_0^T \big(\big(\mathscr{A}(t)\, u_m(t), P_m v\big)\big)\,\overline{\psi(t)}\,dt - \int_0^T \big(\big(J u_m(t), P_m v\big)\big)\,\overline{\psi'(t)}\,dt$$
$$= \int_0^T \big(\big(P_m g(t), P_m v\big)\big)\,\overline{\psi(t)}\,dt + ((J u_0, P_m v))\,\overline{\psi(0)}.$$

Mais $P_m v = v$, et si $m \to \infty$, on obtient, en utilisant (3.12)':

$$\left.\begin{aligned} &\int_0^T \big\{a\big(t; w(t), v\big)\,\overline{\psi(t)} - \big(w(t), v\big)\,\overline{\psi'(t)}\big\}\,dt \\ &\qquad = \int_0^T \big(\big(g(t), v\big)\big)\,\overline{\psi(t)}\,dt + (u_0, v)\,\overline{\psi(0)}. \end{aligned}\right\} \tag{3.14}$$

Dans cette relation $v \in V_\mu$, μ fixé quelconque; utilisant (3.8) on en déduit que (3.14) a lieu pour tout $v \in V$. Par conséquent, le prolongement $\widetilde{w}$ de w par 0 pour $t < 0$ vérifie

$$a\big(t; \widetilde{w}(t), v\big) + \frac{d}{dt}\,\big(\widetilde{w}(t), v\big) = \big(\big(g(t), v\big)\big) + (u_0, v)\,\delta,$$

donc $\widetilde{w}$ est solution de (3.3).

Mais (Chap. IV, No. 1) la solution de (3.3) est unique, par conséquent $u_n \to u$ dans $L^2(0, T; V)$ faible, ce qui démontre le théorème.

Remarque 3.1. D'après (3.13)', on obtient:

$$u_n \to u \quad \text{dans } L^\infty(0, T; H) \text{ faible.}$$

On obtient donc le renseignement supplémentaire: «$u \in L^\infty(0, T; H)$» (cf. Chap. IV, No. 2).

Remarque 3.2. Le procédé précédent montre, de nouveau, *l'existence* d'une solution de (3.3) (résultat ainsi obtenu par quatre méthodes: Chap. IV, No. 1, No. 1, 2 du présent chapitre et la méthode de ce No.).

Remarque 3.3. On peut remplacer le choix (3.10) par

$$u_n(0) = \xi_n, \quad \xi_n \in V, \quad \xi_n \to u_0 \quad \text{dans } H. \tag{3.15}$$

Le théorème 3.1 reste vrai pour ce choix de $u_n(0)$. On déduit de tout cela la règle pratique suivante: soit $w_1, \ldots, w_n, \ldots$ une base quelconque (orthogonale ou non) de V et soit P_n l'opérateur de projection orthogonale dans V sur le sous espace engendré par $w_1, \ldots, w_n$. Si l'on pose

$$u_n(t) = \sum_{i=1}^{i=n} g_{in}(t)\, w_i, \tag{3.16}$$

les fonctions $g_{in}(t)$ sont solutions du système différentiel

$$\sum_{i=1}^{i=n} g'_{in}(t)\,(w_i, w_j) + \sum_{i=1}^{i=n} g_{in}(t)\, a(t; w_i, w_j) = ((g(t), w_j)), \quad j = 1, \ldots, n, \tag{3.17}$$

avec

$$g_{in}(0) = \alpha_{in}, \tag{3.18}$$

où

$$\sum_{i=1}^{i=n} \alpha_{in} w_i \to u_0 \quad \text{dans } H \text{ lorsque } n \to \infty. \tag{3.19}$$

Remarque 3.4. La méthode précédente est valable dans tous les problèmes considérés jusqu'ici, chaque fois que l'espace V ne dépend pas de t.

Pour les équations variationnelles de type elliptique, la méthode précédente est dûe à GALERKINE (cf. MIKHLIN [1], [2], SOKOLNIKOFF [1]). Dans le cas des équations différentielles opérationnelles, cette méthode a été introduite, pour les opérateurs hyperboliques du deuxième ordre, par S. FAEDO [1] — des compléments ayant été ensuite apportés par CHIFFI [1], BARBUTI [1]. Pour les opérateurs paraboliques du deuxième ordre, elle a été indépendamment introduite par J. W. GREEN [1]. Elle a été ensuite utilisée systématiquement, entre autres, par I. M. VISIK, O. A. LADYZENSKAYA et l'auteur.

Cette méthode a également été indépendamment introduite par E. HOPF [1] dans des équations non linéaires; c'est d'ailleurs dans ce cadre que la méthode est le plus utile: c'est ce que nous allons un peu détailler, à propos des équations de NAVIER-STOKES.

Cf. aussi C. L. DOLPH et D. C. LEWIS [1].

4. Position du problème pour les équations de NAVIER-STOKES

Soit Ω un ouvert de R^n; on considère dans cet ouvert des fonctions à *valeurs réelles*; donc, dans ce No. et les suivants de ce chapitre, $L^2(\Omega)$ (resp. $H^1(\Omega)$) désignera l'espace des (classes de) fonctions réelles de carré sommable sur Ω (resp. réelles, de carré sommable sur Ω, ainsi que leurs dérivées du premier ordre, prises au sens des distributions sur Ω; cf. Chap. II, No. 2 et 3). On posera:

$$(f, g)_{L^2(\Omega)} = \int_\Omega f(x)\, g(x)\, dx, \qquad |f|_{L^2(\Omega)} = (f, f)^{\frac{1}{2}}_{L^2(\Omega)},$$

et

$$\|u\|_{H^1(\Omega)} = \Big(|u|^2_{L^2(\Omega)} + \sum_{i=1}^{i=n} |D_i u|^2_{L^2(\Omega)}\Big)^{\frac{1}{2}}, \qquad D_i = \partial/\partial x_i.$$

On désigne ensuite par H l'espace produit $(L^2(\Omega))^n$; si $f, g \in H$, on peut écrire:

$$f = \{f_1, \ldots, f_n\}, \qquad g = \{g_1, \ldots, g_n\},$$

où

$$f_i, g_i \in L^2(\Omega), \quad \text{et} \quad (f, g) = \sum_{i=1}^{i=n} (f_i, g_i)_{L^2(\Omega)}.$$

Espace V: c'est l'adhérence dans l'espace produit $(H^1(\Omega))^n$ du sous espace des fonctions $\psi = \{\psi_1, \ldots, \psi_n\}$, telles que

$\psi_i \in \mathscr{D}(\Omega)$, espace des fonctions indéfiniment différentiables réelles, à support compact dans Ω, (4.1)

et

$$\sum_{i=1}^{i=n} D_i \psi_i = 0 \qquad (\text{ou } \operatorname{div} \psi = 0). \tag{4.2}$$

(On notera qu'il revient au même de prendre l'adhérence dans $(H_0^1(\Omega))^n$ où $H_0^1(\Omega)$ désigne l'adhérence de $\mathscr{D}(\Omega)$ dans $H^1(\Omega)$).

Pour $u, v \in V$, on posera

$$((u, v)) = \sum_{i=1}^{i=n} (D_i u, D_i v) = \sum_{i,j=1}^{i,j=n} (D_i u_j, D_i v_j)_{L^2(\Omega)}, \tag{4.3}$$

et

$$\|u\| = ((u, u))^{\frac{1}{2}}.$$

On définit ainsi une norme sur V, mais qui n'est pas forcément équivalente à la norme induite par $(H^1(\Omega))^n$. Toutefois, si Ω est borné (plus généralement d'épaisseur bornée dans une direction), il existe une constante $c(\Omega)$ telle que, pour tout $u \in H_0^1(\Omega)$ on ait:

$$\int_\Omega u^2 dx \leqq c(\Omega) \int_\Omega \sum_{i=1}^{i=n} (D_i u)^2 dx,$$

de sorte que dans ce cas, $\|u\|$ est équivalente à la norme induite par $(H^1(\Omega))^n$. Nous supposerons dans la suite Ω *borné*, pour un peu simplifier (mais cela n'a rien d'essentiel; on pourra voir les modifications nécessaires pour le cas général par exemple dans LIONS [16]).

Lemme 4.1. *Si la dimension n est $\leqq 4$, on a:*

$$V \subset (L^4(\Omega))^n$$

algébriquement et topologiquement.

Démonstration. En effet, d'après le théorème de SOBOLEV (Chap. II, théorème 3.3), $H_0^1(\Omega) \subset L^4(\Omega)$ algébriquement et topologiquement, si $n \leqq 4$, d'où le résultat (puisque $V \subset (H_0^1(\Omega))^n$).

Corollaire 4.1. *Pour $u, v, w \in V$, posons*

$$b(u, v, w) = \sum_{i,k=1}^{n} \int_\Omega u_k (D_k v_i) w_i dx. \tag{4.4}$$

Si la dimension $n \leqq 4$, on définit ainsi une forme trilinéaire continue sur $V \times V \times V$.

En effet, cette forme est continue sur $(L^4(\Omega))^n \times V \times (L^4(\Omega))^n$, et on utilise le lemme 4.1.

Lemme 4.2. *Si $n \geqq 4$, pour tout $u, v, w \in V$ on a*

$$b(u, v, w) + b(u, w, v) = 0. \tag{4.5}$$

Démonstration. Cette relation est immédiate si v et w vérifient (4.1) et (4.2); on en déduit le cas général par passage à la limite.

Lemme 4.3. *On suppose $n \geqq 4$. Si $u(t) \in L^2(0, \infty; V)$, et si φ est continue à support compact de $t \geqq 0$ dans V, la fonction*

$$t \to b(u(t), \varphi(t), u(t))$$

est sommable dans $(0, \infty)$.

Démonstration. En effet, si $n \leqq 4$, on a d'après le corollaire 4.1

$$|b(u, v, w)| \leqq c_1 \|u\| \|v\| \|w\|,$$

d'où

$$|b(u(t), \varphi(t), u(t))| \leqq c_1 \|u(t)\|^2 \|\varphi(t)\| \leqq c_2 \|u(t)\|^2,$$

p'où le résultat.

On pose maintenant le

Problème 4.1. On suppose $n \leqq 4$. On cherche une fonction u dans $L^2(0, \infty; V)$, vérifiant

$$\left.\begin{aligned}\int_0^\infty \{\nu((u(t), \varphi(t))) - b(u(t), \varphi(t), u(t)) - (u(t), \varphi'(t))\}\, dt \\ = \int_0^\infty (f(t), \varphi(t))\, dt + (u_0, \varphi(0)),\end{aligned}\right\} \tag{4.6}$$

où ν est une constante >0, f est donnée dans $L^2(0, \infty; H)$ et u_0 est donnée dans $\overline{V}$, adhérence de V dans H (V n'est pas dense dans H), la relation (4.6) devant avoir lieu pour toute fonction φ telle que

$$\left.\begin{aligned}\varphi \text{ est continue à support compact de } t \geqq 0 \text{ dans } V, \text{ avec} \\ \varphi' \in L^2(0, \infty; H).\end{aligned}\right\} \tag{4.7}$$

Si f est donnée dans $L^2_{\mathrm{loc}}(0, \infty; H)$, on cherchera u dans $L^2_{\mathrm{loc}}(0, \infty; V)$ (cf. Chap. IV, remarque 1.1, pour ces notations), avec par ailleurs les mêmes conditions.

Une fonction u solution du problème 4.1 est dite, avec LERAY (cf. LERAY [1], [2], [3]) solution turbulente des équations de NAVIER-STOKES.

On peut chercher des solutions «moins faibles» de ces équations:

Problème 4.2. On suppose $n \leqq 4$. On cherche une fonction u, appartenant à l'espace $L^2_{\mathrm{loc}}(0, \infty; V)$, telle que $u' \in L^2_{\mathrm{loc}}(0, \infty; H)$, et vérifiant

$$\left.\begin{aligned}\int_0^\infty \{\nu((u(t), \varphi(t))) + b(u(t), u(t), \varphi(t)) + (u'(t), \varphi(t))\}\, dt \\ = \int_0^\infty (f(t), \varphi(t))\, dt,^1\end{aligned}\right\} \tag{4.8}$$

où f est donnée dans $L^2_{\mathrm{loc}}(0, \infty; H)$, pour toute φ continue à support compact à valeurs dans V, avec

$$u(0) = u_0, \quad u_0 \text{ donné dans } V \text{ (par exemple)}. \tag{4.9}$$

Pour cette classe de solutions faibles, cf. KICELEV-LADYZENSKAYA [1] et O. A. LADYZENSKAYA [5] (cf. aussi No. 6).

On démontrera au No. suivant le

Théorème 4.1. *On suppose Ω borné et $n \leqq 4$. Soit γ fixé avec $0 < \gamma < \frac{1}{4}$. Il existe une solution u du problème 4.1, vérifiant en outre*

$$D_t^\gamma u \in L^2(0, \infty; H) \tag{4.10}$$

[1] On peut écrire indifféremment $b(u(t), u(t), \varphi(t))$ ou $-b(u(t), \varphi(t), u(t))$.

(autrement dit (cf. Chap. IV, No. 2): il existe U dans $L^2(-\infty, +\infty; H)$, égale (presque partout) à u pour $t > 0$, et dont la transformée de FOURIER $\hat{U}(\tau)$ en t vérifie

$$(1 + |\tau|^\gamma)\, \hat{U} \in L^2(-\infty, +\infty; H)).$$

On obtient donc un théorème d'existence dans une classe intermédiaire entre la classe des solutions turbulentes de LERAY et celle de KICELEV et LADYZENSKAYA.

5. Démonstration du théorème 4.1

On va construire des «solutions approchées» par adaptation de la méthode du No. 3 (cf. remarque 3.3).

Soit $w_1, w_2, \ldots, w_n, \ldots$, une base quelconque de V, formée d'éléments qui vérifient (4.1) et (4.2); les notations seront:

$$w_j = \{w_{j1}, \ldots, w_{jn}\};$$

donc $w_{jk} \in \mathscr{D}(\Omega)$ et $\operatorname{div} w_j = 0$.

Comme u_0 est donné dans $\overline{V}$, adhérence de V dans H, il existe des nombres réels α_{im} tels que

$$\sum_{i=1}^{i=m} \alpha_{im} w_i \to u_0 \quad \text{dans } H, \text{ lorsque } m \to \infty. \tag{5.1}$$

On définit la «solution approchée»

$$u_m(t) = \sum_{i=1}^{m} g_{im}(t)\, w_i, \tag{5.2}$$

par le système différentiel (non linéaire) en les g_{im}:

$$\left.\begin{array}{c} (u_m'(t), w_j) + \nu((u_m(t), w_j)) + b(u_m(t), u_m(t), w_j) = (f(t), w_j), \\ j = 1, \ldots, m, \end{array}\right\} \tag{5.3}$$

avec

$$g_{im}(0) = \alpha_{im}, \quad i = 1, \ldots, m. \tag{5.4}$$

Cela définit $g_{im}(t)$ dans un intervalle $(0, T_m)$, T_m dépendant à priori de m. On va d'abord vérifier que $T_m = +\infty$. En effet, en multipliant (5.3) par $g_{jm}(t)$, sommant en j, et tenant compte de $b(u_m(t), u_m(t), u_m(t)) = 0$ (cf. lemme 4.2):

$$\left(\tfrac{1}{2}\right) \frac{d}{dt} |u_m(t)|^2 + \nu \|u_m(t)\|^2 = (f(t), u_m(t)),$$

d'où l'on tire:

$$\frac{d}{dt} |u_m(t)| \leqq |f(t)|,$$

donc

$$|u_m(t)| \leqq |u_m(0)| + \int_0^t |f(\sigma)|\, d\sigma \leqq c_1 |u_0| + \int_0^t |f(\sigma)|\, d\sigma, \tag{5.5}$$

car

$$|u_m(0)| \leqq c_1 |u_0|.$$

Ensuite

$$(\tfrac{1}{2})\, |u_m(t)|^2 + \nu \int_0^t \|u_m(\sigma)\|^2 d\sigma \leqq \int_0^t |f(\sigma)|\, |u_m(\sigma)|\, d\sigma + (\tfrac{1}{2})\, |u_m(0)|^2$$

et comme $|u| \leqq k\, \|u\|$, on en déduit

$$\int_0^T \|u_m(t)\|^2 dt \leqq c_2 \left(\int_0^T |f(t)|^2 dt + |u_0|^2 \right), \tag{5.6}$$

pour T quelconque $\leqq T_m$. On en déduit que $T_m = \infty$, et que (5.6) a lieu avec $T = \infty$. (Si f est dans $L^2_{\text{loc}}(0, \infty; H)$, la majoration (5.6) est vraie pour tout T fini.)

Une majoration du type (5.6) était suffisante dans le cas linéaire (cf. No. 3) pour montrer l'existence d'une solution du problème. Ici il faut une majoration supplémentaire, faisant intervenir des dérivées d'ordre fractionnaire en t.

Prolongeons u_m par 0 pour $t < 0$, soit $\tilde{u}_m$ ce prolongement. On a

$$\left.\begin{aligned} \frac{d}{dt} (\tilde{u}_m(t), w_j) + \nu ((\tilde{u}_m(t), w_j)) + b(\tilde{u}_m(t), \tilde{u}_m(t), w_j) \\ = (\tilde{f}(t), w_j) + (u_m(0), w_j)\, \delta, \end{aligned}\right\} \tag{5.7}$$

où

$$u_m(0) = \sum_{i=1}^{i=m} \alpha_{im} w_i.$$

La forme linéaire: $w \to b(u, v, w)$ est continue sur V, donc

$$b(u, v, w) = ((g(u, v), w)), \quad \text{où} \quad \|g(u, v)\| \leqq c_3 \|u\|\, \|v\|.$$

Si l'on pose

$$g(\tilde{u}_m(t), \tilde{u}_m(t)) = g_m(t),$$

on a donc, en utilisant ces remarques et (5.6):

$$\int_{-\infty}^{+\infty} \|g_m(t)\|\, dt \leqq c_4. \tag{5.8}$$

On peut maintenant écrire (5.7) sous la forme

$$\frac{d}{dt} (\tilde{u}_m(t), w_j) + \nu ((\tilde{u}_m(t), w_j)) = (\tilde{f}(t), w_j) - ((g_m(t), w_j)) + (u_m(0), w_j)\, \delta,$$

et en transformant par FOURIER en t les deux membres de cette égalité ($\hat{u}_m(\tau), \ldots$ désignent la transformée de FOURIER en t de $u_m(t), \ldots$):

$$i\tau (\hat{u}_m(\tau), w_j) + \nu ((\hat{u}_m(\tau), w_j)) = (\hat{f}(\tau), w_j) - ((\hat{g}_m(\tau), w_j)) + (u_m(0), w_j).$$

On multiplie par $\hat{g}_{im}(\tau)$ et on somme en j. Prenons les modules des parties imaginaires du résultat; on obtient

$$|\tau|\,|\hat{u}_m(\tau)|^2 \leqq |\hat{f}(\tau)|\,|\hat{u}_m(\tau)| + |u_m(0)|\,|\hat{u}_m(\tau)| + \|\hat{g}_m(\tau)\|\,\|\hat{u}_m(\tau)\|.$$

Mais

$$\|\hat{g}_m(\tau)\| \leqq c_4, \quad \text{et} \quad |\hat{u}_m(\tau)| \leqq k\,\|\hat{u}_m(\tau)\|,$$

donc

$$|\tau|\,|\hat{u}_m(\tau)|^2 \leqq |\hat{f}(\tau)|\,|\hat{u}_m(\tau)| + c_5\|\hat{u}_m(\tau)\|.$$

On en déduit (cf. Chap. IV, No. 2):

$$\int_{-\infty}^{+\infty} |\tau|^{2\gamma}\,|\hat{u}_m(\tau)|^2\,d\tau \leqq c_6, \quad \text{pour } 0<\gamma<\tfrac{1}{4}. \tag{5.9}$$

Utilisant les notations du Chap. IV, No. 4, on a donc: u_m demeure dans un ensemble borné de $\mathscr{H}_\gamma(-\infty, +\infty; V, H)$. Comme Ω est borné, l'injection de V dans H est complètement continue (puisqu'il en est ainsi de l'injection de $H_0^1(\Omega)$ dans $L^2(\Omega)$; cf. Chap. II, No. 3, 3.5; si Ω n'est pas borné, on utilise la propriété analogue sur tout compact de Ω). Par conséquent, d'après la proposition 4.2, Chap. IV, on peut extraire de u_m une suite u_p telle que

$$u_p \to u \quad \text{dans } L^2(0, \infty; V) \text{ faible}, \tag{5.10}$$

$$u_p \to u \quad \text{dans } L^\infty(0, T; H) \text{ faible, pour tout } T \text{ fini}, \tag{5.11}$$

$$u_p \to u \quad \text{dans } L^2(0, T; H) \text{ fort, pour tout } T \text{ fini}. \tag{5.12}$$

Ceci suffit pour passer à la limite. En effet, prenons $\psi(t)$ une fois continûment différentiable dans $t \geqq 0$, à support compact, et posons

$$\varphi(t) = \psi(t)\, w_j. \tag{5.13}$$

Supposons ψ nulle pour $t \geqq B$. On déduit de (5.3) et (5.4):

$$\left.\begin{aligned} &\int_0^B \{\nu((u_m(t), \varphi(t))) + b(u_m(t), u_m(t), \varphi(t)) - (u_m(t), \varphi'(t))\}\,dt \\ &\qquad = \int_0^B (f(t), \varphi(t))\,dt + (u_m(0), \varphi(0)). \end{aligned}\right\} \tag{5.14}$$

Prenons $m = p > j$, j fixé dans (5.13). Vérifions que

$$\int_0^B b(u_p(t), u_p(t), \varphi(t))\,dt \to \int_0^B b(u(t), u(t), \varphi(t))\,dt. \tag{5.15}$$

Remplaçant la forme $b(u, v, w)$ par sa valeur, il faut vérifier que

$$\int_0^B \int_\Omega u_{pk}(x,t)\,(D_k u_{pl}(x,t))\,\psi(t)\,w_{jl}(x)\,dx\,dt \to$$

$$\to \int_0^B \int_\Omega u_k(x,t)\,(D_k u_l(x,t))\,\psi(t)\,w_{jl}(x)\,dx\,dt.$$

Or

$$u_{pk}(x,t)\,\psi(t)\,w_{jl}(x) \to u_k(x,t)\,\psi(t)\,w_{jl}(x) \qquad \text{dans } L^2(\Omega\times(0,B))$$

fort, et $D_k u_{pl} \to D_k u_l$ dans $L^2(\Omega\times(0,B))$ faible, d'où le résultat. Utilisant (5.10), (5.15), et le fait que $u_m(0)\to u_0$ dans H, on déduit de (5.14):

$$\left.\begin{aligned}\int_0^\infty \{\nu((u(t),\varphi(t))) + b(u(t),u(t),\varphi(t)) - (u(t),\varphi'(t))\}\,dt \\ = \int_0^\infty (f(t),\varphi(t))\,dt + (u_0,\varphi(0)),\end{aligned}\right\} \tag{5.16}$$

et ceci pour tout φ de la forme (5.13), donc pour tout φ de la forme $\varphi(t)=\sum \psi_j(t)\,w_j$, somme finie, ψ_j une fois continûment différentiable dans $t\geqq 0$, et à support compact. Par prolongement par continuité, (5.16) est alors vérifié pour toute fonction φ qui vérifie (4.7), donc u est solution de (4.6), ce qui démontre la théorème 4.1.

On a en outre obtenu le renseignement supplémentaire sur u:

$$u\in L^\infty(0,T;H) \qquad \text{pour tout } T \text{ fini.} \tag{5.17}$$

Le principe de la démonstration précédente est dû à E. Hopf [1]. Les estimations portant sur les dérivées fractionnaires ont été données dans Lions [15], [16]. On consultera aussi le rapport de G. Prodi [7].

6. Le cas de la dimension 2. Compléments

On va dans ce No. démontrer les deux théorèmes suivants (nous indiquerons ensuite quelques compléments, sans démonstration):

Théorème 6.1. *On suppose que $n=2$ et que Ω est borné* (ce dernier point n'étant nullement essentiel). *Le problème* 4.1 *admet une solution unique vérifiant*

$$u\in L^\infty(0,T;H) \qquad \text{pour tout } T \text{ fini.} \tag{6.1}$$

Pour énoncer le théorème 6.2, introduisons l'espace $\mathscr{V}$ complété de l'espace des $v=\{v_1,v_2\}$, $v_i\in\mathscr{D}(\Omega)$, div $v=0$, pour la norme

$$\Big(\|v\|^2 + \sum_{|p|=2}\int_\Omega (|D^p v_1|^2 + |D^p v_2|^2)\,dx\Big)^{\frac12}.$$

Alors

Théorème 6.2. *On suppose que $n=2$ et que Ω est borné* (pour simplifier). *On donne f avec: $f, f'\in L^2_{\mathrm{loc}}(0,\infty;H)$, et u_0 dans $\mathscr{V}$. Il existe alors une fonction u et une seule, solution du problème* 4.2; *en outre $u'\in L^2_{\mathrm{loc}}(0,\infty;V)$.*

Remarque 6.1. Naturellement, l'unicité dans le théorème 6.2 résulte du théorème 6.1 (elle est d'ailleurs dans ce cas de vérification directe facile) et l'existence dans le théorème 6.1 est donnée par le théorème 4.1 et (5.17). Les points nouveaux sont donc l'unicité dans le théorème 6.1 et l'existence dans le théorème 6.2.

Les démonstrations de ces deux théorèmes utilisent l'inégalité suivante (O. A. LADYZENSKAYA [5]):

Lemme 6.1. *On suppose $n=2$. Pour toute fonction $u \in \mathcal{D}(R^2)$* (espace des fonctions indéfiniment différentiables à support compact dans R^2), *on a*

$$\int_{R^2} u^4\,dx \leqq 2\left(\int_{R^2} u^2\,dx\right)\left(\int_{R^2} \sum_{i=1}^{2} (D_i u)^2\,dx\right) \tag{6.2}$$

(on suppose u réel).

Démonstration. De l'égalité

$$u^2(x) = 2\int_{-\infty}^{x_i} u(D_i u)\,dx_i, \qquad D_i = \partial/\partial x_i,$$

on déduit

$$u^2(x) \leqq 2 v_1(x_2), \quad \text{où} \quad v_1(x_2) = \int_{-\infty}^{+\infty} |u(x_1, x_2)|\,|D_1 u(x_1, x_2)|\,dx_1,$$

et l'inégalité analogue en échangeant les indices 1 et 2. Donc

$$\int_{R^2} u^4(x)\,dx \leqq 4\left(\int_{-\infty}^{+\infty} v_1(x_2)\,dx_2\right)\left(\int_{-\infty}^{+\infty} v_2(x_1)\,dx_1\right)$$

$$\leqq 4\left(\int_{R^2} u^2\,dx\right)^{\frac12}\left(\int_{R^2} (D_1 u)^2\,dx\right)^{\frac12}\left(\int_{R^2} u^2\,dx\right)^{\frac12}\left(\int_{R^2} (D_2 u)^2\,dx\right)^{\frac12}$$

d'où en particulier (6.2).

Corollaire 6.1. *Pour tout $u \in V$, on a:*

$$\|u\|_{L^4(\Omega)^2} \leqq c_1 |u|^{\frac12} \|u\|^{\frac12}. \tag{6.3}$$

Corollaire 6.2. *Si $u(t) \in L^2(0, T; V) \cap L^\infty(0, T; H)$, alors*

$$u(t) \in L^4(0, T; L^4(\Omega)^2).$$

Remarque 6.2. L'inégalité (6.2) est un cas particulier des inégalités de E. GAGLIARDO [7], L. NIRENBERG [3].

Remarque 6.3. Par une méthode analogue à celle du lemme 6.1, on vérifie que, en dimension 3,

$$\int_{R^3} u^4\,dx \leqq k_1\left(\int_{R^3} u^2\,dx\right)^{\frac12}\left(\int_{R^3} \sum_{i=1}^{3} (D_i u)^2\,dx\right)^{\frac32}, \qquad k_1 = 2^9\, 3^{-3-\frac12}.$$

Démonstration du théorème 6.1. Soient u_1 et u_2 deux solutions, vérifiant (6.1), du problème 4.1. Si l'on pose

$$w(t) = u_1(t) - u_2(t),$$

on a

$$\left.\begin{aligned}&\int_0^\infty \{\nu((w(t),\varphi(t))) - (w(t),\varphi'(t))\}\,dt\\ &\qquad = \int_0^\infty \{b(w(t),\varphi(t),u_1(t)) + b(u_2(t),\varphi(t),w(t))\}\,dt.\end{aligned}\right\} \tag{6.4}$$

Mais

$$b(u,v,w) = ((g^*(u,w),v)) \quad \text{avec} \quad \|g^*(u,w)\| \leqq c_2 \|u\|_{L^4(\Omega)^2} \|w\|_{L^4(\Omega)^2};$$

si l'on pose

$$h(t) = g^*(w(t),u_1(t)) + g^*(u_2(t),w(t)), \tag{6.5}$$

alors, d'après le corollaire 6.2, $h \in L^2(0,T;V)$ pour tout T fini.

On peut maintenant écrire (6.4) sous la forme:

$$\nu((w(t),v)) + \frac{d}{dt}(w(t),v) = ((h(t),v)), \qquad \text{pour tout } v \in V.$$

On déduit de là (cf. Chap. IV, No. 2, (2.13), [1]):

$$2\nu \int_0^s \|w(t)\|^2 dt + |w(s)|^2 = 2\int_0^s ((h(t),w(t)))\,dt. \tag{6.6}$$

Mais de (6.5) et du lemme 4.2 il résulte que

$$((h(t),w(t))) = b(w(t),w(t),u_1(t)),$$

de sorte que (6.6) entraine

$$2\nu \int_0^s \|w(t)\|^2 dt + |w(s)|^2 \leqq c_3 \int_0^s \|w(t)\|\, \|w(t)\|_{L^4(\Omega)^2} \|u_1(t)\|_{L^4(\Omega)^2} dt,$$

et par le corollaire 6.2 ceci est majoré par

$$c_4 \int_0^s |w(t)|^{\frac{1}{2}} \|w(t)\|^{\frac{3}{2}} \|u_1(t)\|_{L^4(\Omega)^2} dt \leqq 2\nu \int_0^s \|w(t)\|^2 dt + c_5 \int_0^s |w(t)|^2 \|u_1(t)\|^4_{L^4(\Omega)^2} dt.$$

Si l'on pose

$$F(t) = \|u_1(t)\|^4_{L^4(\Omega)^2},$$

on a donc

$$|w(s)|^2 \leqq c_5 \int_0^s F(t)\,|w(t)|^2 dt,$$

la fonction F étant sommable sur $(0,T)$ pour tout T fini, et ceci entraine donc $w=0$, ce qui démontre le théorème 6.1.

---

[1] V n'est pas dense dans H mais il suffit de remplacer H par $\overline{V}$, adhérence de V dans H.

Ce théorème est donné (avec une démonstration différente) dans Lions-Prodi [1]. Pour l'étude de l'unicité en dimension $n \geqq 3$, cf. G. Prodi [4], C. Foias [4].

Démonstration du théorème 6.2. On reprend les solutions approchées u_m définies par (5.3), (5.4) [1]. Dérivons (5.3) en t, ce qui est loisible. On obtient:

$$\left(u_m''(t), w_j\right) + \nu\left(\left(u_m'(t), w_j\right)\right) + b\left(u_m'(t), u_m(t), w_j\right) + b\left(u_m(t), u_m'(t), w_j\right) = \left(f'(t), w_j\right), \quad j = 1, \ldots, m.$$

Multiplions par $g_{jm}'(t)$ et sommons en j:

$$\left(\tfrac{1}{2}\right) \frac{d}{dt} |u_m'(t)|^2 + \nu \|u_m'(t)\|^2 + b\left(u_m'(t), u_m(t), u_m'(t)\right) = \left(f'(t), u_m'(t)\right),$$

d'où l'on déduit

$$\left.\begin{aligned} &|u_m'(t)|^2 - |u_m'(0)|^2 + 2\nu \int_0^t \|u_m'(\sigma)\|^2 d\sigma \\ &\quad \leqq 2\int_0^t |f'(\sigma)|\,|u_m'(\sigma)|\, d\sigma + 2c_6 \int_0^t \|u_m'(t)\|^2_{(L^4(\Omega))^2} \|u_m(t)\|\, dt. \end{aligned}\right\} \quad (6.7)$$

Utilisant le corollaire 6.1, on déduit de (6.7):

$$\begin{aligned} |u_m'(t)|^2 + 2\nu \int_0^t \|u_m'(\sigma)\|^2 d\sigma &\leqq |u_m'(0)|^2 + 2\int_0^t |f'(\sigma)|\,|u_m'(\sigma)|\, d\sigma + \\ &\quad + \nu \int_0^t \|u_m'(\sigma)\|^2 d\sigma + c_7 \int_0^t |u_m'(\sigma)|\,\|u_m(\sigma)\|^2 d\sigma, \end{aligned}$$

d'où en particulier

$$\left.\begin{aligned} |u_m'(t)|^2 + \nu \int_0^t \|u_m'(\sigma)\|^2 d\sigma &\leqq |u_m'(0)|^2 + c_8 \int_0^t |f'(\sigma)|^2 d\sigma + \\ &\quad + c_8 \int_0^t \left(\|u_m(\sigma)\|^2 + 1\right) |u_m'(\sigma)|^2 d\sigma. \end{aligned}\right\} \quad (6.8)$$

Il en résulte

$$|u_m'(t)|^2 \leqq \left(|u_m'(0)|^2 + c_8 \int_0^t |f'(\sigma)|^2 d\sigma\right) \exp\left(c_8 \int_0^t \left(\|u_m(\sigma)\|^2 + 1\right) d\sigma\right). \quad (6.9)$$

Mais $|u_m'(0)|$ est borné. En effet

$$\left(u_m'(0), w_j\right) = \left(f(0), w_j\right) - b\left(u_m(0), u_m(0), w_j\right) - \nu\left(\left(u_m(0), w_j\right)\right),$$

d'où le résultat [2].

---

[1] On choisit ici α_{im} de façon que $\sum_{i=1}^{m} \alpha_{im} w_i \to u_0$ dans $\mathscr{V}$ lorsque $m \to \infty$.

[2] En effet $u_m(0) \to u_0$ dans $\mathscr{V}$ (cf. [1]) de sorte que les quantités $|((u_m(0), w_j))|$ et $|b(u_m(0), u_m(0), w_j)|$ sont bornées lorsque $m \to \infty$.

Il résulte alors de (6.9) et (6.8) que

$$\int_0^T \|u'_m(\sigma)\|^2 \, d\sigma \leqq c_9, \quad \text{pour tout } T \text{ fini}. \tag{6.10}$$

On termine alors comme au No. 5, ce qui démontre le théorème 6.2. Ce théorème, et la démonstration précédente, sont dûs à O. A. LADYZENSKAYA [5].

Compléments. En dimension $n \geqq 3$, on ne connait pas de classe de «solutions faibles» donnant simultanément lieu à existence et unicité.

Pour des propriétés supplémentaires de régularité des solutions, voir T. OHYAMA [1], J. SERRIN [3], G. PRODI [5], J. L. LIONS [17]. Pour les solutions périodiques des équations de NAVIER-STOKES, cf. G. PRODI [5], J. SERRIN [1], [2]. Pour une étude des équations de NAVIER-STOKES par utilisation de puissances fractionnaires d'opérateurs, cf. P. E. SOBOLEVSKI [6].

Pour une méthode donnant une majoration à priori pour du/dt en dimension quelconque dans des espaces à intégrale de DIRICHLET infinie, cf. J. L. LIONS [26].

Pour l'étude d'autres équations, par le même genre de méthodes: O. A. LADYZENSKAYA [6], [8], [9], O. A. LADYZENSKAYA-SOLONNIKOV [1], LIONS [16], VOROVITCH [1].

Pour la théorie statistique de la turbulence, consulter L. AGOSTINI et J. BASS [1], J. KAMPÉ DE FÉRIET [1] (où l'on trouvera également d'autres indications bibliographiques).

Chapitre XI

Problèmes aux limites variationnels vectoriels et transformation de Laplace

Sommaire. Ce chapitre suppose connues les remarques finales du Chap. I et le Chap. II. Il utilise essentiellement la théorie des distributions à valeurs vectorielles de L. SCHWARTZ, dont le strict indispensable pour la lecture du présent chapitre est rappelé au No. 1.

Le No. 2 sert d'introduction à la formulation générale, donnée au No. 3. On a considéré au Chap. II des formes sesquilinéaires continues sur un espace de HILBERT V, i.e. des applications sesquilinéaires continues de $V \times V$ dans le corps des complexes C; on considère ici des applications sesquilinéaires continues: $u, v \to m(u, v)$ de $V \times V$ *dans un espace vectoriel topologique* — qu'on choisit égal à $\mathscr{D}'_+$, espace des distributions à support limité à gauche, parce que cela donne le cas le plus important pour les applications —; d'autres exemples sont donnés au No. 9 (il peut également être utile de considérer des applications à valeurs dans les espaces de distributions introduits dans GELFAND-ŠILOV [2], [3], mais nous ne détaillons pas cela ici). On associe à la donnée de $m(u, v)$, et du produit de composition dans $\mathscr{D}'_+$, des problèmes aux limites variationnels *vectoriels*, No. 3. Des exemples sont donnés au No. 4 et le No. 5 donne un critère suffisant pour affirmer que les problèmes sont bien posés: ce critère repose sur la transformation de LAPLACE des distributions. Des applications sont données aux No. 6, 7, 8. Quelques compléments sont donnés sans démonstration au No. 10.

1. Rappels sur les distributions à valeurs vectorielles

On désigne par $\mathscr{D}$ (resp. $\mathscr{D}_+$, resp. $\mathscr{D}_-$) l'espace des fonctions indéfiniment différentiables sur la droite R_t, à support compact (resp. à support limité à gauche, resp. à support limité à droite), tous ces espaces étant munis des topologies de limite inductive de SCHWARTZ [1], [2]. Rappelons par exemple ceci: une suite φ_n de $\mathscr{D}_-$ converge vers φ dans $\mathscr{D}_-$ si les fonctions φ_n et φ sont nulles pour $t \geqq a$, a indépendant de n, et si $\varphi_n \to \varphi$ uniformément sur tout compact, chaque dérivée de φ_n convergent uniformément sur tout compact vers la dérivée correspondante de φ.

On désigne par $\mathscr{D}'$ (resp. $\mathscr{D}'_+$, resp. $\mathscr{D}'_-$) le dual de $\mathscr{D}$ (resp. de $\mathscr{D}_-$ resp. de $\mathscr{D}_+$); c'est l'espace des distributions sur R (resp. à support limité à gauche, resp. à droite).

Soit maintenant E un espace de BANACH (hypothèse qui suffit pour les applications que nous avons en vue); on désigne par $\mathscr{D}(E)$, $\mathscr{D}_+(E)$, $\mathscr{D}_-(E)$, les espaces de fonctions indéfiniment différentiables à valeurs dans E, à support compact, ou à support limité à gauche, ou à droite, avec une topologie analogue (cf. SCHWARTZ [4]). Si $E = C$ (corps des nombres complexes), $\mathscr{D}(E) = \mathscr{D}(C) = \mathscr{D}$, $\mathscr{D}_+(E) = \mathscr{D}_+$, $\mathscr{D}_-(E) = \mathscr{D}_-$.

Définissons maintenant l'espace des distributions sur R_t à valeurs dans E, soit $\mathscr{D}'(E)$; par définition

$$\mathscr{D}'(E) = \mathscr{L}(\mathscr{D}; E),$$

espace des applications linéaires continues de $\mathscr{D}$ dans E, espace que l'on munit de la topologie de la convergence uniforme sur les ensembles bornés de $\mathscr{D}$; de même

$$\mathscr{D}'_+(E) = \mathscr{L}(\mathscr{D}_-; E), \qquad \mathscr{D}'_-(E) = \mathscr{L}(\mathscr{D}_+; E).$$

Pour une distribution à valeurs dans E on définit facilement la notion de support; on vérifie alors que $\mathscr{D}'_+(E)$ (resp. $\mathscr{D}'_-(E)$) est l'espace des distributions à valeurs dans E et à support limité à gauche (resp. à droite).

Si $E=C$,

$$\mathcal{D}'(E)=\mathcal{D}', \quad \mathcal{D}'_+(E)=\mathcal{D}'_+, \quad \mathcal{D}'_-(E)=\mathcal{D}'_-.$$

Soit $\vec{S}\in\mathcal{D}'(E)$: c'est donc une application linéaire continue $\varphi\to\vec{S}(\varphi)$ de $\mathcal{D}$ dans E; mais l'application $\varphi\to-\vec{S}(d\varphi/dt)$ est alors continue de $\mathcal{D}$ dans E, donc définit une nouvelle distribution à valeurs dans E, qui est par définition $\frac{\partial}{\partial t}\vec{S}$; donc

$$\frac{\partial}{\partial t}\vec{S}(\varphi)=-\vec{S}\left(\frac{d\varphi}{dt}\right), \quad \varphi\in\mathcal{D}. \tag{1.1}$$

Cette définition est légitime; on note en effet ceci: si $t\to S(t)$ est une fonction continue sur R à valeurs dans E, elle définit une distribution à valeurs dans E, par

$$S(\varphi)=\int_{-\infty}^{+\infty} S(t)\,\varphi(t)\,dt, \qquad \text{intégrale prise dans } E;$$

si maintenant S est une fois continûment différentiable à valeurs dans E, de dérivée $S'(t)$, alors $S'(t)$ définit une distribution qui coincide avec $d\vec{S}/dt$, définie par (1.1).

On définit ainsi une application linéaire continue, $\vec{S}\to d\vec{S}/dt$ de $\mathcal{D}'(E)$ dans lui même.

Cette application diminue les supports; donc $\vec{S}\to d\vec{S}/dt$ applique $\mathcal{D}'_+(E)$ dans lui même; même chose pour $\mathcal{D}'_-(E)$; on vérifie en outre que ces applications sont continues.

On vient de voir que l'espace des fonctions continues à valeurs dans E est un sous espace de $\mathcal{D}'(E)$; plus généralement l'espace des (classes de) fonctions localement sommables à valeurs dans E est un sous espace de $\mathcal{D}'(E)$; tous ces espaces sont denses dans $\mathcal{D}'(E)$ car l'espace $\mathcal{D}(E)$ est lui même dense dans $\mathcal{D}'(E)$. Un autre sous espace important est l'espace $\mathcal{D}'\otimes E$ des distributions $\vec{S}$ définies par

$$\vec{S}(\varphi)=\sum_{i=1}^{\nu}\langle S_i,\varphi\rangle\, e_i, \qquad \varphi\in\mathcal{D},$$

où les S_i sont donnés dans $\mathcal{D}'$, les e_i sont donnés dans E; $\langle S_i,\varphi\rangle$ désigne le produit scalaire entre $\mathcal{D}'$ et $\mathcal{D}$. L'espace $\mathcal{D}'\otimes E$ est *dense* dans $\mathcal{D}'(E)$.

On définit de même $\mathcal{D}'_+\otimes E$, $\mathcal{D}'_-\otimes E$, sous espace dense de $\mathcal{D}'_+(E)$ et de $\mathcal{D}'_-(E)$.

Soit maintenant F un deuxième espace de Banach, et $A\in\mathcal{L}(E;F)$, application linéaire continue de E dans F. Si $\vec{S}$ est donné dans $\mathcal{D}'(E)$

on définit $A\vec{S}\in\mathscr{D}'(F)$ par

$$A\,\vec{S}(\varphi) = A\left(\vec{S}(\varphi)\right), \quad \varphi\in\mathscr{D}. \tag{1.2}$$

On définit ainsi une application linéaire continue $\vec{S}\to A\vec{S}$ de $\mathscr{D}'(E)$ dans $\mathscr{D}'(F)$. Si $\vec{S}$ est dans $\mathscr{D}'_+(E)$, alors $A\,\vec{S}$ est dans $\mathscr{D}'_+(F)$, l'application $\vec{S}\to A\,\vec{S}$ étant continue de $\mathscr{D}'_+(E)$ dans $\mathscr{D}'_+(F)$. Même chose si $\vec{S}\in\mathscr{D}'_-(E)$.

Supposons maintenant que E soit un espace de HILBERT, le produit scalaire dans E étant désigné par $(f, g)_E$. (Ce qui suit s'étend sans difficulté au cas des espaces de BANACH, en introduisant le dual de E.) Si $\vec{S}\in\mathscr{D}'(E)$, et si e est donné dans E, on peut définir $(\vec{S}, e)_E$ élément de $\mathscr{D}'$, par

$$\langle(\vec{S}, e)_E, \varphi\rangle = \left(\vec{S}(\varphi), e\right)_E, \quad \varphi\in\mathscr{D}; \tag{1.3}$$

en effet on définit ainsi une forme linéaire $\varphi\to\left(\vec{S}(\varphi), e\right)_E$ continue sur $\mathscr{D}$, donc une distribution sur R, notée $(\vec{S}, e)_E$. Si $\vec{S}$ est définie par une fonction, par exemple continue, $t\to\vec{S}(t)$, alors $(\vec{S}, e)_E$ est définie par la fonction $t\to\left(\vec{S}(t), e\right)_E$.

Si $\vec{S}\in\mathscr{D}'_+(E)$, $(\vec{S}, e)_E$ est dans $\mathscr{D}'_+$; on définit ainsi une application $\vec{S}\to(\vec{S}, e)_E$, linéaire continue de $\mathscr{D}'_+(E)$ dans $\mathscr{D}'_+$.

Les notations que nous utiliserons dans les No. suivants seront les suivantes: si H est un espace de HILBERT muni du produit scalaire (f, g), on écrira $(\vec{S}, f)$ pour $(\vec{S}, f)_H$, $\vec{S}$ donnée dans $\mathscr{D}'_+(H)$; si V est un deuxième espace de HILBERT, dont le produit scalaire est $((u, v))$, on écrira $((\vec{S}, v))$ pour $(\vec{S}, v)_V$, $\vec{S}$ donnée dans $\mathscr{D}'_+(V)$.

Soit maintenant $a(u, v)$ une forme sesquilinéaire continue sur V; donc $a(u, v) = ((\mathscr{A}u, v))$, $\mathscr{A}\in\mathscr{L}(V; V)$ (cf. Chap. II). Si $\vec{u}\in\mathscr{D}'_+(V)$, on peut donc considérer $\mathscr{A}\vec{u}\in\mathscr{D}'_+(V)$ (cf. (1.2)), puis $((\mathscr{A}\vec{u}, v))$, élément de $\mathscr{D}'_+$. On écrira

$$((\mathscr{A}\vec{u}, v)) = a(\vec{u}, v). \tag{1.4}$$

Soient maintenant E et F deux espaces de BANACH; on considère les espaces $\mathscr{L}(E; F)$ et $\mathscr{L}(F; E)$, munis de leur structure d'espace de BANACH.

Si $\vec{B}\in\mathscr{D}'_+(\mathscr{L}(E; F))$ et si $\vec{C}\in\mathscr{D}'_+(\mathscr{L}(F; E))$, on peut définir

$$\vec{B}*\vec{C}\in\mathscr{D}'_+(\mathscr{L}(F; F)), \quad \vec{C}*\vec{B}\in\mathscr{D}'_+(\mathscr{L}(E; E)).$$

Si $\vec{B} = S\otimes b$, $S\in\mathscr{D}'_+$, $b\in\mathscr{L}(E; F)$, et si $\vec{C} = T\otimes c$, $T\in\mathscr{D}'_+$, $c\in\mathscr{L}(F; E)$, alors

$$\vec{B} * \vec{C} = (S * T) \otimes (b \circ c) \in \mathscr{D}'_+ \otimes \mathscr{L}(F;F), \tag{1.5}$$

$$\vec{C} * \vec{B} = (S * T) \otimes (c \circ b) \in \mathscr{D}'_+ \otimes \mathscr{L}(E;E), \tag{1.6}$$

où $S*T$ désigne le produit de composition dans $\mathscr{D}'_+$ (cf. L. SCHWARTZ [2]). On montre alors (L. SCHWARTZ [5], [6]) qu'il existe une opération bilinéaire séparément continue et une seule, $\vec{B}, \vec{C} \to \vec{B}*\vec{C}$ (resp. $\vec{C}*\vec{B}$) de $\mathscr{D}'_+(\mathscr{L}(E;F)) \times \mathscr{D}'_+(\mathscr{L}(F;E))$ dans $\mathscr{D}'_+(\mathscr{L}(F;F))$ (resp. dans $\mathscr{D}'_+(\mathscr{L}(E;E))$) telle que $\vec{B}*\vec{C}$ (resp. $\vec{C}*\vec{B}$) soit donné par (1.5) (resp. (1.6)) lorsque $\vec{B}$ est dans $\mathscr{D}'_+ \otimes \mathscr{L}(E;F)$ et $\vec{C}$ est dans $\mathscr{D}'_+ \otimes \mathscr{L}(F;E)$.

Si B et C sont par exemple des fonctions continues sur R_t, à valeurs dans $\mathscr{L}(E;F)$ et $\mathscr{L}(F;E)$ respectivement, nulles pour $t<0$, alors $\vec{B}*\vec{C}$ et $\vec{C}*\vec{B}$ sont respectivement définis par les fonctions:

$$B * C(t) = \int_0^t B(t-\sigma) \circ C(\sigma)\, d\sigma, \quad \text{intégrale prise dans } \mathscr{L}(F;F),$$

$$C * B(t) = \int_0^t C(t-\sigma) \circ B(\sigma)\, d\sigma, \quad \text{intégrale prise dans } \mathscr{L}(E;E).$$

Si $\vec{B} \in \mathscr{D}'_+(\mathscr{L}(E;F))$ et $\vec{S} \in \mathscr{D}'_+(E)$, alors on définit

$$\vec{B} * \vec{S} \in \mathscr{D}'_+(F),$$

l'application $\vec{S} \to \vec{B} * \vec{S}$ étant continue de $\mathscr{D}'_+(E)$ dans $\mathscr{D}'_+(F)$.

Si $\vec{S} \in \mathscr{D}'_+(E)$ et $T \in \mathscr{D}'_+$, $\vec{S} * T \in \mathscr{D}'_+(E)$.

Notons enfin ceci: si $\vec{B} \in \mathscr{D}'_+(\mathscr{L}(E;F))$ et si $e \in E$, on définit $\vec{B}e$ élément de $\mathscr{D}'_+(F)$ par

$$\vec{B}e(\varphi) = B(\varphi)\, e, \quad \varphi \in \mathscr{D}_-.$$

2. Introduction aux problèmes variationnels vectoriels

Soient V et H deux espaces de HILBERT, comme au Chap. II, No. 1. Soit $a(u,v)$ une forme sesquilinéaire continue sur V, définissant un opérateur non borné A (Chap. II, No. 1), par

$$a(u,v) = (Au, v), \quad \text{pour } u \in D(A),\ v \in V. \tag{2.1}$$

D'après les remarques du Chap. I, No. 3 et les rappels du No. précédent, on voit *qu'une* des formulations «faibles» du problème de CAUCHY pour l'opérateur $A + d/dt$ est la suivante: étant donnée $\vec{S}$ dans $\mathscr{D}'_+(H)$, trouver $\vec{u}$ dans $\mathscr{D}'_+(D(A))$ vérifiant

$$A\vec{u} + D_t\vec{u} = \vec{S}, \quad D_t = d/dt. \tag{2.2}$$

Soit alors $v \in V$; $(A\vec{u}, v)$ est définie par

$$\langle (A\vec{u}, v), \varphi\rangle = \big(A(\vec{u}(\varphi)), v\big) = a\big(\vec{u}(\varphi), v\big) = \langle a(\vec{u}, v), \varphi\rangle$$

pour $\varphi \in \mathscr{D}_-$, de sorte que (2.2) entraine

$$a(\vec{u}, v) + D_t(\vec{u}, v) = (\vec{S}, v), \qquad v \in V. \tag{2.3}$$

Réciproquement, soit $\vec{u}$ dans $\mathscr{D}'_+(V)$, vérifiant (2.3) pour tout $v \in V$. Alors

$$\langle a(\vec{u}, v), \varphi\rangle = a\big(\vec{u}(\varphi), v\big) = \big(\vec{S}(\varphi), v\big) + \big(\vec{u}(D_t\varphi), v\big),$$

de sorte que $v \to a\big(\vec{u}(\varphi), v\big)$ est continue sur V muni de la topologie induite par H, de sorte que $\vec{u}(\varphi)$ est dans $D(A)$, et

$$A\big(\vec{u}(\varphi)\big) - \vec{u}(D_t\varphi) = \vec{S}(\varphi);$$

si $\varphi \to 0$ dans $\mathscr{D}_-$, $\vec{u}(\varphi) \to 0$ dans $D(A)$, donc $\vec{u} \in \mathscr{D}'_+\big(D(A)\big)$ et vérifie (2.2). Par conséquent: *le problème* (2.2) *est équivalent à la recherche de* $\vec{u}$ *dans* $\mathscr{D}'_+(V)$ *vérifiant* (2.3) *pour tout* $v \in V$.

Mais l'équation (2.3) peut être écrite un peu différemment. Pour u, v dans V, introduisons

$$m(u, v) = a(u, v)\,\delta + (u, v)\,\delta', \tag{2.4}$$

δ étant la masse de DIRAC à l'origine, $\delta' = D_t\,\delta$. On définit ainsi une application sesquilinéaire continue, $u, v \to m(u, v)$ de $V \times V$ dans $\mathscr{D}'_+$ (et même dans $\mathscr{E}'$, $\mathscr{E}'$ étant l'espace des distributions à support compact). Pour $u \in V$, $S \in \mathscr{D}'_+$, posons

$$P_m(S \otimes u, v) = m(u, v) * S; \tag{2.5}$$

pour v fixé dans V, on définit ainsi une application bilinéaire

$$S, u \to m(u, v) * S$$

de $\mathscr{D}'_+ \otimes V$ dans $\mathscr{D}'_+$, et on vérifie sans difficulté que cette application est séparément continue: si $S \to 0$ dans $\mathscr{D}'_+$, u étant fixé dans V, $m(u, v) * S \to 0$ dans $\mathscr{D}'_+$; si $u \to 0$ dans V, S étant fixé dans $\mathscr{D}'_+$, $m(u, v) * S \to 0$ dans $\mathscr{D}'_+$. Par conséquent, d'après les théorèmes généraux de A. GROTHENDIECK [1] et L. SCHWARTZ [5], [6], cette application se prolonge par continuité en une application linéaire continue et une seule,

$$\vec{u} \to P_m(\vec{u}, v)$$

de $\mathscr{D}'_+(V)$ dans $\mathscr{D}'_+$.

Dans le cas particulier actuel on peut vérifier très facilement la théorie générale: on note que

$$P_m(S \otimes u, v) = a(u, v)\,S + (u, v)\,S' = a(S \otimes u, v) + \big((S \otimes u)', v\big),$$

le ′ désignant la dérivation en t, de sorte que par prolongement

$$P_m(\vec{u}, v) = a(\vec{u}, v) + D_t(\vec{u}, v). \tag{2.6}$$

On voit finalement que la résolution de l'équation initiale (2.2) est *équivalente* à la recherche de $\vec{u}$ dans $\mathscr{D}'_+(V)$, vérifiant

$$P_m(\vec{u}, v) = (\vec{S}, v) \quad \text{pour tout } v \in V. \tag{2.7}$$

Mais sous cette forme il n'y a évidemment aucune raison de se borner aux $m(u, v)$ définies de la façon très particulière (2.4); la théorie générale est donnée au No. suivant.

3. Problèmes variationnels vectoriels

On considère encore les deux espaces de HILBERT V et H, comme au No. précédent (notations du Chap. II, No. 1).

On donne une application

$$u, v \to m(u, v)$$

sesquilinéaire continue de $V \times V$ dans $\mathscr{D}'_+$ [1].

L'application $m(u, v)$ joue dans ce No., dans une certaine mesure, le rôle joué dans le Chap. II, No. 1, par $a(u, v)$; la différence fondamentale est que $a(u, v)$ est scalaire, alors que $m(u, v)$ est *vectorielle* (à valeurs dans $\mathscr{D}'_+$).

Introduisons maintenant un opérateur $\mathscr{M}$ jouant un rôle un peu analogue à celui de $\mathscr{A}$, au Chap. II, No. 1. Pour φ dans $\mathscr{D}_-$, la forme

$$u, v \to \langle m(u, v), \varphi \rangle$$

est continue sur $V \times V$, donc

$$\langle m(u, v), \varphi \rangle = ((\mathscr{M}(\varphi)\, u, v)),$$

ce qui définit $\mathscr{M}(\varphi) \in \mathscr{L}(V; V)$; l'application $\varphi \to \mathscr{M}(\varphi)$ est linéaire de $\mathscr{D}_-$ dans $\mathscr{L}(V; V)$, et si $\varphi \to 0$ dans $\mathscr{D}_-$, $\langle m(u, v), \varphi \rangle \to 0$ uniformément pour u et v dans un borné de V, de sorte que $\varphi \to \mathscr{M}(\varphi)$ définit une distribution $\mathfrak{M}$ avec

$$\mathscr{M} \in \mathscr{D}'_+(\mathscr{L}(V; V)); \tag{3.1}$$

on a alors, avec les notations du No. 1:

$$m(u, v) = ((\mathscr{M} u, v)) \text{ [2]}. \tag{3.2}$$

«*Prolongement*» *de* $m(u, v)$.

---

[1] Voir d'autres exemples au No. 9.

[2] On ne met pas de flèche sur $\mathscr{M}$ (ni sur $\mathscr{G}$, voir plus loin) puisque $\mathscr{M}$ est unique, et ne peut donc être confondue avec une quantité scalaire.

Posons, pour $S \in \mathscr{D}'_+$, $w \in V$,

$$P_m(S \otimes w, v) = m(w, v) * S.$$

D'après (3.2), cela peut s'écrire

$$((\mathscr{M} w, v)) * S = (((\mathscr{M} w) * S, v)) = ((\mathscr{M} * \vec{u}, v))\,^1, \quad \text{si} \quad \vec{u} = S \otimes w;$$

donc

$$P_m(\vec{u}, v) = ((\mathscr{M} * \vec{u}, v)), \quad \text{pour} \quad \vec{u} \in \mathscr{D}'_+ \otimes V, \quad v \in V. \tag{3.3}$$

Mais pour tout $\vec{u}$ dans $\mathscr{D}'_+(V)$, $\mathscr{M} * \vec{u}$ est définie, $\in \mathscr{D}'_+(V)$, l'application $\vec{u} \to \mathscr{M} * \vec{u}$ étant continue de $\mathscr{D}'_+(V)$ dans lui même (cf. le No. 1). Par conséquent l'application $\vec{u} \to P_m(\vec{u}, v)$ définie par (3.3) pour $u \in \mathscr{D}'_+ \otimes V$ se prolonge par continuité en une application encore notée $\vec{u} \to P_m(\vec{u}, v)$ de $\mathscr{D}'_+(V)$ dans $\mathscr{D}'_+$, et on aura (3.3) pour tout $\vec{u}$ dans $\mathscr{D}'_+(V)$. On peut dire que $P_m(\vec{u}, v)$ est un prolongement de $m(u, v)$ en u aux distributions de $\mathscr{D}'_+(V)$, par rapport au produit de composition.

Problèmes variationnels vectoriels. On peut maintenant considérer les deux problèmes suivants:

Problème 3.1. Etant donnée $\vec{S}$ dans $\mathscr{D}'_+(V)$, trouver $\vec{u}$ dans $\mathscr{D}'_+(V)$, vérifiant

$$P_m(\vec{u}, v) = ((\vec{S}, v)), \qquad \text{pour tout } v \in V \tag{3.4}$$

(ou encore, d'après (3.3):

$$\mathscr{M} * \vec{u} = \vec{S}). \tag{3.4$'$}$$

Problème 3.2. Etant donné $\vec{S}$ dans $\mathscr{D}'_+(H)$, trouver $\vec{u}$ dans $\mathscr{D}'_+(V)$ avec

$$P_m(\vec{u}, v) = (\vec{S}, v) \qquad \text{pour tout } v \in V, \tag{3.5}$$

(ou encore

$$((\mathscr{M} * \vec{u}, v)) = (\vec{S}, v) \qquad \text{pour tout } v \in V)\,^2. \tag{3.5$'$}$$

Remarque 3.1. Si l'on compare les considérations présentes à celles du Chap. II, on voit que l'équation (3.4) correspond à l'équation en $u \in V$: $a(u, v) = ((f, v))$ pour tout $v \in V$, f étant donné dans V, alors que l'équation (3.5) correspond à $a(u, v) = (f, v)$ pour tout $v \in V$, f étant cette fois donné dans H. Comme on a vu aux Chap. II, IV, VIII, la considération simultanée de ces deux problèmes est utile. Dans les applications le deuxième est plus important que le premier.

---

[1] En effet $\mathscr{M} * \vec{u} = (\mathscr{M} * S) \otimes w = (\mathscr{M} w) * S$.

[2] Si le fait que V est un espace de Hilbert est essentiel, il n'en va pas de même pour H qui peut être supposé seulement espace de Banach (cf. Lions [1]).

Remarque 3.2. Pour f fixé dans H, la forme semi linéaire $v \to (f, v)$ est évidemment continue sur V, donc de la forme

$$(f, v) = ((Jf, v)),$$

ce qui définit $J \in \mathscr{L}(H; V)$. Alors pour $\vec{S}$ dans $\mathscr{D}'_+(H)$, on a

$$(\vec{S}, v) = ((J\vec{S}, v)),$$

et (3.5)′ équivaut à

$$\mathscr{M} * \vec{u} = J\vec{S}. \tag{3.5}''$$

On donnera au No. 5 une condition suffisante pour que les problèmes 3.1 et 3.2 soient «bien posés». On va auparavant introduire au No. suivant l'espace $\mathfrak{N}$.

4. Espace $\mathscr{N}$. Exemples

L'espace $\mathscr{N}$ introduit çi après joue dans le contexte actuel un rôle analogue à celui de $N = D(A)$, Chap. II, No. 1.

On désigne par $\mathscr{N}$ l'espace des distributions $\vec{u} \in \mathscr{D}'_+(V)$ telles que l'application semi linéaire

$$v \to P_m(\vec{u}, v) \tag{4.1}$$

soit continue de V muni de la topologie induite par H dans l'espace $\mathscr{D}'_+$. Comme V est dense dans H, l'application (4.1) se prolonge par continuité en une application semi linéaire continue de H dans $\mathscr{D}'_+$, donc de la forme

$$P_m(\vec{u}, v) = (M\vec{u}, v), \quad M\vec{u} \in \mathscr{D}'_+(H), \quad \vec{u} \in \mathscr{N}, \tag{4.2}$$

ce qui définit une application linéaire $\vec{u} \to M\vec{u}$ de $\mathscr{N}$ dans $\mathscr{D}'_+(H)$. (L'espace $\mathscr{N}$ peut être réduit à $\{0\}$.) On munit $\mathscr{N}$ de la topologie localement convexe la moins fine rendant continues les applications $\vec{u} \to \vec{u}$ et $\vec{u} \to M\vec{u}$ de $\mathscr{N}$ dans $\mathscr{D}'_+(V)$ et $\mathscr{D}'_+(H)$ respectivement.

L'introduction de l'espace $\mathscr{N}$ permet de mettre le problème 3.2 sous la forme *équivalente* suivante:

Problème 4.1. Pour $\vec{S}$ donnée dans $\mathscr{D}'_+(H)$, trouver $\vec{u}$ dans $\mathscr{N}$ solution de

$$M\vec{u} = \vec{S}. \tag{4.3}$$

Ces deux problèmes sont bien équivalents: en effet, si $\vec{u}$ est solution de (3.5), $v \to P_m(\vec{u}, v)$ est continue sur V muni de la topologie induite par H dans $\mathscr{D}'_+$, de sorte que par (4.2), $\vec{u}$ est dans $\mathscr{N}$ et vérifie (4.3). Réciproquement, si $\vec{u} \in \mathscr{N}$ vérifie (4.3), alors (3.5) a lieu [en utilisant (4.2)].

A coté de l'espace $\mathscr{N}$ nous introduisons l'espace $\mathscr{N}_0$ des $u \in V$ tels que l'application semi linéaire

$$v \to m(u, v)$$

de V dans $\mathcal{D}'_+$ soit continue sur V muni de la topologie induite par H. Alors cette application se prolonge par continuité en une application linéaire continue de H dans $\mathcal{D}'_+$, donc de la forme

$$m(u, v) = (\overrightarrow{\Lambda_0 u}, v), \quad \overrightarrow{\Lambda_0 u} \in \mathcal{D}'_+(H). \tag{4.4}$$

On définit ainsi une application linéaire $u \to \overrightarrow{\Lambda_0 u}$ de $\mathcal{N}_0$ dans $\mathcal{D}'_+(H)$. On munit $\mathcal{N}_0$ de la topologie localement convexe la moins fine telle que les applications $u \to u$ et $u \to \overrightarrow{\Lambda_0 u}$ soient continues de $\mathcal{N}_0$ dans V et dans $\mathcal{D}'_+(H)$ respectivement.

Nous considérons l'espace $\mathcal{D}'_+ \otimes \mathcal{N}_0$, muni de la topologie induite par $\mathcal{D}'_+(\mathcal{N}_0)$. On a alors la

Proposition 4.1. *On a l'inclusion algébrique et topologique*

$$\mathcal{D}'_+ \otimes \mathcal{N}_0 \subset \mathcal{N}. \tag{4.5}$$

Démonstration. Soit $u \in \mathcal{N}_0$, $S \in \mathcal{D}'_+$; alors

$$P_m(S \otimes u, v) = m(u, v) * S = (\overrightarrow{\Lambda_0 u}, v) * S = (\overrightarrow{\Lambda_0 u} * S, v)$$

donc $S \otimes u \in \mathcal{N}$ et

$$M(S \otimes u) = \overrightarrow{\Lambda_0 u} * S. \tag{4.6}$$

Ceci montre déja l'inclusion algébrique. Pour démontrer l'inclusion topologique, il suffit (d'après GROTHENDIECK-SCHWARTZ) de vérifier que l'application bilinéaire $S, u \to S \otimes u$ de $\mathcal{D}'_+ \times \mathcal{N}_0$ dans $\mathcal{N}$ est séparément continue. Or si $S \to 0$ dans $\mathcal{D}'_+$, u étant fixé dans $\mathcal{N}_0$,

$$S \otimes u \to 0 \qquad \text{dans } \mathcal{D}'_+(V),$$

et

$$M(S \otimes u) = \overrightarrow{\Lambda_0 u} * S \to 0 \qquad \text{dans } \mathcal{D}'_+(H),$$

donc $S \otimes u \to 0$ dans $\mathcal{N}$.

De même si $S \in \mathcal{D}'_+$, $u \to 0$ dans $\mathcal{N}_0$, $S \otimes u \to 0$ dans $\mathcal{N}$, d'où le résultat.

Comme on le vérifie aisément, $\mathcal{N}$ est complet, de sorte que (4.5) entraine

$$\mathcal{D}'_+(\mathcal{N}_0) \subset \mathcal{N} \qquad \text{algébriquement et topologiquement}. \tag{4.6}$$

On va maintenant considérer quelques exemples.

Exemple 4.1. Reprenons l'exemple considéré au No. 2, donc

$$m(u, v) = a(u, v)\,\delta + (u, v)\,\delta'.$$

Alors

$$P_m(\vec{u}, v) = a(\vec{u}, v) + D_t(\vec{u}, v).$$

L'application $v \to D_t(\vec{u}, v)$ est toujours continue de V muni de la topologie induite par H dans $\mathcal{D}'_+$, de sorte que pour que $\vec{u}$ soit dans $\mathcal{N}$, il faut et il suffit que $v \to a(\vec{u}, v)$ soit continue sur V muni de la topologie induite par H dans $\mathcal{D}'_+$, donc (cf. No. 2) que $\vec{u}$ soit dans $\mathcal{D}'_+(D(A))$. Donc

$$\mathcal{N} = \mathcal{D}'_+(D(A)), \qquad M\vec{u} = A\vec{u} + D_t\vec{u}.$$

Caractérisons $\mathcal{N}_0$: pour que $v \to m(u, v)$ soit continue de V muni de la topologie induite par H dans $\mathcal{D}'_+$, il faut et il suffit que $v \to a(u, v)\,\delta$ soit continue sur V muni de la topologie induite par H dans $\mathcal{D}'_+$, donc que u soit dans $D(A)$. Donc

$$\mathcal{N}_0 = D(A),$$

et on a alors l'égalité $\mathcal{D}'_+(\mathcal{N}_0) = \mathcal{N}$.

Exemple 4.2. Considérons $a(u, v)$ comme précédemment, et $B, C \in \mathcal{L}(V; H)$. Soit

$$m(u, v) = a(u, v)\,\delta + (Bu, v)\,\delta' + (Cu, v)\,\delta''.$$

Alors

$$P_m(\vec{u}, v) = a(\vec{u}, v) + D_t(B\vec{u}, v) + D_t^2(C\vec{u}, v).$$

Les applications $v \to D(B\vec{u}, v)$ et $v \to D^2(C\vec{u}, v)$ sont continues sur V muni de la topologie induite par H à valeurs dans $\mathcal{D}'_+$, de sorte que pour que $\vec{u}$ soit dans $\mathcal{N}$, il faut et il suffit que l'application $v \to a(\vec{u}, v)$ soit continue sur V muni de la topologie induite par H à valeurs dans $\mathcal{D}'_+$; comme dans l'exemple précédent, on en déduit que

$$\mathcal{N} = \mathcal{D}'_+(D(A));$$

et on trouve

$$M\vec{u} = A\vec{u} + D_t B\vec{u} + D_t^2 C\vec{u}.$$

On vérifie, comme dans l'exemple précédent, que $\mathcal{N}_0 = D(A)$ de sorte que l'on a ici encore l'égalité $\mathcal{D}'_+(\mathcal{N}_0) = \mathcal{N}$.

Exemple 4.3. Soit K_1 et K_2 deux distributions données de $\mathcal{D}'_+$. Posons

$$m(u, v) = a(u, v)\,K_1 + (u, v)\,K_2.$$

Alors

$$P_m(\vec{u}, v) = a(K_1 * \vec{u}, v) + (K_2 * \vec{u}, v).$$

On constate comme aux exemples précédents que $\mathcal{N} = \mathcal{D}'_+(D(A))$, $\mathcal{N}_0 = D(A)$ (et par conséquent on a encore l'égalité $\mathcal{D}'_+(\mathcal{N}_0) = \mathcal{N}$).

Exemple 4.4. On va donner un exemple pour lequel $\mathcal{D}'_+(\mathcal{N}_0) \subset \mathcal{N}$ *strictement*. Soit Ω l'ouvert $]0, +\infty[$ sur $R = R_x$; pour $u, v \in H^1(\Omega)$

(espace défini au Chap. II, No. 2, 3) on pose

$$a_0(u, v) = \int_\Omega [u(x)\overline{v(x)} + u'(x)\overline{v'(x)}]\,dx, \qquad u' = du/dx, \tag{4.7}$$

et

$$a_1(u, v) = u(0)\overline{v(0)}\,^1, \tag{4.8}$$

puis

$$m(u, v) = a_0(u, v)\,\delta + a_1(u, v)\,\delta'. \tag{4.9}$$

Nous prenons $V = H^1(\Omega)$ et $H = L^2(\Omega)$. On a

$$P_m(\vec{u}, v) = a_0(\vec{u}, v) + a_1(\vec{u}', v). \tag{4.10}$$

Caractérisons l'espace $\mathcal{N}$. Si $\varphi \in \mathcal{D}_-$, on a

$$P_m(\vec{u}(\varphi), v) = a_0(\vec{u}(\varphi), v) - a_1(\vec{u}(\varphi'), v), \qquad \varphi' = d\varphi/dt,$$

et si $u \in \mathcal{N}$, $v \to P_m(\vec{u}(\varphi), v)$ est continue sur V pour la topologie induite par H. Soit $\mathcal{D}(\Omega)$ l'espace des fonctions indéfiniment différentiable à support compact dans Ω; si $v \in \mathcal{D}(\Omega)$, on a

$$P_m(\vec{u}(\varphi), v) = \int_\Omega \vec{u}(\varphi)\,\bar{v}\,dx - \langle D_x^2 \vec{u}(\varphi), \bar{v}\rangle,$$

le crochet désignant la dualité entre $\mathcal{D}'(\Omega)$ et $\mathcal{D}(\Omega)$. Alors, si $\vec{u} \in \mathcal{N}$, $v \to P_m(\vec{u}(\varphi), v)$ est en particulier continue sur $\mathcal{D}(\Omega)$ muni de la topologie induite par H, de sorte que $D_x^2 \vec{u}(\varphi) \in L^2(\Omega)$, donc $\vec{u}(\varphi) \in H^2(\Omega)$; si $\varphi \to 0$ dans $\mathcal{D}_-$, alors $\vec{u}(\varphi) \to 0$ dans $H^2(\Omega)$, par conséquent:

$$\text{si} \quad \vec{u} \in \mathcal{N} \quad \text{alors} \quad \vec{u} \in \mathcal{D}'_+(H^2(\Omega)). \tag{4.11}$$

On peut maintenant écrire

$$P_m(\vec{u}(\varphi), v) = \int_\Omega \left(- D_x^2 \vec{u}(\varphi) + \vec{u}(\varphi)\right)\overline{v(x)}\,dx - \\ - \left((D_x \vec{u}(\varphi))(0) + \vec{u}(\varphi')(0)\right)\overline{v(0)}$$

et pour que ceci dépende continûment de v pour la topologie de H, il faut et il suffit que

$$\frac{\partial}{\partial x}\vec{u}(\varphi)(0) + \vec{u}(\varphi')(0) = 0 \qquad \text{pour tout } \varphi \in \mathcal{D}_-\,^2. \tag{4.12}$$

Réciproquement, si $\vec{u}$ est dans $\mathcal{D}'_+(H^2(\Omega))$ et vérifie (4.12) alors $\vec{u} \in \mathcal{N}$.

---

[1] Cela a un sens: toute fonction u de $H^1(\Omega)$ est p.p. égale à une fonction continue dans $x \geqq 0$.

[2] Cela signifie formellement que $\frac{\partial}{\partial x} u(0, t) - \frac{\partial}{\partial t} u(0, t) = 0$.

Interprétons maintenant l'espace $\mathcal{N}_0$. Soit φ et ψ dans $\mathcal{D}_-$, avec $\varphi(0)=1$, $\varphi'(0)=0$, et $\psi(0)=0$, $\psi'(0)=1$. Si $u\in\mathcal{N}_0$, les formes

$$v \to \langle m(u,v), \varphi\rangle = a_1(u,v),$$

et

$$v \to \langle m(u,v), \psi\rangle = -a_1(u,v)$$

doivent être continues sur V muni de la topologie induite par H (et ces conditions seront suffisantes). Or, pour que $v\to a_0(u,v)$ soit continue sur V pour la topologie de H, il faut et il suffit que $u\in H^2(\Omega)$ et que $u'(0)=0$, $u'=du/dx$. Pour que $v\to a_1(u,v)$ ait la même propriété, il faut et il suffit que $u(0)=0$. Par conséquent avec les notations du Chap. II, No. 3, on a:

$$\mathcal{N}_0 = H_0^2(\Omega). \tag{4.11}$$

Il est maintenant facile de vérifier que $\mathcal{D}'_+(\mathcal{N}_0)\subset\mathcal{N}$ *strictement*. Soit en effet $x\to q(x)$ une fonction deux fois continûment différentiable dans $x\geqq 0$, à valeurs réelles, à support compact, avec $q(0)=1$, $q'(0)=0$. Définissons une distribution $\vec{u}$ par

$$\vec{u}(\varphi) = x\,q(x)\int_0^\infty \varphi(t)\,dt + q(x)\int_0^\infty t\,\varphi(t)\,dt\,^{1}, \qquad \varphi\in\mathcal{D}_-;$$

$$\vec{u}(\varphi)\in H^2(\Omega), \quad \text{donc} \quad \vec{u}\in\mathcal{D}'_+\big(H^2(\Omega)\big).$$

On va vérifier que (4.12) a lieu; en effet,

$$\vec{u}(\varphi') = -x\,q(x)\,\varphi(0) - q(x)\int_0^\infty \varphi(t)\,dt, \quad \text{donc} \quad \vec{u}(\varphi')(0) = -\int_0^\infty \varphi(t)\,dt,$$

et $D_x\vec{u}(\varphi)(0) = \int_0^\infty \varphi(t)\,dt$, d'où le résultat, qui prouve que $\vec{u}\in\mathcal{N}$. Reste à voir que $\vec{u}$ *n'est pas* dans $\mathcal{D}'_+(\mathcal{N}_0)$; or $\vec{u}(\varphi)(0) = \int_0^\infty t\,\varphi(t)\,dt$ n'est pas nul en général, de sorte que $\vec{u}(\varphi)$ n'est pas dans $H_0^2(\Omega)$, et par conséquent $\vec{u}$ n'est pas dans $\mathcal{D}'_+(\mathcal{N}_0)$.

5. Un critère de résolution des problèmes 3.1 et 3.2 à l'aide de la transformation de Laplace

Supposons qu'il existe $\mathcal{G}$, élément de $\mathcal{D}'_+\big(\mathcal{L}(V;V)\big)$, avec

$$\mathcal{G} * \mathcal{M} = \mathcal{M} * \mathcal{G} = \delta\otimes I_V, \tag{5.1}$$

I_V désignant l'application identique de V dans lui même.

Dans ces conditions le problème 3.1 admet une solution unique, fournie par

$$\vec{u} = \mathcal{G} * \vec{S}, \tag{5.2}$$

[1] On identifie ici $\vec{u}(\varphi)$ et la fonction $x\to\vec{u}(\varphi)(x)$.

et le problème 3.2 admet également une solution unique, fournie par

$$\vec{u} = \mathcal{G} * J\vec{S}. \tag{5.3}$$

On va maintenant donner une condition suffisante pour que $\mathcal{G}$ existe.

On désigne avec L. SCHWARTZ [2] par $\mathcal{S}$ l'espace des fonctions indéfiniment différentiables sur R, à décroissance rapide, et par $\mathcal{S}'$ l'espace dual, espace des distributions tempérées sur R.

On désigne ensuite par L_{ξ_0} l'espace des distributions $S \in \mathcal{D}'$, telles que

$$\exp(-\xi t)\, S \in \mathcal{S}' \qquad \text{pour tout } \xi > \xi_0.$$

On munit L_{ξ_0} de la topologie localement convexe la moins fine rendant continues les applications $S \to \exp(-\xi t)\, S$ de L_{ξ_0} dans $\mathcal{S}'$, pour chaque $\xi > \xi_0$.

On désigne par $\mathcal{F}$ la transformation de FOURIER, isomorphisme de $\mathcal{S}'(R_t)$ sur $\mathcal{S}'(R_\eta)$ [1], d'inverse $\overline{\mathcal{F}}$.

Pour $S \in L_{\xi_0}$ on définit (cf. L. SCHWARTZ [10]) la transformée de LAPLACE de S, soit $\mathcal{L}S$, par

$$\mathcal{L}S = \mathcal{F}(\exp(-\xi t)\, S); \tag{5.4}$$

$\mathcal{L}S$ est une fonction holomorphe de $p = \xi + i\eta$ pour $\xi > \xi_0$, la fonction $\eta \to S(\xi + i\eta)$ étant dans $\mathcal{S}'_\eta$ (et même dans $(O_M)_\eta$ [2]) et dépendant de façon indéfiniment différentiable de $\xi > \xi_0$ dans cet espace; réciproquement, toute fonction $F(p)$ ayant ces propriétés est transformée de LAPLACE d'une distribution S et d'une seule, appartenant à L_{ξ_0}.

On fait maintenant l'hypothèse suivante:

$$\left.\begin{array}{l}\text{il existe } \xi_0 \text{ tel que } m(u,v) \in L_{\xi_0} \text{ pour tout } u, v \in V, \text{ l'appli-}\\ \text{cation } u, v \to m(u,v) \text{ étant continue de } V \times V \text{ dans } L_{\xi_0}.\end{array}\right\} \tag{5.5}$$

On introduit alors

$$\hat{m}(u, v; p) = \mathcal{L}(m(u,v))(p), \qquad \xi > \xi_0. \tag{5.6}$$

Pour p fixé (avec $\xi > \xi_0$), $u, v \to \hat{m}(u, v; p)$ est une forme sesquilinéaire continue sur $V \times V$, donc de la forme

$$\hat{m}(u, v; p) = ((\mu(p)\, u, v)), \qquad \mu(p) \in \mathcal{L}(V; V). \tag{5.7}$$

On vérifie que

$$\mu(p) = (\mathcal{L}\mathcal{M})(p); \tag{5.8}$$

---

[1] La transformation de FOURIER est définie par prolongement par continuité de la transformation: $f \to \mathcal{F} f(\eta) = \int_{-\infty}^{+\infty} \exp(-i\eta t)\, f(t)\, dt$ si f est, par exemple, sommable.

[2] $(O_M)_\eta$ est l'espace des fonctions $g = g(\eta)$ indéfiniment différentiable, chaque dérivée de g étant majorée en module par un polynome en $|\eta|$.

en effet, vérifions d'abord que

$$\exp(-\xi t)\,\mathcal{M} \in \mathcal{S}'(\mathcal{L}(V;V))\,^{1} \qquad \text{pour } \xi > \xi_0; \tag{5.9}$$

pour φ dans $\mathcal{D}$, on a

$$((\exp(-\xi t)\,\mathcal{M}(\varphi)\,u, v)) = \langle \exp(-\xi t)\, m(u,v), \varphi \rangle$$

de sorte que

$$((\exp(-\xi t)\,\mathcal{M}(\varphi)\,u, v))$$

dépend continûment de φ dans $\mathcal{D}$ pour la topologie de $\mathcal{S}$; donc

$$((\exp(-\xi t)\,\mathcal{M}u, v)) \in \mathcal{S}' \qquad \text{pour tout } u, v \in V,\ \xi > \xi_0,$$

ce qui implique (5.9).

Ensuite

$$\begin{aligned}\mathcal{L}((\mathcal{M}u, v)) &= \mathcal{F}(\exp(-\xi t)\,((\mathcal{M}u, v)))\\ &= \mathcal{F}(\exp(-\xi t)\, m(u,v)) = \hat{m}(u, v; p),\end{aligned}$$

et

$$\mathcal{L}((\mathcal{M}u, v))\,(p) = ((\mathcal{L}\mathcal{M}(p)\,u, v)),$$

d'où (5.8).

On fera l'hypothèse suivante:

$$\left.\begin{array}{l}\text{il existe } \xi_1 \geqq \xi_0 \text{ tel que, pour tout } p \text{ avec } \xi > \xi_1,\\ \mu(p) \text{ soit un isomorphisme de } V \text{ sur lui même;}\\ \text{si } \mu^{-1}(p) \text{ est son inverse, on suppose que}\\ \qquad \|\mu^{-1}(p)\| \leqq \exp(\gamma\xi)\,\mathrm{pol}(|p|),\\ \text{où } \|\ \| \text{ désigne la norme dans } \mathcal{L}(V;V),\ \gamma \in R,\\ \text{et } \mathrm{pol}(|p|) \text{ désigne un polynome en } |p|.\end{array}\right\} \tag{5.10}$$

On va maintenant démontrer le

Théorème 5.1. *On suppose que* (5.5) *et* (5.10) *ont lieu. Il existe alors une distribution* $\mathcal{G} \in \mathcal{D}'_+(\mathcal{L}(V;V))$, *nulle pour* $t < -\gamma$, *vérifiant les relations* (5.1).

Démonstration. Utilisant la formule

$$(p-p_0)^{-1}[\mu^{-1}(p) - \mu^{-1}(p_0)] = -\mu^{-1}(p)\,[(p-p_0)^{-1}(\mu(p) - \mu(p_0))]\,\mu^{-1}(p_0)$$

on vérifie que $p \to \mu^{-1}(p)$ est holomorphe dans $\xi > \xi_0$ à valeurs dans $\mathcal{L}(V;V)$.

D'après la majoration (5.10), la fonction $\eta \to \mu^{-1}(\xi + i\eta)$ est à croissance lente, uniformément sur tout compact en ξ contenu dans $\xi > \xi_0$,

---

[1] Si E est un espace de Banach, $\mathcal{S}'(E)$, espace des distributions tempérées à valeurs dans E est défini par $\mathcal{S}'(E) = \mathcal{L}(\mathcal{S}; E)$.

La transformation de Laplace des distributions à valeurs dans un Banach n'offre pas de difficulté. Pour le cas général, cf. Schwartz [5] et [6].

et enfin, quel soit $a < -\gamma$,

$$\exp(a\xi)\,\mu^{-1}(\xi + i\eta) \to 0 \qquad \text{dans } \mathcal{S}'_\eta \text{ lorsque } \xi \to +\infty;$$

par conséquent $\mu^{-1}(p)$ est transformée de LAPLACE d'une distribution $\mathcal{G}$ (unique) à valeurs dans $\mathcal{L}(V; V)$, et d'après la règle des supports dans la transformation de LAPLACE (SCHWARTZ [10], LIONS [4]) $\mathcal{G}$ est nulle pour $t < -\gamma$. Ecrivons

$$\mu^{-1}(p) = \mathcal{L}(\mathcal{G}). \tag{5.11}$$

Mais alors $\mathcal{G}$ donne lieu à (5.1), ce qui démontre le théorème [1].

Corollaire 5.1. *Sous les hypothèses du théorème* 5.1, *le problème* 3.1 *(resp.* 3.2*) admet une solution unique, donnée par* (5.2) *(resp.* (5.3)*). L'application* $\vec{S} \to \vec{u}$ *est continue de* $\mathcal{D}'_+(V)$ *(resp.* $\mathcal{D}'_+(H)$*) dans* $\mathcal{D}'_+(V)$ *(resp.* $\mathcal{N}$*).*

Corollaire 5.2. *Sous les hypothèses du théorème* 5.1, *si* $\vec{S} \in \mathcal{D}_+(V)$ *alors* $\vec{u}$ *est dans* $\mathcal{D}_+(V)$, *l'application* $\vec{S} \to \vec{u}$ *étant continue de* $\mathcal{D}_+(V)$ *dans lui même.*

En effet, avec les notations du No. 1, on a de façon générale le résultat suivant (cf. L. SCHWARTZ [5], [6]): si $\vec{B} \in \mathcal{D}'_+(\mathcal{L}(E;F))$, et si $\vec{u} \in \mathcal{D}_+(E)$, alors $\vec{B} * \vec{u} \in \mathcal{D}_+(F)$, l'application $\vec{u} \to \vec{B} * \vec{u}$ étant continue de $\mathcal{D}_+(E)$ dans $\mathcal{D}_+(F)$.

Remarque 5.1. La démonstration du théorème 5.1 fournit en outre une règle pratique: *on peut calculer la distribution* $\mathcal{G}$ (la distribution de GREEN du problème) *par transformation de* LAPLACE *en* t.

Remarque 5.2. Dans tous les cas pratiques on peut appliquer le théorème des noyaux de L. SCHWARTZ [3] dans l'espace $\mathcal{L}(V; V)$; si V est un espace de fonctions ou de distributions sur $\Omega \subset R^n$, $\mathcal{G}$ est alors représentée par un noyau $\mathcal{G}(x, y; t)$. L'étude du support de ce noyau est importante dans le cas hyperbolique. On pourra consulter GARNIR [1], LIONS [1], p. 147—151.

6. Exemples (I)

Soit Ω un ouvert de R^n; on considère un espace V avec $H_0^m(\Omega) \subset V \subset H^m(\Omega)$ (notations du Chap. II, No. 3), et on prend $H = L^2(\Omega)$. On considère, pour $u, v \in V$, la forme sesquilinéaire

$$a(u, v) = \sum \int_\Omega a_{pq}(x)\, D^q u\, \overline{D^p v}\, dx \,{}^2, \qquad |p|, |q| \leqq m, \tag{6.1}$$

[1] Noter que $\mathcal{L}(\mathcal{G} * \mathcal{M}) = (\mathcal{L}\mathcal{G}) \circ (\mathcal{L}\mathcal{M})$.

[2] Où l'on peut ajouter des intégrales superficielles si la frontière de Ω est régulière (cf. Chap. II).

où $a_{pq} \in L^\infty(\Omega)$; on suppose que

$$\operatorname{Re} a(v, v) + \lambda |v|^2 \geqq \alpha \|v\|^2 \text{ [1]}, \quad \alpha > 0, \quad v \in V. \tag{6.2}$$

On considère par ailleurs la distribution

$$K_\beta = \mathscr{L}^{-1}(p^\beta), \tag{6.3}$$

où $\mathscr{L}^{-1}$ = transformation de LAPLACE inverse, où p^β est définie par $p^\beta|_{p=1} = 1$, et où on suppose que

$$0 < \beta \leqq 1. \tag{6.4}$$

Alors

$$K_\beta \in \mathscr{D}'_+, \quad \text{et est nulle pour } t < 0.$$

Nous considérons maintenant

$$m(u, v) = a(u, v)\,\delta + (u, v)\,K_\beta. \tag{6.5}$$

Avec les notations du No. 5, on voit donc que $m(u, v)$ est dans L_0 ($\xi_0 = 0$), et

$$\hat{m}(u, v; p) = a(u, v) + p^\beta(u, v). \tag{6.6}$$

L'hypothèse (5.5) a lieu; vérifions qu'il en est de même de l'hypothèse (5.10). Il faut résoudre l'équation (en u):

$$a(u, v) + p^\beta(u, v) = ((f, v)) \quad \text{pour tout } v \in V, \tag{6.7}$$

f étant donné dans V.

Or

$$\operatorname{Re}[a(v, v) + p^\beta(v, v)] \geqq \alpha \|v\|^2 - \lambda |v|^2 + r^\beta \cos(\beta\vartheta)\,|v|^2,$$

si

$$p = r\exp(i\vartheta).$$

Distinguons deux cas:

1) $\beta = 1$.

Alors

$$\operatorname{Re}[a(v, v) + p(v, v)] \geqq \alpha \|v\|^2 \quad \text{pour } \xi > \lambda,$$

d'où résulte (Chap. II, No. 1) que l'équation (6.7) admet, pour $\xi > \lambda$, une solution unique

$$u = \mu^{-1}(p)\,f,$$

et que

$$\|\mu^{-1}(p)\,f\| \leqq \frac{1}{\alpha}\|f\|; \tag{6.8}$$

donc (5.10) a lieu, avec $\gamma = 0$.

2) $\beta < 1$.

---

[1] $|v|^2 = \int_\Omega |v(x)|^2 dx$, $\|v\|$ = norme dans $H^m(\Omega)$ (Chap. II, No. 3).

Alors, dans le plan $\xi > 0$, $\cos(\beta\vartheta) \geqq k > 0$, donc, pour $\xi > 0$,

$$\mathrm{Re}[a(v, v) + p^\beta(v, v)] \geqq \alpha \|v\|^2 \quad \text{si} \quad k r^\beta \geqq \lambda,$$

ce qui a lieu si $k\xi^\beta \geqq \lambda$, donc $\xi \geqq \xi_1$ convenable. Même conclusion (6.8) que çi dessus.

L'hypothèse (5.10) a donc lieu. On est donc dans les conditions d'application du théorème 5.1. Donc: *pour $\vec{S}$ donnée dans $\mathscr{D}'_+(H)$, il existe $\vec{u}$ unique dans $\mathscr{N}$, avec*

$$a(\vec{u}, v) + (K_\beta * \vec{u}, v) = (\vec{S}, v), \qquad \text{pour tout } v \in V. \tag{6.9}$$

Mais il résulte de l'exemple 4.3 que $\mathscr{N} = \mathscr{D}'_+(D(A))$.

On peut donc énoncer: pour $\vec{S}$ donnée dans $\mathscr{D}'_+(H) = \mathscr{D}'_+(L^2(\Omega))$, il existe $\vec{u}$ unique dans $\mathscr{D}'_+(D(A))$ vérifiant

$$A\vec{u} + K_\beta * \vec{u} = \vec{S}. \tag{6.10}$$

Notons que

$$K_\beta = \frac{1}{\Gamma(-\beta)} Pf(t^{-\beta-1}|_{t>0})$$

(cf. L. Schwartz [1], Lavoine [1]); posons

$$A\left(x, \frac{\partial}{\partial x}\right) = \sum_{|p|, |q| \leqq m} (-1)^{|p|} D_x^p (a_{pq}(x) D_x^q);$$

alors (6.10) peut s'écrire, en écrivant les distributions comme des fonctions:

$$A\left(x, \frac{\partial}{\partial x}\right) u(x, t) + \frac{1}{\Gamma(-\beta)} \left(Pf\, t^{-\beta-1}|_{t>0} \underset{(t)}{*} u(x, t)\right) = S(x, t).$$

Les conditions aux limites sont contenues dans l'appartenance de $\vec{u}$ à $\mathscr{D}'_+(D(A))$, i.e. les conditions $u(\varphi) \in D(A)$ pour tout $\varphi \in \mathscr{D}_-$; l'interprétation du problème revient donc à l'interprétation de $D(A)$, selon le choix de $a(u, v)$ et de l'espace V (nous renvoyons pour cela aux exemples du Chap. II, No. 4 et 5).

Des variantes très nombreuses sont possibles. Renvoyons à Lions [1]. Signalons en particulier que si (6.2) a lieu, avec en outre

$$a(u, v) = \overline{a(v, u)} \qquad \text{pour tout } u, v \in V, \tag{6.11}$$

alors on peut prendre $\beta \in]0, 2]$ (et non seulement $\in]0, 1]$).

Pour le cas spécialement important pour les applications, où $m = 1$ et

$$a(u, v) = \sum \int_\Omega D_i u\, D_i \bar{v}\, dx \qquad (\text{donc } A = -\Delta),$$

nous renvoyons à H. G. Garnir [1].

On trouvera d'autres exemples, entrant tous dans le cadre présent, dans AMERIO [1], R. V. CHURCHILL [1], DOETSCH [1], [2], F. G. FRIEDLANDER [1], PICONE [3]. On pourra aussi consulter P. C. ROSENBLOOM [1]. (Pour un point de vue un peu différent, voir J. MIKUSINSKI [1].)

Remarque 6.1. *Régularité en les variables d'espace.* Faisons maintenant l'hypothèse suivante (cf. Chap. II, No. 8):

$$\left.\begin{array}{l}\text{pour } f \text{ donné dans } H^k(\Omega),\ 0 \leqq k \leqq k_0,\\ \text{la solution } u = G(\lambda)\, f \text{ de l'équation}\\ a(u,v) + \lambda(u,v) = (f,v) \text{ pour tout } v \in V,\\ \text{vérifie } u \in H^{k+2m}(\Omega).\end{array}\right\} \tag{6.12}$$

On a alors

$$\|u\|_{H^{k+2m}(\Omega)} = \|G(\lambda)\, f\|_{H^{k+2m}(\Omega)} \leqq c\, \|f\|_{H^k(\Omega)}. \tag{6.13}$$

On va démontrer le

Théorème 6.1. *On suppose que les hypothèses* (6.2), (6.4) *et* (6.12) *ont lieu. Dans ces conditions, pour* $\vec{S}$ *donné dans* $\mathscr{D}'_+(H^k(\Omega))$, *il existe* $\vec{u}$ *unique dans* $\mathscr{D}'_+(H^{k+2m}(\Omega)) \cap \mathscr{D}'_+(D(A))$, *solution de* (6.10), *et ceci quel que soit* $k \leqq k_0$.

Démonstration. On reprend la démonstration du théorème 5.1. La solution de (6.9) est

$$\vec{u} = \mathscr{G} * J\vec{S}, \quad \text{où} \quad \mathscr{L}\mathscr{G} = \mu(p).$$

Il reste à montrer que l'application $\vec{S} \to \mathscr{G} * J\vec{S} = \mathscr{G}_1 * \vec{S}$ est une application linéaire continue de $\mathscr{D}'_+(H^k(\Omega))$ dans $\mathscr{D}'_+(H^{k+2m}(\Omega))$ donc que

$$\mathscr{G}_1 \in \mathscr{D}'_+\big(\mathscr{L}(H^k(\Omega); H^{k+2m}(\Omega))\big). \tag{6.14}$$

Admettons que $\mathscr{G}_1$ possède une transformée de LAPLACE en t, soit $\mu_1(p)$. Alors $u = \mu_1(p)\, f$ n'est autre que la solution dans V, pour $\xi > \xi_0$, de

$$a(u,v) + p^\beta(u,v) = (f,v) \qquad \text{pour tout } v \in V,$$

f étant donné dans $H^k(\Omega)$.

Cette équation peut s'écrire

$$a(u,v) + \lambda(u,v) = (f + (\lambda - p^\beta)\, u, v), \quad \text{pour tout } v \in V. \tag{6.15}$$

Comme $u \in H^m(\Omega)$, on voit que

$$f + (\lambda - p^\beta)\, u \quad \text{est dans } H^\varrho(\Omega), \text{ où} \quad \varrho = \inf(k, m),$$

et alors, u est dans $H^{\varrho+2m}(\Omega)$; alors $f + (\lambda - p^\beta)\, u$ est dans $H^{\varrho_1}(\Omega)$ où $\varrho_1 = \inf(k, \inf(k+2m, 3m))$, et donc $u \in H^{\varrho_1+2m}(\Omega)$, et ainsi de suite;

donc u est dans $H^{k+2m}(\Omega)$ et on vérifie facilement que

$$\|u\|_{H^{k+2m}(\Omega)} \leqq \mathrm{pol}(|p|)\,\|f\|_{H^k(\Omega)}.$$

Donc $\mathscr{G}_1 = \mathscr{L}^{-1}(\mu_1(p))$ admet bien une transformée de LAPLACE, le calcul est justifié et (6.14) a lieu, ce qui démontre le théorème.

Ce théorème permet d'interpréter l'appartenance des $\vec{u}(\varphi)$ à $D(A)$ de façon non formelle (cf. les exemples du Chap. VI).

7. Exemples (II)

On considère comme au No. précédent un espace V avec

$$H_0^m(\Omega) \subset V \subset H^m(\Omega)$$

et $a_0(u, v)$ forme sesquilinéaire continue sur V avec

$$a_0(u, v) = \sum \int_\Omega a_{pq}^0(x)\, D^q u\, D^p \bar{v}\, dx, \qquad |p|, |q| \leqq m, \tag{7.1}$$

où nous supposons que

$$a_0(u, v) = \overline{a_0(v, u)} \qquad \text{pour tout } u, v \in V. \tag{7.2}$$

Nous supposons que la frontière Γ de Ω est bornée, indéfiniment différentiable, de dimension $n-1$. Nous considérons alors

$$a_1(u, v) = \sum \langle T_j u, \gamma_j \bar{v} \rangle, \qquad j = 0, 1, \ldots, m-1, \tag{7.3}$$

où $T_j \in \mathscr{L}\big(H^m(\Omega); H^{-(m-j-\frac{1}{2})}(\Gamma)\big)$ (cf. Chap. II, No. 3) [1], et nous supposons que

$$a_1(v, v) \geqq 0 \qquad \text{pour tout } v \in V, \tag{7.4}$$

avec

$$a_0(v, v) + \lambda\, a_1(v, v) \geqq \alpha_0 \|v\|^2, \qquad \alpha_0 > 0, \qquad v \in V. \tag{7.5}$$

Nous posons maintenant

$$m(u, v) = a_0(u, v)\, \delta + a_1(u, v)\, \delta''. \tag{7.6}$$

La condition (5.5) a lieu, avec $\xi_0 = 0$, et

$$\hat{m}(u, v; p) = a_0(u, v) + p^2 a_1(u, v). \tag{7.7}$$

On va vérifier que la condition (5.10) a lieu. Il faut pour cela résoudre l'équation

$$\hat{m}(u, v; p) = ((f, v)) \qquad \text{pour tout } v \in V, \tag{7.8}$$

f étant donné dans V. Si l'on pose

$$a_j(u, v) = ((\mathscr{A}_j u, v)), \qquad j = 0, 1,$$

---

[1] Le crochet de rang j désigne la dualité entre $H^{-(m-j-\frac{1}{2})}(\Gamma)$ et $H^{m-j-\frac{1}{2}}(\Gamma)$.

l'équation (7.8) équivaut à

$$(\mathscr{A}_0 + p^2 \mathscr{A}_1)\, u = f,$$

ou encore, $\mathscr{A}_0 + \lambda \mathscr{A}_1$ étant un isomorphisme de V sur lui même (à cause de (7.5)):

$$u + (p^2 - \lambda)\, (\mathscr{A}_0 + \lambda\, \mathscr{A}_1)^{-1} \mathscr{A}_1 u = (\mathscr{A}_0 + \lambda\, \mathscr{A}_1)^{-1} f. \tag{7.9}$$

Mais l'opérateur $(\mathscr{A}_0 + \lambda \mathscr{A}_1)^{-1} \mathscr{A}_1$ est, à cause des hypothèses (7.2) et (7.4), un opérateur *hermitien* dans V de sorte que

$$I + (p^2 - \lambda)\, (\mathscr{A}_0 + \lambda\, \mathscr{A}_1)^{-1} \mathscr{A}_1$$

sera inversible dans $\mathscr{L}(V; V)$ pour $\xi > \sqrt{\lambda}$. Par conséquent l'équation (7.8) admet une solution unique

$$u = \mu^{-1}(p)\, f, \qquad \text{pour } \xi > \sqrt{\lambda}.$$

Faisant $v = u$ dans (7.8) on en déduit

$$a_0(u, u) + (\xi^2 - \eta^2)\, a_1(u, u) = \mathrm{Re}\,((f, u)), \tag{7.10}$$

$$2\xi \eta\, a_1(u, u) = \mathrm{Im}\,((f, u)), \tag{7.11}$$

d'où

$$a_0(u, u) + \lambda\, a_1(u, u) = \mathrm{Re}\,((f, u)) + (2\xi \eta)^{-1} (\lambda + \eta^2 - \xi^2)\, \mathrm{Im}\,((f, u))$$

d'où

$$\alpha_0 \|u\| \leqq [1 + (2\xi\, |\eta|)^{-1} (\xi^2 - \lambda + \eta^2)]\, \|f\|, \quad \text{si} \quad \xi > \sqrt{\lambda}. \tag{7.12}$$

Cette majoration est suffisante sauf au voisinage de $\eta = 0$. Mais si $\xi^2 - \eta^2 \geqq \lambda$, on déduit de (7.10) que $\alpha_0 \|u\| \leqq \|f\|$, ce qui joint à (7.12) montre que (5.10) a lieu, avec $\gamma = 0$. Par conséquent: *pour $\vec{S}$ donnée dans $\mathscr{D}'_+(V)$, il existe $\vec{u}$ unique dans $\mathscr{D}'_+(V)$, vérifiant*

$$a_0(\vec{u}, v) + a_1(\vec{u}'', v) = ((\vec{S}, v)), \qquad \text{pour tout } v \in V. \tag{7.13}$$

Soit $\vec{f}_j \in \mathscr{D}'_+\big(H^{-(m-j-\frac{1}{2})}(\Gamma)\big)$, $j = 0, 1, \ldots, m-1$, et soit $\vec{S}$ définie par

$$\big((\vec{S}(\varphi), v)\big) = \sum_{j=0}^{m-1} \langle \vec{f}_j(\varphi), \gamma_j \bar{v} \rangle, \qquad \varphi \in \mathscr{D}_-, \qquad v \in V,$$

le crochet de rang j désignant le produit scalaire entre $H^{-(m-j-\frac{1}{2})}(\Gamma)$ et $H^{(m-j-\frac{1}{2})}(\Gamma)$. On définit ainsi pour chaque $\varphi \in \mathscr{D}_-$, un élément $\vec{S}(\varphi)$ de V, l'application $\varphi \to \vec{S}(\varphi)$ étant continue de $\mathscr{D}_-$ dans V; on a donc ainsi défini un élément $\vec{S}$ de $\mathscr{D}'_+(V)$.

Si l'on choisit ainsi $\vec{S}$ dans (7.13), on voit que $\vec{u}\,(=u(x, t))$ vérifie

$$A_0\left(x, \frac{\partial}{\partial x}\right) u(x, t) = 0 \quad \text{dans} \quad \Omega \times R_t, \tag{7.14}$$

où

$$A_0\left(x, \frac{\partial}{\partial x}\right) = \sum (-1)^{|p|} D_x^p \left(a_{pq}^0(x)\, D_x^q\right). \tag{7.15}$$

Voyons maintenant quelles sont les conditions aux limites. Formellement,

$$\left\langle A_0\left(x, \frac{\partial}{\partial x}\right)\vec{u}, \bar{v}\right\rangle = a_0(\vec{u}, v) + \sum_{j=0}^{m-1} \langle S_j^0(\vec{u}), \gamma_j \bar{v}\rangle,$$

où S_j^0 est un opérateur d'ordre $2m-j-1$. Alors (7.13) peut s'écrire

$$\left\langle - S_j^0(\vec{u}) + \frac{\partial^2}{\partial t^2} T_j \vec{u} - \vec{f}_j, \gamma_j \bar{v}\right\rangle = 0 \quad \text{pour tout } v \in V. \tag{7.16}$$

Exemple 7.1. Prenons $V = H^m(\Omega)$. Alors

$$- S_j^0(\vec{u}) + \frac{\partial^2}{\partial t^2} T_j \vec{u} = \vec{f}_j, \qquad j = 0, \dots, m-1. \tag{7.17}$$

Exemple 7.2. Prenons $m = 1$, $a_1(u, v) = \int_\Gamma (\gamma_0 u)(\gamma_0 \bar{v})\, d\sigma$,

$$A_0\left(x, \frac{\partial}{\partial x}\right) = - \sum_{i,j=1}^{n} \frac{\partial}{\partial x_i}\left(a_{ij}^0(x) \frac{\partial}{\partial x_j}\right).$$

On pose comme d'ordinaire

$$\partial/\partial \nu_{A_0} = \sum_{i,j=1}^{n} a_{ij}^0(x) \cos(n, x_i)\, \partial/\partial x_j,$$

n désignant la normale à Γ, extérieure à Ω.

Prenons pour V l'espace des fonctions $u \in H^1(\Omega)$ nulles sur une partie Γ_1 (de capacité >0) de Γ. Les conditions aux limites sont alors

$$\vec{u} = 0 \quad \text{sur} \quad \Gamma_1, \qquad \partial \vec{u}/\partial \nu_{A_0} + \frac{\partial^2}{\partial t^2} \vec{u} = \vec{f}_0 \quad \text{sur} \quad \Gamma - \Gamma_1.$$

Régularité en les variables d'espace.

On a un critère analogue à celui donné au théorème 6.1 : si la solution dans V de

$$a_0(u, v) + \lambda\, a_1(u, v) = (f, v), \qquad \text{pour tout } v \in V,$$

est dans $H^{k+2m}(\Omega)$, lorsque f est donné dans $H^k(\Omega)$, ceci pour $0 \leq k \leq k_0$ (et cette condition sera vraie dans de très nombreux cas; cf. F. E. Browder [10]), alors, pour $\vec{S}$ donné dans $\mathscr{D}'_+(H^k(\Omega))$ la solution $\vec{u} \in \mathscr{N}$ de

$$a_0(\vec{u}, v) + a_1(\vec{u}'', v) = (\vec{S}, v) \qquad \text{pour tout } v \in V,$$

est dans

$$\mathscr{D}'_+\left(H^{k+2m}(\Omega)\right), \qquad \text{pour } 0 \leq k \leq k_0.$$

On peut alors donner une interprétation rigoureuse des conditions aux limites: les calculs formels çi dessus sont justifiés; comme on a déja signalé (Chap. II, No. 8), l'Exemple 7.2 çi dessus n'entre pas dans ce cadre.

Remarque 7.1. Dans le cas d'opérateurs à coefficients *dépendant de t* (dans des espaces différents, et avec des méthodes différentes) des problèmes du type précédent ont été rencontrés au Chap. VI, No. 6, et au Chap. IX, No. 11.

8. Exemples (III)

On se place dans le cadre du Chap. IX, No. 4.

Soit $H(D_i, \Delta; \Omega)$ l'espace des (classes de) fonctions sur $\Omega \subset R^n$ telles que $u \in L^2(\Omega)$, $D_i u = \partial u / \partial x_i \in L^2(\Omega)$, $i = 1, \ldots, n$, et $\Delta u \in L^2(\Omega)$, cet espace étant muni de sa structure hilbertienne habituelle (cf. Chap. II, No. 2).

L'adhérence de $\mathscr{D}(\Omega)$ dans cet espace est $H_0^2(\Omega)$; soit V un sous espace vectoriel fermé de $H(D_i, \Delta; \Omega)$, avec

$$H_0^2(\Omega) \subset V \subset H(D_i, \Delta; \Omega). \tag{8.1}$$

On pose:

$$a_0(u, v) = (\Delta u, \Delta v) \left(= \int_\Omega (\Delta u)(\Delta \bar{v})\, dx\right),$$

$$a_1(u, v) = \sum_{i=1}^{n} (D_i u, D_i v) = (u, v)_1,$$

$$a_2(u, v) = (u, v),$$

$$m(u, v) = a_0(u, v)\, \delta + a_1(u, v)\, \delta' + a_2(u, v)\, \delta''.$$

La condition (5.4) a évidemment lieu avec $\xi_0 = 0$; la transformée de Laplace de $m(u, v)$ est

$$\hat{m}(u, v; p) = a_0(u, v) + p\, a_1(u, v) + p^2 a_2(u, v).$$

On va maintenant vérifier que la condition (5.10) a lieu. Il faut résoudre l'équation:

$$\hat{m}(u, v; p) = ((f, v)), \qquad \text{pour tout } v \in V, \tag{8.2}$$

où f est donné dans V.

Posons

$$a_j(u, v) = ((\mathscr{A}_j u, v)), \quad j = 0, 1, 2, \tag{8.3}$$

et notons que $\mathscr{A}_0 + \mathscr{A}_1 + \mathscr{A}_2 = I$ (identité dans V). L'équation (8.2) est alors équivalente à

$$B(p)\, u = f, \tag{8.4}$$

où

$$B(p) = I + (p-1)\mathscr{A}_1 + (p^2-1)\mathscr{A}_2. \tag{8.5}$$

Dans ce qui suit nous posons $p = r\exp(i\vartheta)$. Soit u donné quelconque dans V avec $\|u\| = 1$. Posons

$$X(u) = 1 + \big(r\cos(\vartheta) - 1\big)|u|_1^2 + \big(r^2\cos(2\vartheta) - 1\big)|u|^2,$$
$$Y(u) = r\sin(\vartheta)|u|_1^2 + r^2\sin(2\vartheta)|u|^2,$$

$\big($où $|u|_1^2 = (u, u)_1\big)$.

On a:

$$\|B(p)u\| \geqq |((B(p)u, u))| \geqq \sup\big(|X(u)|, |Y(u)|\big). \tag{8.6}$$

Supposons d'abord que $|\vartheta| \leqq \pi/6$. Alors $\cos(2\vartheta) \geqq \frac{1}{2}$, $\cos(\vartheta) \geqq \sqrt{\frac{3}{2}}$ et donc

$$X(u) \geqq 1 \quad \text{pour} \quad \xi > \xi_1 \quad \text{convenable}. \tag{8.7}$$

Supposons maintenant $\pi/6 \leqq |\vartheta| < \pi/2$; considérons successivement les trois éventualités suivantes:

(i) $r|u|_1^2 \geqq \frac{1}{8}$;

(ii) $r^2|u|^2 \geqq \frac{1}{8}$;

(iii) $r|u|_1^2$ et $r^2|u|^2$ sont $\leqq \frac{1}{8}$.

Dans le cas (i),

$$|Y(u)| \geqq |\sin(\vartheta)|/8 \geqq 1/16.$$

Dans le cas (ii),

$$|Y(u)| \geqq |\sin(2\vartheta)|/8 = (\xi|\eta|)/\big(4(\xi^2+\eta^2)\big).$$

Dans le cas (iii), on écrit

$$X(u) = 1 + r|u|_1^2(\cos\vartheta - r^{-1}) + r^2|u|^2\big(\cos(2\vartheta) - r^{-2}\big),$$

et on note que pour $\xi > 1$, par exemple, $|\cos(\vartheta) - r^{-1}| \leqq 2$, et $|\cos(2\vartheta) - r^{-2}| \leqq 2$, de sorte que $X(u) \geqq 1 - 4/8 = 1/2$.

On a des majorations analogues pour $B(p)^*$, adjoint de $B(p)$, de sorte que $B(p)$ est un isomorphisme de V sur lui même, et $\|B^{-1}(p)\| \leqq \mathrm{pol}(|p|)$, d'où le résultat voulu: (5.10) a lieu, avec $\gamma = 0$. (Pour des variantes du résultat précédent, cf. LIONS [1], p. 91–94).

Par conséquent, *pour $\vec{S}$ donnée dans $\mathscr{D}'_+(H)$, $H = L^2(\Omega)$, il existe une distribution $\vec{u}$ unique dans $\mathscr{N}$ vérifiant*

$$(\Delta\vec{u}, \Delta v) + D_t(\vec{u}, v)_1 + D_t^2(\vec{u}, v) = (\vec{S}, v)$$

pour tout $v \in V$.

En écrivant les distributions comme des fonctions, on en déduit que

$$\Delta_x^2 u(x,t) - D_t\Delta_x u(x,t) + D_t^2 u = S(x,t) \qquad \text{dans } \Omega \times R.$$

Les conditions aux limites s'expriment formellement par

$$\int_\Gamma \left(\frac{\partial \Delta}{\partial n} \vec{u}\right) \bar{v}\, d\sigma - \int_\Gamma (\Delta \vec{u}) \frac{\partial}{\partial n} \bar{v}\, d\sigma - \int_\Gamma \left(\frac{\partial}{\partial t} \frac{\partial}{\partial n} \vec{u}\right) \bar{v}\, d\sigma = 0 \qquad (8.8)$$

pour tout $v \in V$.

Exemple 8.1. Nous prenons pour V l'espace des fonctions telles que $\gamma_1 v = \frac{\partial}{\partial n} v = 0$ (ce qui a un sens: cf. Chap. II, No. 3, point 3.6). Les conditions aux limites sont alors

$$\frac{\partial}{\partial n} \vec{u} = 0 \quad \text{sur } \Gamma, \qquad \frac{\partial}{\partial n} \Delta \vec{u} - \frac{\partial}{\partial t} \frac{\partial}{\partial n} \vec{u} = 0 \quad \text{sur } \Gamma.$$

(Cf. aussi Chap. IX, exemple 4.2).

Dans cet exemple, $\mathscr{D}'_+(\mathscr{N}_0) \subset \mathscr{N}$ strictement.

9. Compléments (I)

Comme on a déja signalé p. 227, l'espace $\mathscr{D}'_+$ peut être remplacé par divers autres espaces. Nous allons dans ce No. donner deux exemples, utiles dans les applications.

Sur un espace R^m, $y = \{y_1, \ldots, y_m\} \in R^m$, on considère l'espace $\mathscr{S}' = \mathscr{S}'_y$ des distributions tempérées, ainsi que les espaces O_M et O'_c (cf. L. Schwartz [2]; O_M est défini, pour une variable, à la note 2, p. 239; la définition pour m variables est analogue; l'espace O'_c est l'espace des transformées de Fourier des éléments de O_M). Pour S dans O'_c et T dans $\mathscr{S}'$, le produit de composition $S * T$ est défini, et appartient à $\mathscr{S}'$ (Schwartz [2]).

On considère maintenant $m(u, v)$, *application sesquilinéaire continue de* $V \times V$ *dans* O'_c. Alors, comme au No. 3,

$$m(u, v) = ((\mathscr{M} u, v)) \qquad (9.1)$$

où cette fois

$$\mathscr{M} \in O'_c(\mathscr{L}(V; V)) = O'_c \hat{\otimes} \mathscr{L}(V; V) \qquad (9.2)$$

(voir L. Schwartz [5], [6]) [1].

Pour $\vec{u}$ dans $\mathscr{S}'(V) = \mathscr{L}(\mathscr{S}; V) = \mathscr{S}' \hat{\otimes} V$, on définit le «prolongement» de $m(u, v)$ par

$$P_m(\vec{u}, v) = ((\mathscr{M} * \vec{u}, v)), \quad \in \mathscr{S}', \qquad (9.3)$$

l'application $\vec{u} \to P_m(\vec{u}, v)$ étant continue de $\mathscr{S}'(V)$ dans $\mathscr{S}'$.

On pose le problème suivant (correspondant au problème 3.2; il y a naturellement aussi un problème correspondant au problème 3.1):

[1] Dans ces compléments nous utilisons les notations des produits tensoriels topologiques de Grothendieck [1].

Problème 9.1. Pour $\vec{S}$ donnée dans $\mathscr{S}'(H)$, trouver $\vec{u}$ dans $\mathscr{S}'(V)$, vérifiant

$$P_m(\vec{u}, v) = (\vec{S}, v) \qquad \text{pour tout } v \in V \tag{9.4}$$

(ce qui équivaut à

$$\mathscr{M} * \vec{u} = J\vec{S}). \tag{9.4)'}$$

Notons que toute solution de (9.4) est dans l'espace $\mathscr{N}$, défini de façon analogue au No. 4: c'est l'espace des $\vec{u} \in \mathscr{S}'(V)$ tels que l'application semi linéaire $v \to P_m(\vec{u}, v)$ soit continue sur V muni de la topologie induite par H à valeurs dans $\mathscr{S}'$.

Le problème 9.1 admettra une solution unique, s'il existe une distribution $\mathscr{G} \in O'_c \hat{\otimes} \mathscr{L}(V; V)$, avec

$$\mathscr{G} * \mathscr{M} = \mathscr{M} * \mathscr{G} = \delta \otimes I_V, \qquad \delta = \text{masse de Dirac en } y. \tag{9.5}$$

On va donner une condition suffisante pour que $\mathscr{G}$ existe.

Considérons la transformée de Fourier en y (variable duale Y, $Y = \{Y_1, \ldots, Y_m\}$) de $m(u, v)$:

$$\hat{m}(u, v; Y) = \mathscr{F}(m(u, v))(Y) \qquad (\in O_M). \tag{9.6}$$

On a

$$\hat{m}(u, v; Y) = ((\mu(Y)\, u, v)), \qquad \mu(Y) = \mathscr{F}\mathscr{M}(Y).$$

On fera l'hypothèse suivante

$$\left.\begin{array}{l}\text{pour tout } Y \in R^m,\ \mu(Y) \text{ est un iso-}\\ \text{morphisme de } V \text{ sur lui même, et}\\ \|\mu^{-1}(Y)\| \leqq \operatorname{pol}(|Y|).\end{array}\right\} \tag{9.7}$$

Théorème 9.1. *Si* (9.7) *a lieu, il existe une distribution vérifiant* (9.5). *Par conséquent le problème* 9.1 *admet une solution unique,*

$$\vec{u} = \mathscr{G} * J\vec{S}. \tag{9.8}$$

Démonstration. Il suffit de montrer que $Y \to \mu^{-1}(Y)$ définit une fonction appartenant à l'espace $O_M(\mathscr{L}(V; V))$; on prendra alors

$$\mathscr{G} = \overline{\mathscr{F}}(\mu^{-1}(Y)).$$

Il faut donc vérifier que

$$\|D_Y^q \mu^{-1}(Y)\| \leqq P_q(|Y|), \tag{9.9}$$

P_q désignant un polynome, dépendant de la dérivation D^q.

Or

$$D_j \mu^{-1}(Y) = -\mu^{-1}(Y)\,(D_j \mu(Y))\,\mu^{-1}(Y),$$

ce qui montre (9.9) si $D^q = D_j = \partial/\partial Y_j$. On passe de là au cas général en dérivant la formule précédente. (On utilise le fait que toutes les dérivées de $\mu(Y)$ ont une norme dans $\mathscr{L}(V; V)$ à croissance polynomiale, puisque $\mu = \mathscr{F}\mathscr{M}$.)

Autre exemple. Supposons maintenant que $m(u, v) \in O'_c \hat{\otimes} \mathscr{D}'_+$, l'application: $u, v \to m(u, v)$ étant sesquilinéaire continue de $V \times V$ dans $O'_c \hat{\otimes} \mathscr{D}'_+$.

On a encore (9.1) avec cette fois

$$\mathscr{M} \in O'_c \hat{\otimes} \mathscr{D}'_+ \hat{\otimes} \mathscr{L}(V; V). \tag{9.10}$$

Pour $\vec{u}$ dans $\mathscr{S}' \hat{\otimes} \mathscr{D}'_+ \hat{\otimes} V$, on pose

$$P_m(\vec{u}, v) = ((\mathscr{M} * \vec{u}, v)), \tag{9.11}$$

où cette fois le produit de composition est pris en y et en t.

On pose le

Problème 9.2. Soit $\vec{S}$ donnée dans $\mathscr{S}' \hat{\otimes} \mathscr{D}'_+ \hat{\otimes} H$; trouver $\vec{u}$ dans l'espace $\mathscr{S}' \hat{\otimes} \mathscr{D}'_+ \hat{\otimes} V$, avec

$$P_m(\vec{u}, v) = (\vec{S}, v) \qquad \text{pour tout } v \in V. \tag{9.12}$$

On va donner une condition suffisante pour que ce problème admette une solution unique. Supposons (avec les notations du No. 5) que

$$m(u, v) \in O'_c \hat{\otimes} L_{\xi_0}, \tag{9.13}$$

l'application $u, v \to m(u, v)$ étant sesquilinéaire continue de $V \times V$ dans $O'_c \hat{\otimes} L_{\xi_0}$.

Soit alors $\hat{m}(u, v; Y, p)$ la transformée de Fourier en y et la transformée de Laplace en t de $m(u, v)$:

$$\hat{m}(u, v; Y, p) = \big(\mathscr{F}_y \mathscr{L}_t\, m(u, v)\big)(Y, p); \tag{9.14}$$

on a

$$\hat{m}(u, v; Y, p) = ((\mu(Y, p)\, u, v)), \tag{9.15}$$

où

$$\mu(Y, p) = (\mathscr{F}_y \mathscr{L}_t \mathscr{M})(Y, p). \tag{9.16}$$

On fait maintenant l'hypothèse suivante:

$$\left.\begin{array}{l}\text{pour } \xi > \xi_1 \geqq \xi_0 \text{ convenable et pour tout } Y \text{ dans} \\ R^m,\ \mu(Y, p) \text{ est un isomorphisme de } V \text{ sur } V, \text{ et} \\ \|\mu^{-1}(Y, p)\| \leqq \exp(\gamma\xi)\,\mathrm{pol}(|Y|, |p|), \qquad \gamma \in R.\end{array}\right\} \tag{9.17}$$

On montre alors, comme précédemment, le

Théorème 9.2. *Si les hypothèses* (9.13) *et* (9.17) *ont lieu, le problème* 9.2 *admet une solution unique, donnée par*

$$\vec{u} = \mathscr{G} * \vec{S}, \tag{9.18}$$

(produit de composition en y et t), *où*

$$\mathscr{G} = \bar{\mathscr{F}}_y \mathscr{L}_p^{-1}(\mu^{-1}(Y, p)). \tag{9.19}$$

10. Compléments (II)

1) Soit E un espace de Banach, A un opérateur non borné dans E de domaine $D(A)$ dense dans E; on suppose que A est fermé. On munit $D(A)$ de la norme du graphe, de sorte que $A \in \mathscr{L}(D(A); E)$. On peut chercher la condition nécessaire et suffisante, portant sur A, pour que l'opérateur $\vec{u} \to A\vec{u} + \frac{\partial}{\partial t}\vec{u} = \vec{S}$ soit un isomorphisme de $\mathscr{D}'_+(D(A))$ sur $\mathscr{D}'_+(E)$, la meilleure limite à gauche du support de $\vec{S}$ étant égale à la meilleure limite à gauche du support de $\vec{u}$. La condition nécessaire et suffisante est que A soit le «générateur infinitésimal» d'un semi groupe *distribution*, ces notions étant étudiées dans Lions [23]. Il existe des semi groupes distribution n'admettant pas de transformée de Laplace (Schwartz; non publié; des exemples systématiques ont été donnés par C. Foias [3]). La condition nécessaire et suffisante pour que A soit générateur infinitésimal d'un semi groupe distribution admettant une transformée de Laplace est que $A + p$ soit un isomorphisme de $D(A)$ sur E pour $\xi > \xi_0$, avec

$$\|(A + p)^{-1}\| \leqq \mathrm{pol}(|p|) \qquad \text{(cf. Lions [23]).} \tag{10.1}$$

2) Si la majoration (10.1) est remplacée par la majoration plus restrictive

$$\|(A + p)^{-n}\| \leqq M/(\xi - \xi_0)^n, \qquad \text{pour tout } n \geqq 0 \text{ entier}, \ \xi > \xi_0,$$

alors A est générateur infinitésimal d'un semi groupe usuel, d'après le théorème de Hille, Yosida, Phillips, Miyadera; voir les travaux de ces auteurs cités dans la bibliographie.

3) Etant donné un opérateur A non borné dans un espace de Hilbert (on peut poser le même problème dans un espace de Banach ...), vérifiant des conditions convenables, on peut en chercher «tous» les prolongements qui soient générateurs infinitésimaux de semi groupes. Ce problème est résolu dans R. S. Phillips [2], [3], [4]; cf. aussi H. O. Cordes [1], Dezin [1], K. O. Friedrichs [5], P. D. Lax-R. S. Phillips [1].

Un problème d'une nature analogue est la recherche de tous les prolongements d'un opérateur différentiel elliptique du deuxième ordre qui soient générateurs infinitésimaux d'un semi groupe de MARKOFF. On consultera pour cela VENTZEL [1] où l'on trouvera d'autres indications bibliographiques. Consulter également E. B. DYNKIN [1], W. FELLER [1].

4) Comme on a déja signalé plusieurs fois, A n'est pas nécessairement un opérateur différentiel. Un exemple où A est intégro différentiel intervient dans la diffusion des neutrons. Cf. J. LEHNER [1], J. LEHNER et G. M. WING [1], G. H. PIMBLEY jr. [1].

Chapitre XII

Quelques problèmes singuliers

Sommaire. Les No. 1, 5, 6, 7 peuvent être lus indépendamment du reste du livre. (Toutefois le No. 5 ne contient pas les vérifications complètes pour lesquelles nous renvoyons à LIONS [18].)

Le No. 2 utilise le No. 1 et le Chap. I. Le No. 3 utilise certains points des Chap. XI et II et le No. 4 utilise le Chap. VIII.

Nous utilisons dans ce chapitre la méthode des transmutations. Les transmutations ont été introduites par DELSARTE [1], et ont été appliquées par cet auteur (DELSARTE [2]) à l'étude de généralisations des translations et des fonctions presque périodiques (cf. aussi POVZNER [1], LEVITAN [1], MARCENKO [1]) — signalons aussi GELFAND-LEVITAN [1].

La méthode des transmutations dans les équations opérationnelles a été utilisée par OLEVSKI [1], LIONS [18], [19] et, semble-t-il, W. KUANG-YING [1].

On expose ici cette méthode dans le cas des opérateurs

$$A(t) + D_t^2 + (2q+1)\, t^{-1} D_t + M(t)\, D_t + N(t), \qquad q \in C,$$

avec données de CAUCHY pour $t=0$. Les valeurs $q=-1, -2, \ldots$ sont singulières (WEINSTEIN [3]), et pour les valeurs de q situées entre les valeurs singulières, les méthodes des chapitres précédents ne semblent pas applicables. On montre aux No. 2, 3, 4 comment les transmutations (qui sont définies au No. 1) permettent d'attaquer ce problème (on consultera aussi WEINSTEIN [1], [2], [3], DIAZ-WEINBERGER [1], E. K. BLUM [1]; cf. aussi DIAZ-LIONS [1]).

Pour des méthodes différentes (inégalités à priori ou équations intégrales, ne résolvant pas le problème pour les valeurs situées entre les valeurs singulières mais permettant de considérer des singularités de type différent de $t^{-1} D_t$), on consultera BITZADZE [1], R. CONTI [1],

KRASNOV [1], PROTTER [1]. Nous publierons ultérieurement un article d'ensemble sur le sujet (un rapport préliminaire a été donné dans des conférences à l'Université de Maryland, College Park).

Signalons enfin qu'une méthode «spectrale», différente des transmutations est développée par J. SEBASTIAO è SILVA [1], [2],]3].

1. Opérateurs de transmutation

On désigne par $\mathcal{E}_*$ l'espace des fonctions $t \to f(t)$ indéfiniment différentiables pour $t \geqq 0$ (à valeurs réelles ou complexes), telles que $f^{(2n+1)}(0) = 0$ pour tout entier $n \geqq 0$. (On peut identifier cet espace à celui des fonctions indéfiniment différentiables *paires* sur la droite entière). On munit $\mathcal{E}_*$ de la topologie de la convergence uniforme sur tout compact des fonctions et de chacune de leurs dérivées.

Pour $f \in \mathcal{E}_*$ on posera

$$\Lambda_q f = D^2 f + (2q+1)\, t^{-1} D f + M(t)\, D f + N(t)\, f, \quad D = d/dt, \tag{1.1}$$

où q est un paramètre *complexe*, M une fonction indéfiniment différentiable dans $t \geqq 0$, vérifiant $M^{(2n)}(0) = 0$ pour tout $n \geqq 0$ (on peut dire en abrégé que M est «impaire»), et où $N \in \mathcal{E}_*$. Alors $f \to \Lambda_q f$ est un opérateur linéaire continu de $\mathcal{E}_*$ dans lui même. On démontrera plus loin (cf. No. 5, 6, 7) le résultat suivant (annoncé dans LIONS [19]):

Théorème 1.1. *Pour $q \neq -1, -2, -3, \ldots$, il existe un opérateur X_q (et un seul) linéaire continu de $\mathcal{E}_*$ dans lui même, tel que*

$$X_q \text{ est un isomorphisme de } \mathcal{E}_* \text{ sur lui même}^1; \tag{1.2}$$

$$D^2 X_q f = X_q \Lambda_q f \quad \text{pour tout } f \in \mathcal{E}_*; \tag{1.3}$$

$$X_q f(0) = f(0) \quad \text{pour tout } f \in \mathcal{E}_*. \tag{1.4}$$

En outre la fonction $q \to X_q$ est holomorphe entière à valeurs dans l'espace $\mathcal{L}(\mathcal{E}_*; \mathcal{E}_*)$ des applications linéaires continues de $\mathcal{E}_*$ dans lui même. Si l'on pose

$$X_q^{-1} = \mathfrak{X}_q, \tag{1.5}$$

la fonction $q \to \mathfrak{X}_q$ est méromorphe à valeurs dans l'espace $\mathcal{L}(\mathcal{E}_*; \mathcal{E}_*)$ avec des pôles simples aux points $-1, -2, \ldots$.

Les opérateurs X_q et $\mathfrak{X}_q$ sont appelés *opérateurs de transmutation.* On peut écrire (1.3) sous la forme

$$\Lambda_q = \mathfrak{X}_q D^2 X_q \qquad (\text{sur l'espace } \mathcal{E}_*).$$

[1] Algébriquement et topologiquement, i.e. X_q est continu de $\mathcal{E}_*$ dans lui même, l'équation $X_q f = g$ admettant une solution f unique, soit $f = \mathfrak{X}_q g$ (cf. (1.5)), et l'application $g \to \mathfrak{X}_q g$ étant continue de $\mathcal{E}_*$ sur lui même.

2. Transformation d'un problème singulier en un problème non singulier

Nous considérons, dans un espace de BANACH H, un opérateur A non borné, de domaine $D(A)$ dense dans H, A étant fermé. Nous munissons $D(A)$ de la norme du graphe, de sorte que $A \in \mathscr{L}(D(A); H)$.

De façon générale, si E est un espace de BANACH, nous désignons par $\mathscr{E}_*(E)$ l'espace des fonctions $t \to f(t)$ indéfiniment différentiables de $t \geqq 0$ à valeurs dans E, avec $f^{(2n+1)}(0) = 0$ pour tout $n \geqq 0$. On munit encore cet espace de la topologie de la convergence uniforme sur tout compact, à valeurs dans E, des fonctions et de chacune de leurs dérivées. On considère le

Problème 2.1. Trouver u dans l'espace $\mathscr{E}_*(D(A))$, vérifiant

$$A u(t) + \Lambda_q u(t) = f(t), \tag{2.1}$$

avec

$$u(0) = u_0 \tag{2.2}$$

où f est donnée dans $\mathscr{E}_*(H)$ et où u_0 est donné dans $D(A)$.

Sauf si $q = -\frac{1}{2}$, ce problème est relatif à un opérateur ayant une singularité pour $t = 0$, à cause du facteur $(2q+1)\, t^{-1} D$ dans Λ_q.

Considérons maintenant le problème non singulier suivant:

Problème 2.2. Trouver w dans l'espace $\mathscr{E}_*(D(A))$, vérifiant

$$A w(t) + D^2 w(t) = g(t), \tag{2.3}$$

avec

$$w(0) = w_0, \tag{2.4}$$

où g est donnée dans $\mathscr{E}_*(H)$, avec w_0 donné dans $D(A)$.

On va vérifier le

Théorème 2.1. *Si* $q \neq -1, -2, \ldots,$ *le problème* 2.1 *équivaut au problème* 2.2.

Démonstration. Introduisons en effet la fonction

$$X_q u = U\ [1] \tag{2.5}$$

où X_q est défini par le théorème 1.1, q étant différent de $-1, -2, \ldots$. Appliquons l'opérateur X_q[1] aux deux membres de (2.1). Il vient, puisque A permute à X_q,

$$A X_q u(t) + X_q \Lambda_q u(t) = X_q f(t). \tag{2.6}$$

---

[1] L'opérateur X_q est appliqué *par rapport à la variable* t. Si $X_q(t, \tau)$ est le noyau de l'application X_q (au sens de L. SCHWARTZ [3]), on a: $X_q u(t) = \int X_q(t, \tau)\, u(\tau)\, d\tau$, «intégrale» prise dans H. On peut aussi dire que $X_q = X_q \otimes I_H$, $X_q : \mathscr{E}_* \to \mathscr{E}_*$, $I_H =$ identité dans H.

Mais d'après la propriété (1.3) du théorème 1.1, (2.6) peut s'écrire

$$A\,X_q u(t) + D^2 X_q u(t) = X_q f(t),$$

c'est à dire

$$A\,U(t) + D^2\,U(t) = g(t), \tag{2.7}$$

où

$$g(t) = X_q f(t). \tag{2.8}$$

Par ailleurs d'après la propriété (1.4), $U(0) = u(0)$, de sorte que si u vérifie (2.2), on aura

$$U(0) = u_0. \tag{2.9}$$

Par conséquent, si u est solution du problème 2.1, on voit que U est solution du problème 2.2, avec g donné par (2.8), et $w_0 = u_0$.

Réciproquement, si w est solution du problème 2.2, alors la fonction $\mathscr{X}_q w$ est solution du problème 2.1, avec $f = \mathscr{X}_q g$, et $u_0 = w_0$. D'où le résultat.

Remarque 2.1. Supposons que le problème 2.2 admette une solution unique:

$$w = \mathfrak{H}(g; w_0);$$

alors le problème 2.1 admet une solution unique, fournie par

$$u = \mathscr{X}_q \mathfrak{H}(X_q f; w_0). \tag{2.10}$$

L'opérateur $\mathfrak{H}$ peut s'écrire

$$w = \mathfrak{H}_1 * (\tilde{g} + \delta' \otimes w_0),$$

où $\mathfrak{H}_1 \in \mathscr{D}'_+(\mathscr{L}(H; D(A)))$ (notations du Chap. XI), et où $\tilde{g}$ est le prolongement de g par 0 pour $t < 0$. Alors

$$u = \mathscr{X}_q(\mathfrak{H}_1 * X_q f) + \mathscr{X}_q(\mathfrak{H}_1 * (\delta' \otimes u_0)). \tag{2.11}$$

Il s'agit d'un noyau de convolution, mais où les translations habituelles sont remplacées par les translations généralisées de Delsarte et Levitan, attachées à Λ_q. (Pour détails sur ce point cf. Marcenko [1].)

Remarque 2.2. On vérifie facilement ceci: soit $t \to u(t)$ une fonction indéfiniment différentiable dans $t \geqq 0$ à valeurs dans $D(A)$ (mais non à priori dans $\mathscr{E}_*(D(A))$), vérifiant (2.1), (2.2) et

$$u'(0) = 0. \tag{2.12}$$

Alors si $q \neq -\frac{3}{2}, -\frac{5}{2}, \ldots$, il en résulte que $u^{(2n+1)}(0) = 0$ pour tout entier $n \geqq 1$, et le théorème 2.1 s'applique.

Si $q = -\frac{3}{2}$, ou $-\frac{5}{2}, \ldots$, il faut chercher à priori u dans l'espace $\mathscr{E}_*(D(A))$.

Remarque 2.3. Les valeurs $q = -1, -2, \ldots$ jouent un rôle vraiment exceptionnel (ne tenant pas seulement à la méthode employée au théorème 2.1). Par exemple si $q = -1$, $Au(t) + A_{-1}u(t)$ converge lorsque $t \to 0$ vers $Au(0) + N(0)\,u(0)$, de sorte que si (2.1) et (2.2) ont lieu, on a *nécessairement* $A\,u_0 + N(0)\,u_0 = f(0)$. Il est donc nécessaire de modifier l'énoncé du problème (remarque analogue pour $q = -2, \ldots$). Cette remarque est dûe à A. WEINSTEIN. Cf. en particulier A. WEINSTEIN [3].

3. Application

On fera l'hypothèse suivante:

$$\left.\begin{array}{l}\text{pour } \xi > \xi_0,\ A + p^2\ (p = \xi + i\eta) \text{ est un isomorphisme}\\ \text{de } D(A) \text{ sur } H, \text{ et}\\ |(A + p^2)^{-1}| \leqq c(1 + |p|)^{2\mu}, \quad \mu \text{ entier},\\ |\quad| \text{ désignant la norme dans } \mathcal{L}(H; H).\end{array}\right\} \tag{3.1}$$

On désigne par $D(A^\infty)$ l'espace des $u \in D(A)$ tels que $A\,u \in D(A)$, $A^2 u \in D(A)$, etc. [1].

On va démontrer le

Théorème 3.1. *On suppose que* (3.1) *a lieu. On donne* g *dans* $\mathcal{E}_*(H)$ *avec en outre*

$$g(0) \in D(A^\infty). \tag{3.2}$$

On suppose aussi que

$$w_0 \in D(A^\infty). \tag{3.3}$$

Dans ces conditions le problème 2.2 *admet une solution unique.*

Démonstration. 1) Déterminons d'abord une fonction $w_1(t)$ ayant les propriétés suivantes:

$$t \to w_1(t) \quad \text{est indéfiniment différentiable de } t \geqq 0 \text{ dans } D(A), \tag{3.4}$$

$$w_1(0) = w_0, \quad w_1^{(2n+1)}(0) = 0 \quad \text{pour tout } n, \tag{3.5}$$

et telle que, si l'on pose

$$g_1(t) = A\,w_1(t) + w_1''(t), \tag{3.6}$$

$$g_2(t) = g(t) - g_1(t), \tag{3.7}$$

on ait

$$g_2^{(2n)}(0) = 0, \quad n = 0, 1, \ldots, \nu, \tag{3.8}$$

ν étant un entier fixé quelconque.

Ceci est possible; en effet, (3.8) équivaut à

$$w_1^{(2k+2)}(0) = g^{(2k)}(0) - A\,w_1^{(2k)}(0), \quad k = 0, 1, \ldots, \nu$$

[1] Il résulte par exemple de LIONS [23] que $D(A^\infty)$ est dense dans H.

ce qui détermine les $w_1^{(2k)}(0)$ pour $1 \leqq k \leqq \nu$, comme éléments de $D(A^\infty)$ (puisque $g(0)$ et w_0 sont dans $D(A^\infty)$). Le choix de w_1 est donc possible. On peut en outre supposer que w_1 est nulle pour t assez grand.

2) Posons maintenant

$$w_2 = w - w_1. \tag{3.9}$$

Alors w_2 doit être solution de

$$A w_2 + w_2'' = g_2, \tag{3.10}$$

avec

$$w_2(0) = w_2'(0) = 0. \tag{3.11}$$

Si donc on désigne par $\tilde{w}_2$, $\tilde{g}_2$ les prolongements de w_2 et g_2 par 0 pour $t < 0$, on a

$$A \tilde{w}_2 + D_t^2 \tilde{w}_2 = \tilde{g}_2. \tag{3.12}$$

Mais désignons par $\mathfrak{H}_1$ la distribution $\in \mathscr{D}'_+(\mathscr{L}(H; D(A)))$, nulle pour $t < 0$, admettant une transformée de Laplace, donnée par

$$\mathscr{L}\mathfrak{H}_1(p) = (A + p^2)^{-1}, \quad \xi > \xi_0, \tag{3.13}$$

(cf. Chap. XI).

Alors on déduit de (3.12):

$$\tilde{w}_2 = \mathfrak{H}_1 * \tilde{g}_2. \tag{3.14}$$

Pour étudier les propriétés de $\tilde{w}_2$ sur $[0, T]$, T tini quelconque, on peut supposer que $\tilde{g}_2$ est à support compact[1]. Dans ces conditions, $\tilde{w}_2$ et $\tilde{g}_2$ admettent une transformée de Laplace en t, soit $W_2(p)$ et $G_2(p)$, et

$$(A + p^2) W_2(p) = G_2(p). \tag{3.15}$$

Mais de (3.5) et (3.8) il résulte que $g^{(r)}(0) = 0$ pour $0 \leqq r \leqq 2\nu + 1$, de sorte que, $|\ |$ désignant la norme dans H et c_1 désignant une constante:

$$|G_2(p)| \leqq c_1 / |p|^{2\nu+2},$$

et par conséquent (3.15) entraine, avec l'hypothèse (3.1):

$$|W_2(p)| \leqq c\, c_1 (1 + |p|)^{2\mu} |p|^{-2\nu-2}. \tag{3.16}$$

Il en résulte que la fonction $\eta \to |\eta|^{2(\nu-\mu)} W_2(\xi + i\eta)$ est sommable (pour $\xi > \xi_0$). Donc par transformation de Laplace inverse (i.e. par transformation de Fourier inverse en η), la fonction $t \to \tilde{w}_2(t)$ est $2(\nu - \mu)$ fois continûment différentiable à valeurs dans H.

---

[1] En effet soit $\vartheta \in \mathscr{D}_-(R_t)$, $\vartheta(t) = 1$ pour $t \leqq T$, $= 0$ pour $t \geqq T + 1$. Alors, la distribution $\mathfrak{H}_1$ étant nulle pour $t < 0$, on a

$$\mathfrak{H}_1 * (\vartheta \tilde{g}_2 - \tilde{g}_2) = 0 \quad \text{pour} \quad t < T,$$

d'où le résultat.

Ceci vaut avec v quelconque. Donc $t \to w_2(t)$ est indéfiniment différentiable de $t \geqq 0$ dans H, et il en est de même pour w. La relation $A w = g - w''$ entraine alors que $t \to w(t)$ est indéfiniment différentiable de $t \geqq 0$ dans $D(A)$. Comme $w'(0) = 0$, il en résulte que w est dans $\mathscr{E}_*(D(A))$, donc est solution du problème 2.2, ce qui démontre le théorème.

Corollaire 3.1. *Sous les hypothèses du théorème* 3.1, *et pour* $q \neq -1, -2, \ldots$ *le problème* 3.1 *admet une solution unique.*

Remarque 3.1. A l'aide des résultats du Chap. II il est facile de construire des exemples d'opérateurs A vérifiant (3.1). Par exemple, avec les notations du Chap. II, soit V un espace de HILBERT avec

$$H_0^m(\Omega) \subset V \subset H^m(\Omega), \qquad V \text{ fermé dans } H^m(\Omega),\ \Omega \text{ ouvert de } R^n,$$

et soit $H = L^2(\Omega)$. Pour $u, v \in V$, soit

$$a(u, v) = \sum_{|p|, |q| \leqq m} \int_\Omega a_{pq}(x)\, D^q u\, \overline{D^p v}\, dx, \qquad a_{pq} \in L^\infty(\Omega),$$

avec

$$a(v, v) + \lambda |v|^2 \geqq \alpha \|v\|^2, \qquad \alpha > 0, \qquad v \in V,$$

$|v|$ (resp. $\|v\|$) désignant la norme dans H (resp. V).

Alors (3.1) a lieu (cf. Chap. XI), pour l'opérateur A défini par

$$A = \sum (-1)^{|p|} D^p \left(a_{pq}(x)\, D^q\right),$$

$D(A)$ étant défini par les conditions aux limites correspondant aux conditions:

$$u \in V, \quad A u \in L^2(\Omega) \quad \text{et} \quad \int_\Omega (A u)\, \bar{v}\, dx = a(u, v) \quad \text{pour tout } v \in V.$$

Voir détails et exemples différents au Chap. II.

Dans le cas où $A = -\Delta$, dans l'espace entier (problème de CAUCHY) on consultera, outre les travaux de WEINSTEIN, BLUM, DIAZ et WEINBERGER déja cités: BUREAU [1], DAVIS [1], DIAZ-LUDFORD [1], [2], FOX [1].

Pour des résultats d'unicité avec hypothèses de différentiabilité minimum, cf. WALTER [1] (on peut obtenir des résultats analogues avec Ω différent de l'espace entier en supposant A auto adjoint dans l'espace H hilbertien, séparable, et en utilisant la diagonalisation comme au Chap. IV, No. 2).

Pour des opérateurs singuliers analogues, avec des hypothèses de différentiabilité moins fortes sur M et N, mais avec $q \geqq -\frac{1}{2}$, cf. CARROLL [1], [2].

4. Variante

Soient V et H deux espaces de HILBERT, comme au Chap. II, No. 1. Soit $a(t; u, v)$ une famille de formes sesquilinéaires continues sur $V \times V$. On fait l'hypothèse suivante:

$$\left.\begin{array}{l} t \to a(t; u, v) \text{ est indéfiniment diffé-} \\ \text{rentiable paire, pour tout } u, v \in V. \end{array}\right\} \tag{4.1}$$

On considère le

Problème 4.1. Soit f donnée indéfiniment différentiable de $t \geqq 0$ dans H, avec $f^{(n)}(0) = 0$ pour tout n. Trouver une fonction $t \to u(t)$, indéfiniment différentiable de $t \geqq 0$ dans V, telle que $u^{(n)}(0) = 0$ pour tout $n \geqq 0$, avec

$$a(t; u(t), v) + (\Lambda_q u(t), v) = (f(t), v) \qquad \text{pour tout } v \in V. \tag{4.2}$$

Il résulte de (4.2) que, pour chaque $t \geqq 0$, $u(t)$ est dans $D(A(t))$ (cf. Chap. II, No. 1) et que

$$A(t)\, u(t) + \Lambda_q u(t) = f(t).$$

On supposera que

$$\left.\begin{array}{l} \text{quel que soit } T \text{ fini, il existe } \lambda(T) \text{ tel que} \\ a(t; v, v) + \lambda(T)\, |v|^2 \geqq \alpha(T)\, \|v\|^2,\ \alpha(T) > 0, \text{ pour } |t| \leqq T. \end{array}\right\} \tag{4.3}$$

Sous les hypothèses (4.1), (4.3) *le problème* 4.2 *admet une solution unique.*

La démonstration se fait suivant le principe de la démonstration du théorème 2.1. On applique l'opérateur X_q aux deux membres de (4.2).

Posons

$$X_q u = w, \tag{4.4}$$

et écrivons

$$a(t; u, v) = ((\mathscr{A}(t)\, u, v)), \qquad \mathscr{A}(t) \in \mathscr{L}(V; V).$$

Alors

$$X_q((\mathscr{A}(t)\, u(t), v)) + X_q(\Lambda_q u(t), v) = (g(t), v),$$

si

$$g(t) = X_q f(t).$$

Par conséquent

$$((X_q \mathscr{A}(t)\, \mathscr{X}_q w(t), v)) + D_t^2 (w(t), v) = (g(t), v). \tag{4.5}$$

Mais d'après ce qu'on verra aux No. 6, 7, on a

$$X_q \mathscr{A}(t)\, \mathscr{X}_q w(t) = \mathscr{A}(t)\, w(t) + \int_0^t \mathscr{B}_q(t, \sigma)\, w(\sigma)\, d\sigma, \tag{4.6}$$

où la fonction $t, \sigma \to \mathscr{B}_q(t, \sigma)$ est indéfiniment différentiable à valeurs dans $\mathscr{L}(V; V)$.

Alors (4.5) est une équation du type de celles rencontrées au Chap. VIII, avec en outre un terme intégral (cf. (4.6)); mais ce terme ne change rien aux raisonnements et aux résultats, d'où notre assertion. On notera qu'il n'y a plus ici de valeurs singulières parce qu'on considère à priori dans l'énoncé du problème 4.1 des fonctions nulles ainsi que toutes leurs dérivées à l'origine (cf. aussi LIONS [18]).

5. Transmutations particulières

Pour démontrer le théorème 1.1 il est utile de commencer par le cas particulier où $M(t) = N(t) = 0$.

Posons donc

$$L_q = D^2 + (2q+1)\, t^{-1} D_t, \qquad D = d/dt. \tag{5.1}$$

On va montrer dans ce No. l'existence de B_q, isomorphisme de $\mathscr{E}_*$ sur lui-même, tel que

$$D^2 B_q = B_q L_q \quad \text{sur } \mathscr{E}_*, \tag{5.2}$$

et

$$B_q f(0) = f(0) \qquad \text{pour tout } f \text{ dans } \mathscr{E}_*. \tag{5.3}$$

L'inverse de B_q sera désigné par $\mathscr{B}_q$, $q \neq -1, -2, \ldots$.

On part à priori de l'opérateur B_q défini par

$$B_q f(t) = b_q\, t \int_0^t (t^2 - \tau^2)^{-q-\frac{3}{2}}\, \tau^{2q+1} f(\tau)\, d\tau, \tag{5.4}$$

pour $q \in C$ avec

$$-1 < \operatorname{Re} q < -\tfrac{1}{2}, \tag{5.5}$$

et où

$$b_q = 2\sqrt{\pi}/\big(\Gamma(q+1)\,\Gamma(-q-\tfrac{1}{2})\big). \tag{5.6}$$

Par un procédé très voisin de celui de M. RIESZ [1] pour le prolongement des intégrales de RIEMANN-LIOUVILLE, on vérifie (nous renvoyons à LIONS [18] pour la vérification des détails) que l'on peut prolonger analytiquement $q \to B_q$ en une fonction *entière*, encore notée $q \to B_q$, à valeurs dans l'espace $\mathscr{L}(\mathscr{E}_*; \mathscr{E}_*)$ des applications linéaires continues de $\mathscr{E}_*$ dans lui même. Un calcul élémentaire permet de vérifier que (5.2) a lieu, lorsque q satisfait à (5.5). Donc, par prolongement analytique, (5.2) vaut quel que soit q. Par ailleurs b_q a été choisi de telle sorte que $B_q f(0) = f(0)$ pour tout $f \in \mathscr{E}_*$, lorsque (5.5) a lieu. Mais, de nouveau par prolongement analytique, il en résulte que (5.3) a lieu quel que soit q.

Il reste donc — c'est le point essentiel — à vérifier que B_q est, pour q différent de $-1, -2, \ldots$, un *isomorphisme* de $\mathscr{E}_*$ sur lui même.

Dans ce but on considère à priori l'opérateur $\mathcal{B}_q$ défini par

$$\mathcal{B}_q f(t) = \beta_q t^{-2q} \int_0^t (t^2 - \tau^2)^{q-\frac{1}{2}} f(\tau)\, d\tau, \tag{5.7}$$

pour

$$\operatorname{Re} q > -\tfrac{1}{2}, \tag{5.8}$$

où

$$\beta_q = 2\Gamma(q+1)/(\sqrt{\pi}\,\Gamma(q+\tfrac{1}{2})). \tag{5.9}$$

On vérifie que l'on peut prolonger analytiquement la fonction $q \to \mathcal{B}_q$ (à valeurs dans $\mathcal{L}(\mathcal{E}_*; \mathcal{E}_*)$) en une fonction, encore notée $q \to \mathcal{B}_q$, méromorphe à valeurs dans $\mathcal{L}(\mathcal{E}_*; \mathcal{E}_*)$, avec des pôles simples aux points $-1, -2, \ldots$.

La relation $\mathcal{B}_q f(0) = f(0)$ a lieu lorsque (5.8) est vérifié, et par conséquent pour tout q différent de $-1, -2, \ldots$.

Mais si l'on pose

$$\overline{B}_q f(t) = \int_0^t B_q f(\tau)\, d\tau, \qquad -1 < \operatorname{Re} q < -\tfrac{1}{2}, \tag{5.10}$$

on obtient

$$\overline{B}_q f(t) = \overline{b}_q \int_0^t \tau^{2q+1} (t^2 - \tau^2)^{-q-\frac{1}{2}} f(\tau)\, d\tau, \tag{5.11}$$

où

$$\overline{b}_q = \sqrt{\pi}/(\Gamma(q+1)\,\Gamma(-q+\tfrac{1}{2})),$$

et cette expression a un sens (et définit une fonction holomorphe à valeurs dans $\mathcal{L}(\mathcal{E}_*; \mathcal{E}_*)$) pour $-1 < \operatorname{Re} q < \frac{1}{2}$ — donc (5.11) donne l'expression de $\int_0^t B_q f(\tau)\, d\tau$ pour $-1 < \operatorname{Re} q < \frac{1}{2}$.

Mais on vérifie directement sans difficulté que

$$\overline{B}_q \mathcal{B}_q f(t) = \int_0^t f(\tau)\, d\tau, \quad \text{pour} \quad -\tfrac{1}{2} < \operatorname{Re} q < \tfrac{1}{2}.$$

Donc

$$D \overline{B}_q \mathcal{B}_q f = B_q \mathcal{B}_q f = f \quad \text{pour} \quad -\tfrac{1}{2} < \operatorname{Re} q < \tfrac{1}{2},$$

d'où résulte par prolongement analytique que

$$B_q \mathcal{B}_q f = f \quad \text{pour tout } f \in \mathcal{E}_*, \text{ et pour tout } q \neq -1, -2, \ldots.$$

On va maintenant montrer la relation

$$\mathcal{B}_q B_q f = f \quad \text{pour tout} \quad f \in \mathcal{E}_*, \quad q \neq -1, -2, \ldots. \tag{5.12}$$

On note d'abord que

$$B_q f(t) = -(2q+1)^{-1} b_q t^{-1} \int_0^t (t^2 - \tau^2)^{-q-\frac{1}{2}} \tau^{2q+1} (\tau f(\tau))'\, d\tau$$

définit le prolongement analytique de $B_q f$ pour $-1 < \operatorname{Re} q < \frac{1}{2}$. Alors, pour $-\frac{1}{2} < \operatorname{Re} q < \frac{1}{2}$,

$$\begin{aligned}\mathscr{B}_q B_q f(t) &= -\beta_q b_q (2q+1)^{-1} t^{-2q} \times \\ &\quad\times \int_0^t (t^2-\tau^2)^{q-\frac{1}{2}} \tau^{-1} \left[\int_0^\tau (\tau^2-\sigma^2)^{-q-\frac{1}{2}} \sigma^{2q+1} (\sigma f(\sigma))' \, d\sigma\right] d\tau \\ &= -\beta_q b_q (2q+1)^{-1} t^{-2q} \int_0^t \sigma^{2q+1} (\sigma f(\sigma))' N(t,\sigma)\, d\sigma,\end{aligned}$$

où

$$N(t,\sigma) = \int_\sigma^t \tau^{-1} (\tau^2-\sigma^2)^{-q-\frac{1}{2}} (t^2-\tau^2)^{q-\frac{1}{2}} \, d\tau.$$

Posant

$$\tau^2 - \sigma^2 = (t^2-\sigma^2)\, y,$$

il vient

$$N(t,\sigma) = \left(2(t^2-\sigma^2)\right)^{-1} \int_0^1 y^{-q-\frac{1}{2}} (1-y)^{q-\frac{1}{2}} \frac{1}{(y+\sigma^2/(t^2-\sigma^2))} \, dy,$$

d'où, en utilisant la formule

$$\int_0^1 s^{a-1}(1-s)^{b-1}(s+c)^{-a-b}\, ds = c^{-b}(1+c)^{-a} B(a,b),$$

$$N(t,\sigma) = (\tfrac{1}{2})\, \sigma^{-2q-1} t^{2q-1} B(-q+\tfrac{1}{2}, q+\tfrac{1}{2}),$$

et par conséquent

$$\mathscr{B}_q B_q f(t) = -\frac{\beta_q b_q}{2(2q+1)} B(-q+\tfrac{1}{2}, q+\tfrac{1}{2})\, t^{-1} \int_0^t (\sigma f(\sigma))' \, d\sigma = f(t)$$

d'où (5.12) pour $-\frac{1}{2} < \operatorname{Re} q < \frac{1}{2}$, et par conséquent pour tout q différent de $-1, -2, \ldots$.

Donc, pour $q \neq -1, -2, \ldots$, B_q est un isomorphisme de $\mathscr{E}_*$ sur lui même, d'inverse $\mathscr{B}_q$.

Les opérateurs B_q et $\mathscr{B}_q$, introduits par SONINE et POISSON, ont été utilisés dans des conditions variées sur q par J. DELSARTE [2], LEVITAN [1], ERDÉLYI [1], LIONS [18]. Des variantes de ces opérateurs ont été introduites et utilisées dans LIONS [24]. (Pour cet article cf. aussi WEINSTEIN [4], LIEBERSTEIN [1].)

6. Quelques opérateurs complémentaires

On introduit dans ce No. quelques opérateurs déduits des opérateurs B_q et $\mathscr{B}_q$ du No. précédent, et qui seront ensuite utilisés au No. 7.

Si $N(t)$ est une fonction donnée dans $\mathscr{E}_*$, on se propose d'évaluer la différence

$$B_q N \mathscr{B}_q f - N f, \quad \text{pour} \quad f \in \mathscr{E}_*.$$

Les notations étant celles du No. précédent, on commence par calculer $\overline{B}_q N \mathscr{B}_q f$, pour $-\frac{1}{2} < \operatorname{Re} q < \frac{1}{2}$.

On trouve

$$\overline{B}_q N \mathscr{B}_q f(t) = \overline{b}_q \beta_q \int_0^t f(\tau) \int_\tau^t (t^2 - \sigma^2)^{-q-\frac{1}{2}} (\sigma^2 - \tau^2)^{-q-\frac{1}{2}} \sigma N(\sigma)\, d\sigma\, d\tau.$$

Posant

$$\sigma^2 = t^2 \sin^2\vartheta + \tau^2 \cos^2\vartheta,$$

on en déduit

$$\overline{B}_q N \mathscr{B}_q f(t) = \overline{b}_q \beta_q \int_0^t \Phi_q(t, \tau) f(\tau)\, d\tau, \quad |\operatorname{Re} q| < \tfrac{1}{2}, \tag{6.1}$$

où

$$\Phi_q(t, \tau) = \int_0^{\pi/2} \cos^{-2q}\vartheta \sin^{-2q}\vartheta\, N\big((t^2 \sin^2\vartheta + \tau^2 \cos^2\vartheta)^{\frac{1}{2}}\big)\, d\vartheta. \tag{6.2}$$

On obtient alors par dérivation en t de (6.1):

$$B_q N \mathscr{B}_q f(t) - N(t) f(t) = t \int_0^t T_q N(t, \tau) f(\tau)\, d\tau, \tag{6.3}$$

où $|\operatorname{Re} q| < \frac{1}{2}$, et

$$T_q N(t, \tau) = \gamma_q \int_0^{\pi/2} \sin^{-2q+2}\vartheta \cos^{-2q}\vartheta\, N_1\big((t^2 \sin^2\vartheta + \tau^2 \cos^2\vartheta)^{\frac{1}{2}}\big)\, d\vartheta \tag{6.4}$$

avec $N_1(t) = t^{-1} N'(t)$, et

$$\gamma_q = 2\big(\Gamma(q + \tfrac{1}{2})\, \Gamma(-q + \tfrac{1}{2})\big)^{-1}. \tag{6.5}$$

On vérifie alors par des calculs très voisins de ceux effectués dans Lions [18] que l'on peut prolonger analytiquement la fonction $q \to T_q$ (définie pour $|\operatorname{Re} q| < \frac{1}{2}$ et considérée comme fonction à valeurs dans l'espace $\mathscr{L}(\mathscr{E}_*; E)$ des applications linéaires continues de $\mathscr{E}_*$ dans l'espace E des fonctions indéfiniment différentiables de t et τ, paires en ces deux variables) en une fonction, encore notée $q \to T_q$, *entière* à valeurs dans $\mathscr{L}(\mathscr{E}_*; E)$. *Alors* (6.3) *a lieu pour tout q différent de* -1, $-2, \ldots$.

On vérifie ensuite par un calcul direct la formule

$$B_q M D \mathscr{B}_q f - M D f = (q + \tfrac{1}{2})(M' - t^{-1} M) f + t \int_0^t S_q M(t, \tau) f(\tau)\, d\tau, \tag{6.6}$$

où M est une fonction indéfiniment différentiable «impaire», et où

$$S_q M(t, \tau) = T_q\big(2t^{-1} M(t) - M'(t)\big)(t, \tau) + t \frac{\partial}{\partial t} T_q\big(t^{-1} M(t)\big)(t, \tau). \tag{6.7}$$

7. Démonstration du théorème 1.1

1) Soit f une fonction donnée dans $\mathscr{E}_*$; désignons encore par f la fonction paire, égale à f pour $t < 0$. Désignons par $v(t, \tau)$ la solution

du problème de CAUCHY

$$\frac{\partial^2}{\partial t^2} v + (2q+1)\, t^{-1} \frac{\partial}{\partial t} v + M(t) \frac{\partial}{\partial t} v + N(t)\, v - \frac{\partial^2}{\partial \tau^2} v = 0, \quad (7.1)$$

avec

$$v(t, 0) = f(t), \qquad \frac{\partial}{\partial \tau} v(t, 0) = 0. \quad (7.2)$$

On démontrera au point 2) que ce problème admet pour $q \neq -1, -2, \ldots$ une solution unique; prolongée par parité en τ, la fonction $v(t, \tau)$ est indéfiniment différentiable en t et en τ; lorsque $f \to 0$ dans l'espace $\mathscr{E}_*$, alors v tend vers 0 uniformément sur tout compact du plan des t et τ, ainsi que chacune de ses dérivées. En outre elle est fonction méromorphe de q.

On introduit ensuite $w(t, \tau)$ solution du problème de CAUCHY

$$\frac{\partial^2}{\partial t^2} w + (2q+1)\, t^{-1} \frac{\partial}{\partial t} w + M(t) \frac{\partial}{\partial t} w + N(t)\, w - \frac{\partial^2}{\partial \tau^2} w = 0, \quad (7.3)$$

avec

$$w(0, \tau) = g(\tau), \qquad \frac{\partial}{\partial t} w(0, \tau) = 0, \quad (7.4)$$

où la fonction g est donnée dans $\mathscr{E}_*$ (et ici encore est prolongée par parité en τ).

On vérifiera au point 2) que ce problème admet une solution unique pour $q \neq -1, -2, \ldots$, fonction méromorphe de q, indéfiniment différentiable et paire en t et τ, et dépendant continûment de g (de la même façon que v dépend de f).

On pose maintenant

$$X_q f(\tau) = v(0, \tau), \quad (7.5)$$

$$\mathscr{X}_q g(t) = w(t, 0). \quad (7.6)$$

On va vérifier que

$$D^2 X_q f = X_q \Lambda_q f \qquad \text{pour tout } f \text{ dans } \mathscr{E}_*. \quad (7.7)$$

Pour cela on déduit de (7.1) $\big($qui peut s'écrire $(\Lambda_q)_t v - D_\tau^2 v = 0\big)$:

$$(\Lambda_q)_t V - D_\tau^2 V = 0, \quad (7.8)$$

où l'on a posé

$$V = (\Lambda_q)_t\, v.$$

Par ailleurs

$$V(t, 0) = \Lambda_q f(t), \qquad \frac{\partial}{\partial \tau} V(t, 0) = 0,$$

de sorte que la définition (7.5) appliquée à $\Lambda_q f$ donne

$$V(0, \tau) = X_q \Lambda_q f(\tau).$$

Mais d'après (7.1), $V = D_\tau^2 v$, donc $V(0,\tau) = D_\tau^2 v(0,\tau) = D^2 X_q f(\tau)$, d'où (7.7).

On vérifie de même que $\mathscr{X}_q D^2 f = \Lambda_q \mathscr{X}_q f$ pour tout f dans $\mathscr{E}_*$, et il est immédiat que X_q et $\mathscr{X}_q$ sont inverses l'un de l'autre.

Les opérateurs X_q et $\mathscr{X}_q$ satisfont donc aux conditions du théorème 1.1.

2) Il reste maintenant à montrer que chacun des problèmes de Cauchy (7.1), (7.2) et (7.3), (7.4), est bien posé.

On introduit

$$v^*(t,\tau) = (B_q)_t v(t,\tau). \tag{7.9}$$

Appliquant l'opérateur B_q (en la variable t) aux deux membres de (7.1), on obtient

$$\frac{\partial^2}{\partial t^2} v^*(t,\tau) + (B_q M D \mathscr{B}_q)_t v^* + (B_q N \mathscr{B}_q)_t v^* - \frac{\partial^2}{\partial \tau^2} v^* = 0, \tag{7.10}$$

et les conditions (7.2) deviennent

$$v^*(t,0) = B_q f(t), \qquad \frac{\partial}{\partial \tau} v^*(t,0) = 0. \tag{7.11}$$

Mais en utilisant les formules du No. 6 cela peut s'écrire

$$\left.\begin{aligned} &\frac{\partial^2}{\partial t^2} v^*(t,\tau) + M(t)\frac{\partial}{\partial t} v^* + N(t)\, v^* + \\ &\qquad + (q+\tfrac{1}{2})\big(M'(t) - t^{-1}M(t)\big)\, v^* + t\int_0^t \big(T_q N(t,\sigma) + \\ &\qquad + S_q M(t,\sigma)\big)\, v^*(\sigma,\tau)\, d\sigma - \frac{\partial^2}{\partial \tau^2} v^* = 0. \end{aligned}\right\} \tag{7.12}$$

Cela est un problème régulier. Les termes intégraux (réguliers) ne donnent aucune difficulté: la méthode des approximations successives (cf. par exemple Picard [1]) donne l'existence et l'unicité de v^*, d'où l'existence et l'unicité de v, pour $q \neq -1, \ldots$, avec toutes les propriétés voulues, par

$$v(t,\tau) = (\mathscr{B}_q)_t v^*(t,\tau). \tag{7.13}$$

Notons que la fonction $v^*(t,\tau)$ dépend de façon holomorphe entière de q, de sorte que

$$v(0,\tau)\ \big(= X_q f(\tau)\big) = v^*(0,\tau)$$

est une fonction entière de q (pour τ fixé quelconque).

Pour la résolution de (7.3), (7.4) on introduit w^* par

$$w^*(t,\tau) = (B_q)_t w(t,\tau); \tag{7.14}$$

on obtient pour w^* la même équation (7.12) et les conditions aux limites

$$w^*(0,\tau) = g(\tau), \qquad \frac{\partial}{\partial t} w^*(0,\tau) = 0. \tag{7.15}$$

On a donc l'existence et l'unicité de w^*, fonction entière de q. On a donc l'existence et l'unicité de w, pour $q \neq -1, \ldots$, et la fonction $w(t, 0) = (\mathcal{B}_q)_t\, w^*(t, 0)$ est fonction méromorphe de q, avec des pôles aux points $-1, -2, \ldots$.

Reste à démontrer que les opérateurs X_q et $\mathcal{X}_q$ vérifiant les hypothèses du théorème 1.1 sont déterminés de façon unique. Il suffit évidemment de démontrer l'unicité de $\mathcal{X}_q$. Or si l'on introduit

$$\mathcal{X}_q\big(\cos(\lambda t)\big) = \vartheta_{q,\lambda}(t),$$

il résulte de $\mathcal{X}_q D^2 f = \Lambda_q \mathcal{X}_q f$ pour tout f dans $\mathcal{E}_*$ que

$$\Lambda_q \vartheta_{q,\lambda}(t) + \lambda^2 \vartheta_{q,\lambda}(t) = 0, \quad \vartheta_{q,\lambda}(0) = 1, \quad \vartheta_{q,\lambda} \in \mathcal{E}_*.$$

Or (par utilisation par exemple des transmutations) ceci définit $\vartheta_{q,\lambda}$ de façon unique. Donc les fonctions $\mathcal{X}_q\big(\cos(\lambda t)\big)$ sont définies de façon unique pour tout λ réel. Comme les fonctions $t \to \cos(\lambda t)$ sont, lorsque $\lambda \in R$, denses dans $\mathcal{E}_*$, il en résulte que $\mathcal{X}_q$ est défini de façon unique, ce qui achève la démonstration du théorème 1.1.

La méthode du 1) est donnée dans DELSARTE [1] (M. A. WEINSTEIN m'a signalé une idée très voisine dans L. BIANCHINI [1]).

Les opérateurs de transmutation pour des opérateurs d'ordre quelconque, ont été étudiés, dans le domaine complexe par J. DELSARTE et J. L. LIONS [1], et localement dans le domaine réel, par FAGE [1], ..., [4]. Des opérateurs transformant l'espace des zéros d'un opérateur différentiel dans l'espace des zéros d'un autre opérateur différentiel ont été introduits et utilisés par S. BERGMAN [1]. Pour une autre application des opérateurs de transmutation, cf. DELSARTE-LIONS [2].

Index des notations principales

De façon générale, si X est un espace de BANACH, et si $u \in X$, la norme de u dans X est notée $|u|_X$ ou $\|u\|_X$.

Toutefois, sauf mention expresse du contraire, la norme de u dans H est $|u|$, celle de u dans V est $\|u\|$.

Sauf mention expresse du contraire, *les espaces V et H* sont des espaces de HILBERT; si $u, v \in V$,

$$((u, v)) = \text{produit scalaire de } u \text{ et } v \text{ dans } V, \quad \|u\| = ((u, u))^{\frac{1}{2}};$$

si $f, g \in H$,

$$(f, g) = \text{produit scalaire de } f \text{ et } g \text{ dans } H, \quad |f| = (f, f)^{\frac{1}{2}}.$$

On suppose que $V \subset H$, l'injection de V dans H étant continue.

Pour $f \in H$, $v \to (f, v)$ est une forme semi linéaire continue sur H, donc sur V, donc

$$(f, v) = ((Jf, v)),$$

ce qui définit $J \in \mathcal{L}(H; V)$; de façon générale

$$\mathcal{L}(X; Y) = \text{espace des applications linéaires continues de } X \text{ dans } Y.$$

On désigne par $a(u, v)$, $a(t; u, v)$, $a(t, \xi; u, v)$, ..., des formes sesquilinéaires (i.e. linéaires en u, semi linéaires en v) *continues* sur $V \times V$, dépendant des paramètres t, ξ, etc.

Comme $u, v \to a(u, v)$ est continue sur $V \times V$, on a

$$a(u, v) = ((\mathcal{A} u, v)), \quad \mathcal{A} \in \mathcal{L}(V; V);$$

de même

$$a(t; u, v) = ((\mathcal{A}(t) u, v)), \quad \mathcal{A}(t) \in \mathcal{L}(V; V), \quad \text{etc.}$$

On ne doit pas confondre $\mathcal{A}$, $\mathcal{A}(t)$, ... avec les opérateurs *non bornés dans* H, notés A, $A(t)$, ..., et définis par le couple V, H et la forme $a(u, v)$, $a(t; u, v)$, ... (cf. Chap. II, No. 1).

Le domaine d'un opérateur non borné A, B, ... dans H est toujours noté $D(A)$, $D(B)$, ...

Si E est un espace de Banach, on désigne par $L^p(a, b; E)$, (a et b réels finis ou non) l'espace des (classes de) fonctions de puissance $p^{\text{ème}}$ sommable sur (a, b), pour la mesure de Lebesgue dt, à valeurs dans E; si $u \in L^p(a, b; E)$, sa norme est

$$\left(\int_a^b \|u(t)\|_E^p \, dt\right)^{1/p}, \quad 1 \leqq p < \infty.$$

On désigne par $L^p_{\text{loc}}(a, b; E)$ l'espace des (classes de) fonctions qui sont localement (i.e. sur tout compact de $]a, b[$) de puissance $p^{\text{ème}}$ sommable à valeurs dans E.

On désigne pas $\mathcal{D}'(a, b; E)$ l'espace des distributions sur $]a, b[$ à valeurs dans E (cf. Chap. XI).

Dans les exemples Ω est un ouvert de R^n; Γ est sa frontière.

En général Ω est quelconque; les hypothèses de régularité éventuellement nécessaires sur Γ sont précisées dans chaque énoncé.

Les espaces $H^m(\Omega)$, $H_0^m(\Omega)$ sont définis au Chap. II, No. 3; $H^0(\Omega) = L^2(\Omega)$. (Ces espaces sont aussi notés $W^m(\Omega)$, $W_0^m(\Omega)$, $P^m(\Omega)$, $P_0^m(\Omega)$ suivant les auteurs.)

Les espaces $H^s(\Gamma)$, s réel, sont définis au Chap. II, No. 3.

Pour $u \in H^m(\Omega)$ et Γ ayant une frontière bornée régulière on peut définir de façon unique $\gamma_j u$, $0 \leqq j \leqq m-1$, $\gamma_j u = \dfrac{\partial^j}{\partial n^j} u$, n étant la normale à Γ.

Bibliographie

ABOLINIA, V. E., et A. D. MICHKIS: [1] Problèmes mixtes pour systèmes hyperboliques presque linéaires dans le plan. Mat. Sbornik **50** (92), 423—442 (1960).

AGOSTINI, L., et J. BASS: [1] Les théories de la turbulence. Publ. Sc. et Tech. du Ministère de l'Air, 2ème édit. Paris 1960.

AGMON, S.: [1] The coerciveness problem for integro differential forms. J. Analyse Math. Israel **6**, 183—223 (1958).

— [2] The L^p approach to the Dirichlet problem. Ann. Scuola Norm. Sup. Pisa **13**, 405—448 (1959).

— [3] Maximum theorems for solutions of higher order elliptic equations. Bull. Amer. Math. Soc. **66**, 77—80 (1960).

— A. DOUGLIS and L. NIRENBERG: [1] Estimates near the boundary for solutions of Elliptic Partial Differential equations satisfying general boundary conditions (I). Comm. Pure Appl. Math. **12**, 623—727 (1959).

ALBERTONI, S.: [1] Su un problema di propagazione con autovalori per l'equazione del calore. Ist. Lomb. Sci. Lettere Milano **98**, 206—218 (1958).

AMERIO, L.: [1] Sull'applicazione della transformata di Laplace all'integrazione di equazioni a derivate parziali senza alcun vincolo sul comportamento all'infinito della soluzione. Rend. Circolo Mat. Palermo **43**, 1—21 (1940/41).

— [2] Sull'equazione di propagazione del calore. Rend. Mat. Applicazioni **5**, 1—37 (1946).

— [3] Problema misto e quasi periodicità per l'equazione delle onde non omogenea. Ann. Mat. pura appl. **49**, 393—416 (1960).

— [4] Quasi periodicità degli integrali ad energia limitata dell'equazione delle onde, con termine noto quasi-periodico. Rend. Accad. Naz. Lincei **28**, (I), fasc. 2, 147—152; (II), fasc. 2, 1—6; (III), fasc. 4, 1—6 (1960).

— [5] Sull'integrazione delle funzioni quasi-periodiche a valori in uno spazio hilbertiano. Rend. Accad. Naz. Lincei **28**, fasc. 5, 1—4 (1960).

— [6] Problema misto e soluzioni quasi-periodiche dell'equazione delle onde. Rend. Sem. Mat. Fis. Milano **30**, 3—28 (1960).

— [7] Sull'equazione delle onde con termine noto quasi-periodico. Rend. Mat. **19**, 333—346 (1960).

— [8] Livre à paraitre au C.N.A.I.

ARONSON, D. G.: [1] On the initial value problem for parabolic systems of differential equations. Bull. Amer. Math. Soc. **65**, 310—318 (1959).

— [2] The fundamental solution of a linear parabolic equation containing a small parameter. Illinois J. Math. **3**, 580—619 (1959).

ARONSZAJN, N.: [1] Theory of reproducing kernels. Trans. Amer. Math. Soc. **68**, 337—404 (1950).

— [2] On coercive integro differential quadratic forms. O.N.R. Tech. Report, No. 14 (1955), Lawrence, Kansas.

— [3] Boundary value of functions with finite Dirichlet integral. O.N.R. Tech. Report, No. 14 (1955), Lawrence, Kansas.

— [4] Associated spaces, interpolation theorems and the regularity of solutions of differential problems. Berkeley, Avril 1960; à paraitre.

ARONSZAJN, N., and A. N. MILGRAM: [1] Differential operators on Riemannian manifolds. Rend. Circolo Mat. Palermo **2**, 1—61 (1952).
—, and K.T. SMITH: [1] Functionnal spaces and functionnal completion. Ann. Inst. Fourier **6**, 125—185 (1955/56).
— [2] Regularity at the boundary. A paraitre.
— [3] Theory of Bessel Potentials, (I). O.N.R. Tech. Report, No.22, p. 1—113, (1959).
— [4] Theory of Bessel Potentials, (II). A paraitre.
— [5] Characterization of positive reproducing kernels. Applications to GREEN'S functions. Amer. J. Math. **79**, 611—622 (1957).
BALAKRISHNAN, A.V.: [1] Abstract Cauchy Problems of the elliptic type. Bull. Amer. Math. Soc. **64**, 290—291 (1958).
— [2] Fractionnal powers of closed operators and the semi group generated by them. Bull. Amer. Math. Soc. Abstract 558—231 (1959).
— [3] Fractionnal powers of closed operators and the semi-group generated by them. Pacif. J. Math. **10**, 419—437 (1960).
— [4] On a class of elliptic equations in the theory of Markoff processes. Indiana J. Math. à paraitre (1961).
BARBUTI, U.: [1] Analisi esistenziale in problemi di propagazione semi lineari. Ann. Scuola Norm. Sup. Pisa **11**, 183—207 (1957).
BASS, J., et L. AGOSTINI: Voir L. AGOSTINI et J. BASS.
BELLMAN, R., R. KALABA and G. M. WING: [1] Invariant imbedding and Neutron transport theory. V. Diffusion as a limiting case. J. Math. Mech. **9**, 933—943 (1960).
BEREZANSKI, I. M.: [1] Sur les problèmes aux limites pour opérateurs différentiels généraux. Dokl. Akad. Nauk SSSR. **122**, 959—962 (1958).
— [2] Solutions généralisées de problèmes aux limites. Dokl. Akad. Nauk SSSR. **126**, 1159—1162 (1959).
— [3] Quelques exemples de problèmes aux limites non classiques pour des équations aux dérivées partielles. Dokl. Akad. Nauk SSSR. **131**, 478—481 (1960).
BERGMAN, S.: [1] Integral operators in the theory of Linear Partial Diff. Equations. Ergebn. Math., N.F. H.23 (1961).
BIANCHINI, L.: [1] Sopra un'operazione funzionale atta a transformare i potenziali logaritmici in simmetrici. Rend. Accad. Naz. Lincei, Ser. V (I), 1041—1046; (II), 1108—1111 (1915).
BIRKHOFF, G. D., and R. E. LANGER: [1] The boundary problem and developments associated with a system of ordinary linear différential equations of the first order. Proc. Amer. Acad. Arts Sci. **58**, 51—128 (1923).
BITZADZE, A.: [1] Equations de type mixte. Moscou 1959.
BLUM, E. K.: [1] The Euler-Poisson-Darboux equation in the exceptionnal cases. Proc. Amer. Math. Soc. **5**, 511—520 (1954).
— [2] The solution of the Euler-Poisson-Darboux equation for negative values of the parameter. Duke Math. J. **21**, 257—269 (1954).
BOCHNER, S.: [1] Fastperiodische Lösungen der Wellengleichung. Acta math. **62**, 227—237 (1934).
— [2] Diffusion equations and stochastic processes. Proc. Nat. Acad. Sci., Wash. **35**, 369—370 (1949).
— [3] Almost periodic solutions of the inhomogeneous wave equation. Proc. Nat. Acad. Sci., Wash. **46**, 1233—1236 (1960).
—, and J. VON NEUMANN: [1] On compact solutions of operational differential equations. Ann. of Math. **36**, 255—290 (1935).

BOIGELOT, A.: [1] Méthodes spectrales dans les problèmes aux limites de la Physique Mathématique. Mém. Soc. Roy. Sci. Liège **2**, 7—99 (1959).

—, et H. G. GARNIR: [1] Nouvelles expressions des noyaux de Green relatifs aux opérateurs métaharmoniques, des ondes et de la diffusion. Ric. Mat. **7**, 186—204 (1958).

BOURBAKI, N.: [1] Intégration. Chap. I, ..., IV. Actualités Sci. Ind., No. 1175. Paris: Hermann 1952.

— [2] Espaces vectoriels topologiques. Actualités Sci. Ind., No. 1189 et 1229. Paris: Hermann 1953 et 1955.

BRELOT, M.: [1] Etude et extension du principe de DIRICHLET. Ann. Inst. Fourier **5**, 371—419 (1955).

BROWDER, F. E.: [1] The Dirichlet problem for linear elliptic equations of arbitrary order. Proc. Nat. Acad. Sci., Wash. **38**, 230—235, 741—747 (1952).

— [2] Linear parabolic equations of arbitrary order. Proc. Nat. Acad. Sci., Wash. **39**, 185—190 (1953).

— [3] Parabolic systems of differential equations with time dependent coefficients. Proc. Nat. Acad. Sci., Wash. **42**, 914—917 (1956).

— [4] On the regularity properties of solutions of elliptic differential equations. Comm. Pure Appl. Math. **9**, 351—361 (1956).

— [5] On some approximation methods for solutions of the Dirichlet problem for linear elliptic equations of arbitrary order. J. Math. Mech. **7**, 69—80 (1958).

— [6] Les opérateurs elliptiques et les problèmes mixtes. C. R. Acad. Sci., Paris **246**, 1363—1365 (1958).

— [7] Functionnal Analysis and Partial Differential Equation (I). Math. Annalen **138**, 55—79 (1959).

— [8] Estimates and existence theorems for elliptic boundary value problems. Proc. Nat. Acad. Sci., Wash. **45**, 365—372 (1959).

— [9] On the spectral theory of strongly elliptic differential operators. Proc. Nat. Acad. Sci., Wash. **45**, 1423—1431 (1959).

— [10] Modern methods in the Theory of Partial Differential Equations. Ergebn. Math. A paraitre.

— [11] A priori estimates for solutions of elliptic boundary value problems. Proc. Ned. Akad. **63**, (I), 144—159; (II), 160—169 (1960).

— [12] On the spectral theory of elliptic differential operators (I). Math. Annalen **142**, 22—130 (1960).

BRUSLINSKII, K.V.: [1] Sur la croissance des solutions de problèmes mixtes dans le cas de fonctions propres non complètes. Isv. Akad. Nauk. **23**, 893—912 (1959).

BUREAU, F.: [1] Divergent integrals and Partial Diff. Equations. Comm. Pure Appl. Math. **8**, 143—202 (1955).

— [2] Les séries de fonctions fondamentales et les problèmes aux limites pour les équations aux dérivées partielles linéaires hyperboliques. Acta math. **89**, 1—43 (1953).

CALDERON, A., and A. ZYGMUND: [1] Singular integrals. Acta math. **88**, 85—139 (1952).

CALKIN, J.W.: [1] Abstract symmetric boundary conditions. Trans. Amer. Math. Soc. **45**, 369—442 (1939).

CAMPANATO, S.: [1] Sul problema di Picone relativo all'equilibrio di un corpo elastico incastrato. Ric. Mat. **6**, 125—149 (1957).

— [2] Sui problemi al contorno per sistemi di equazioni differenziali lineari del tipo dell'elasticità (I). Ann. Scuola Norm. Sup. Pisa **13**, 223—258 (1959).

— [3] Sui problemi al contorno per sistemi di equazioni differenziali lineari del tipo dell'elasticità (II). Ann. Scuola Norm. Sup. Pisa **13**, 275—302 (1959).

CAMPBELL, L.: [1] Solution of a mixed problem for a hyperbolic differential equation by RIEMANN's method. Acta math. **100**, 23—43 (1958).

—, and A. ROBINSON: [1] Mixed problems for hyperbolic partial differential equations. Proc. Lond. Math. Soc. **5**, 129—147 (1945).

CARROLL, R.: [1] Sur le problème de Cauchy singulier. C. R. Sci., Paris **252**, 57—59 (1961).

— [2] Some singular mixed problems. Proc. Nat. Acad. Sci., **46**, 1594—1596 (1960).

— [3] Singular mixed problems. Ann. di Mat. A paraitre.

CATTABRIGA, L.: [1] Problemi al contorno per equazioni paraboliche di ordine $2n$. Rend. Sem. Mat. Univ. Padova **28**, 376—401 (1958).

— [2] Su una equazione non lineare del quarto ordine di tipo parabolico. Sem. Mat. Fis. Univ. Modena **8**, 6—53 (1958).

— [3] Equazioni paraboliche quasi lineari del quarto ordine. Sem. Mat. Fis. Univ. Modena **8**, 75—89 (1958).

— [4] Un problema al contorno per una equazione parabolica di ordine dispari. Ann. Scuola Norm. Sup. Pisa **13**, 163—203 (1959).

— [5] Una generalizzazione del problema fondamentale di valori al contorno per equazioni paraboliche lineari. Ann. Mat. pura appl. **46**, 215—248 (1958).

CHAO-DIN, Y.: [1] Certains procédés de différence pour la solution d'équations aux dérivées partielles de type parabolique. Mat. Sbornik **50** (92), 391—422 (1960).

CHIFFI, A.: [1] Analisi esistenziale e quantitativa dei problemi di propagazione. Ann. Scuola Norm. Sup. Pisa **9**, 247—281 (1955).

CHURCHILL, R.V.: [1] Operational Mathematics, sec. edit. McGraw Hill 1958.

CIMMINO, G.: [1] Nuovo tipo di condizione al contorno e nuovo metodo di trattazione per il problema generalizzato di DIRICHLET. Rend. Circolo Mat. Palermo **61**, 177—221 (1938).

COLLATZ, L.: [1] The numerical treatment of differential equations, third edit. Springer 1960.

CONLAN, J.: [1] The Cauchy problem and the mixed boundary value problem .... Arch. Rational Mech. Anal. **3**, 355—380 (1959).

CONTI, R.: [1] Sul problema di CAUCHY per l'equazione $y^{2\alpha} z_{xx} - z_{yy} = f(x, y, z, z_x, z_y)$ con i dati sulla linea parabolica. Ann. Mat. pura appl. **31**, 303—326 (1950).

CORDES, H. O.: [1] On maximal first order partial differential operators. Amer. J. Math. **82**, 63—91 (1960).

COTLAR, M., and R. PANZONE: [1] Generalized potential operators. Rev. Union Mat. Argentina **19**, 3—41 (1960).

DAVIS, R. M.: [1] On a regular Cauchy problem for the E.P.D. equation. Anna. Mat. pura appl. **42**, 205—226 (1956).

DELSARTE, J.: [1] Sur certaines transformations fonctionnelles relatives aux équations linéaires aux dérivées partielles du second ordre. C.R. Acad. Sci., Paris **206**, 1780—1782 (1938).

— [2] Une extension nouvelle de la théorie des fonctions presque périodiques de BOHR. Acta math. **69**, 259—317 (1938).

—, et J. L. LIONS: [1] Transmutations d'opérateurs différentiels dans le domaine complexe. Comm. math. Helv. **32**, 113—128 (1957).

— [2] Moyennes généralisées. Comm. math. Helv. **34**, 59—69 (1959).

DENY, J., et J. L. LIONS: [1] Les espaces du type de BEPPO LEVI. Ann. Inst. Fourier **5**, 305—370 (1955).

DEZIN, A. A.: [1] Théorèmes d'existence et d'unicité pour les solutions de problèmes aux limites pour les équations aux dérivées partielles dans des espaces fonctionnels. Ousp. Mat. Nauk **14**, 21—73 (1959).

DIAZ, J. B.: [1] On singular and regular Cauchy problems. Comm. Pure Appl. Math. **9**, 383—390 (1956).
— [2] On an analogue of the Euler-Cauchy polygon method for the numerical solution of $u_{xy}=F(x,y,u,u_x,u_y)$. Arch. Rational Mech. Anal. **1**, 357—390 (1958).
— [3] On existence, uniqueness and numerical evaluation of solutions of ordinary and hyperbolic differential equations. Ann. Mat. pura appl. **52**, 163—181 (1960).
—, et J. L. LIONS: [1] Generalized earthquakes. A paraitre.
—, and G. S. LUDFORD: [1] On the E.P.D. equation, integral operators and the method of descent. Proc. Conf. Diff. Equations, Univ. Maryland, 1955, p. 73—89.
— — [2] On the singular Cauchy problem for a generalization of the E.P.D. equation in two space variables. Ann. Mat. pura appl. **38**, 33—50 (1955).
—, and H. F. WEINBERGER: [1] A solution of the singular initial value problem for the E.P.D. equation. Proc. Amer. Math. Soc. **4**, 703—715 (1953).
DIXMIER, J.: [1] Les algèbres d'opérateurs dans l'espace Hilbertien. Paris: Gauthier Villars 1957.
DOETSCH, G.: [1] Theorie und Anwendung der Laplace-Transformation. Berlin: Springer 1937.
— [2] Handbuch der Laplace-Transformation. Bâle: Birkhauser t. I, 1950; t. II, 1955; t. III, 1956.
DONSKER, M. D., and J. L. LIONS: [1] Volterra Variationnal Equations, boundary value problems and function spaces integrals. A paraitre.
DOUGLIS, A.: [1] An ordering principle and generalized solutions of certain quasi-linear partial differential equations. Comm. Pure Appl. Math. **12**, 87—112 (1959).
— AGMON and NIRENBERG: Voir AGMON-DOUGLIS-NIRENBERG.
DRESSEL, F. G.: [1] The fundamental solution of the parabolic equation. Duke Math. J. (I), **7**, 186—203 (1940); (II), **13**, 61—70 (1946).
DUFF, G. F. D.: [1] A mixed problem for normal hyperbolic linear partial differential equations of second order. Canad. J. Math. **9**, 141—160 (1957).
— [2] Mixed problems for linear systems. Canad. J. Math. **10**, 127—160 (1958).
— [3] Mixed problems for hyperbolic equations of general order. Canad. J. Math. **11**, 195—221 (1959).
DUNFORD, N., and J. SCHWARTZ: [1] Linear operators. Part. I. General theory. Pure Appl. Math. **7** (1958).
DYNKIN, E. B.: [1] Processus de MARKOV et problèmes d'analyse qui leur sont liés. Ousp. Mat. Nauk **15**, 3—24 (1960).
DZAVADOV, M. G.: [1] Recherches sur un problème mixte dans une classe de fonctions généralisées. Dokl. Akad. Nauk Azerbaidzan SSR. **14**, 195—199 (1958).
EIDELMAN, S. D.: [1] Sur les solutions fondamentales de systèmes paraboliques. Mat. Sbornik **38**, 51—92 (1956).
— [2] Problème de CAUCHY pour systèmes paraboliques non linéaires et quasi linéaires. Dokl. Akad. Nauk SSSR. **116**, 930—932 (1957).
— [3] La matrice fondamentale de systèmes paraboliques généraux. Dokl. Akad. Nauk. SSSR. **120**, 980—983 (1958).
ERDELYI, A.: [1] Singularities of generalized axially symmetric potentials. Comm. Pure Appl. Math. **9**, 403—414 (1956).
FAEDO, S.: [1] Un nuovo metodo per l'analisi esistenziale e quantitativa dei problemi di propagazione. Ann. Scuola Norm. Sup. Pisa **1**, 1—40 (1949).
— [2] Su un principio di esistenza nell'analisi lineare. Ann. Scuola Norm. Sup. Pisa **11**, 1—8 (1957).

FAGE, M. K.: [1] Construction d'opérateurs de transmutation .... Ousp. Mat. Nauk **12**, 240–245 (1957).
— [2] Représentation intégrale d'opérateurs .... Dokl. Akad. Nauk SSSR. **115**, 874–877 (1957).
— [3] Fonctions opérateurs analytiques d'une variable. Troudi Mosk. Mat. Obv. **7**, 227–268 (1958).
— [4] Représentation intégrale .... Troudi Mosk. Mat. Obv. **8**, 3–48 (1959).
FELLER, W.: [1] Some new connections between probability and classical analysis. Proc. Internat. Congr. of Math. 1958, p. 69–86.
FICHERA, G.: [1] Alcuni recenti sviluppi della teoria dei problemi al contorno per le equazioni alle derivate parziali lineari. Atti del Convegno Internaz. sulle Equazioni alle derivate parziali. Trieste 1954. Ed. Cremonese, Roma 1955, p. 174–227.
— [2] Sulle equazioni differenziali lineari ellittico-paraboliche del secondo ordine. Atti Acad. Naz. Lincei **5**, 3–30 (1956).
— [3] Sulla teoria generale dei problemi al contorno per le equazioni differenziali lineari. Rend. Accad. Naz. Lincei **8**, (I), fasc. 1–2, 46–55; (II), fasc. 3–4, 1–7 (1956).
— [4] Sul problema della derivata obliqua e sul problema misto per l'equazione di LAPLACE. Boll. U.M.I., III, VII, 367–377 (1952).
FOIAS, C.: [1] Sur les prolongements des opérateurs semi bornés et le problème mixte pour certaines équations paraboliques. Non publié.
— [2] La théorie des équations paraboliques dans l'espace de HILBERT et son application aux systèmes paraboliques d'équations aux dérivées partielles. A paraitre.
— [3] Remarques sur les semi groupes distributions d'opérateurs normaux. Portugaliae Math. **19**, 227–242 (1960).
— [4] Une remarque sur l'unicité des solutions des équations de NAVIER-STOKES en dimension n. A paraitre.
— G. GUSSI et V. POENARU: [1] L'étude de l'équation $\frac{d}{d\tau} u = A(\tau) u$ pour certaines classes d'opérateurs non bornés dans l'espace de HILBERT. Trans. Amer. Math. Soc. **86**, 335–347 (1957).
— — — [2] Sur les solutions généralisées de certaines équations linéaires et quasi linéaires dans l'espace de BANACH. Rev. Math. Pures Appl., Acad. R.P.R. **3**, 283–304 (1958).
—, and S. ZAIDMAN: [1] Almost periodic solutions of parabolic systems. A paraitre.
FOURES BRUHAT, Y.: [1] Théorèmes d'existence pour certains systèmes d'équations aux dérivées partielles non linéaires. Acta math. **88**, 141–225 (1952).
FOX, D. W.: [1] The solution of HUYGEN's Principle for a singular Cauchy Problem. J. Math. Mech. **8**, 197–219 (1959).
FRIEDLANDER, F. G.: [1] Sound Pulses. Cambridge: Cambridge University Press 1958.
FRIEDMAN, A.: [1] On the regularity of the solutions of non linear Elliptic and Parabolic systems of partial differential equations. J. Math. Mech. **7**, No. 1 43–60 (1958).
— [2] Boundary estimates for second order parabolic equations and their applications. J. Math. Mech. **7**, 771–792 (1958).
— [3] Convergence of solutions of parabolic equations to a steady state. J. Math. Mech. **8**, 57–76 (1959).
— [4] Asymptotic behavior of solutions of parabolic equations. J. Math. Mech. **8**, 387–392 (1959).

FRIEDMAN, A.: [5] Generalized heat transfer between solids and gases under non linear boundary conditions. J. Math. Mech. **8**, 161—183 (1959).
— [6] Asymptotic stability of solutions of parabolic equations under various boundary conditions. O.N.R. Tech. Report, Berkeley, 1959.
— [7] Parabolic equations of the second order. Trans. Amer. Math. Soc. **93**, 509—530 (1959).
FRIEDRICHS, K. O.: [1] Spektraltheorie halbbeschrankter Operatoren. Math. Annalen **109**, 465—487, 685—713 (1934).
— [2] On differential operators in Hilbert spaces. Amer. J. Math. **61**, 523—544 (1939).
— [3] The identity of weak and strong extensions of differential operators. Trans. Amer. Math. Soc. **55**, 132—151 (1944).
— [4] Symmetric hyperbolic linear differential equations. Comm. Pure Appl. Math. **7**, 345—392 (1954).
— [5] Symmetric positive systems of differential equations. Comm. Pure Appl. Math. **11**, 333—418 (1958).
— [6] Asymptotic phenomena in Mathematical Physics. Bull. Amer. Math. Soc. **61**, 485—504 (1955).
— [7] On the boundary value problems of the theory of elasticity and KORN's inequality. Ann. of Math. **48**, 441—471 (1947).
— [8] An inequality for potential functions. Amer. J. Math. **68**, 581—592 (1946).
— [9] On the differentiability of the solutions of linear Elliptic Differential Equations. Comm. Pure Appl. Math. **6**, 299—325 (1953).
— [10] Differential forms on Riemannian manifolds. Comm. Pure Appl. Math. **8**, 551—590 (1955).
FUGLEDE, B.: [1] Extremal length and functionnal completion. Acta math. **98**, 171—219 (1957).
— [2] Extremal length and closed extensions of partial differential operators, p. 7—71. København 1960.
GAGLIARDO, E.: [1] Formule de maggiorazione integrale per le soluzioni dell'equazione del calore non omogenea. Ric. Mat. **3**, 202—219 (1954).
— [2] Problema al contorno generalizzato per l'equazione del calore. Ric. Mat. **4**, 74—94 (1955).
— [3] Problema al contorno per equazioni differenziali lineari di tipo parabolico in n variabili. Ric. Mat. **5**, 169—205 (1956).
— [4] Teoremi di esistenza e di unicità per problemi al contorno relativi ad equazioni paraboliche lineari e quasi lineari in n variabili. Ric. Mat. **5**, 239—257 (1956).
— [5] Caratterizzazioni delle trace sulla frontiera relative ad alcune classi di funzioni in n variabili. Rend. Sem. Mat. Univ. Padova **27**, 284—305 (1957).
— [6] Proprietà di alcune classi di funzioni in più variabili. Ric. Mat. **7**, 102—137 (1958).
— [7] Ulteriori proprietà di alcune classi di funzioni in più variabili. Ric. Mat. **8**, 24—51 (1959).
— [8] Interpolation d'espaces de BANACH et appl ications. Notes aux C. R. Acad. Sci., Paris **248**, (I), 1912—1914; (II), 3388—3390; (III), 3517—3518 (1959).
— [9] Interpolazioni di spazi di BANACH e applicazioni. Ric. Mat. **9**, 58—81 (1960).
GÅRDING, L.: [1] Linear hyperbolic partial differential equations with constant coefficients. Acta math. **85**, 1—62 (1950).
— [2] DIRICHLET's problem for linear elliptic partial differential equations. Math. Scand. **1**, 55—72 (1953).

GÅRDING, L.: [3] Solution directe au problème de CAUCHY pour les équations hyperboliques. C. N. R. S., Paris 1956.
— [4] CAUCHY's problem for hyperbolic equations. Univ. of Chicago 1957.
— [5] Applications of the theory of direct integrals of Hilbert spaces to some integral and differential operators. Univ. of Maryland, Lecture series, No. 11 (1954).
— [6] Some trends and problems in linear partial differential equations. Congr. Internat. Math. 1958, p. 87—102.
GARNIR, H. G.: [1] Les problèmes aux limites de la Physique Mathématique. Basel: Birkhauser 1958.
—, et A. BOIGELOT: Voir A. BOIGELOT et H. G. GARNIR.
—, et J. GOBERT: [1] Le problème de DIRICHLET-NEUMANN pour les opérateurs, métaharmonique, des ondes et de la diffusion par la méthode des fonctions propres. Bull. Soc. Roy. Sci. Liège (I) **26**, 279—289 (1957); (II), (III) **27**, 17—27, 119—127 (1958).
GELFAND, I. M.: [1] Sur certains problèmes de la théorie des équations quasi linéaires. Ousp. Mat. Nauk **14**, 2, 87—158 (1959).
— [2] Sur quelques questions d'analyse et d'équations aux dérivées partielles. Ousp. Mat. Nauk **14**, 3, 3—19 (1959).
—, et V. M. LEVITAN: [1] Sur la détermination des opérateurs différentiels par leur fonction spectrale. Isv. Akad. Nauk **15**, 309—360 (1951).
—, et E. SILOV: [1] Fonctions généralisées, t. 1. Moscou 1958.
— [2] Fonctions généralisées, t. 2. Moscou 1958.
— [3] Fonctions généralisées, t. 3. Moscou 1958.
—, et A. M. YAGLOM: [1] Intégration dans les espaces fonctionnels et applications à la Physique Quantique. Ousp. Mat. Nauk **11** (1956) [Article traduit dans J. Math. Phys. **1**, No. 1, 48—69 (1960)].
GEVREY, M.: [1] Sur les équations aux dérivées partielles du type parabolique. (I), (II), t. 9, p. 305—471 (1913); t. 10, p. 105—143 (1914).
GIORGI, E. DE: [1] Sulla differenziabilità e l'analyticità delle estremali degli integrali multipli regolari. Mem. Accad. Sci. Torino **3**, 25—43 (1957).
GOBERT, J., et H. G. GARNIR: Voir H. G. GARNIR et J. GOBERT.
GRECO, D.: [1] Nuove formule di maggiorazione.... Ric. Mat. **5**, 126—149 (1956).
— [2] Un teorema di esistenza per il problema di DIRICHLET. Ric. Mat. **5**, 150—158 (1956).
GREEN, J. W.: [1] An expansion method for parabolic partial differential operators. J. Res. Nat. Bur. Stand. **51**, 127—132 (1953).
GROTHENDIECK, A.: [1] Produits tensoriels topologiques et espaces nucléaires. Mem. Amer. Math. Soc. No. 16 (1955).
GUSEVA, O. V.: [1] Sur les problèmes aux limites pour systèmes fortement elliptiques. Dokl. Akad. Nauk SSSR. **102**, 1069—1072 (1955).
GUSSI, N., C. FOIAS et V. POENARU: Voir C. FOIAS, N. GUSSI et V. POENARU.
GUY, R.: [1] Sur une équation vectorielle intégrale dans un espace de Hilbert abstrait. C. R. Acad. Sci., Paris **238**, 46—49 (1954).
— [2] Equations intégrales de VOLTERRA dans un espace de HILBERT; à paraitre.
HADAMARD, J.: [1] Le problème de CAUCHY et les équations aux dérivées partielles linéaires hyperboliques. Paris: Hermann 1932.
HESTENES, M. R.: [1] Applications of the theory of quadratic forms in Hilbert space to the Calculus of variations. Pacif. J. Math. **1**, 525—581 (1951).
— [2] Quadratic variationnal theory and linear elliptic partial differential equations. A paraitre aux Trans. Amer. Math. Soc.

Hille, E.: [1] Functionnal Analysis and Semi groups. Amer. Math. Soc. Coll. Publ. **31** (1948).
— [2] A note on Cauchy's problem. Ann. Soc. Polon. Math. **25**, 56—68 (1952).
— [3] Une généralisation du problème de Cauchy. Ann. Inst. Fourier **4**, 31—48 (1952/53).
— [4] Le problème abstrait de Cauchy. Rend. Sem. Mat. Univ. Politec. Torino **12**, 95—103 (1953).
— [5] The abstract Cauchy problem for parabolic differential equations. J. Analyse Math. Israel **3**, 81—196 (1954).
—, and R. S. Phillips: [1] Functionnal Analysis and Semi groups. Revised Edition. Amer. Math. Soc. Coll. Publ. **31** (1957).
Hörmander, L.: [1] On the theory of general partial differential operators. Acta Math. **94**, 161—248 (1955).
— [2] On the regularity of the solutions of boundary problem. Acta Math. **99**, 225—264 (1958).
— [3] On interior regularity of the solutions of partial differential equations. Comm. Pure Appl. Math. **11**, 197—218 (1958).
— [4] Definitions of maximal differential operators. Ark. Mat. **3**, 501—504 (1958).
— [5] Differentiability properties of solutions of systems of differential equations. Ark. Mat. **3**, 527—535 (1958).
— [6] Livre sur la théorie des équations aux dérivées partielles linéaires. Grundl. d. math. Wiss. A paraitre.
—, et J. L. Lions: [1] Sur la complétion par rapport à une intégrale de Dirichlet. Math. scand. **4**, 259—270 (1956).
Hopf, E.: [1] Über die Anfangswertaufgabe für die hydrodynamischen Grundgleichungen. Math. Nachr. **4**, 213—231 (1951).
Huet, D.: [1] Phénomènes de perturbation singulière. Ann. Inst. Fourier **10**, 1—96 (1960).
Il'in, A. M.: [1] Equations elliptiques et paraboliques dégénérées. Mat. Sbornik **50**, 443—498 (1960).
Il'in, V. A.: [1] Résolution du problème mixte pour une équation hyperbolique et parabolique dans un cylindre normal arbitraire. Dokl. Akad. Nauk SSSR. **127**, 23—26 (1959).
— [2] Sur la résolution des problèmes mixtes pour les équations hyperboliques et paraboliques. Ousp. Mat. Nauk **15**, 97—154 (1960).
Itô, S.: [1] The fundamental solution of the parabolic equation in a differentiable manifold. Osaka Math. J. (I), **5**, 75—92 (1953); (II), **6**, 167—185 (1954).
— [2] A boundary value problem of partial differential equations of parabolic type. Duke Math. J. **24**, 299—312 (1957).
— [3] Fundamental solutions of parabolic differential equations and boundary value problems. Jap. J. Math. **27**, 55—102 (1957).
Iudovich, V. I.: [1] Periodical motions of a viscous incompressible fluid. Dokl. Akad. Nauk SSSR. **130**, 1214—1217 (1960).
Ivanova et Kim. Voir Kim et Ivanova.
Jdanovich, V. F.: [1] Solution par la méthode de Fourier de problèmes mixtes non auto adjoints pour des systèmes hyperboliques dans le plan. Mat. Sbornik (I), **47**, 307—354 (1959); (II), **48**, 447—498 (1959); (III), **49**, 233—266 (1959).
John, F.: [1] On integration of parabolic equations by difference methods. Comm. Pure Appl. Math. **5**, 155—211 (1952).
Kac, M.: [1] On some connections between probability theory and differential and integral equations. Proc. 2nd Berkeley Symposium, Berkeley 1951, p. 189—215.

KALABA, R., R. BELLMAN and G. M. WING: Cf. R. BELLMAN, R. KALABA and G. M. WING.

KAMPÉ DE FÉRIET, J.: [1] Introduction to the statistical theory of turbulence. Lectures Series, Univ. of Maryland Publ. 1950/51, No. 8.

KATO, T.: [1] Integration of the equation of evolution in a Banach space. J. Math. Soc. Japan **5**, 208–304 (1953).

— [2] On linear differential equations in Banach spaces. Comm. Pure Appl. Math. **9**, 479–486 (1956).

— [3] Note on Fractionnal powers of linear operators. Proc. Japan Acad. **36**, 94–96 (1960).

— [4] Fractionnal powers of dissipative operators. A paraitre.

— [5] Abstract evolution equations of parabolic type. A paraitre.

KIM, E. I., et L. P. IVANOVA: [1] Le problème aux limites mixtes pour un certain système d'équations différentielles paraboliques. Dokl. Akad. Nauk SSSR. **126**, 1183–1186 (1959).

KIPRIANOV, I. A.: [1] Opérateur de dérivation d'ordre fractionnaire et puissances d'opérateurs elliptiques. Dokl. Akad. Nauk SSSR. **131**, 238–241 (1960).

KISELEV, A. A., et O. A. LADYZENSKAYA: [1] Sur l'existence et l'unicité de la solution du problème non stationnaire pour un liquide visqueux incompressible. Izv. Akad. Nauk SSSR. **21**, 655–680 (1957).

KOMATSU, H.: [1] Abstract analyticity in time ... of a parabolic equation. J. Fac. Sci. Univ. Tokyo (à paraitre).

KONDRACHOFF, V. I.: [1] Sur certaines propriétés des fonctions de l'espace L_p. Dokl. Akad. Nauk SSSR. **48**, 563–566 (1945).

KOSELEV, A. I.: [1] Inégalités à priori dans L^p et solutions généralisées d'équations et de systèmes elliptiques. Ousp. Mat. Nauk **13**, 29–88 (1958).

KRASNOSELSKI, M. A.: [1] Some problems of non linear analysis. Ousp. Mat. Nauk **9**, 57–114 (1954).

— S. G. KREIN et P. E. SOBOLEVSKI: [1] Sur les équations différentielles à coefficients opérateurs non bornés dans l'espace de HILBERT. Dokl. Akad. Nauk SSSR. **112**, 990–993 (1957).

KRASNOV, M. L.: [1] Problèmes mixtes pour équations hyperboliques du deuxième ordre avec dégénérescence. Mat. Sbornik **49**, 29–84 (1959).

KREIN, M. G.: [1] Théorie des prolongements auto adjoints d'opérateurs symmétriques semi bornés et applications (I). Mat. Sbornik **20** (62) 431–495 (1947).

KREIN, S. G.: [1] Sur certains problèmes aux limites bien posés. Dokl. Akad. Nauk SSSR. **114**, 1162–1165 (1957).

— [2] Un théorème d'interpolation dans la théorie des opérateurs. Dokl. Akad. Nauk SSSR. **130**, 491–494 (1960).

— M. A. KRASNOSELSKI et P. E. SOBOLEVSKI: Voir M. A. KRASNOSELSKI.

—, et P. E. SOBOLEVSKI: [1] Equations différentielles avec opérateurs elliptiques abstraits dans l'espace de HILBERT. Dokl. Akad. Nauk SSSR. **118**, 233–236 (1958).

KRZYZANSKI, M.: [1] Recherches concernant l'allure des solution de l'équation du type parabolique lorsque la variable de temps tend vers l'infini. Atti Accad. Naz. Lincei **23**, 28–32 (1957).

—, and I. SCHAUDER: [1] Quasilineare Differentialgleichungen zweiter Ordnung vom hyperbolischen Typus Gemischte Randwertaufgaben. Studia Math. **6**, 162–189 (1936).

LADYZENSKAYA, O. A.: [1] Problèmes mixtes pour les équations hyperboliques. Moscou 1953.

LADYZENSKAYA, O. A.: [2] Sur la solution d'équations opérationnelles non stationnaires. Mat. Sbornik **39** (81), 491—524 (1956).

— [3] Sur les équations opérationnelles non stationnaires et leurs applications aux problèmes linéaires de la physique mathématique. Mat. Sbornik **45** (87), 123—158 (1958).

— [4] Solution globale du premier problème aux limites pour les équations paraboliques quasi linéaires. Troudi Mosk. Mat. Obv. **7**, 149—177 (1958).

— [5] Solution globale du problème aux limites pour l'équation de NAVIER-STOKES en deux variables d'espace. Dokl. Akad. Nauk SSSR. **123**, 427—429 (1958).

— [6] Solution globale du problème de CAUCHY. Troudi Mosk. Mat. Obv. **8**, 71—81 (1959).

— [7] Méthode des différences finies dans la théorie des équations aux dérivées partielles. Ousp. Mat. Nauk **12** (77), 123—148 (1957).

— [8] Sur les équations non stationnaires de NAVIER-STOKES. Dokl. Akad. Nauk SSSR. **124**, 551—553 (1959).

— [9] Sur les équations non stationnaires de NAVIER-STOKES. Vestn. Leningrad Univ. **19**, 9—18 (1958).

—, et A. A. KISELEV: Voir A. A. KISELEV et LADYZENSKAYA.

—, et V. A. SOLONNIKOV: [1] Sur la résolution du problème non stationnaire de la magnéto hydrodynamique. Dokl. Akad. Nauk SSSR. **124**, 26—28 (1959).

—, et I. M. VISIK: [1] Problèmes aux limites pour les équations aux dérivées partielles et certaines classes d'équations opérationnelles. Ousp. Mat Nauk **11**, 41—97 (1956).

LANGER, R. E., et G. D. BIRKHOFF: Voir BIRKHOFF et LANGER.

LATTÈS, R., et J. L. LIONS: [1] Sur une classe de problèmes aux limites intervenant en Physique des réacteurs. Colloque Rome, 1960.

LAVOINE, J.: [1] Calcul symbolique. Distributions et pseudo fonctions. C.N.R.S. Paris 1959.

LAX, P. D.: [1] Operator theoretic treatment of hyperbolic equations. Abstract 180, Bull. Amer. Math. Soc. **58**, 182 (1952).

— [2] On CAUCHY's problem for hyperbolic equations and the differentiability of solutions of elliptic equations. Comm. Pure Appl. Math. **8**, 615—633 (1955).

— [3] A stability theorem for solutions of abstract differential equations, and its application to the study of the local behavior of solutions of elliptic equations. Comm. Pure Appl. Math. **9**, 747—766 (1956).

— [4] The scope of the energy method. Bull. Amer. Math. Soc. **66**, 32—35 (1960).

— [5] Weak solutions of nonlinear hyperbolic equations and their numerical computations. Comm. Pure Appl. Math. **7**, 159—193 (1954).

— [6] Hyperbolic systems of conservation laws (II). Comm. Pure Appl. Math. **10**, 537—566 (1957).

—, and A. N. MILGRAM: [1] Parabolic equations. Ann. Math. Studies No. 33, 167—189 (1954).

—, and R. S. PHILLIPS: [1] Local boundary conditions for dissipative symmetric linear differential operators. Comm. Pure Appl. Math. **13**, 427—455 (1960).

—, and R. D. RICHTMYER: [1] Survey of the stability of linear finite difference equations. Comm. Pure Appl. Math. **9**, 267—293 (1956).

LEES, M., et PROTTER: [1] Unique continuation for parabolic equations and inequalities. Duke J. (1961).

LEHNER, J.: [1] An unsymmetric operator arising in the theory of neutron diffusion. Comm. Pure Appl. Math. **9**, 487—497 (1956).

—, and G. M. WING: [1] Solutions of the linearized Boltzmann transport equation for the slab geometry. Duke Math. J. **23**, 125—142 (1956).

LERAY, J.: [1] Etude des diverses équations intégrales non linéaires et de quelques problèmes que pose l'hydrodynamique. J. Math. pures appl. **12**, 1—82 (1933).
— [2] Essai sur les mouvements plans d'un liquide visqueux que limitent des parois. J. Math pures appl. **13**, 331—418 (1934).
— [3] Sur les mouvements d'un liquide visqueux emplissant l'espace. Acta math. **63**, 193—248 (1934).
— [4] Hyperbolic differential equations. Princeton 1952.
LEVITAN, V. M.: [1] Développements de fonctions en séries et intégrales de FOURIER-BESSEL. Ousp. Mat. Nauk **6**, 102—143 (1951).
—, et I. M. GELFAND: Voir I. M. GELFAND et V. M. LEVITAN.
LIEBERSTEIN, H. M.: [1] On the generalized radiation problem of WEINSTEIN. Pacif. J. Math. **7**, 1623—1640 (1957).
LIONS, J. L.: [1] Problèmes aux limites en théorie des distributions. Acta math. **94**, 13—153 (1955).
— [1 bis] Lectures on elliptic differential equations. Tata Institute, Bombay 1957.
— [2] Sur certains problèmes aux limites. Bull. Soc. Math. France **83**, 225—250 (1955).
— [3] Une remarque sur les applications du Théorème de HILLE-YOSIDA. J. Math. Soc. Japan **9**, 62—70 (1957).
— [4] Supports dans la transformation de LAPLACE. J. Analyse Math. Israel **2**, 369—380 (1952/53).
— [5] Problèmes aux limites et conditions à l'infini. C.R. Acad. Sci., Paris **237**, 1617—1620 (1953).
— [6] Sur les problèmes aux limites du type dérivée oblique. Ann. of Math. **64**, 207—239 (1956).
— [7] Contribution à un problème de M. M. PICONE. Ann. di Mat. **41**, 201—219 (1955).
— [8] Conditions aux limites de VISIK-SOBOLEV et problèmes mixtes. C.R. Acad. Sci., Paris **244**, 1126—1128 (1957).
— [9] Sur les problèmes mixtes pour certains systèmes paraboliques dans des ouverts non cylindriques. Ann. Inst. Fourier **7**, 143—182 (1957).
— [10] Boundary value problems. Technical Report, University of Kansas, Lawrence 1957.
— [11] Sur certaines équations différentielles à coefficients opérateurs non bornés. J. Analyse Math. Israel **6**, 333—355 (1958).
— [12] Problemi misti nel senso di HADAMARD, classici e generalizzati. Rend. Sem. Mat. Fis. Milano **28**, 3—47 (1959).
— [13] Problèmes mixtes abstraits. Congr. Int. Math. Edinbourg 1958, p. 389—397.
— [14] Equations différentielles du premier ordre dans un espace de HILBERT. C.R. Acad. Sci., Paris **248**, 1099—1102 (1959).
— [15] Sur certains problèmes mixtes quasi linéaires. C.R. Acad. Sci., Paris **246**, (I), 1644—1677; (II), 1796—1799 (1958). — Sur l'existence des solutions des équations de NAVIER-STOKES. C.R. Acad. Sci., Paris **248**, 2847—2850 (1959).
[16] Quelques résultats d'existence dans des équations aux dérivées partielles non linéaires. Bull. Soc. Math. France **87**, 245—273 (1959).
— [17] Sur la régularité et l'unicité des solutions turbulentes des équations de NAVIER-STOKES. Rend. Sem. Mat. Univ. Padova **30**, 16—23 (1960).
— [18] Opérateurs de DELSARTE et problèmes mixtes. Bull. Soc. Math. France **84**, 9—95 (1956).
— [19] Equations d'Euler-Poisson-Darboux généralisées. C.R. Acad. Sci., Paris **246**, 208—210 (1958).
— [20] Espaces intermédiaires entre espaces hilbertiens et applications. Bull. Math. R.P.R. Bucarest **2**, 419—432 (1958).

LIONS, J. L.: [21] Théorèmes de traces et d'interpolation (I). Ann. Scuola Norm. Sup. Pisa **13**, 389—403 (1959).

— [22] Un théorème de traces. Applications. C.R. Acad. Sci., Paris **249**, 2259—2261 (1959).

— [23] Sur les semi groupes distributions. Portug. Math. **19**, 141—164 (1960).

— [24] On the generalized radiation problem of WEINSTEIN. J. Math. Mech. **8**, 873—888 (1959).

— [25] Sur les espaces d'interpolation; dualité. Math. Scand. (1961).

— [26] Une remarque sur certains problèmes différentiels non linéaires. C. R. Acad. Sci., Paris **252**, 657—659 (1961).

—, et J. DELSARTE: Voir J. DELSARTE et J. L. LIONS.

—, et J. DENY: Voir J. DENY et J. L. LIONS.

—, et J. B. DIAZ: Voir DIAZ et LIONS.

—, et M. D. DONSKER: Voir DONSKER et LIONS.

—, et L. HÖRMANDER: Voir L. HÖRMANDER et J. L. LIONS.

—, et R. LATTÈS: Voir R. LATTÈS et J. L. LIONS.

—, et E. MAGENES: [1] Problèmes aux limites non homogènes (I). Ann. Scuola Norm. Sup. Pisa **14**, 269—308 (1960). — (II). Ann. Inst. Fourier **11**, 137—178 (1961).

— [2] Remarque sur les problèmes aux limites pour opérateurs paraboliques. C.R. Acad. Sci., Paris **251**, 2118—2120 (1960).

— [3] Problèmes aux limites non homogènes (III). Ann. Scuola Norm. Sup. Pisa (1961).

—, et B. MALGRANGE: [1] Sur l'unicité rétrograde. Math. scand. **8**, 277—286 (1960).

—, et G. PRODI: [1] Un théorème d'existence et unicité dans les équations de NAVIER-STOKES en dimension 2. C.R. Acad. Sci., Paris **248**, 3519—3521 (1959).

—, et L. SCHWARTZ: [1] Problèmes aux limites sur des espaces fibrés. Acta math. **94**, 155—159 (1955).

LIPKO, B. J.: [1] Problème mixte avec dérivée oblique pour une équation parabolique du deuxième ordre. Dokl. Akad. Nauk SSSR. **132**, 279—282 (1960).

LUBICH, IU. I.: [1] Conditions pour l'unicité du problème de CAUCHY abstrait. Dokl. Akad. Nauk SSSR. **130**, 969—972 (1960).

LUDFORD, G. S., et J. B. DIAZ: Voir DIAZ et LUDFORD.

LUSTERNIK, L. A., et I. M. VISIK: Voir I. M. VISIK et L. A. LUSTERNIK.

MAGENES, E.: [1] Sull'equazione del calore. Teoremi di unicità e teoremi di completezza connessi col metodo di integrazione di M. PICONE (I), (II). Rend. Sem. Mat. Padova **21**, 99—123, 136—170 (1952).

— [2] Problemi al contorno misti per l'equazione del calore. Rend. Sem. Mat. Padova **24**, 1—28 (1954).

— [3] Il problema della derivata obliqua.... Rend. Mat. appl. **16**, 363—414 (1957).

— [4] Sul problema di DIRICHLET per le equazioni lineari ellittiche in due variabili. Ann. Mat. pura appl. **48**, 257—280 (1959).

— [5] Su alcune recenti impostazioni dei problemi al contorno, in particolare misti, per le equazioni lineari ellittiche del secondo ordine. Ann. Scuola Norm. Sup. Pisa **10**, 75—84 (1956).

—, et J. L. LIONS: Voir J. L. LIONS et E. MAGENES.

—, e G. STAMPACCHIA: [1] I problemi al contorno per le equazioni differenziali di tipo ellittico. Ann. Scuola Norm. Sup. Pisa **12**, 247—358 (1958).

MALFERRARI, A.: [1] Su certe equazioni quasi lineari di tipo parabolico di ordine superiore al secondo. Sem. Mat. Fis. Univ. Modena **8**, 174—216 (1959).

MALGRANGE, B.: [1] Existence et approximation des solutions des équations aux dérivées partielles. Ann. Inst. Fourier **6**, 3—86 (1955/56).

MALGRANGE, B.: [2] Sur une classe d'opérateurs différentiels hypoelliptiques. Bull. Soc. Math. France **85**, 283–306 (1957).

—, et J. L. LIONS: Voir LIONS et MALGRANGE.

MARCENKO, B. A.: [1] Sur la théorie des opérateurs différentiels linéaires d'ordre 2 à une variable. Troudi Mosk. Mat. Obv. **1**, 328–420 (1952); **2**, 4–82 (1953).

MASLOV, V. P.: [1] Application des méthodes d'analyse fonctionnelle pour la construction de solutions asymptotiques quasi classiques de l'équation de SCHROEDINGER. Ousp. Mat. Nauk **14**, 161–168 (1959).

— [2] Sur une méthode d'analyse fonctionnelle.... Ousp. Mat. Nauk **14**, 179–185 (1959).

MAURIN, K.: [1] Der Fundamentalsatz über schwache Lösungen .... Bull. Acad. Pol. Sci. **2**, 457–461 (1954).

— [1] Über gemischte Rand- und Anfangswertprobleme in großen .... Studia Math. **15**, 314–327 (1956).

— [2] Über Fouriersche Lösung .... Studia Math. **16**, 200–229 (1957).

MICHKIS, A. D., et V. E. ABOLINIA: Voir ABOLINIA et MICHKIS.

MIKHAILOV, V. P.: [1] Un problème mixte pour un système parabolique dans le plan. Dokl. Akad. Nauk SSSR. **126**, 1199–1202 (1959).

— [2] Solution d'un problème mixte pour un système parabolique au moyen de potentiels. Dokl. Akad. Nauk **132**, 291–294 (1960).

MIKHLIN, S. G.: [1] Méthodes variationnelles de résolution de problèmes de Physique mathématique. Ousp. Mat. Nauk **5**, 3–51 (1950).

— [2] Méthode directes en physique mathématique. Moscou Léningrad 1950.

— [3] Problèmes de minimum pour fonctionnelles quadratiques. Moscou Leningrad 1952.

— [4] Equations elliptiques dégénérées. Vestn. Leningrad No. 8, 19–48 (1954).

MIKUSINSKI, J.: [1] Operational calculus. Pergamon Press 1959.

MILGRAM, A. N., et N. ARONSZAJN: Voir N. ARONSZAJN et A. N. MILGRAM.

—, et P. D. LAX: Voir P. D. LAX et A. N. MILGRAM.

—, and P. C. ROSENBLOOM: [1] Harmonic forms and heat conduction. (I). Closed Riemannian manifolds. (II). Heat distribution on complexes and approximation theory. Proc. Nat. Acad. Sci., Wash. **37**, 180–184, 435–438 (1951).

MINAKSHISUNDARAM, S.: [1] Studies in Fourier-Ansatz and parabolic equations. J. Madras Univ. **14**, 73–142 (1942); **15**, 41–50 (1943).

MIRANDA, C.: [1] Equazioni alle derivate parziali di tipo ellittico. Ergebn. Math. (1955).

— [2] Formule di maggiorazzione e teorema di esistenza per le funzioni biarmoniche di due variabili. Giorn. Mat. Battaglini **78**, 97–118 (1948/49).

— [3] Teorema del massimo modulo e teorema di esistenza e di unicità per il problema di DIRICHLET relativo alle equazioni ellittiche in due variabili. Ann. Mat. pura appl. **46**, 265–311 (1958).

MIRANKER, W. L.: [1] A well posed problem for the backward heat equation and signal recovery. I.B.M. Research center — Report — 1959.

MIYADERA, I.: [1] Generation of strongly continuous semi group of operators. Tôhoku Math. J. **4**, 109–114 (1952).

— [2] Semi groups of operators in Frechet spaces and applications to partial differential equations. Tôhoku Math. J. **11**, 162–183 (1959).

MIZOHATA, S.: [1] Le problème de CAUCHY pour les équations paraboliques. J. Math. Soc. Japan **8**, 269–299 (1956).

— [2] Problème de CAUCHY pour les équations hyperboliques. Mem. Coll. Sci. Kyoto Univ. **31**, 83–90 (1958).

— [3] Systèmes hyperboliques. J. Math. Soc. Japan **11**, 205–233 (1959).

MIZOHATA, S.: [4] Note sur le traitement par les opérateurs d'intégrale singulière du problème de CAUCHY. J. Math. Soc. Japan **11**, 234—240 (1959).

— [5] Le problème de CAUCHY pour les systèmes hyperboliques et paraboliques. Mem. Coll. Sci. Univ. Kyoto **32**, 181—212 (1959).

— [6] Analyticité des solutions élémentaires du système hyperbolique à coefficients constants. Mem. Coll. Sci. Univ. Kyoto **32**, 213—234 (1959).

— [7] Hypoellipticité des équations paraboliques. Bull. Soc. Math. France **85**, 15—50 (1957).

MOREL, H.: [1] Thèse, à paraitre.

MORREY, C. B.: [1] Functions of several variables.... Duke Math. J. **6**, 187—215 (1940).

— [2] Multiple integral problems in the calculus of variations and related topics. Univ. Calif. Publ. Math. **1**, 1—130 (1943).

— [3] On the solution of quasi linear elliptic partial differential equations. Trans. Amer. Math. Soc. **43**, 126—166 (1938).

— [4] Second order elliptic equations in several variables and Holder continuity. Math. Z. **72**, 146—164 (1959).

— [5] Multiple integrals in the Calculus of Variations and related topics. Grundl. d. math. Wiss. A paraitre.

—, et L. NIRENBERG: [1] On the analyticity of the solutions of linear elliptic systems of partial differential equations. Comm. Pure Appl. Math. **10**, 271—290 (1957).

MUCKENHAUPT: [1] Almost periodic functions and vibrating systems. J. Math. Phys. **8**, 163—198 (1929).

NAGUMO, M.: [1] On linear hyperbolic system of partial differential equations in the whole space. Proc. Japan Acad. **32**, 703—706 (1956).

NARASHIMAN, M. S.: [1] The problems of limits on a Riemannian manifold. J. Indian Math. Soc. **20**, 291—297 (1957).

NASH, J.: [1] Continuity of solutions of parabolic and elliptic equations. Amer. J. Math. **80**, 931—954 (1958).

NELSON, E.: [1] An existence theorem for second order parabolic equations. Trans. Amer. Math. Soc. **88**, 414—429 (1958).

NEUMANN, J. v., et S. BOCHNER: Voir S. BOCHNER et J. v. NEUMANN.

NIKOLSKY, S. M.: [1] Inégalités pour les fonctions entières d'ordre fini et applications aux fonctions différentiables de plusieurs variables. Troudi Stekloff **38**, 244—278 (1951).

— [2] Sur le prolongement des fonctions.... Mat. Sbornik **40** (82), 243—268 (1956).

— [3] Théorèmes de plongement.... Izv. Akad. Nauk SSSR. **22**, 321—336 (1958).

— [4] Certaines propriétés des fonctions différentiables.... Izv. Akad. Nauk SSSR. **23**, 213—242 (1959).

— [5] Problème variationnel de HILBERT. Izv. Akad. Nauk SSSR. **22**, 599—630 (1958).

NIRENBERG, L.: [1] Remarks on strongly elliptic partial differential equations. Comm. Pure Appl. Math. **8**, 648—674 (1955).

— [2] Estimates and existence of solutions of elliptic equations. Comm. Pure Appl. Math. **9**, 509—530 (1956).

— [3] On elliptic partial differential equations. Cours de Pise 1958.

— S. AGMON et A. DOUGLIS: Voir S. AGMON, A. DOUGLIS et L. NIRENBERG.

—, et C. B. MORREY: Voir C. B. MORREY et L. NIRENBERG.

ODHNOFF, J.: [1] Operators generated by differential problems with eigenvalue parameter in equation and boundary condition. Medd. Lund Univ. Mat. Sem. **14**, 1—80 (1959).

Ohyama, T.: [1] Interior regularity of weak solutions of the time dependent Navier-Stokes equation. Proc. Japan Acad. **36**, 273—277 (1960).

Oleinik, O. A.: [1] Solution des problèmes aux limites fondamentaux pour les équations du deuxième ordre à coefficients discontinus. Dokl. Akad. Nauk SSSR. **124**, 1219—1222 (1959).

— [2] Sur les équations du type elliptique et parabolique à coefficients discontinus. Ousp. Mat. Nauk **14**, 164—166 (1959).

— [3] Solutions discontinues des équations aux dérivées partielles non linéaires. Ousp. Mat. Nauk **12**, 3—73 (1957).

Olevski, M. N.: [1] L'équation $A_p + D_t^2 + p(t) D_t + q(t)$. Dokl. Akad. Nauk SSSR. **93**, 975—978 (1953).

Pagni, M.: [1] Su un problema al contorno tipico per l'equazione del calore. Ann. Scuola Norm. Sup. Pisa **11**, 73—115 (1957).

Panzone, R., et M. Cotlar: Voir Cotlar et Panzone.

Peetre, J.: [1] Théorèmes de régularité pour quelques classes d'opérateurs différentiels, p. 1—122. Lund 1959.

Petrowski, I. G.: [1] On some problems in the theory of partial differential equations. Ousp. Mat. Nauk **1**, 44—70 (1946).

— [2] Über das Cauchysche Problem für Systeme von partiellen Differentialgleichungen. Mat. Sbornik **44**, 815—868 (1937).

— [3] Über das Cauchysche Problem für ein System linearen.... Bull. Univ. Etat Moscou, fasc. 7, 1—74 (1938).

Peyser, G.: [1] Energy integrals for the mixed problem in hyperbolic partial differential equations of higher order. J. Rational Mech. Anal. **6**, 641—669 (1957).

Phillips, R. S.: [1] Perturbation theory for semi groups of linear operators. Trans. Amer. Math. Soc. **74**, 199—221 (1953).

— [2] Dissipative hyperbolic systems. Trans. Amer. Math. Soc. **86**, 109—173 (1957).

— [3] Dissipative operators and hyperbolic systems of partial differential equations. Trans. Amer. Soc. **90**, 193—254 (1959).

— [4] Dissipative operators and parabolic partial differential equations. Comm. Pure Appl. Math. **12**, 249—276 (1959).

— [5] On a theorem due to Sz-Nagy. Pacif. J. Math. **9**, 69—173 (1959).

— [6] On the generation of semi groups of linear operators. Pacif. J. Math. **2**, 343—369 (1952).

— [7] On the integration of the diffusion equation with boundary conditions. Trans. Amer. Math. Soc. **98**, 62—84 (1961).

— [8] The extension of dual subspaces invariant under an algebra. J. Analyse Math. Israel à paraitre (1961).

—, et E. Hille: Voir E. Hille et R. S. Phillips.

—, et P. Lax: Voir P. Lax et R. S. Phillips.

Picard, E.: [1] Leçons sur quelques types simples d'équations aux dérivées partielles. Paris: Gauthier Villars 1927.

Picone, M.: [1] Nuove determinazioni per gli integrali delle equazioni lineari a derivate parziali. Rend. R. Accad. Lincei **17**, 1—10 (1938).

— [2] Nuovi metodi d'indagine per la teoria delle equazioni lineari a derivate parziali. Rend. Sem. Mat. Fis. Milano **13**, 1—25 (1939).

— [3] Nuovi metodi .... Atti R. Acad. Sci. Torino **75**, 1—14 (1939).

— [4] Nouvelles méthodes de recherche pour la détermination des intégrales .... Ann. Soc. Pol. **19**, 36—61 (1946).

Pimbley jr., G. H.: [1] Solution of an initial value problem for the multi Velocity Neutron transport Equation with a slab geometry. J. Math. Mech. **8**, 837—866 (1959).

PINI, B.: [1] Sulle equazioni a derivate parziali lineari del second'ordine in due variabili di tipo parabolico. Ann. Mat. pura appl. **32**, 179—204 (1951).
— [2] Sul primo problema di valori al contorno per le equazioni paraboliche lineari. Riv. Univ. Parma **6**, 215—237 (1955).
— [3] Sulla regolarità e irregolarità.... Ann. Mat. pura appl. **40**, 69—88 (1955).
— [4] Su une generallizzazionne del problema fondamentale di valori al contorno per l'equazione del calore iterata. Rend. Fac. Sci. Cagliari **26**, 1—28 (1956).
— [5] Sulle equazioni paraboliche lineari del quarto ordine. Rend. Sem. Mat. Univ. Padova **27**, (I), 319—349, (II); 387—410 (1957).
— [6] Su una equazione parabolica non lineare del quarto ordine. Rend. Fac. Sci. Cagliari **27**, 1—33 (1957).
— [7] Sul problema fondamentale di valori al contorno per una classe di equazioni paraboliche lineari. Ann. Mat. pura appl. **43**, 261—297 (1957).
— [8] Un problema di valori al contorno per un'equazione a derivate perziali del terzo ordine con parte principale di tipo composito. Rend. Fac. Sci. Cagliari **27**, 1—22 (1957).
— [9] Sulle equazioni lineari del quarto ordine in due variabili con caratteristiche coincidenti. Sem. Mat. Fis. Univ. Modena **8**, 130—166 (1958).
— [10] Su un problema di tipo nuovo relativo alle equazioni paraboliche d'ordine superiore al secondo. Ann. Mat. pura appl. **48**, 305—332 (1959).
— [11] Sulle equazioni lineari pseudo-paraboliche. (I), (II). Rend. Sem. Mat. Padova **30**, (I), 255—280; (II), 361—375 (1960).
PLEIJEL, A.: [1] GREEN's functions and asymptotic distribution of eigen values and eigen functions. Proc. of the Symposium on Spectral Theory and Differential Problems. Stillwater, Okla. 1951, p. 439—454.
PLESSIS, N. DU: [1] Some theorems about the Riesz fractionnal integral. Trans. Amer. Math. Soc. **80**, 124—135 (1955).
POENARU, V., FOIAS et GUSSI: Voir C. FOIAS, N. GUSSI et V. POENARU.
POGORZELSKI, W.: [1] Etude de la solution fondamentale de l'équation parabolique. Ric. Mat. **5**, 25—57 (1956).
— [2] Problèmes aux limites pour l'équation parabolique dont les coefficients dépendent de la fonction inconnue. Ric. Mat. **5**, 258—272 (1956).
— [3] Propriétés des dérivées tangentielles d'une intégrale de l'équation parabolique. Ric. Mat. **6**, 162—194 (1957).
— [4] Propriétés de l'intégrale de l'équation parabolique normale. Ann. Pol. Math. **4** (1), 61—92 (1957).
— [5] Problèmes aux limites pour l'équation parabolique normale. Ann. Pol. Math. **4** (1), 110—126 (1957).
— [6] Etude de la matrice des solutions fondamentales du système parabolique d'équations aux dérivées partielles. Bull. Acad. Polon. Sci. **6**, 79—83 (1958).
POULSEN, E. T.: [1] Some results on degenerate linear elliptic differential operators of the second order. O.N.R. Tech. Report, Berkeley 1958.
POVZNER, A.Y.: [1] Sur les équations différentielles du type STURM-LIOUVILLE sur un demi axe. Mat. Sbornik **23**, 3—52 (1948).
—, et I. V. SOUKAREVSKI: [1] Sur les discontinuités de la fonction de GREEN pour des problèmes mixtes dans l'équation des ondes. Mat. Sbornik **51**, 3—26 (1960).
PRODI, G.: [1] Sul primo problema al contorno per equazioni a derivate parziali ellittiche o paraboliche, con secondo membro illimitato sulla frontiera. Rend. Ist. Lomb. Sci. Lettere **90**, 189—208 (1956).
— [2] Soluzione periodiche di equazioni alle derivate parziali di tipo parabolico e non lineari. Riv. Mat. Univ. Parma **3**, 265—290 (1952).

PRODI, G.: [3] Teoremi di esistenza per equazioni alle derivate parziali non lineari di tipo parabolico. Rend. Ist. Lomb. Sci. Lettere **86**, (I), 3—26; (II), 27—47 (1953).
— [4] Un teorema di unicità per le equazioni di NAVIER-STOKES. Ann. Mat. pura appl. **48**, 173—182 (1959).
— [5] Qualche risultato riguardo alle equazioni di NAVIER-STOKES nel caso bidimensionale. Rend. Sem. Mat. Podova **30**, 1—16 (1960).
— [6] Tracce di funzioni con derivate di ordine al quadrato integrabile su varietà di dimensione arbitraria. Rend Sem. Mat. Padova **28**, 402—432 (1958).
— [7] Rassegna di ricerche intorno alle equazioni di NAVIER-STOKES. Univ. degli studi di Trieste, Quaderno **2**, 1—72 (1959).
— [8] Teoremi ergodici per le equazioni della idrodinamica-Cours du C.I.M.E. Varenna 1960.
—, et J. L. LIONS: Voir J. L. LIONS et G. PRODI.
PROTTER, M. H.: [1] The Cauchy problem for hyperbolic second order equation with data on the parabolic line. Canad. J. Math. **6**, 542—554 (1954).
— [2] Asymptotic behavior and uniqueness theorems for hyperbolic equations and inequalities. Tech. Report, Berkeley 1960.
— [3] Properties of solutions of parabolic equations and inequalities. Canad. J. Math. à paraitre (1961).
—, et M. LEES: Voir LEES et PROTTER.
PUCCI, C.: [1] Alcune limitazioni per le soluzioni di equazioni paraboliche. Ann. Mat. pura appl. **48**, 161—172 (1959).
RACULOV, M. L.: [1] Méthodes de résolution de problèmes mixtes.... Mat. Sbornik **48**, 277—310 (1959).
— [2] Application de la méthode d'intégrales de contour pour la résolution de problèmes mixtes pour des équations à coefficients discontinus. Dokl. Akad. Nauk SSSR. **131**, 24—26 (1960).
RELLICH: [1] Ein Satz über mittlere Konvergenz. Göttinger Nachr. 30—35 (1930).
RHAM, G. DE: [1] Variétés différentiables. Paris: Hermann 1955.
RICHTMYER, R. D.: [1] Difference methods for initial value problems. New York 1958.
—, et P. D. LAX: Voir LAX et RICHTMYER.
RIESZ, F., et B. SZ-NAGY: [1] Leçons d'Analyse fonctionnelle. Budapest 1952.
ROBINSON, A., et L. L. CAMPBELL: Voir L. L. CAMPBELL et A. ROBINSON.
ROSEMBLOOM, P. C.: [1] Cf. G. E. FORSYTHE et P. C. ROSEMBLOOM. Numerical analysis and Partial Differential Equations. New York: John Wiley 1958.
—, et A. N. MILGRAM: Voir A. N. MILGRAM et P. C. ROSEMBLOOM.
ROZHDESTVENSKII, B. L.: [1] Solutions discontinues des systèmes d'équations quasi linéaires hyperboliques. Ousp. Mat. Nauk **15**, 59—117 (1960).
SANDGREN, L.: [1] A vibration problem. Medd. Lunds Univ. Mat. Sem. **13**, 1—84 (1955).
SCHAUDER, I.: [1] Das Anfangswertproblem einer quasi linearen hyperbolischen Differentialgleichung zweiter Ordnung. Fund. Math. **24**, 213—246 (1935).
—, et M. KRZYZANSZKI: Voir M. KRZYZANSZKI et I. SCHAUDER.
SCHECHTER, M.: [1] Solution of the Dirichlet problem for systems not necessarily strongly elliptic. Comm. Pure App. Math. **12**, 241—247 (1959).
— [2] General boundary value problems for elliptic differential equations. Comm. Pure Appl. Math. **12**, 457—486 (1959).
— [3] Remarks on elliptic boundary value problems. Comm. Pure Appl. Math. **12**, 561—578 (1959).
— [4] Various types of boundary conditions for elliptic equations. Comm. Pure Appl. Math. **13**, 407—425 (1960).

SCHWARTZ, J., et N. DUNFORD: Voir N. DUNFORD et J. SCHWARTZ.

SCHWARTZ, L.: [1] Théorie des distributions, t. 1. Paris: Hermann, 1950 (deuxième édit. 1957).

— [2] Théorie des distributions, t. 2. Paris: Hermann 1951.

— [3] Théorie des noyaux. Proc. of the Inter. Congr. of Math. 1950, vol. I, p. 220—230.

— [4] Espaces de fonctions différentiables à valeurs vectorielles. J. Analyse Math. Israel **4**, 88—148 (1954/55).

— [5] Théorie des distributions à valeurs vectorielles, 1ère partie. Ann. Inst. Fourier **7**, 1—139 (1957).

— [6] Théorie des distributions à valeurs vectorielles, 2ème partie. Ann. Inst. Fourier **8**, 1—209 (1958).

— [7] Les équations d'évolution liées au produit de composition. Ann. Inst. Fourier **2**, 19—49 (1950/51).

— [8] Ecuaciones diferenciales parciales elipticas. Universidad Nacional de Colombia, Bogota 1956.

— [9] Les travaux de GÅRDING sur le problème de DIRICHLET. Sém. Bourbaki, Mai 1952.

— [10] Transformation de LAPLACE des distributions. Com. Sém. Math. de l'Univ. de Lund, tome suppl. dédié à M. RIESZ 1952, p. 196—206.

—, et J. L. LIONS: Voir J. L. LIONS et L. SCHWARTZ.

SCORZA DRAGONI, G.: [1] Un teorema sulle funzioni continue rispetto ad una e misurabile ad un'altra variabile. Rend. Sem. Mat. Padova **17**, 102—106 (1948).

SÉBASTIAO, J. e SILVA: [1] Sur le calcul symbolique des opérateurs différentiels à coefficients variables. Rend. Accad. Naz. Lincei **27**, 42—47, 118—122 (1959).

— [2] Le calcul opérationnel pour des opérateurs à spectre non borné. Rend. Accad. Naz. Lincei **6**, 3—13 (1960).

— [3] Sur une construction axiomatique de la théorie des distributions. Rev. Fac. Ci. Lisboa, Sér. II, A, 79—186 (1954).

SERRIN, J.: [1] On the stability of viscous fluid motions. Arch. Rational Mech. Anal. **3**, 1—13 (1959).

— [2] A note on the existence of periodic solutions of the Navier-Stokes equations. Arch. Rational Mech. Anal. **3**, 120—122 (1959).

— [3] A priori estimates for the regularity of solutions of the Navier-Stokes equations. April 1960. A paraitre.

SHIROTA, T.: [1] The initial value problem for linear partial differential equations with variable coefficients. Proc. Japan Acad. **33**, (I), 31—36; (II), 103—104; (III), 457—461 (1957).

— [2] On Cauchy problem for linear partial differential equations with variable coefficients. Osaka Math. J. **9**, 43—60 (1957).

SILOV, E., et I. M. GELFAND: Voir GELFAND et SILOV.

SLOBODETSKI, L. N.: [1] Solutions généralisées de systèmes paraboliques et elliptiques. Izv. Akad. Nauk SSSR. **21**, 809—834 (1957).

— [2] Sur la solution fondamentale et le problème de CAUCHY pour systèmes paraboliques. Mat. Sbornik **46**, 229—258 (1958).

— [3] Espaces de SOBOLEV.... Dokl. Akad. Nauk SSSR. **118**, 243—246 (1958).

— [4] Majorations à priori pour les systèmes elliptiques et paraboliques. Dokl. Akad. Nauk SSSR. **120**, 468—471 (1958).

— [5] Evaluations dans L_p des solutions de systèmes elliptiques. Dokl. Akad. Nauk SSSR. **123**, 616—619 (1958).

SMITH, K. T., et N. ARONSZAJN: Voir N. ARONSZAJN et K. T. SMITH.

SOBOLEV, S. L.: [1] Sur un problème aux limites pour les équations polyharmoniques. Mat. Sbornik **44**, 745—757 (1937).
— [2] Sur un théorème d'analyse fonctionnelle. Mat. Sbornik **45**, 471—496 (1938).
— [3] Méthode nouvelle à résoudre le problème de CAUCHY pour les équations hyperboliques normales. Mat. Sbornik **43**, 39—71 (1936).
— [4] Sur la presque périodicité des solutions de l'équation des ondes. Dokl. Akad. Nauk SSSR. **48**, (I), 542—545; (II), 618—620 (1945); (III), **49**, 12—15 (1945).
— [5] Certaines applications de l'Analyse fonctionnelle à la Physique Mathématique. Leningrad 1950.
— [6] Sur un nouveau problème de la Physique Mathématique. Izv. Akad. Nauk SSSR. **18**, 3—50 (1954).
— [7] La solution fondamentale du problème de CAUCHY pour l'équation $\frac{\partial^3}{\partial x\,\partial y\,\partial z}u-(1/4)\frac{\partial}{\partial t}u=F$. Dokl. Akad. Nauk SSSR. **129**, 1246—1249 (1959).
—, et I. M. VISIK: Voir I. M. VISIK et S. L. SOBOLEV.
SOBOLEVSKI, P. E.: [1] Sur les équations avec des opérateurs formant un angle aigu. Dokl. Akad. Nauk. SSSR. **116**, 754—757 (1957).
— [2] Solutions généralisées d'équations différentielles du premier ordre dans un espace de HILBERT. Dokl. Akad. Nauk SSSR. **122**, 994—996 (1958).
— [3] Equations différentielles du premier ordre dans un espace de HILBERT. Dokl. Akad. Nauk SSSR. **123**, 984—987 (1958).
— [4] Equations non stationnaires de la dynamique des fluides visqueux. Dokl. Akad. Nauk SSSR. **128**, 45—48 (1959).
— [5] L'utilisation des puissances fractionnaires d'opérateurs self adjoints dans l'étude des équations différentielles non linéaires dans l'espace de HILBERT. Dokl. Akad. Nauk SSSR. **130**, 272—275 (1960).
— [6] La régularité des solutions généralisées des équations de NAVIER-STOKES. Dokl. Akad. Nauk SSSR. **131**, 758—760 (1960).
— M. A. KRASNOSELSKI et S. G. KREIN: Voir M. A. KRASNOSELSKI, S. C. KREIN et P. E. SOBOLEVSKI.
—, et S. G. KREIN: Voir S. G. KREIN et P. E. SOBOLEVSKI.
SOKOLNIKOFF, I. S.: [1] Mathematical theory of elasticity (second edit.). McGraw Hill book Company 1956.
SOLOMIAK, M. Z.: [1] L'application de la théorie des semi groupes à l'étude des équations différentielles dans un espace de BANACH. Dokl. Akad. Nauk SSSR. **122**, 766—769 (1958).
— [2] La nature analytique du semi groupe engendré par un opérateur elliptique dans l'espace L^p. Dokl. Akad. Nauk SSSR. **127**, 37—39 (1959).
SOLONNIKOV, V. A., et O. A. LADYZENSKAYA: Voir O. A. LADYZENSKAYA et V. A. SOLONNIKOV.
SOUKAREVSKI, I. V., et A. Y. POVZNER: Voir POVZNER et SOUKAREVSKI.
STAMPACCHIA, G.: [1] Sopra una classe di funzioni in n variabili. Ric. Mat. **1**, 27—54 (1952).
— [2] Su un problema relativo alle equazioni di tipo ellittico del secondo ordine. Ric. Mat. **5**, 3—24 (1956).
— [3] Contributi alla regolarizzazione .... Ann. Scuola Norm. Sup. Pisa **12**, 223—245 (1958).
— [4] I problemi al contorno per le equazioni differenziali di tipo ellittico. Atti Congr. U.M.I. Napoli 1959, p. 21—44.
— [5] Solutions continues de problèmes elliptiques à données discontinues. C.R. Acad. Sci., Paris (1960).

STAMPACCHIA, G.: [6] Problemi al contorno ellittici con dati discontinui dotati di soluzioni holderiane. Edizioni Universitaria. Genova: Février 1960.

—, et E. MAGENES: Voir E. MAGENES et G. STAMPACCHIA.

STONE, M. H.: [1] Linear transformations in Hilbert space and their applications to Analysis. Amer. Math. Soc. Coll. Publ. **15** (1932) (reprinted 1951).

SZ-NAGY: [1] Spektraldarstellung linearer Transformationen des Hilbertschen Raumes. Ergebn. Math. (1942).

— et F. RIESZ: Voir F. RIESZ et SZ-NAGY.

TAMARKIN, J. D.: [1] Some general problems of the theory of ordinary differential equations .... Math. Z. **27**, 1—54 (1927).

TANABE, H.: [1] A class of equations of evolution in a Banach space. Osaka Math. J. **11**, 121—145 (1959).

— [2] Remarks on the equations of evolution in a Banach space. Osaka Math. J. **12**, 145 (1960).

THOMÉE, V.: [1] Estimates of the Friedrichs-Lewy type.... Math. scand. **5**, 93—113 (1957).

— [2] Existence proofs for mixed problems for hyperbolic differential equations in two independant variables by means of the continuity method. Math. scand. **6**, 5—32 (1958).

— [3] Locally cogent boundary operators. Math. scand. **7**, 5—32 (1959).

THORIN, G. O.: [1] Convexity theorems. Diss. Lund. 1948, p. 1—57.

THYSSEN, M.: [1] Opérateurs de Delsarte particuliers. Bull. Soc. Roy. Sci. Liège **26**, 87—96 (1957).

TRÈVES, F.: [1] Relations de domination entre opérateurs différentiels. Acta math. **101**, 1—139 (1959).

— [2] Problèmes de CAUCHY et problèmes mixtes en théorie des distributions. J. Analyse Math. Israel **7**, 105—187 (1959).

— [3] Problèmes de CAUCHY en théorie des distributions pour une équation hyperbolique. A paraitre.

— [4] Opérateurs différentiels hypo-elliptiques. Ann. Inst. Fourier **9**, 2—73 (1959).

— [5] Fields over a set. A paraitre.

— [6] Functions and distributions valued in a field. A paraitre.

URAL'TSEVA, N. N.: [1] Régularité des solutions d'équations elliptiques et de problèmes de variations. Dokl. Akad. Nauk SSSR. **130**, 1206—1209 (1960).

VENTZEL, A. D.: [1] Problèmes aux limites généraux attachés aux processus de diffusion. Ousp. Mat. Nauk SSSR. **15**, 202—204 (1960).

— [2] On boundary conditions for multidimensional diffusion processes. Theory of probability and its applications, vol. IV, No. 2, p. 164—177 (1959) (Siam Translation).

VISIK, I. M.: [1] La méthode de décomposition orthogonale dans la théorie des équations différentielles elliptiques. Mat. Sbornik **25**, 189—234 (1949).

— [2] Sur les systèmes fortement elliptiques d'équations différentielles. Mat. Sbornik **29**, 615—676 (1951).

— [3] Sur les problèmes aux limites pour des équations elliptiques qui dégénèrent à la frontière. Mat. Sbornik **35**, 513—568 (1954).

— [4] Sur les problèmes aux limites généraux pour les équations différentielles elliptiques. Troudi Mosk. Mat. Obv. **1**, 187—246 (1952).

— [5] Le problème de CAUCHY avec des coefficients opérateurs et les problèmes aux limites mixtes .... Mat. Sbornik **39**, 51—148 (1956).

— [6] Sur le premier problème aux limites pour des équations elliptiques dans un aspect fonctionnel nouveau. Dokl. Akad. Nauk SSSR. **107**, 781—784 (1956).

VISIK, I. M.: [7] Sur la solution du premier problème aux limites pour les systèmes différentiels elliptiques non linéaires. Dokl. Akad. Nauk SSSR. **134**, 749—752 (1960).

—, et O. A. LADYZENSKAYA: Voir O. A. LADYZENSKAYA et I. M. VISIK.

—, et L. A. LUSTERNIK [1] Equations différentielles linéaires avec un petit paramètre .... Ousp. Mat. Nauk **12** (77), 3—122 (1957).

— — [2] Solutions asymptotiques de problèmes .... Dokl. Akad. Nauk SSSR. **119**, 636—639 (1958).

— — [3] Solutions asymptotiques .... Dokl. Akad. Nauk SSSR. **120**, 13—16 (1958).

— — [4] Comportement asymptotique des solutions d'équations différentielles à coefficients grands .... Dokl. Akad. Nauk SSSR. **125**, 247—250 (1959).

— — [5] Solution de certain problèmes de perturbation ... (I). Ousp. Mat. Nauk **15** (93), 3—80 (1960).

—, et S. L. SOBOLEV: [1] Nouvelle formulation générale des problèmes aux limites .... Dokl. Akad. Nauk SSSR. **111**, 521—523 (1956).

VOGEL, TH.: [1] Les fonctions orthogonales dans les problèmes aux limites de la physique mathématique. C.N.R.S. Paris 1953.

VOROVITCH, I. I.: [1] Sur certaines méthodes directes .... Izv. Akad. Nauk SSSR. **21**, 747—784 (1957).

WALTER, W.: [1] Über die Euler-Poisson-Darboux-Gleichung. Math. Z. **67**, 361—376 (1957).

WEINBERGER, H. F.: [1] Error bounds in finite difference approximation to solutions of symmetric hyperbolic systems. J. Soc. Ind. Appl. Math. **7**, 49—75 (1959).

—, et J. B. DIAZ: Voir J. B. DIAZ et H. F. WEINBERGER.

WEINSTEIN, A.: [1] Sur le problème de CAUCHY pour l'équation de POISSON et l'équation des ondes. C.R. Acad. Sci., Paris **234**, 2584—2585 (1952).

— [2] On the Cauchy problem for the E.P.D. equation. Bull. Amer. Math. Soc. **59**, 454 (1953).

— [3] On the wave equation and the equation of EULER-POISSON. Amer. Math. Soc. Symposium Applied Math. 1952, vol. 5, p. 137—148. McGraw Hill 1954.

— [4] The generalized radiation problem and the Euler-Poisson-Darboux equation. Summa Brasiliensis **3**, 125—147 (1955).

— [5] On a Cauchy problem with subharmonic initial values. Ann. Mat. pura appl. **43**, 325—340 (1957).

WIDDER, D. V.: [1] Positive temperatures on a semi-infinite rod. Trans. Amer. Math. Soc. **75**, 510—525 (1953).

WING, G. M., R. BELLMAN, R. KALABA: Cf. R. BELLMAN, R. KALABA et G. M. WING.

—, et J. LEHNER: Voir LEHNER et WING.

WUANG KUANG-YING: Properties of the solutions of linear partial differential equations with singular coefficients in the neighborhood of singular line. Acta Math. Sinica **7**, 590—630 (1957).

YAGLOM, A. M., et I. M. GELFAND: Cf. I. M. GELFAND et YAGLOM.

YAMABE, H.: [1] On a diffusion equation of order one half and its application. Abstract No. 564-16. Notices Amer. Math. Soc. **6**, 830 (1959).

— [2] Kernel function of diffusion equations (I). Osaka Math. J. **9**, 201—214 (1957).

YOSIDA, K.: [1] On the differentiability and the representation of one parameter semi groups of linear operators. J. Math. Soc. Japan **1**, 15—21 (1948).

— [2] An operator theoretic integration of the wave equation. J. Math. Soc. Japan **8**, 79—92 (1956).

— [3] Integrability of the backward diffusion equation in a compact Riemannian space. Nagoya Math. J. **3**, 1—4 (1951).

YOSIDA, K.: [4] On the integration of diffusion equations in Riemannian spaces. Proc. Amer. Math. Soc. **3**, 864—873 (1952).
— [5] On CAUCHY's problem in the large for wave equations. Proc. Japan Acad. **28**, 396—403 (1952).
— [6] An operator theoretical integration of the temporally inhomogeneous wave equation. J. Fac. Sci. Univ. Tokyo **7**, 463—466 (1957).
— [7] On the differentiability of semi groups of linear operators. Proc. Japan Acad. **34**, 337—340 (1958).
— [8] An abstract analyticity in time for solutions of a diffusion equation. Proc. Japan Acad. **35**, 109—113 (1959).
— [9] Lectures on semi group theory and its application .... Tata Institute of Fundamental Research, Bombay 1957.
— [10] Fractionnal powers of infinitesimal generators and the analyticity of the semi groups generated by them. Proc. Japan Acad. **36**, 86—89 (1960).
— [11] On a class of infinitesimal generators and the integration problem of evolution equations. Berkeley Symposium 1960.
ZAIDMAN, S.: [1] Sur la perturbation presque périodique des groupes et semi groupes .... Rend. Mat. e sue appl. **16**, 197—206 (1957).
— [2] Sur la presque périodicité des solutions de l'équation des ondes non homogène. J. Math. Mech. **8**, 369—382 (1959).
— [3] Théorèmes qualitatifs pour équations aux dérivées partielles. Studii Cercet. Mat. **6**, 645—666 (1955).
— [4] Solutions presque périodiques des équations hyperboliques. C.R. Acad. Sci., Paris (1960).
— [5] A paraitre.
—, et C. FOIAS: Cf. FOIAS et ZAIDMAN.
ZYGMUND, A.: [1] On a theorem of MARCINKIEWICZ. J. Math. pures appl. **35**, 223—248 (1956).
—, et A. CALDÉRON: Voir CALDÉRON et ZYGMUND.

Addenda

AGMON, S., et L. NIRENBERG: [1] Comm. Pure Appl. Math. (1961). A paraitre.
DOLPH, C. L., and D. C. LEWIS: [1] On the application of infinite systems. Quart. Appl. Math. **26**, 97 (1958).
FRIEDMAN, A.: [8] Cauchy problems in several times variables. Ind. Math. J. A paraitre.
LITTMAN, W.: [1] New mixed problems for hyperbolic systems in the plane M.R.C. Wisconsin, March 1960.

MIX
Papier aus verantwortungsvollen Quellen
Paper from responsible sources
FSC® C105338

If you have any concerns about our products,
you can contact us on
ProductSafety@springernature.com

In case Publisher is established outside the EU,
the EU authorized representative is:
Springer Nature Customer Service Center GmbH
Europaplatz 3, 69115 Heidelberg, Germany

Printed by Libri Plureos GmbH
in Hamburg, Germany